建设工程监理操作指南

（第三版）

李明安　编著

中国建筑工业出版社

图书在版编目（CIP）数据

建设工程监理操作指南 / 李明安编著. —3 版. —
北京：中国建筑工业出版社，2020.9（2024.6 重印）
ISBN 978-7-112-25392-0

Ⅰ. ①建… Ⅱ. ①李… Ⅲ. ①建筑工程—监理工作—
指南 Ⅳ. ①TU712-62

中国版本图书馆 CIP 数据核字（2020）第 158166 号

本书共 25 章，以《建设工程监理规范》GB/T 50319—2013 为依据，系统介绍了建设工程监理的工作内容、程序、方法和措施。编者结合三十多年的建设工程设计、监理、管理和工程总承包实践经验，注重理论与实践相结合，在《建设工程监理操作指南》（第二版）基础上增加了全过程工程咨询、工程总承包和施工组织设计的内容；根据建设工程相关法律法规、规章和标准/规范的变化，修改了相应内容。在附录中摘录了《建设工程监理规范》GB/T 50319—2013、《建设工程监理合同（示范文本）》GF—2012—0202 及《建设工程施工合同（示范文本）》GF—2017—0201 内容，以方便广大读者查阅学习。

本书内容全面，具有很强的实用性和可操作性，可作为工程管理、工程监理专业人士以及土木工程类专业学生的学习参考书。

* * *

责任编辑：王砾瑶 边 琨
文字编辑：王 治
责任校对：焦 乐

建设工程监理操作指南
（第三版）
李明安 编著

*

中国建筑工业出版社出版、发行（北京海淀三里河路 9 号）
各地新华书店、建筑书店经销
北京红光制版公司制版
建工社（河北）印刷有限公司印刷

*

开本：787 毫米×1092 毫米 1/16 印张：33¾ 字数：836 千字
2021 年 3 月第三版 2024 年 6 月第二十七次印刷
定价：**89.00** 元
ISBN 978-7-112-25392-0
（36380）

第三版前言

为更好地开展建设工程监理工作，提高建设工程监理服务水平，推动建设工程监理高质量发展，2013年9月编著出版了《建设工程监理操作指南》一书。2017年2月在《建设工程监理操作指南》基础上增加和更新了相应内容，其中增加了建设工程见证取样、建设工程监理相关法律法规和规章，出版了《建设工程监理操作指南》（第二版）。本书自出版发行以来，已连续20次印刷发行，受到广大工程管理、工程监理专业人士以及土木工程类专业学生的好评。目前，部分省市已将本书指定为建设工程监理人员继续教育培训教材。

由于建设工程相关法律法规、规章和标准/规范相继进行了修订，《建设工程监理操作指南》（第二版）部分内容也需要随之更新。第三版是在《建设工程监理操作指南》（第二版）基础上增加了全过程工程咨询、工程总承包和施工组织设计的内容，并根据建设工程相关法律法规、规章和标准/规范的变化，修改了相应的内容。本书共25章，系统介绍了建设工程监理的工作内容、程序、方法和措施，内容全面，具有很强的实用性和可操作性。可作为工程管理、工程监理专业人士以及土木工程类专业学生的学习参考书。

本书由教授级高级工程师、中国工程监理大师李明安编著。在编著过程中，编者参考了部分相关资料，在此向相关资料的作者致以诚挚的谢意；同时也得到了工程监理同仁的指导和帮助，在此向长期以来给予编者关心、支持和帮助的广大工程管理、工程监理同仁表示衷心的感谢！

由于水平有限，难免有不妥之处，请广大读者批评指正。

李明安

2020年8月

3

目　录

第1章 建设工程监理概述

建设工程监理是一项具有中国特色的工程建设管理制度。自1988年实施建设工程监理制度以来，对加快我国工程建设管理方式向社会化、专业化方向发展，促进工程建设管理水平和投资效益的提高发挥了重要作用。

1.1 建设工程监理发展历程

1. 建设监理制度的产生背景

建设监理制度的产生，有其特定的历史背景和客观环境，解决传统管理模式的弊端，适应经济体制改革以及对外开放需求是建设监理制度建立的重要动因。

改革开放前，我国的基本建设活动是按计划经济模式进行的，即由国家统一安排建设项目计划、统一财政拨款、统一安排施工队伍等。工程建设管理通常采用以下两种管理模式：一是对一般建设工程，由建设单位自行组建基建项目管理机构进行管理；二是对重大建设工程，则由政府从相关单位抽调人员组建工程建设指挥部进行管理。这两种管理模式都是针对一个特定的建设工程临时组建项目管理机构，其多数人员不具备工程建设管理知识和经验，也无须承担经济风险，工程项目管理只能在工程实践中探索，当积累了一定的工程项目管理经验后，随着工程项目建成投入使用，项目管理机构和人员就会解散而转入生产或使用单位。这样周而复始地重复，工程项目管理经验得不到积累和升华，而教训却重复发生，使我国工程建设管理水平长期处在低水平徘徊，投资规模难以控制，经常是概算超估算、预算超概算、决算超预算；质量、工期也难以保证，浪费现象比较普遍。

1982年开工建设的鲁布革水电站引水工程，是我国第一个利用世界银行贷款的工程项目，按照世界银行规定，应采用FIDIC（国际咨询工程师联合会）合同条件进行工程管理。FIDIC合同条件的基本出发点就是采用（咨询）工程师为核心的管理模式。事实证明，鲁布革水电站引水工程的成功实施，在我国工程建设领域引起巨大轰动。1986年开工建设的西安至三元高速公路工程、1987年开工建设的京津塘高速公路工程均采用了（咨询）工程师管理模式。由于这些工程项目通过有效的合同管理，成功地控制了工程质量、造价和工期，使（咨询）工程师管理模式逐步为我国工程建设界所了解和认同。

随着我国经济体制改革的逐步深入和对外开放的不断扩大，从国务院到地方政府，都在深刻反思并高度关注工程建设管理体制改革问题。1988年7月25日，建设部发布《关于开展建设监理工作的通知》（［88］建建字第142号），明确提出在工程建设领域建立具有中国特色的建设监理制度，并对我国建设监理的范围和对象、政府建设监理的管理机构及职能、社会建设监理的组织和内容、开展建设监理的步骤等作出规定，这标志着我国建设监理制度正式开始推行。建设监理制度作为我国工程建设领域的一项改革举措，其目的就是要解决传统管理模式的弊端，适应经济体制改革的需求，建立专业化、社会化的建设监理机构，协助建设单位做好工程建设管理工作，以提高工程建设管理水平和投资效益。

2. 建设监理的发展阶段

我国建设监理发展经历了三个阶段，即试点阶段、稳步发展阶段和全面发展阶段。

（1）试点阶段

1988 年至 1992 年，是我国建设监理试点阶段。

1988 年 11 月，建设部印发《关于开展建设监理试点工作的若干意见》的通知，明确要求在北京、上海、天津、南京、宁波、沈阳、哈尔滨、深圳八市和能源、交通两部的水电和公路系统进行建设监理工作试点，并就试点工作中的若干主要问题提出意见。1989 年 7 月，建设部关于印发《建设监理试行规定》的通知（[89] 建建字第 367 号），明确规定了政府监理机构及其职责，社会监理单位及监理内容，监理单位、建设单位和施工单位之间的关系等。1992 年 1 月，建设部颁布《工程建设监理单位资质管理试行办法》（建设部令第 16 号）；同年 6 月，颁布《监理工程师资格考试和注册试行办法》（建设部令第 18 号）；同年 9 月，发布《关于发布工程建设监理费有关规定的通知》（[1992] 价费字 479 号）。

试点阶段，主要任务就是探索建设监理路子，积累经验；制定一些能满足建设监理初期发展的法规、标准；培训监理人才和队伍；提出能解决建设监理初期发展需要的政策性意见。

（2）稳步发展阶段

1993 年至 1995 年，是我国建设监理稳步发展阶段。

在这一阶段，全面总结了建设监理试点的经验、成果，并在此基础上不断完善、推广建设监理制度。1993 年 7 月，中国建设监理协会的成立，标志着我国建设监理行业初步形成，并开始走上自我约束、自我发展的轨道。1994 年，建设部和人事部在北京、上海、天津、广东、山东五省市组织监理工程师执业资格试点考试，标志着监理工程师执业资格制度的初步建立。1995 年 10 月，建设部、国家工商行政管理局印发《工程建设监理合同（示范文本）》（GF—95—0202）；同年 12 月，建设部关于印发《工程建设监理规定》的通知（建监 [1995] 737 号），进一步明确了建设监理的工作内容。截至 1995 年年底，全国已有 29 个省、自治区、直辖市和国务院 39 个工业、交通等部门推行了建设监理制度，并取得良好的经济效益和社会效益。

稳步发展阶段，是我国建设监理承前启后、继往开来的阶段，为全面推行建设监理提供了坚实的制度、组织保障以及宝贵的实践经验。

（3）全面发展阶段

从 1996 年开始至今，在我国全面推行建设监理制度。

1996 年 8 月，建设部、人事部发布《建设部、人事部关于全国监理工程师执业资格考试工作的通知》（建监 [1996] 462 号）。1997 年起，全国正式组织监理工程师执业资格考试，实行全国统一考纲、统一命题、统一考试时间等。1998 年 3 月 1 日开始实施的《中华人民共和国建筑法》，首次以法律形式对建设监理作出规定，明确了我国强制推行建设监理制度，同时对建设监理的基本含义、监理单位的职责和义务作出规定，奠定了建设监理在工程建设中的法律地位，使建设监理进入了全面推行阶段。

2000 年 1 月，颁布实施的《建设工程质量管理条例》（国务院令第 279 号），明确规定了强制实施监理的工程范围、工程监理单位及监理工程师的质量义务和责任；同年12月，建设部和国家质量监督检验检疫总局联合发布《建设工程监理规范》GB 50319—2000，对规范建设工程监理行为发挥了重要作用。2001年1月，建设部颁布《建设工程监理范围和规模标准规定》（建设部令第86号），进一步细化了《建设工程质量管理条例》规定的强制实行建设工程监理的范围；同年8月，颁布修订的《工程监理企业资质管理规定》（建设部令第102号）。2002年7月，建设部关于印发《房屋建筑工程施工旁站监理管理办法（试行）》的通知（建市［2002］189号），明确要求在房屋建筑工程施工过程中，对关键部位、关键工序的施工质量实施全过程现场跟班的监督活动。

2004年2月，开始实施的《建设工程安全生产管理条例》（国务院令第393号），明确规定了工程监理单位及监理工程师在安全生产管理方面的责任和义务。2006年1月，建设部颁布《注册监理工程师管理规定》（建设部令第147号），明确了注册监理工程师的权利和义务，强化了注册监理工程师的法律责任；同年10月，建设部发布《关于落实建设工程安全生产监理责任的若干意见》（建市［2006］248号）。2007年3月，国家发展改革委、建设部关于印发《建设工程监理与相关服务收费管理规定》的通知（发改价格［2007］670号）；同年6月，建设部颁布《工程监理企业资质管理规定》（建设部令第158号）。

2012年3月，住房城乡建设部、国家工商管理总局联合发布修订的《建设工程监理合同（示范文本）》GF—2012—0202。2013年5月，住房城乡建设部、国家质量监督检验检疫总局联合发布修订的《建设工程监理规范》GB/T 50319—2013。这一系列法律法规、部门规章、规范性文件以及建设工程监理规范的颁布实施，促进了建设监理制度的逐步完善。尤其"一法两条例"的颁布实施，进一步增强了建设工程监理的法律地位。

全面发展阶段，初步建立了建设工程监理的法律法规体系；逐步规范了建设工程监理行为；建设工程监理已引起全社会的广泛关注和重视，尤其，工程监理队伍逐步壮大，监理人员素质有所提高。目前，监理从业人员已超过100万人，拥有一大批既懂工程建设法律法规、又懂工程技术和经济管理的注册监理工程师。

经过30多年的不断发展，建设监理制已成为我国工程建设管理不可或缺的基本制度。建设工程监理对实现建设工程质量、造价、进度目标控制、合同管理以及安全生产管理发挥了重要作用，取得了显著成绩。但建设工程监理在发展的同时也面临着一系列困境和问题，随着我国行政体制改革的不断深入，充分发挥市场在资源配置中的决定性作用，进一步完善工程建设组织模式，积极开展全过程工程咨询服务，强化人才培养，规范工程监理行为，加快推进信息化和诚信体系建设，相信我国建设工程监理制一定会健康发展。

1.2 建设工程项目与监理的概念

1. 建设工程项目的概念

建设工程项目是一项固定资产投资，是一种以实物形态表现的最常见的，也是最典型的项目。属于投资项目中最重要的一类，是投资行为和建设行为相结合的投资项目。如：建造一栋大楼或体育馆、展览馆，建造一条道路、铁路，建造一个机场、码头、大坝等。

建设工程项目是指经过前期策划、设计、施工等一系列程序，在一定的资源约束条件下，以形成特定的生产能力或使用效能而进行投资和建设，并形成固定资产的项目。

2. 建设工程项目的组成

建设工程项目可划分为单项工程、单位（子单位）工程、分部（子分部）工程、分项工程、检验批。

（1）单项工程

单项工程是指具有独立设计文件，建成后能够独立发挥生产能力并获得效益的一组配套齐全的工程。单项工程是建设工程项目的组成部分。

（2）单位工程

单位工程是指具有独立施工条件并能形成独立使用功能的工程。单位工程是单项工程的组成部分。对于规模较大的单位工程，可将其能形成独立使用功能的部分划分为一个子单位工程。

（3）分部工程

分部工程是单位工程的组成部分。可按专业性质、工程部位确定。当分部工程较大或较复杂时，可按材料种类、施工特点、施工程序、专业系统及类别等将分部工程划分为若干子分部工程。

如建筑工程可划分为地基与基础、主体结构、建筑装饰装修、屋面、建筑给水排水及供暖、通风与空调、建筑电气、智能建筑、建筑节能和电梯分部工程。

（4）分项工程

分项工程是分部工程的组成部分。可按主要工种、材料、施工工艺和设备类别进行划分。如建筑工程的混凝土结构子分部工程，可划分为模板、钢筋、混凝土、预应力、现浇结构和装配式结构分项工程。

（5）检验批

检验批是分项工程的组成部分。检验批是指按相同的生产条件或按规定的方式汇总起来供抽样检验用的，由一定数量样本组成的检验体。检验批可根据施工、质量控制和专业验收的需要，按工程量、楼层、施工段、变形缝进行划分。检验批是工程施工质量验收的最小单位。

3. 建设工程监理的概念

建设工程监理是指工程监理单位受建设单位委托，根据法律法规、工程建设标准、勘察设计文件及合同，在施工阶段对建设工程质量、造价、进度进行控制，对合同、信息进行管理，对工程建设相关方的关系进行协调，并履行建设工程安全生产管理法定职责的服务活动。

需要说明的是：建设工程监理是一项具有中国特色的工程建设管理制度。我国建立建设监理制度的初衷是对工程建设前期投资决策阶段和建设实施阶段实施全过程监理，即：从建设项目的可行性研究开始，到设计、招标投标、施工和工程保修阶段全面实行监理。这种构想和设计在1988年11月建设部印发《关于开展建设监理试点工作的若干意见》的通知及1989年7月建设部关于印发《建设监理试行规定》的通知（［89］建建字第367号）中得到明确。1998年3月开始实施的《中华人民共和国建筑法》明确规定了"建筑工程监理应当依照法律、行政法规及有关的技术标准、设计文件和建筑工程承包合同，对承包单位在施工质量、建设工期和建设资金使用等方面，代表建设单位实施监督"。也就是说，工程监理单位代表建设单位对施工质量、工期和建设资金进行目标控制是建设监理的基本内容，对合同、信息进行管理及协调工程建设相关方的关系，是实现工程项目管理目标的主要手段。

随着我国工程建设环境的变化，建设监理的定义和内容也发生了一些变化。2000年1月颁布实施的《建设工程质量管理条例》（国务院令第279号），明确规定了强制实施监理的工程范围、工程监理单位及监理工程师的质量责任和义务。2004年2月开始实施的《建设工程安全生产管理条例》（国务院令第393号），明确规定了工程监理单位及监理工程师在安全生产管理方面的责任和义务。此后，有关主管部门一直强调建设工程监理的重点应放在施工阶段的工程质量控制和安全生产管理上，而忽视了对工程建设其他各个阶段、工程项目其他目标的控制和管理。因此，目前的建设工程监理定义一是将监理范围定位在施工阶段，二是监理内容增加了履行建设工程安全生产管理法定职责。而将工程监理单位按照建设工程监理合同约定，在建设工程勘察、设计、保修等阶段提供的咨询服务定义为相关服务。

1.3 监理工作主要依据与总程序

1. 监理工作主要依据

（1）工程建设法律法规。
（2）工程建设标准。
（3）建设工程勘察设计文件。
（4）建设工程监理合同及其他合同文件。

2. 监理工作总程序

监理工作总程序，如图1-1所示。

1.4 监理工作任务与内容

1. 监理工作任务

建设工程监理工作的主要任务是：在施工阶段对建设工程质量、造价、进度进行控制，对合同、信息进行管理，对工程建设相关方的关系进行协调，并履行建设工程安全生产管理法定职责。具体为：

（1）质量控制

项目监理机构应根据建设工程监理合同约定，遵循质量控制基本原理，坚持预防为主的原则，建立和运行工程质量控制系统，在满足工程造价和进度要求的前提下，采取有效措施，通过审查、巡视、旁站、验收、见证取样和平行检验等方法对工程施工质量进行控制，实现预定的工程质量目标。

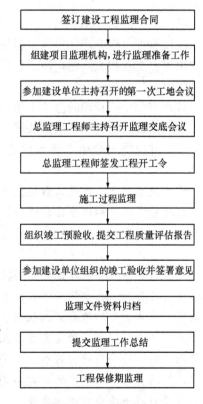

图1-1 监理工作总程序

（2）造价控制

项目监理机构应根据建设工程监理合同约定，运用动态控制原理，在满足工程质量和进度要求的前提下，采取有效措施，通过跟踪检查、比较分析和纠偏等方法对工程造价实施动态控制，力求使工程实际造价不超过预定造价目标。

（3）进度控制

项目监理机构应根据建设工程监理合同约定，运用动态控制原理，在满足工程质量和造价要求的前提下，采取有效措施，通过跟踪检查、比较分析和调整等方法对工程进度实施动态控制，力求使工程实际工期不超过计划工期目标。

（4）合同管理

项目监理机构应依据建设工程监理合同约定进行合同管理，处理工程暂停及复工、工程变更、索赔及施工合同争议与解除等事宜。

（5）信息管理

项目监理机构对在履行建设工程监理合同过程中形成或获取的，以一定形式记录、保存的文件资料进行收集、整理、编制、传递、组卷、归档，并向建设单位移交有关监理文件资料。

（6）组织协调

项目监理机构应建立协调管理制度，采用有效方式协调工程参建各方的关系，组织研究解决建设工程相关问题，使工程参建各方相互理解、有机配合、步调一致，促进建设工程监理目标的实现。

（7）安全生产管理的监理工作

项目监理机构应根据法律法规、工程建设强制性标准，履行建设工程安全生产管理法定职责，并应将安全生产管理的监理工作内容、方法和措施纳入监理规划及监理实施细则。

需要说明的是：建设工程监理的中心任务是在施工阶段对工程项目目标控制，也就是对工程质量、造价和进度目标进行控制。工程项目三大目标之间是相互关联、相互制约的目标系统，不可将三大目标分割后进行控制，需要应用多目标决策、动态规划等理论统筹考虑、分析论证，努力在"质量优、投资省、工期短"之间寻求最佳匹配。

工程监理单位作为建设单位委托的专业化咨询服务单位，要达到的目的应是力求实现工程项目的目标。在市场经济条件下，应遵循"谁设计、谁负责，谁施工、谁负责，谁供应材料、谁负责"的原则。工程勘察设计、施工及材料设备供应单位作为建筑产品或服务的卖方，应当依据合同约定完成工程勘察设计、施工及材料设备供应的任务。否则，将承担合同责任，违法违规的将承担法律责任。当然，如果工程监理单位及监理人员没有履行法律法规及监理合同规定的职责和义务，将会承担相应监理责任；反之就应该免责，不应替工程项目其他参建方承担责任。

目前，随着法律法规和工程建设标准的不断修订完善，监理职责也随之增加。监理单位不仅要承担工程质量控制和安全生产管理的法定职责，还要承担建筑节能、消防工程、环境保护等方面的监理职责，这在《建设工程质量管理条例》《建设工程安全生产管理条例》《民用建筑节能条例》等以及工程建设有关标准中均有明确规定。因此，监理单位应掌握法律法规和工程建设标准的相关内容，履行好监理职责。

2. 监理工作内容

根据《建设工程监理合同（示范文本）》GF—2012—0202，除专用条件另有约定外，监理工作内容主要包括：

（1）收到工程设计文件后编制监理规划，并在第一次工地会议 7 天前报建设单位。根据有关规定和监理工作需要，编制监理实施细则。

（2）熟悉工程设计文件，并参加由建设单位主持的设计交底与图纸会审会议。

（3）参加由建设单位主持的第一次工地会议；主持监理例会并根据工程需要主持或参加专题会议。

（4）审查施工单位提交的施工组织设计，重点审查其中的质量安全技术措施、专项施工方案与工程建设强制性标准的符合性。

（5）检查施工单位工程质量、安全生产管理制度及组织机构和人员资格。

（6）检查施工单位专职安全生产管理人员的配备情况。

（7）审查施工单位提交的施工进度计划，核查施工单位对施工进度计划的调整。

（8）检查施工单位为工程提供服务的试验室。

（9）审核施工分包单位资质条件。

（10）查验施工单位的施工测量放线成果。

（11）审查工程开工条件，对条件具备的签发开工令。

（12）审查施工单位报送的工程材料、构配件、设备质量证明文件的有效性和符合性，并按规定对用于工程的材料采取见证取样或平行检验方式进行抽检。

（13）审核施工单位提交的工程款支付申请，签发工程款支付证书，并报建设单位审核、批准。

（14）在巡视、旁站和检验过程中，发现工程质量、施工安全存在事故隐患的，要求施工单位整改并报建设单位。

（15）经建设单位同意，签发工程暂停令和工程复工令。

（16）审查施工单位提交的采用新材料、新工艺、新技术、新设备的论证材料及相关验收标准。

（17）验收隐蔽工程、分项工程、分部工程。

（18）审查施工单位提交的工程变更申请，协调处理施工进度调整、费用索赔、合同争议等事项。

（19）审查施工单位提交的竣工验收申请，编写工程质量评估报告。

（20）参加工程竣工验收，签署竣工验收意见。

（21）审查施工单位提交的竣工结算申请并报建设单位。

（22）编制、整理工程监理归档文件并报送建设单位。

第2章 项目监理机构

项目监理机构是指监理单位派驻工程施工现场负责履行监理合同的组织机构。项目监理机构的组织结构形式和规模，可根据建设工程监理合同约定的服务内容、服务期限，以及工程特点、规模、技术复杂程度、环境等因素确定。施工现场监理工作全部完成或建设工程监理合同终止时，项目监理机构可撤离施工现场，并办理相关移交手续。

2.1 项目监理机构组建

1. 项目监理机构组建基本要求

（1）项目监理机构组建应遵循适应、精简、高效的原则，要有利于建设工程监理目标控制和合同管理，要有利于建设工程监理职责的划分和监理人员的分工协作，要有利于建设工程监理的科学决策和信息沟通。

（2）项目监理机构的监理人员应由一名总监理工程师、若干名专业监理工程师和监理员组成，且专业配套、数量应满足监理工作和建设工程监理合同对监理工作深度及建设工程监理目标控制的要求，必要时可设总监理工程师代表。

下列情形项目监理机构可设总监理工程师代表：

1）工程规模较大、专业较复杂，总监理工程师难以处理多个专业工程时，可按专业设总监理工程师代表。

2）一个建设工程监理合同中包含多个相对独立的施工合同，可按施工合同段设总监理工程师代表。

3）工程规模较大、地域比较分散，可按工程地域设总监理工程师代表。

除总监理工程师、专业监理工程师和监理员外，项目监理机构还可根据监理工作需要，配备文秘、翻译、司机和其他行政辅助人员。

（3）一名注册监理工程师可担任一项建设工程监理合同的总监理工程师。当需要同时担任多项建设工程监理合同的总监理工程师时，应经建设单位书面同意，且最多不得超过三项。

（4）工程监理单位调换项目监理机构监理人员时，应做好交接工作，保持建设工程监理工作的连续性。监理单位调换总监理工程师时，应征得建设单位书面同意；调换专业监理工程师时，总监理工程师应书面通知建设单位。

（5）工程监理单位在建设工程监理合同签订后，应及时将项目监理机构的组织形式、人员构成及对总监理工程师的任命书面通知建设单位。

2. 项目监理机构组建步骤

工程监理单位在组建项目监理机构时，一般按下列步骤进行：

（1）确定项目监理机构目标

建设工程监理目标是项目监理机构建立的前提，应根据建设工程监理合同约定的目标，确定项目监理机构工作目标，并对监理工作目标进行分解。

（2）确定监理工作内容

根据建设工程监理合同约定及监理工作目标，确定需要完成的监理工作内容，并对这些工作内容进行分类及组合。在进行分类及组合时，应便于监理工作目标控制，并综合考虑工程组织实施模式、建设规模、结构特点、工期要求、技术复杂程度，还应考虑监理单位自身组织管理水平、监理人员数量、技术业务水平等因素。

（3）设计项目监理机构组织结构

1）选择组织结构形式。选择适宜的项目监理机构组织结构形式，以适应监理工作需要。组织结构形式选择的基本原则是：有利于工程合同管理，有利于监理目标控制，有利于决策指挥，有利于信息沟通。

2）确定管理层次与管理跨度。管理层次是指组织的最高管理者到最基层实际工作人员之间等级层次的数量。管理层次可分为三个层次，即决策层（总监理工程师、总监理工程师代表）、中间控制层（各专业监理工程师）和操作层（监理员）。组织的最高管理者到最基层实际工作人员权责逐层递减，而人数却逐层递增。管理跨度是指一名上级管理人员所直接管理的下级人数。管理跨度越大，管理难度也越大。为使组织结构能高效运行，必须确定合理的管理跨度。

3）设置项目监理机构部门。部门设置要根据监理工作目标与工作内容确定，形成既有相互分工又有相互配合的组织机构。设置项目监理机构各职能部门时，应根据项目监理机构工作目标、可利用的人力和物力资源情况，将质量控制、造价控制、进度控制、合同管理、信息管理及履行建设工程安全生产管理法定职责等监理工作内容按不同的职能形成相应管理部门。

4）制定岗位职责及考核标准。岗位职责的确定要有明确的目的性，不可因人设事。根据权责一致的原则，应进行适当授权，以承担相应的职责；为保证监理工作目标的最终实现，应制定各岗位考核标准，对监理人员的工作进行定期考核，包括考核内容、考核标准、考核时间等。表 2-1 和表 2-2 分别为总监理工程师和专业监理工程师岗位职责考核标准。

总监理工程师岗位职责考核标准 表 2-1

项目	职责内容	考核要求	
		标准	时间
工作目标	质量控制	符合质量控制计划目标	工程各阶段末
	造价控制	符合造价控制计划目标	每月（季）末
	进度控制	符合合同工期及总进度控制计划目标	每月（季）末
基本职责	根据监理合同，建立和有效管理项目监理机构	项目监理组织机构科学合理 项目监理机构有效运行	每月（季）末

续表

项目	职责内容	考核要求	
		标准	时间
基本职责	组织编制与实施监理规划；审批监理实施细则	对建设工程监理工作系统策划 监理实施细则符合监理规划要求，具有可操作性	编写和审核完成后
	审查分包单位资格	符合合同要求	规定时限内
	监督和指导专业监理工程师对质量、造价、进度进行控制；审核、签发有关文件资料；处理有关事项	监理工作处于正常工作状态 工程处于受控状态	每月（季）末
	做好监理过程中有关各方的协调工作	工程处于受控状态	每月（季）末
	组织整理监理文件资料	及时、准确、完整	按合同约定

专业监理工程师岗位职责考核标准　　　　　　　　　表 2-2

项目	职责内容	考核要求	
		标准	时间
工作目标	质量控制	符合质量控制分解目标	工程各阶段末
	造价控制	符合造价控制分解目标	每周（月）末
	进度控制	符合合同工期及总进度控制分解目标	每周（月）末
基本职责	熟悉工程情况，负责编制本专业监理工作计划和监理实施细则	反映专业特点，具有可操作性	实施前1个月
	负责本专业监理工作	建设工程监理工作有序 工程处于受控状态	每周（月）末
	做好项目监理机构内各部门之间监理任务的衔接、配合工作	监理工作各负其责，相互配合	每周（月）末
	处理与本专业有关的问题；对质量、造价、进度有重大影响的监理问题应及时报告总监理工程师	工程处于受控状态 及时、真实	每周（月）末
	负责与本专业有关的签证、通知、备忘录，及时向总监理工程师提交报告、报表资料等	及时、真实、准确	每周（月）末
	收集、汇总、整理本专业的监理文件资料	及时、准确、完整	每周（月）末

　　5）选派监理人员。根据监理工作任务，选择合适监理人员，必要时可配备总监理工程师代表。监理人员选择除应考虑个人素质外，还应考虑人员总体构成的合理性与协调性，做到以事选人、人员精干，并有序安排相关监理人员进退场。

（4）制定工作流程和信息流程

为使监理工作科学、有序进行，应按监理工作的客观规律制定工作流程和信息流程，规范化地开展监理工作。

3. 项目监理机构组织结构形式

项目监理机构组织结构形式是指项目监理机构采用的管理组织结构。应根据建设工程的规模、特点、技术复杂程度、组织实施模式以及监理单位自身情况等选择适宜的项目监理机构组织结构形式。常用的项目监理机构组织结构形式有：直线式、职能式、直线职能式和矩阵式等。

（1）直线式

直线式是最简单的一种组织结构形式。直线式组织中各种职务按垂直系统直线排列，各级部门主管人员对所属下级拥有直接指挥权，组织中每一个人只接受唯一上级的命令，权利高度集中。这种组织形式适用于能划分为若干个相对独立的子项目的大、中型建设工程。如图 2-1 所示，总监理工程师负责整个工程的规划、组织和指导，并负责整个工程范围内各方面的指挥协调工作；子项目监理组分别负责各子项目的目标控制。

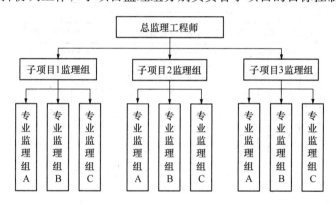

图 2-1　直线式项目监理机构组织结构

直线式组织结构的优点是结构比较简单，权力集中，职责分明，命令统一，决策迅速，隶属关系明确。缺点是实行没有职能部门的"个人管理"，管理水平取决于个人水平，每个部门关心的是本部门的工作，横向联系较差。

对于小型建设工程，项目监理机构也可采用按专业内容分解的直线式组织结构形式，如图 2-2 所示。

（2）职能式

职能式是一种传统的组织结构形式。职能式组织结构中，除直线主管外还设立一些职能部门，分担某些职能管理业务。这些职能部门有权在其业务范围内向下级下达命令和指示。因此，下级直线主管除接受上级直线主管领导外，还必须接受上级各职能部门的领导和指示。如图 2-3 所示。

职能式组织结构的优点是能够适应组织技术比较复杂和管理分工较细的情况，能够发挥职能部门专业管理作用，减轻上级主管人员的负担。缺点是由于下级人员受多头领导，如果这些指令相互矛盾，会导致下级无所适从，造成管理混乱。

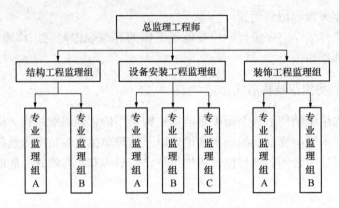

图 2-2　某工程直线式项目监理机构组织结构

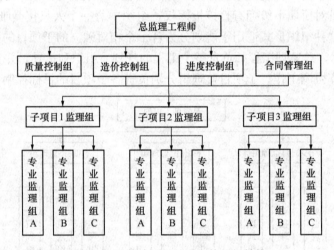

图 2-3　职能式项目监理机构组织结构

（3）直线职能式

直线职能式是综合直线式和职能式的优点而形成的一种组织结构形式。这种组织结构形式将管理部门和人员分为两类：一类是直线指挥部门的人员，他们拥有对下级实行指挥和发布命令的权力，并对该部门的工作全面负责；另一类是职能部门的人员，他们是直线指挥人员的参谋，只能对下级部门提供建议和业务指导，没有指挥和命令的权力，即不能对下级部门直接进行指挥和发布命令。如图 2-4 所示。

直线职能式组织结构既保持了直线式组织实行直线领导、统一指挥、职责分明的优点，又保持了职能式组织目标管理专业化的优点。缺点是职能部门与指挥部门易产生矛盾，信息传递路线长，不利于互通信息。

（4）矩阵式

矩阵式组织结构是将按职能划分的部门与按项目划分的部门结合起来组成一个矩阵，使同一名员工既与职能部门保持组织与业务上的联系，又参加项目监理组的工作。如图 2-5 所示，虚线的交叉点上，表示两者协同以共同解决问题。

矩阵式组织结构的优点是加强了各职能部门之间的横向联系，具有较大的机动性和适应性；实行了集权与分权的最优结合；有利于发挥专业人员的潜力；有利于监理人员业务

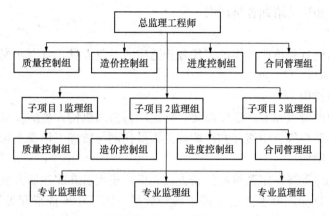

图 2-4　直线职能式项目监理机构组织结构

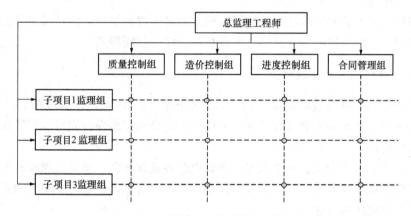

图 2-5　矩阵式项目监理机构组织结构

能力的培养；有利于解决复杂问题。

缺点是由于实行纵向、横向的双重领导，协调工作量大，处理不当会由于意见分歧而造成工作中扯皮现象和矛盾；组织关系较复杂，对项目负责人的要求较高。

2.2　项目监理机构人员配备

项目监理机构人员配备的数量和专业应根据工程监理的任务范围、内容、工作期限以及工程的类别、规模、技术复杂程度、工程环境等因素综合考虑，并应符合监理合同对监理工作深度及监理目标控制的要求，应能体现项目监理机构的整体素质。

1. 项目监理机构人员结构

项目监理机构应具有合理的人员结构，包括人员资格、专业结构、技术职称结构、注册人员结构、年龄结构等。

（1）人员资格

项目监理机构应选派符合有关规定且具备相应资格的监理人员，做到全员持证上岗。对于负责安全生产管理的监理工作人员、见证取样人员除应具有相关专业资格外，还应按有关规定取得相关知识的培训合格证书。

(2) 专业结构

项目监理机构应具备与所承担监理任务相适应的专业人员，且专业配套，并应满足建设工程监理工作需要。

(3) 技术职称结构

根据建设工程的特点和监理工作需要，确定项目监理机构人员的技术职称结构。合理的技术职称结构应是高级、中级和初级职称的人员比例与监理工作要求相适应。

(4) 注册人员结构

项目监理机构应配备一定数量的注册人员，即注册人员和非注册人员的比例应与监理工作要求相适应。目前，由于注册监理工程师数量有限，还不能满足监理工作需要。因此，应合理配备注册监理工程师，以提高项目监理机构的整体服务水平。

(5) 年龄结构

项目监理机构人员的年龄结构应搭配合理，即老中青相结合。这样可充分发挥各年龄段人员的优势、工作积极性和责任感，实现相互合作，共同提高。

2. 项目监理机构人员数量配备

项目监理机构人员数量应根据建设工程监理的范围、内容、工程规模、技术复杂程度、监理人员业务水平等因素综合考虑，并应符合建设工程监理合同对监理工作深度及监理目标控制的要求。

近年来，部分省市相继出台了监理人员数量配备最低标准，项目监理机构人员的数量可根据工程所在地省市相关标准要求进行配备，实行定岗定人，并有序安排相关监理人员进退场，保障监理服务质量。

2.3 项目监理机构人员职责

《建设工程监理规范》GB/T 50319—2013 规定了总监理工程师、总监理工程师代表、专业监理工程师和监理员应履行的职责。

1. 总监理工程师职责

总监理工程师是指由工程监理单位法定代表人书面任命，负责履行建设工程监理合同、主持项目监理机构工作的注册监理工程师。

(1) 总监理工程师应履行下列职责：

1) 确定项目监理机构人员及其岗位职责。

2) 组织编制监理规划，审批监理实施细则。

3) 根据工程进展及监理工作情况调配监理人员，检查监理人员工作。

4) 组织召开监理例会。

5) 组织审核分包单位资格。

6) 组织审查施工组织设计、(专项)施工方案。

7) 审查工程开复工报审表，签发工程开工令、暂停令和复工令。

8）组织检查施工单位现场质量、安全生产管理体系的建立及运行情况。

9）组织审核施工单位的付款申请，签发工程款支付证书，组织审核竣工结算。

10）组织审查和处理工程变更。

11）调解建设单位与施工单位的合同争议，处理工程索赔。

12）组织验收分部工程，组织审查单位工程质量检验资料。

13）审查施工单位的竣工申请，组织工程竣工预验收，组织编写工程质量评估报告，参与工程竣工验收。

14）参与或配合工程质量、安全事故的调查和处理。

15）组织编写监理月报、监理工作总结，组织整理监理文件资料。

（2）总监理工程师质量安全责任六项规定

2015 年 3 月，住房城乡建设部关于印发《建设单位项目负责人质量安全责任八项规定（试行）》等四个规定的通知（建市〔2015〕35 号），包括《建筑工程项目总监理工程师质量安全责任六项规定（试行）》。为全面贯彻总监理工程师质量安全责任六项规定，总监理工程师应认真学习和掌握质量安全责任六项规定的相关内容，全面履行监理职责。

建筑工程项目开工前，监理单位法定代表人应当签署授权书，明确项目总监。项目总监应当严格执行以下规定并承担相应责任：

1）项目监理工作实行项目总监负责制。项目总监应当按规定取得注册执业资格；不得违反规定受聘于两个及以上单位从事执业活动。

2）项目总监应当在岗履职。应当组织审查施工单位提交的施工组织设计中的安全技术措施或者专项施工方案，并监督施工单位按已批准的施工组织设计中的安全技术措施或者专项施工方案组织施工；应当组织审查施工单位报审的分包单位资格，督促施工单位落实劳务人员持证上岗制度；发现施工单位存在转包和违法分包的，应当及时向建设单位和有关主管部门报告。

3）工程监理单位应当选派具备相应资格的监理人员进驻项目现场，项目总监应当组织项目监理人员采取旁站、巡视和平行检验等形式实施工程监理，按照规定对施工单位报审的建筑材料、建筑构配件和设备进行检查，不得将不合格的建筑材料、建筑构配件和设备按合格签字。

4）项目总监发现施工单位未按照设计文件施工、违反工程建设强制性标准施工或者发生质量事故的，应当按照建设工程监理规范规定及时签发工程暂停令。

5）在实施监理过程中，发现存在安全事故隐患的，项目总监应当要求施工单位整改；情况严重的，应当要求施工单位暂时停止施工，并及时报告建设单位；施工单位拒不整改或者不停止施工的，项目总监应当及时向有关主管部门报告，主管部门接到项目总监报告后，应当及时处理。

6）项目总监应当审查施工单位的竣工申请，并参加建设单位组织的工程竣工验收，不得将不合格工程按照合格签认。

项目总监责任的落实不免除工程监理单位和其他监理人员按照法律法规和监理合同应当承担和履行的相应责任。

2. 总监理工程师代表职责

总监理工程师代表是指经工程监理单位法定代表人同意，由总监理工程师书面授权，代表总监理工程师行使其部分职责和权力，具有工程类注册执业资格或具有中级及以上专业技术职称、3 年及以上工程实践经验并经监理业务培训的人员。

总监理工程师不得将下列工作委托给总监理工程师代表：

(1) 组织编制监理规划，审批监理实施细则。

(2) 根据工程进展及监理工作情况调配监理人员。

(3) 组织审查施工组织设计、(专项)施工方案。

(4) 签发工程开工令、暂停令和复工令。

(5) 签发工程款支付证书，组织审核竣工结算。

(6) 调解建设单位与施工单位的合同争议，处理工程索赔。

(7) 组织分部工程验收、工程竣工预验收，签署工程质量评估报告，参与工程竣工验收。

(8) 参与或配合工程质量、安全事故的调查和处理。

3. 专业监理工程师职责

专业监理工程师是指由总监理工程师授权，负责实施某一专业或某一岗位的监理工作，有相应监理文件签发权，具有工程类注册执业资格或具有中级及以上专业技术职称、2 年及以上工程实践经验并经监理业务培训的人员。

专业监理工程师应履行下列职责：

(1) 参与编制监理规划，负责编制监理实施细则。

(2) 审查施工单位提交的涉及本专业的报审文件，并向总监理工程师报告。

(3) 参与审核分包单位资格。

(4) 指导、检查监理员工作，定期向总监理工程师报告本专业监理工作实施情况。

(5) 检查进场的工程材料、构配件和设备的质量。

(6) 验收检验批、隐蔽工程、分项工程，参与验收分部工程。

(7) 处置发现的质量问题和安全事故隐患。

(8) 进行工程计量。

(9) 参与工程变更的审查和处理。

(10) 组织编写监理日志，参与编写监理月报。

(11) 收集、汇总、参与整理监理文件资料。

(12) 参与工程竣工预验收和竣工验收。

4. 监理员职责

监理员是指从事具体监理工作，具有中专及以上学历并经过监理业务培训的人员。

监理员应履行下列职责：

(1) 检查施工单位投入工程的人力、主要设备的使用及运行状况。

(2) 进行见证取样，并做好见证记录。

（3）复核工程计量有关数据。

（4）检查重要工序施工结果。

（5）对关键部位、关键工序实施旁站，并做好旁站记录。

（6）发现施工作业中的问题，及时指出并向专业监理工程师报告。

2.4　监理工作制度

为全面履行建设工程监理职责、确保监理服务质量，根据工程监理合同及工程特点，项目监理机构应制定以下主要监理工作制度。

1. 设计交底与图纸会审制度

设计交底与图纸会审是工程开工前实施质量控制的一项重要工作。

（1）项目监理机构在收到施工图审查机构审查合格的施工图设计文件后，总监理工程师应及时组织监理人员熟悉和审查施工图设计文件，对施工图设计文件中存在的问题，应通过建设单位向设计单位提出书面意见或建议。

（2）设计单位按法律规定的义务就施工图设计文件的设计意图，特殊的工艺要求，建筑、结构、工艺、设备等各专业在施工中的难点和容易发生的问题，向施工单位和项目监理机构等做出详细说明。

（3）项目监理机构应参加由建设单位主持召开的设计交底与图纸会审会议，正确贯彻设计意图，加深对施工图设计文件特点和难点的全面理解。

2. 审查审核制度

项目监理机构在实施监理过程中，会涉及大量文件资料的审查审核工作。审查审核是项目监理机构履行监理工作职责的主要方法之一。

（1）总监理工程师应及时组织专业监理工程师对施工组织设计、（专项）施工方案进行审查，需要修改的，由总监理工程师签发书面意见，退回施工单位修改后重新报审。符合要求的，由总监理工程师签认。

（2）审查施工单位现场的质量、安全生产管理组织机构、管理制度、安全生产许可证、专职安全生产管理人员和特种作业人员的资格。

（3）审核施工分包单位资格以及检查为工程提供服务的试验室。

（4）检查、复核施工单位报送的施工控制测量成果及保护措施。

（5）审查施工单位报送的工程开工报审表及有关资料，具备开工条件的，由总监理工程师签署审核意见，报建设单位批准后，总监理工程师签发工程开工令。

（6）审查施工单位报送的用于工程的材料、构配件和设备的质量证明文件，质量证明文件包括出厂合格证、质量检验报告、性能检测报告以及施工单位的质量抽检报告等。

3. 整改复查制度

整改复查主要包括签发监理通知单和签发工程暂停令。项目监理机构针对巡视检查中发现的各种问题，需签发监理指令要求施工单位整改；整改完毕后，对整改情况进行复查。

（1）监理通知单。项目监理机构发现施工单位存在下列情况之一时，应及时签发监理通知单，要求施工单位整改。整改完毕后，项目监理机构应根据施工单位报送的监理通知回复单对整改情况进行复查，并提出复查意见。

1）施工不符合设计要求、工程建设标准和合同约定的。

2）未按专项施工方案施工的。

3）工程存在安全事故隐患的。

4）使用不合格工程材料、构配件和设备的。

5）施工存在质量问题或采用不适当的施工工艺或施工不当造成工程质量不合格的。

6）实际进度严重滞后于计划进度且影响合同工期的。

7）工程质量、造价、进度等方面存在违法违规行为的。

（2）工程暂停令。项目监理机构发现下列情况之一时，总监理工程师应征得建设单位同意，及时签发工程暂停令。当暂停施工原因消失、具备复工条件时，项目监理机构应根据施工单位报送的工程复工报审表及有关资料进行复查，符合要求后，总监理工程师签署审查意见，并报建设单位批准后签发工程复工令。

1）建设单位要求暂停施工且工程需要暂停施工的。

2）施工单位未经批准擅自施工或拒绝项目监理机构管理的。

3）施工单位未按审查通过的工程设计文件施工的。

4）施工单位违反工程建设强制性标准的。

5）施工存在重大质量、安全事故隐患或发生质量、安全事故的。

4. 监理会议制度

项目监理机构在实施监理过程中，组织协调的主要方法是召开工地会议。工地会议包括：第一次工地会议、监理交底会议、监理例会、专题会议和监理工作会议。

（1）第一次工地会议。工程开工前，由建设单位主持召开，中心内容是工程参建各方分别对各自驻现场人员及分工、开工准备、监理例会要求等情况进行沟通和协调。建设单位驻现场代表、项目监理机构人员、施工单位项目经理及相关人员参加。必要时，可邀请设计单位相关人员和与工程建设有关的其他单位人员参加。项目监理机构负责整理会议纪要，与会各方代表共同签认。

（2）监理交底会议。工程开工前，由总监理工程师主持召开，中心内容是贯彻项目监理规划，介绍监理工作内容、程序和方法，提出监理资料报审及管理要求。项目监理机构人员、施工单位项目经理及相关人员参加。必要时，可邀请建设单位及相关人员参加。项目监理机构负责整理会议纪要，与会各方代表共同签认。监理交底会议可与首次监理例会合并召开。

（3）监理例会：由总监理工程师或其授权的专业监理工程师主持，每周定期召开一次监理例会，主要解决与工程监理相关的问题。建设单位驻现场代表、项目监理机构人员、施工单位项目经理及相关人员参加。必要时，可邀请设计单位相关人员和与工程建设有关的其他单位人员参加。项目监理机构负责整理会议纪要，与会各方代表共同签认。

（4）专题会议。根据工程需要，不定期召开专题会议，由总监理工程师或其授权的专业监理工程师主持或参加，邀请专题相关人员参加，主要解决工程监理过程中工程专项问题。由项目监理机构组织召开的专题会议，项目监理机构负责整理会议纪要，与会各方代表共同签认。

（5）监理工作会议。由总监理工程师主持，每月召开一次监理工作会议，项目监理机构全体人员参加。主要分析总结项目监理机构的监理工作情况，针对存在的问题，提出具体整改措施。项目监理机构负责整理会议纪要。

5. 巡视检查制度

巡视检查是项目监理机构工作的主要方法之一。

（1）项目监理机构应安排监理人员对工程施工质量以及施工现场安全防护情况进行巡视检查，并做好巡视检查记录。发现工程存在质量或安全事故隐患时，按其严重程度及时向施工单位发出监理通知或工程暂停令，责令其消除质量或安全事故隐患。

（2）项目监理机构应巡视检查危险性较大的分部分项工程专项施工方案实施情况。发现未按专项施工方案实施的，应签发监理通知单，要求施工单位按照专项施工方案实施。

（3）项目监理机构应安排监理人员参加施工单位每周组织的施工现场安全防护、临时用电、起重机械、消防设施、脚手架、模板及支撑体系等安全检查，并做好检查记录。

（4）项目监理机构应组织相关单位进行有针对性的质量问题、安全事故隐患专项检查，每月应不少于1次，并提出检查意见。

6. 检验与验收制度

检验与验收是工程质量控制的重要环节，也是项目监理机构工作的主要方法之一。

（1）项目监理机构应审查施工单位报送的用于工程的材料、构配件和设备的质量证明文件，并应按有关规定、建设工程监理合同约定，对用于工程的材料进行见证取样或平行检验。

（2）项目监理机构应对施工单位报验的隐蔽工程、检验批、分项工程和分部工程进行质量验收，对验收合格的应给予签认；对验收不合格的应拒绝签认，同时应要求施工单位在指定的时间内整改并重新报验。

7. 监理日志与日记制度

监理日志与监理日记是工程实施过程中监理工作最真实的原始记录，是重要的监理资料。

（1）监理日志应由总监理工程师根据工程实际情况，指定一名专业监理工程师每日对监理工作及工程施工进展情况进行详细记录。监理日志应每日记录，内容应连续，杜绝事后追记。

（2）监理日记是每个监理人员的工作日记，即项目监理机构所有监理人员每日对自己所进行的监理工作及本专业工程施工进展情况所做的记录，内容应连续，杜绝事后追记。

（3）监理日志与监理日记记录应字迹清晰、工整、数字准确、用语规范、内容严谨，记录内容必须真实、准确、及时、完整、具有可追溯性，应详细描述工程监理活动的具体情况，体现时间、地点、相关人员以及事情的起因、经过和结果。

（4）总监理工程师应定期审阅监理日志、监理日记，全面了解监理工作情况，审阅后应予以签认。

8. 监理工作报告制度

监理工作报告是项目监理机构组织协调与沟通的主要方法之一。

（1）项目监理机构在实施监理过程中，发现施工存在质量或安全事故隐患时，应签发监理通知单，要求施工单位整改；情况严重时，应签发工程暂停令，并及时报告建设单位。施工单位拒不整改或不停止施工时，应及时向有关主管部门报告。

（2）项目监理机构每月应向建设单位、监理单位报送监理工作月报。必要时，将安全生产管理的监理工作报告报送有关主管部门。

（3）总监理工程师应定期或不定期地向监理单位汇报项目监理机构监理工作情况。

（4）项目监理机构针对监理工作范围内工程专项问题，应向建设单位报送专题工作报告。

9. 工程变更处理制度

（1）项目监理机构对施工单位提出的工程变更申请，应按程序进行审查，提出审查意见；对工程变更费用及工期影响作出评估；组织建设单位、施工单位等共同协商确定工程变更费用及工期变化，并会签工程变更单。

（2）对涉及工程设计文件修改的工程变更，应由建设单位转交原设计单位修改工程设计文件。涉及消防、人防、环保、节能、结构等内容，应按规定经有关部门重新审查。必要时，项目监理机构建议建设单位组织设计、施工等单位召开工程设计文件修改专题论证会议。

（3）项目监理机构对建设单位要求的工程变更，提出评估意见。建设单位应要求原设计单位编制工程变更文件。

10. 事故报告及处理制度

发生事故后，项目监理机构应立即向有关单位报告，采取有效措施，防止事故扩大，并积极配合事故调查及处理工作。

（1）发生事故后，事故现场监理人员应当立即向总监理工程师报告。

（2）总监理工程师应立即向建设单位及监理单位报告，并签发工程暂停令，暂停事故部位及与其有关联的部位施工，同时，应要求施工单位采取有效措施，防止事故扩大并保护好现场。

（3）总监理工程师应要求施工单位立即按事故类别、等级、报告程序向相应的主管部门报告。

（4）总监理工程师应根据事故发展情况，及时向建设单位、监理单位通报事故情况。

（5）项目监理机构应积极配合工程质量事故调查，客观地提供相应证据，并做好由于事故对工程产生的结构安全及重要使用功能等方面质量缺陷处理工作。

11. 资料管理与归档制度

监理文件资料的收集、整理、传递、组卷和归档是项目监理机构一项重要工作。

（1）总监理工程师应指定专人负责监理文件资料的收集、整理、传递、组卷和归档。

（2）项目监理机构应运用计算机信息技术进行监理文件资料管理，实现监理文件资料管理的科学化、标准化、程序化和规范化。

（3）专业监理工程师应及时签认进场工程材料、构配件和设备的质量报审资料，以及隐蔽工程、检验批、分项工程和分部工程的质量验收资料。

（4）项目监理机构应及时收集、分类汇总监理文件资料，并按规定组卷，形成监理文件档案。

（5）监理单位应根据工程特点和有关规定，保存监理档案，并合理确定监理文件资料的保存期限。

12. 教育培训制度

对监理人员进行继续教育培训是提高监理人员素质和水平的有效手段。

（1）项目监理机构应定期或不定期组织监理人员学习有关建设工程的法律法规、规章、规范性文件、标准和规范以及相关专业知识。参加主管部门或监理单位组织的建设工程监理继续教育培训，并应有教育培训记录。

（2）项目监理机构应根据需要，组织监理人员进行监理工作经验交流和总结，相互学习、总结，提升监理服务水平。

13. 监理人员管理制度

（1）认真学习、贯彻国家有关建设工程监理的法律法规。公平、独立、诚信、科学地开展建设工程监理与相关服务活动。

（2）严格按照法律法规、标准、工程设计文件、建设工程有关合同文件实施监理，履行监理职责，公平合理地处理相关方事宜。

（3）发扬认真、求实的工作作风，尊重客观事实，准确反映工程建设情况。

（4）努力钻研业务，不断更新知识、提高监理业务水平和工作能力。

（5）遵守职业道德，树立监理人员的良好形象。不以个人名义承揽监理业务，不收受施工单位的任何礼金，不泄漏所监理工程各方认为需要保密的事项。

2.5　监理设施

监理设施是指项目监理机构监理工作需要的检测仪器设备和工具，以及办公、交通、通信、生活等设施。

（1）建设单位应按建设工程监理合同约定，提供监理工作需要的办公、交通、通信、生活等设施。项目监理机构宜妥善使用和保管建设单位提供的设施，并应按建设工程监理合同约定的时间移交建设单位。

（2）监理单位宜按建设工程监理合同约定，配备满足监理工作需要的检测仪器设备和工具。承担房屋建筑和市政基础设施工程监理的项目监理机构，建议配备下列主要常用仪器设备和工具（包括由监理单位统一配备和调配使用的仪器设备和工具）：

主要仪器设备包括：全站仪、经纬仪、水准仪、楼板厚度测定仪、钢筋位置测定仪、钢筋保护层厚度测定仪、裂缝观测仪、涂层厚度仪、混凝土回弹仪、高强混凝土回弹仪、碳化深度测量尺、坍落度仪、拉拔仪、硬度计、扭矩扳手、天平、电烘箱、环刀、红外测温仪、万用电表、电阻测试仪、焊缝检测仪等。

主要工具包括：卷尺（钢卷尺、皮尺）、游标卡尺、水平尺、方尺、塞尺、靠尺、测绳、多功能检测尺、百格网、小锤、放大镜、望远镜、试电笔、空心钻、吊线坠、温度计、湿度计等。

2.6 总监理工程师基本能力和素质

总监理工程师是工程监理单位法定代表人书面任命的项目监理机构负责人，是工程监理单位履行建设工程监理合同的全权代表。因此，总监理工程师应具备基本的能力和素质，才能完成好建设工程监理工作。

1. 总监理工程师基本能力

总监理工程师基本能力概括起来，包括以下几个方面。这些能力是总监理工程师有效行使其职责、充分发挥领导作用所应具备的主观条件。

（1）创新能力

创新能力是总监理工程师基本能力的核心。创新能力可归纳为想象力丰富、思路开阔、方法新颖等特征。由于科学技术迅速发展，新材料、新技术、新工艺、新设备的不断涌现，人们对建筑产品也不断提出新的要求。面临新形势、新任务，总监理工程师只有以创新的精神、创新的思维和创新的工作方法来开展监理工作，才能实现工程项目总目标。

（2）决策能力

总监理工程师全权负责项目监理机构的监理工作，要求总监理工程师必须具备较强的决策能力。决策能力主要体现在总监理工程师能够当机立断，需要在授权范围内做出决策。决策能力可分为收集与筛选信息的能力、确定多种可行方案的能力和选优抉择的能力。

（3）组织能力

总监理工程师的组织能力关系到监理工作的效率。组织能力是指总监理工程师为了有效实现项目目标，运用现代组织理论，建立分工合理的、高效精干的项目监理机构，制定一整套保证监理工作有效运行的程序和制度。组织能力主要包括组织分析能力、组织设计能力和组织变革能力。

（4）专业技术能力

专业技术能力是总监理工程师基本要求。总监理工程师要有一定的专业技术能力，但并不一定是技术权威。通常情况，在项目监理机构内往往会有一些技术专家负责解决有关技术方面的问题。因此，对于总监理工程师往往不一定要求其专业技术能力特别强，但必须有一定的专业技术基础。

（5）协调与控制能力

总监理工程师必须具有良好的协调与控制能力，并善于进行组织协调与沟通。总监理工程师协调与控制能力是指正确处理项目内外各方面关系、解决各方面矛盾的能力。从项目监理机构内部看，总监理工程师要有较强能力来协调机构内各成员的关系，运用各种手段对工程项目实施有效控制，实现项目总目标。从项目与外部环境关系来看，总监理工程师协调能力还包括协调项目与政府、社会、各方面协作者之间的关系，尽可能地为项目创造有利的外部条件，减少或避免各种不利因素的影响。

（6）分析与表达能力

将各种问题与意见通过语言与文字清楚、准确地表达出来，传递给对方是对总监理工程师的基本要求。因此，作为一个合格的总监理工程师应具备相应的综合分析与表达能力。

（7）应变能力

工程实施过程的情况是不断发生变化的，虽然事先制订了比较详细、周密的计划，但可能由于内外部环境等因素发生变化，而要求对计划与方案随时进行调整。此外，有些突发事件的出现，也可能在没有备选方案的情况下要求总监理工程师立即做出应对，所有这些都要求总监理工程师必须具备较强的应变能力。

（8）社交能力

总监理工程师的社交能力是指与有关人员打交道的能力。待人技巧高的总监理工程师会赢得下属的欢迎，有助于协调与下属的关系，有助于监理工作开展；反之，则常常引起下属反感，造成与下属关系紧张甚至隔离状态，而影响监理工作开展。

（9）激励能力

总监理工程师的激励能力可以理解为调动下属积极性的能力。从行为科学角度看，总监理工程师的激励能力表现为其所采用的激励手段与下属士气之间的关系状态。如果采取某种激励手段导致下属士气提高，则认为总监理工程师激励能力较强；反之，如果采取某种手段导致下属士气降低，则认为总监理工程师激励能力较低。

2. 总监理工程师基本素质

总监理工程师基本素质主要表现在品格、知识、性格、学习及体格等方面，具体为：

（1）品格素质

总监理工程师品格素质是指总监理工程师从行为作风中表现出来的思想、认识、品行等方面的特征，如遵纪守法、爱岗敬业、高尚的职业道德、团队协作精神、诚信尽责等。

总监理工程师是在一定时期和范围内掌握一定权力的职业，这种权力的行使将会对建设工程产生关键性的影响。因此，要求总监理工程师必须正直、诚实、敢于负责，心胸坦荡，言而有信、言行一致，有较强的敬业精神。

（2）知识素质

总监理工程师应具有监理工作所需要的专业技术、管理、经济、法律法规知识，并在实践中不断完善自己的知识结构。同时，总监理工程师还应具有一定的实践经验，即具有工程监理实践经验和业绩，这样才会得心应手地处理各种可能遇到的实际问题。

（3）性格素质

总监理工程师在性格上要豁达、开朗，易于与各种各样的人相处；既要自信有主见，又不能刚愎自用；遇到困难要坚强，能经得住失败和挫折。

（4）学习素质

总监理工程师不可能对于建设工程所涉及的所有知识都有比较好的知识储备，相当一部分知识需要在工程监理工作中学习和掌握。因此，总监理工程师必须善于学习，包括从书本中学习，更要向项目监理机构成员学习。

（5）体格素质

总监理工程师应具备好的身体，即身体健康，精力充沛。这样，才能胜任繁忙、严谨的监理工作。

2.7 总监理工程师选择原则和培养

1. 总监理工程师选择原则

总监理工程师可按以下原则进行选择：

（1）有一定类似工程的工作经验

对总监理工程师的选择，有一定类似工程的工作经验是第一位的。那种只能动口不能动手的口头先生是无法胜任总监理工程师工作的。选择总监理工程师时，判断其是否具有相应的能力可以通过了解其以往的工作经历，也可以结合一些测试来进行。

（2）有较扎实的基础知识

在工程实施过程中，由于各种原因，有些总监理工程师的基础知识比较弱，难以应付遇到的各种问题。这样的总监理工程师所负责工程的工作质量与效率不可能很好，所以选择总监理工程师时要注意其是否具有较扎实的基础知识。对基础知识掌握程度的分析可以通过其所受教育程度和相关知识的测试来进行。

（3）把握重点，不可求全责备

对总监理工程师能力和素质的要求比较宽泛，但并不意味着非全才不可。事实上对不同工程规模的总监理工程师有不同的要求，侧重点不同。我们不应该、也不可能要求所有总监理工程师都有完全一模一样的能力与水平。同时也正是由于不同的总监理工程师有不同的差异，才可能使其适应不同工程规模要求。因此，对总监理工程师能力和素质的要求要把握重点，不可求全责备。

2. 总监理工程师培养

总监理工程师的培养是监理单位一项重要职责，监理单位可从以下几方面进行培养：

（1）在工程监理实践中培养

总监理工程师的工作是要通过其所负责项目监理机构的努力，共同做好监理工作。总监理工程师的能力与水平将在工程监理实践中接受检验。所以，在培养总监理工程师时，首先要注重的就是在工程监理实践中培养与锻炼。在工程监理实践中培养的总监理工程师能很快适应总监理工程师岗位要求。

（2）放手与帮带结合

总监理工程师的成长不是一朝一夕的事，是在工程监理实践中逐步成长起来的，要让总监理工程师尽快成长起来，就必须在放手锻炼的同时，注意帮带结合。

（3）知识更新与积累

总监理工程师要随着科技进步及工程实际情况，不断进行知识更新与积累。监理单位要注意为总监理工程师的知识更新与积累创造条件，积极参加注册监理工程师继续教育培训。同时总监理工程师自己也要注意平时的知识更新与积累。

2.8　项目监理机构团队建设

项目监理机构团队建设的主要任务是加强项目监理机构人员的团队意识，树立团队精神，统一思想，步调一致，沟通顺畅，运作高效。项目监理机构应有明确的目标、合理的运转程序和完善的工作制度。

1. 团队

团队是指一组成员为了实现一个共同的目标，按照一定的分工和工作程序，协同工作而组成的有机整体。构成团队的基本条件是：成员之间必须有一个共同的目标，而不是有各自的目标；团队内有一定的分工和工作程序。这两项基本条件缺一不可，否则只能称为群体，不能称之为团队。

2. 项目监理机构的发展过程

项目监理机构的形成发展需要经历一个过程，有一定的生命周期，这个周期对有的工程项目来说可能时间很长，有的则可能很短。但总体来说都要经过形成、磨合、规范、表现与休整几个阶段，如图 2-6 所示。

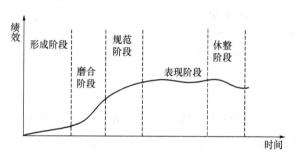

图 2-6　项目监理机构生命周期示意图

（1）形成阶段

项目监理机构形成阶段主要是组建项目监理机构的过程。项目监理机构组建是指获取完成建设工程监理工作所需的人力资源。项目监理机构人员可能来自于监理单位外部或内部，人力资源部门可进行项目监理机构人员的选用或入职培训。对项目监理机构人员的选用应考虑以下因素：

1）可用性。哪些人员有时间？何时有时间？

2）能力。他们具有什么能力？

3）经验。他们是否从事过类似或相关的工作？表现如何？

4）兴趣。他们是否愿意在这个项目工作？

5）费用。项目监理机构人员的报酬是多少？

（2）磨合阶段

磨合阶段是项目监理机构从组建到规范阶段的过渡。在这一过程中，项目监理机构人员之间、人员与内外环境之间、项目监理机构与所在单位之间都要进行一段时间磨合。

1）人员之间的磨合。由于人员之间文化、教育、家庭、专业等各方面的背景和特点不同，使之观念、立场、方法和行为等都会有各种差异。在工作初期人员相互之间可能会出现不同程度和不同形式的冲突。

2）人员与内外环境之间的磨合。人员与内外环境之间的磨合包括人员对具体任务的熟悉和专业技术的掌握与运用，人员对团队管理与工作制度的适应与接受，人员与整个项目监理机构的融合以及与其他部门关系的重新调整。

3）项目监理机构与其所在单位之间的磨合。一个新的项目监理机构对与其所在单位来说有一个观察、评价与调整的过程。两者之间的关系有一个衔接、建立、调整、接受、确认的过程。

在以上的磨合阶段，可能有的人员因不适应而退出项目监理机构，为此，项目监理机构人员要重新调整与补充。在实际工作中应尽可能缩短磨合时间，使项目监理机构早日形成合力。

（3）规范阶段

经过磨合阶段，项目监理机构的工作开始进入有序化状态，项目监理机构的各项规则经过建立、补充与完善，人员之间经过认识、了解与相互熟悉，形成了自己的团队文化、新的工作规范，培养了初步的团队精神。这一阶段的团队建设要注意以下几点：

1）团队工作规则的调整与完善。工作规则要在工作高效率完成、工作规范合情合理、团队成员乐于接受之间寻找最佳的平衡点。

2）团队价值取向的倡导，创建共同的价值观。

3）团队文化的培养。注意鼓励团队成员个性的发挥，为个人成长创造条件。

4）团队精神的奠定。团队成员相互信任、互相帮助、尽职尽责。

（4）表现阶段

经过上述三个阶段，项目监理机构进入了表现阶段，这是项目监理机构最好状态时期。项目监理机构人员彼此高度信任、相互默契，工作效率有较大提高，工作效果明显，这时期项目监理机构已比较成熟。

需要注意的问题：

1）牢记项目监理机构的监理目标与工作任务。不能单纯为项目监理机构团队建设而忘记了项目监理机构组建目的。要时刻记住项目监理机构是为建设单位工程建设服务的。

2）警惕出现一种情况，即有的项目监理机构在经过前三个阶段后，在第四阶段很可能并没有形成高效的团队状态，团队成员之间迫于工作规范要求与管理者权威而出现一些成熟的假象，使项目监理机构没有达到最佳状态，无法完成预期的监理工作目标。

（5）休整阶段

休整阶段包括休止与整顿。休止是指项目监理机构经过一段时期工作，任务即将结束，这时，项目监理机构将面临工作总结，所有这些暗示着项目监理机构前一时期工作已经基本结束。项目监理机构可能面临马上解散的状况，项目监理机构人员要为自己的下一步工作进行考虑。

整顿是指在项目监理机构监理工作结束后，项目监理机构也可能准备接受新的监理工作。为此，项目监理机构人员要进行调整和整顿，包括工作作风、人员结构等。如果这种调整比较大，实际上就是组建一个新的项目监理机构。

3. 项目监理机构团队建设要求

项目监理机构团队建设应符合下列要求：

（1）项目监理机构应有明确的监理工作目标、合理的运行程序和完善的工作制度。

（2）总监理工程师应对项目监理机构团队建设负责，培育团队精神，定期评估团队运作绩效，有效发挥和调动各成员的工作积极性和责任感。

（3）总监理工程师应起到示范和表率作用，通过自身的言行、素质来调动广大团队成员的工作积极性和向心力，善于用人和激励进取。

（4）总监理工程师应通过总结、表彰奖励、学习交流等多种方式，创造和谐的团队氛围，统一团队思想，营造集体观念，通过沟通、协调处理冲突，提高监理工作效率。

（5）总监理工程师应加强团队成员的教育培训，提高团队成员的工作技能、技术水平、管理水平和道德品质等。

（6）总监理工程师应重视对团队成员的激励，做到责任明确、授权充分、科学考评、适当奖惩，根据团队成员的特点采取不同的激励手段。

（7）团队建设应注重管理绩效，有效发挥团队成员的积极性，并充分利用团队成员集体的协作成果，形成积极向上、凝聚力强的项目监理机构。

2.9　监理单位对项目监理机构管理

对项目监理机构管理是监理单位一项主要管理职责。监理单位应制定对项目监理机构的监理工作检查计划，并按其开展工作。重点检查项目监理机构监理人员的履职情况、监理文件资料管理情况以及工程质量、造价、进度控制、合同管理、安全生产管理监理工作的成效，检查中发现的问题，应给予及时指导，并督促项目监理机构限期整改。

1. 监理单位主要管理职责

（1）监理单位应建立健全质量管理体系并确保其有效运行。监理单位技术负责人应负责组织对项目监理机构工作的检查和考核。

（2）监理单位应签订有效监理合同，组织监理合同交底，明确监理工作范围、内容、目标和有关要求，并应有监理合同交底记录。

（3）监理单位法定代表人应选派符合要求的项目总监理工程师，并签署授权书。

（4）监理单位应选派具备相应资格且专业配套、数量满足监理工作需要的监理人员进驻项目施工现场。

（5）监理单位应配备满足监理工作需要的常用检测仪器设备和工具。

（6）监理单位技术负责人应审批项目监理规划、工程质量评估报告，并应加盖监理单位公章。

（7）监理单位应及时向项目监理机构传达新实施的工程建设法律法规、规章、规范性文件、标准和规范，定期对监理人员进行工程建设相关法规体系、标准和专业知识的教育培训，并应有教育培训记录。

（8）监理单位应检查项目监理机构工程质量控制系统的建立和运行情况，并提出改进意见。

（9）监理单位应建立危险性较大的分部分项工程管理制度，检查项目监理机构对危险性较大的分部分项工程专项施工方案审查情况。对于超过一定规模的危险性较大的分部分项工程，监理单位应对经专家论证的专项施工方案实施情况进行检查。

（10）对按照规定需要验收的危险性较大的分部分项工程，监理单位应检查验收情况。对验收合格的，检查是否经施工单位项目技术负责人及总监理工程师签字确认，并在施工现场明显位置设置验收标识牌，公示验收时间及责任人员。

2. 对项目监理机构监理工作检查

监理单位应定期或不定期地对项目监理机构的监理工作进行检查，主要检查内容包括：

（1）建议每季度应不少于 2 次对项目监理机构的监理工作进行检查，并应做好检查记录。监理工作检查的主要内容，如表 2-3 所示。

（2）监理单位应定期或不定期地对项目监理机构的监理工作进行满意度调查，征求建设单位意见，及时掌握建设单位对项目监理机构工作的要求和建议。必要时，也可征求施工单位对项目监理机构的意见和建议，以便改进或提高项目监理机构的工作服务质量。

监理工作检查的主要内容　　　　　　　　　　表 2-3

序号	检查项目	检查内容	备注
1	总监理工程师资格及履职情况	总监理工程师资格应符合相应规定，且按规定到岗履职	
2	项目监理机构人员配备及到位情况	项目监理机构关键岗位人员配备齐全，资格符合相应规定，且按规定到岗履职	
3	监理规划、监理实施细则的编审情况	按规定程序编审，内容完整，针对性和操作性强，签字盖章齐全	
4	施工组织设计、（专项）施工方案审查及实施情况	按规定程序审查，技术措施符合有关规定，针对性和实施性强，签字盖章齐全。是否有未按施工组织设计、（专项）施工方案实施的情况	
5	分包单位资格审核情况	按规定审核相关资料，内容完整	
6	工程材料、构配件和设备进场查验情况	按规定查验相关资料，内容完整	
7	见证取样制度实施情况	按规定及见证取样计划实施见证取样	
8	平行检验实施情况	按规定和合同约定实施平行检验	
9	审查工程变更情况	按规定审查工程变更内容，签字齐全	

续表

序号	检查项目	检查内容	备注
10	关键部位、关键工序旁站情况	按监理规划中旁站方案实施，并有旁站记录	
11	施工现场巡视检查情况	按要求进行巡视检查，并有巡视检查记录	
12	质量安全隐患整改情况	按要求及时整改，并有整改验收记录	
13	隐蔽工程、检验批、分项工程、分部工程质量验收情况	按规定程序验收，验收资料规范，验收记录完整，签字齐全，结论明确	
14	监理通知单及回复单、工程暂停令及复工令、监理报告内容情况	符合有关要求，内容表述规范、完整，涉及问题做到交圈闭合	
15	工程质量、造价、进度控制，合同管理及安全生产管理的监理工作成效	重点检查监理工作内容、方法是否符合要求，以及所采取的措施和效果	
16	施工单位的安全生产许可证、"安管人员"、特种作业人员资格证书以及技术交底核查情况	按规定核查，并有核查记录	
17	第一次工地会议、监理例会、监理交底、专题会议及监理工作会议纪要情况	会议纪要内容规范、完整，签字齐全	
18	监理日志记录情况	记录详细，表述准确，内容真实	
19	监理月报内容及报送情况	按要求编审，重点突出、内容完整，按时报送	
20	组织学习建设工程监理相关法律法规体系、标准规范以及相关专业知识情况	检查组织学习记录	

第3章　建设工程监理主要方法

建设工程监理主要方法包括：审查、巡视、旁站、验收、见证取样和平行检验等。

3.1　审查

项目监理机构在实施监理过程中，应依据有关工程建设法律、法规、标准、工程设计文件、工程建设合同，对施工单位报送的有关工程建设的技术文件、报审或报验的相关资料等进行审查，并提出审查意见。符合要求后，施工单位才能实施相应的工作。审查是项目监理机构工作的主要方法之一。审查可分为程序性与实质性审查。

1. 程序性审查

程序性审查主要是对施工单位报送的有关工程建设的技术文件、报审或报验的相关资料等，从程序上是否符合要求、手续是否齐全、资料是否完整以及资料编制与审批人签字是否符合相关要求等进行查验；如对施工单位报送的施工组织设计，要审查其编审程序是否符合相关规定、是否经施工单位的技术负责人审批签字等。

2. 实质性审查

实质性审查主要是对施工单位报送的有关工程建设的技术文件、报审或报验的相关资料等，从内容、方法、措施等是否符合法律、法规、标准、工程设计文件、工程建设合同等方面进行查验。如对施工组织设计，要审查其施工进度、施工方案及工程质量保证措施是否符合施工合同要求，资金、劳动力、材料、设备等资源供应计划是否满足工程施工需要，安全技术措施是否符合工程建设强制性标准，施工总平面布置是否科学合理等。

3.2　巡视

巡视是指项目监理机构监理人员对施工现场进行定期或不定期的检查活动。巡视是项目监理机构工作的主要方法之一。项目监理机构应重点对工程施工质量及施工现场安全生产管理的情况进行巡视，并做好巡视检查记录。通过巡视检查及时发现施工过程中出现的质量安全问题，对不符合要求的及时督促施工单位整改，使问题消灭在萌芽状态。

1. 巡视应包括的主要内容

（1）施工单位是否按工程设计文件、工程建设标准和批准的施工组织设计、（专项）施工方案施工。

（2）使用的工程材料、构配件和设备是否合格。

（3）施工现场管理人员，特别是施工质量与安全生产管理人员是否到位。

（4）特种作业人员是否持证上岗。

2. 巡视检查的要点

（1）施工作业人员

1）施工现场管理人员，特别是施工质量与安全生产管理人员是否到位。

2）特种作业人员是否持证上岗；有无技术交底记录。

3）施工作业人员的安全防护措施是否到位，如安全帽、安全带等。

（2）施工机械设备

1）施工机械设备的进场、安装、验收、使用是否符合相关规定。

2）施工机械设备安全防护装置是否齐全、灵敏、可靠，操作是否方便。

（3）工程材料、构配件和设备

1）工程材料、构配件和设备进场是否已按程序报验合格，并按有关规定进行检验。

2）施工现场有无使用不合格的工程材料、构配件和设备。

3）工程材料、构配件和设备堆放是否符合施工组织设计要求。

（4）主要施工方法

1）主要施工方法是否按相关标准、（专项）施工方案实施。

2）主要施工方法是否正确，有无违规操作现象。

（5）施工环境

1）施工环境是否对工程质量安全造成影响，是否已采取相应措施。

2）基准控制点、基坑监测点的设置和保护是否符合要求，监测工作是否正常。

3）季节性施工时，施工现场是否采取了相应的施工措施，如冬雨期施工等。

（6）土方开挖工程

1）土方开挖顺序、方法是否与设计工况一致，是否遵循"开槽支撑，先撑后挖，分层开挖，严禁超挖"的原则。

2）基坑周边堆放物料是否符合设计要求的地面荷载限值，是否存在安全事故隐患。

3）挖土机械有无碰撞或损伤基坑支护结构、工程桩、降水井等现象。

4）基坑周边及支护结构有无变形、异常现象。

（7）砌体结构工程

1）墙体拉结筋形式、规格、尺寸、位置是否符合设计要求。

2）砌筑砂浆的强度是否符合设计和规范要求。

3）灰缝厚度及砂浆饱满度是否符合规范要求。

4）墙体上需要预留的洞口、预埋有无遗漏。

（8）钢筋工程

1）钢筋表面是否清理干净，有无锈蚀或损伤。

2）钢筋规格、数量、位置、连接、搭接长度、锚固长度是否符合设计和规范要求。

3）保证钢筋位置的措施是否到位。

4）后浇带钢筋绑扎是否符合设计和规范要求。

5）钢筋保护层厚度是否符合设计和规范要求。

（9）混凝土工程

1）混凝土浇筑和振捣是否按批准的施工方案实施。

2）混凝土强度试件取样与留置是否符合相关标准的要求。

3）同条件混凝土强度试件是否按规定在施工现场养护。

4）各部位混凝土强度是否符合设计和规范要求。

5）混凝土结构的养护措施是否及时、可行、有效。

6）混凝土强度是否达到允许在其上堆放物料、踩踏、安装模板及支架的要求。

7）混凝土结构拆模后，外观质量、尺寸偏差是否符合设计和规范要求。

（10）装配式混凝土工程

1）预制构件的质量、标识是否符合设计和规范要求。

2）预制构件的外观质量、尺寸偏差和预留孔、预留洞、预埋件、预留插筋、键槽的位置是否符合设计和规范要求。

3）后浇混凝土中钢筋安装、钢筋连接、预埋件安装是否符合设计和规范要求。

4）预制构件的粗糙面或键槽是否符合设计要求。

5）预制构件连接接缝处防水做法是否符合设计要求。

（11）模板工程

1）模板搭设和拆除是否按批准的专项施工方案实施。

2）模板板面是否清理干净、有无变形，拼缝是否严密，是否已涂刷隔离剂。

3）混凝土浇筑时模板有无变形、漏浆，支架有无异常现象。

4）模板拆除有无违规行为，模板吊运、堆放是否符合要求。

（12）钢结构工程

1）焊工是否持证上岗，是否在其合格证规定的范围内施焊。

2）施工工艺是否合理，是否符合相关标准和施工方案的要求。

3）钢结构及零部件加工、安装是否符合设计和规范要求。

4）钢结构涂料涂装质量是否符合相关标准的要求。

（13）屋面工程

1）基层施工是否平整、清理干净。

2）防水层施工顺序、施工工艺是否符合相关标准和施工方案的要求。

3）防水层搭接部位、搭接宽度、细部处理是否符合设计和规范要求。

4）屋面块材铺贴的质量是否符合相关标准的要求。

（14）建筑装饰装修工程

1）基层处理是否合格，施工工艺是否符合相关标准的要求。

2）需要进行隐蔽的部位是否已按程序报验合格。

3）各专业之间工序穿插是否合理，有无相互污染现象。

4）幕墙所采用的结构粘结材料是否符合设计和规范要求。

5）是否按设计和规范要求使用安全玻璃。

6）是否已采取成品保护措施。

（15）设备安装工程

1）设备安装是否按设计文件和批准的施工方案实施。

2) 设备安装位置、尺寸、标高是否符合设计要求。

（16）施工现场安全管理情况

1) 危大工程是否按批准的专项施工方案实施。

2) 专职安全生产管理人员是否到岗履职。

3) 特种作业人员是否持证上岗。

4) 施工现场安全防护措施是否到位。

5) 施工临时用电是否符合临时用电施工组织设计及标准要求。

6) 施工现场安全警示标志设置是否符合相关要求。

3. 巡视发现的问题处理

项目监理机构对巡视检查发现的问题，应按其严重程度及时采取相应处理措施。

发现工程存在一般性质量安全隐患时，应及时向施工单位管理人员口头通知，要求其整改，并记录入监理日志。施工单位未及时整改，应签发工作联系单，要求其整改。

发现工程存在质量安全事故隐患时，应签发监理通知单，要求施工单位整改；情况严重时，应签发工程暂停令，并及时报告建设单位。施工单位拒不整改或不停止施工时，应及时向有关主管部门报送监理报告。

3.3　旁站

旁站是指项目监理机构对工程的关键部位或关键工序的施工质量进行的监督活动。旁站是项目监理机构工作的主要方法之一，是监督施工质量的重要手段，可以起到及时发现问题并采取措施，防止偷工减料，确保工程按施工方案施工。

根据建设部关于印发《房屋建筑工程施工旁站监理管理办法（试行）》的通知（建市〔2002〕189 号）规定、工程特点和施工单位报送的施工组织设计，项目监理机构确定旁站的关键部位、关键工序，安排监理人员进行旁站，并应及时记录旁站情况。

1. 旁站工作要求

（1）项目监理机构在编制监理规划时，应制定旁站方案，明确旁站的范围、内容、程序和旁站人员职责等。

（2）项目监理机构应根据有关规定、工程特点和施工单位报送的施工组织设计，确定旁站的关键部位、关键工序，并书面通知施工单位。

（3）施工单位在需要旁站的关键部位、关键工序施工前 24 小时，应书面通知项目监理机构，项目监理机构应安排监理人员按旁站方案实施旁站。

（4）旁站人员应熟悉设计文件，检查施工准备情况，包括施工单位质量管理人员到位情况、施工机械准备情况、施工材料准备情况。当施工准备符合要求后方可允许施工。

（5）旁站人员应认真履行职责，检查施工单位是否按照设计文件、施工方案施工，检查施工过程中质量、安全保证措施的执行情况；及时发现和处理实施监理过程中出现的质量或安全事故隐患，并如实准确地做好旁站记录。

（6）实施旁站时，旁站人员发现施工单位有违反工程建设强制性标准行为的，或存在质量安全事故隐患的，有权责令施工单位立即整改；发现存在严重质量安全事故隐患的，应及时向总监理工程师报告，由总监理工程师签发工程暂停令或采取应急处理措施。

（7）对需要旁站的关键部位、关键工序施工，凡没有实施旁站或没有旁站记录的，专业监理工程师或总监理工程师不得在相应文件上签字。在工程竣工验收后，项目监理机构应将旁站记录存档备查。

（8）旁站记录应按照"谁旁站谁记录"的原则，记录内容应真实、准确、及时，并与监理日志相符合。必要时应留有影像资料，记录旁站情况。

2. 旁站人员主要职责

（1）检查施工单位施工现场质检人员到岗、特殊工种人员持证上岗以及施工机械、建筑材料准备情况。

（2）在施工现场跟班监督关键部位、关键工序的施工执行施工方案以及工程建设强制性标准的情况。

（3）核查进场建筑材料、构配件、设备和商品混凝土的质量检验报告等，并可在施工现场监督施工单位进行检验或者委托具有资格的第三方进行复验。

（4）做好旁站记录和监理日志，保存旁站原始资料。

3. 旁站范围及内容

项目监理机构应根据有关规定、工程特点和施工单位报送的施工组织设计，确定需要旁站的关键部位、关键工序。通常应将影响工程主体结构安全的、完工后无法检测其质量的，或返工会造成较大损失的部位及其施工过程作为旁站的关键部位、关键工序。

按照有关规定，对下列建筑工程的关键部位、关键工序应实施旁站：

（1）基础工程。包括土方回填，混凝土灌注桩浇筑，地下连续墙、土钉墙、后浇带及其他结构混凝土、防水混凝土浇筑，卷材防水层细部构造处理，钢结构安装。

（2）主体结构工程。包括梁柱节点钢筋隐蔽过程，混凝土浇筑，预应力张拉，装配式结构安装，钢结构安装，网架结构安装，索膜安装。

（3）防水工程施工。

3.4 验收

验收是项目监理机构工作的主要方法之一，是工程质量控制的关键环节，包括工程施工过程质量验收和竣工质量验收。（质量验收相关内容详见本书第5章）

工程质量验收是指工程施工质量在施工单位自行检查合格的基础上，由工程质量验收责任方组织，工程建设相关单位参加，对检验批、分项工程、分部工程、单位工程及其隐蔽工程的质量进行抽样检验，对技术文件进行审核，并根据设计文件和相关标准以书面形式对工程质量是否达到合格做出确认。

3.5　见证取样

见证取样是指项目监理机构对施工单位进行的涉及结构安全的试块、试件及工程材料现场取样、封样、送检工作的监督活动。见证取样是项目监理机构工作的主要方法之一，是工程质量检测的重要环节，其真实性和代表性直接影响检测数据的公正性。（见证取样相关内容详见本书第 16 章）

根据有关规定及工程建设相关标准的要求，对涉及结构安全的试块、试件和材料的质量检测应实行见证取样制度。项目监理机构应按规定配备足够的见证人员，负责见证取样和送检工作；见证取样检测项目、检测内容、取样方法应按有关规定及工程建设相关标准的要求确定。

3.6　平行检验

平行检验是指项目监理机构在施工单位自检的同时，按有关规定、建设工程监理合同约定对同一检验项目进行的检测试验活动。平行检验的内容通常包括工程材料检验和工程实体量测（检查、检测）等。

由于工程类别不同，平行检验的范围和内容也不同。项目监理机构应根据工程特点、有关规定、专业要求以及建设工程监理合同约定的项目、数量、频率、费用等，对工程材料和施工质量进行平行检验。

需要说明的是：平行检验是项目监理机构工作的主要方法之一，是工程质量控制的重要手段。但目前对建筑工程项目平行检验的理解有不同的意见，在进行施工现场例行检查时，通常要查看项目监理机构平行检验的记录。事实上，平行检验是需要在建设工程监理合同中约定，是需要一定检验费用的，如果建设工程监理合同约定了平行检验的项目、数量、频率和费用，项目监理机构就应按照建设工程监理合同约定严格执行，即专款专用。如果建设工程监理合同没有约定平行检验的项目、数量和费用，项目监理机构应灵活掌握，可根据工程实际进行一些简易的平行检验，并形成记录。如专业监理工程师可采用回弹法对混凝土强度进行抽样检验；采用百格网对砌体结构的砂浆饱满度进行抽样检验等。这样，遇到相关人员进行施工现场例行检查，要求出具平行检验记录时，项目监理机构不至于感到困惑。

第4章 建设工程合同管理

项目监理机构依据建设工程监理合同约定，对勘察、设计、材料设备采购、施工等合同进行管理，处理工程暂停及复工、工程变更、索赔、施工合同争议与解除等事宜。

4.1 建设工程合同类型

建设工程合同涵盖了工程建设的所有内容，并贯穿于工程建设的全过程。在工程建设的各个阶段，都必须用合同来明确和约束建设单位与参建各方的权利和义务。由于工程建设规模不同、建设周期长短不一、技术复杂程度各异，以及施工承包方式、材料设备采购供应方式的不同，建设工程合同类型、合同内容、合同条件选择依据也各不相同。

建设工程合同主要类型有：

1. 按工程承发包方式分类

按工程承发包方式分类，建设工程合同主要有：工程总承包合同、工程施工合同和工程项目管理承包合同。

（1）工程总承包合同

工程总承包合同是指建设单位与一家承包单位为完成一个完整工程的设计、采购、施工或者设计、施工的全部任务，明确双方权利、义务关系的协议。工程总承包合同基本形式是"设计－采购－施工"（EPC）或"设计－施工"（DB）总承包。即工程建设的全部工作都由一家承包单位承担。这种工程总承包合同包含的工作任务多，工作范围广，合同内容复杂。

（2）工程施工合同

工程施工合同是指建设单位与施工单位为完成商定的建设工程，明确双方权利、义务关系的协议。

根据其所包括的工作范围不同，工程施工合同又可分为：施工总承包合同与专业工程分包合同。

1）施工总承包合同是指建设单位与一家施工单位为完成商定的工程全部施工任务，明确双方权利、义务关系的协议。包括土建工程施工和设备安装等。

2）专业工程分包合同是指经建设单位同意，施工单位与专业工程分包单位为完成商定的承包工程中部分专业性较强的施工任务，明确双方权利、义务关系的协议。如桩基础工程、幕墙工程等。

（3）工程项目管理承包合同

工程项目管理承包合同是指建设单位与工程管理咨询单位为完成工程建设全部组织管理工作，明确双方权利、义务关系的协议。

2. 按工程承发包内容分类

按工程承发包内容分类，建设工程合同主要有：工程勘察设计合同，工程咨询、工程监理、项目管理合同，工程施工合同，材料、设备采购合同，其他合同。

（1）工程勘察设计合同

工程勘察设计合同是指建设单位与勘察设计单位为完成工程勘察设计任务，明确双方权利、义务关系的协议。

（2）工程咨询、工程监理、项目管理合同

建设单位与工程咨询或工程监理或项目管理单位为完成工程技术咨询或工程监理或项目管理等任务，明确双方权利、义务关系的协议。

（3）工程施工合同

工程施工合同是指建设单位与施工单位为完成商定的工程施工任务，明确双方权利、义务关系的协议。

（4）工程材料、设备采购合同

工程材料、设备采购合同是指采购单位与供货单位为实现工程材料、设备买卖，明确双方权利、义务关系的协议。

（5）其他合同

如建设单位与保险公司为实现商定的工程保险，明确双方权利、义务关系的协议。

3. 按合同计价方式分类

按合同计价方式分类，建设工程合同主要有：总价合同、单价合同和成本加酬金合同。

（1）总价合同

总价合同是指合同当事人约定以施工图、已标价工程量清单或预算书及有关条件进行合同价格计算、调整和确认的工程施工合同，在约定的范围内合同总价不作调整，即明确的总价。总价合同也称作总价包干合同，即当工程内容和有关条件不发生变化时，建设单位支付给承包单位的价款总额就不发生变化。

总价合同的特点：

建设单位可以在报价竞争状态下确定工程总造价，可以较早确定或者预测工程成本；建设单位的风险较小，承包单位将承担较多的风险；评标时易于迅速确定最低报价的投标人；在施工进度上能极大地调动承包单位的积极性；建设单位更容易对工程进行控制；将设计和施工方面的变化控制在最小限度内。

总价合同又分为固定总价合同和可调总价合同。

1）固定总价合同

固定总价合同是指承包单位按投标时建设单位接受的合同价格一笔包死。

固定总价合同的价格计算是以设计图纸、工程量及标准等为依据，建设内容明确，建设单位的要求和条件清楚，合同总价固定不变，即不再因为环境变化和工程量增减而变化。在合同履行过程中，如果建设单位没有要求变更原定承包内容，承包单位在完成施工任务后，不论其实际成本如何，均应按合同总价获得工程款支付。

采用固定总价合同时,承包单位要考虑承担合同履行过程中主要风险,即全部工作量和价格风险。因此,投标报价一般会较高。

固定总价合同一般适用于:规模小、工期较短,估计在工程实施过程中环境因素变化小,工程条件稳定并合理;工程设计图纸完整详细、清楚,工程建设范围、任务明确;工程结构和技术不太复杂,风险较小;投标期相对宽裕,承包单位可以有充足的时间详细考察现场、复核工程量。

2)可调总价合同

可调总价合同是指在固定总价合同的基础上,增加合同履行过程中因市场价格浮动对承包价格调整的条款。

可调总价合同的价格计算是以设计图纸、工程量及标准等为依据,按照时价进行计算得到包括全部工程任务和内容的暂定合同价格。它是一种相对固定的价格,在合同执行过程中,由于通货膨胀等原因使工程所使用的工、料成本增加时,可以按照合同约定对合同总价进行相应的调整。当然,一般由于设计变更、工程量变化和其他工程条件变化所引起的费用变化也可以进行调整。因此,通货膨胀等不可预见因素由建设单位承担,对承包单位而言,其风险相对较小,但对建设单位而言,不利于其进行造价控制,突破造价目标的风险会增大。

可调总价合同一般适用于合同期较长(1年以上)的工程项目,由于合同期较长,承包单位不可能在投标报价时,合理地预见一年后市场价格的浮动影响。因此,应在合同中明确约定合同价款的调整原则、方法和依据。

(2)单价合同

单价合同是指承包单位按工程量清单填报单价,以实际完成工程量乘以所报单价计算结算价款的合同。承包单位所填报的单价应为计及各种摊销费用后的综合单价,而非直接费单价。合同履行过程中无特殊情况,一般不得变更单价。

单价合同的特点是单价优先。单价合同工程量清单内所列出的分部分项工程的工程量为估计工程量,而非准确工程量。实际工程款则按实际完成的工程量和合同中确定的单价计算。虽然在投标报价、评标以及签订合同中,人们常常注重总价,但在工程款结算中单价优先,对于投标书中明显的数字计算错误,建设单位有权先作修改再评标,当总价和单价的计算结果不一致时,以单价为准调整总价。

单价合同又分为固定单价合同和可调单价合同。

1)固定单价合同,当采用固定单价合同时,无论发生哪些影响价格的因素都不对单价进行调整,因而对承包单位而言就存在一定的风险。固定单价合同适用于工期较短、工程量变化幅度不大的工程。

2)可调单价合同,当采用可调单价合同时,合同双方可以约定一个估计的工程量,当实际工程量发生较大变化时可以对单价进行调整,同时还应约定如何对单价进行调整。也可以约定,当通货膨胀达到一定水平或国家政策发生变化时,可以对哪些工程内容的单价进行调整以及如何调整等。因此,承包单位的风险就相对较小。

在工程实践中,采用单价合同有时也会根据估算的工程量计算一个初步的合同总价,作为投标报价和签订合同之用。但是,当初步的合同总价与各项单价乘以实际完成的工程量之和发生矛盾时,则应以后者为准,即单价优先。实际工程款的支付也将以实际完成工程量乘以合同单价进行计算。

（3）成本加酬金合同

成本加酬金合同也称成本补偿合同，是将工程项目的实际投资划分为直接成本费和承包单位完成工作后应得酬金两部分。实施过程中发生的直接成本费由建设单位实报实销，另按合同约定的方式支付给承包单位相应报酬。工程最终合同价格将按工程的直接成本费再加上一定的酬金进行计算。在签订合同时，工程直接成本费往往不能确定，只能确定酬金的取值比例或者计算原则。

成本加酬金合同大多适用于边设计、边施工的紧急工程或灾后修复工程。由于在签订合同时，建设单位还不可能提供承包单位用于准确报价的详细资料。因此，在合同中只能商定酬金的计算方法。

采用这种合同，承包单位不承担任何价格变化或工程量变化的风险，这些风险主要由建设单位承担，对建设单位的造价控制很不利。而承包单位则往往缺乏控制成本的积极性，通常不仅不愿意控制成本，甚至还会期望提高成本以增加自身利润，因此这种合同容易被那些信誉不好的承包单位滥用，从而损害工程整体效益。所以，应尽量避免采用这种合同。

4.2　工程合同计价方式选择

按合同计价方式分，建设工程合同可分为总价合同、单价合同和成本加酬金合同。不同计价方式的工程合同都有其不同的特点和适用条件。项目监理机构应协助建设单位综合考虑以下因素来确定工程合同计价方式：

（1）工程项目复杂程度。规模大且技术复杂的工程项目，承包风险较大，各项费用不易准确估算，因而不宜采用固定总价合同。最好是有把握的部分采用固定价合同，估算不准的部分采用单价合同或成本加酬金合同。有时，在同一工程项目中采用不同的计价方式，是建设单位与承包单位合理分担工程施工风险因素的有效办法。

（2）工程项目设计深度。施工招标时所依据的工程项目设计深度，经常是选择合同计价方式的重要因素。招标图纸和工程量清单的详细程度能否让投标单位进行合理报价，决定于已完成的工程设计深度。表 4-1 中列出了不同设计阶段与合同计价方式的选择关系，仅供读者参考。

合同计价方式选择参考表　　　　表 4-1

合同类型	设计阶段	设计主要内容	设计应满足条件
总价合同	施工图设计	（1）详细的材料、设备清单 （2）施工详图 （3）施工图预算 （4）施工组织设计	（1）材料、设备的安排 （2）非标准设备的制造 （3）施工图预算的编制 （4）施工组织设计的编制 （5）其他施工要求
单价合同	技术设计	（1）较详细的材料、设备清单 （2）工程必需的设计内容 （3）修正概算	（1）设计方案中重大技术问题的要求 （2）有关设备制造的要求 （3）有关试验方面确定的要求

续表

合同类型	设计阶段	设计主要内容	设计应满足条件
成本加酬金合同或单价合同	初步设计	(1) 总概算 (2) 建设规模 (3) 主要材料需要量 (4) 主要设备选型和配置 (5) 主要建筑物、构筑物的形式和估计工程量 (6) 公用辅助设施 (7) 主要技术经济指标	(1) 主要材料、设备订购 (2) 项目总造价控制 (3) 技术设计的编制 (4) 施工组织设计的编制

(3) 施工技术先进程度。如果工程施工过程中有较大部分采用新工艺和新技术，当建设单位和承包单位在这方面过去都没有经验，且在国家颁布的标准、规范、定额中又没有可作为依据的标准时，为避免承包单位盲目地提高承包价款，或由于对施工难度估计不足而导致承包亏损，不宜采用固定总价合同，而应选用成本加酬金合同。

(4) 施工工期紧迫程度。公开招标对工程设计虽有一定的要求，但在招标过程中，一些紧急工程，如灾后恢复工程等要求尽快开工且工期较紧，此时可能仅有实施方案，还没有施工图纸。因此，不可能让承包单位报出合理的价格，此时宜采用成本加酬金合同。

(5) 工程外部因素

工程外部因素是指包括工程潜在投标人的竞争情况和工程所在地的环境风险，如通货膨胀、恶劣气候等。如果工程所在地的环境风险很大时，承包单位很难接受总价合同；如果工程潜在投标人多时，建设单位拥有较多的主动权，可按总价合同、单价合同、成本加酬金合同的顺序进行选择。

总之，对于一个工程项目而言，究竟采用何种合同计价方式不是固定不变的。在一个工程项目中各个不同的工程部分或不同阶段，可以采用不同的计价方式。在进行招标策划时，必须依据工程的实际情况，综合考虑不同合同计价方式的特点和适用条件，权衡利弊，然后做出最佳决策。

4.3 工程监理与施工合同文件的解释顺序

1. 工程监理合同文件解释顺序

依据《建设工程监理合同（示范文本）》GF—2012—0202，组成合同的各项文件应能互相解释，互为说明。除专用合同条款另有约定外，合同文件解释顺序如下：

(1) 协议书。

(2) 中标通知书（适用于招标工程）或委托书（适用于非招标工程）。

(3) 专用条件及附录A、附录B。

(4) 通用条件。

(5) 投标文件（适用于招标工程）或监理与相关服务建议书（适用于非招标工程）。

双方签订的补充协议与其他文件发生矛盾或歧义时，属于同一类内容的文件，应以最新签署的为准。

2. 工程施工合同文件解释顺序

依据《建设工程施工合同（示范文本）》GF—2017—0201，组成合同的各项文件应互相解释，互为说明。除专用合同条款另有约定外，解释合同文件的优先顺序如下：

（1）合同协议书；

（2）中标通知书（如果有）；

（3）投标函及其附录（如果有）；

（4）专用合同条款及其附件；

（5）通用合同条款；

（6）技术标准和要求；

（7）图纸；

（8）已标价工程量清单或预算书；

（9）其他合同文件。

上述各项合同文件包括合同当事人就该项合同文件所作出的补充和修改，属于同一类内容的文件，应以最新签署的为准。在合同订立及履行过程中形成的与合同有关的文件均构成合同文件组成部分，并根据其性质确定优先解释顺序。

4.4　合同管理主要内容

（1）项目监理机构可根据工程特点，协助建设单位确定合同类型，选择合同条件，准备合同文本；协助建设单位签订工程有关合同文件。

（2）项目监理机构可根据工程特点、工程设计文件及监理合同约定对合同管理目标进行风险分析，并提出防范性对策。

（3）项目监理机构应制定合同管理制度、程序、方法和措施，明确合同管理人员及岗位职责，落实合同管理责任。

（4）项目监理机构应组织合同交底，跟踪和检查有关合同的执行情况，发现问题及时处理，避免合同争议，提高合同履约率。

（5）项目监理机构应处理合同变更及索赔，及时解决合同有关争议。

（6）项目监理机构应建立协调和沟通制度，促进工程参建各方相互支持与合作，积极应对工程实施过程中所遇到的问题。

（7）项目监理机构应做好合同信息的记录、搜集、整理和分析工作。

（8）项目监理机构应协助建设单位按施工合同约定处理施工合同终止的有关事宜。

（9）项目监理机构可组织合同评价，总结合同签订和执行过程中的经验教训，编写总结报告，提高合同管理水平。

4.5　工程暂停及复工管理

1. 工程暂停及复工管理主要内容

（1）总监理工程师在签发工程暂停令时，可根据停工原因的影响范围和影响程度，确定停工范围,并应按施工合同和建设工程监理合同的约定签发工程暂停令。

(2)项目监理机构发现下列情况之一时,总监理工程师应及时签发工程暂停令:

1)建设单位要求暂停施工且工程需要暂停施工的。

2)施工单位未经批准擅自施工或拒绝项目监理机构管理的。

3)施工单位未按审查通过的工程设计文件施工的。

4)施工单位违反工程建设强制性标准的。

5)施工存在重大质量、安全事故隐患或发生质量、安全事故的。

(3)总监理工程师签发工程暂停令应事先征得建设单位同意,在紧急情况下未能事先报告时,应在事后及时向建设单位作出书面报告。

(4)暂停施工事件发生时,项目监理机构应在监理日志中如实记录所发生的情况。

(5)总监理工程师应会同有关各方按施工合同约定,处理因工程暂停引起的与工期、费用有关的问题。

(6)因施工单位原因暂停施工时,项目监理机构应检查、验收施工单位的停工整改过程、结果。

(7)当暂停施工原因消失、具备复工条件时,施工单位提出复工申请的,项目监理机构应审查施工单位报送的工程复工报审表及有关材料,符合要求后,总监理工程师应及时签署审查意见,并应报建设单位批准后,签发工程复工令。

施工单位未提出复工申请的,总监理工程师应根据工程实际情况,签发工程复工令,指令施工单位恢复施工。

2. 工程暂停及复工处理程序

工程暂停及复工处理程序如图 4-1 所示。

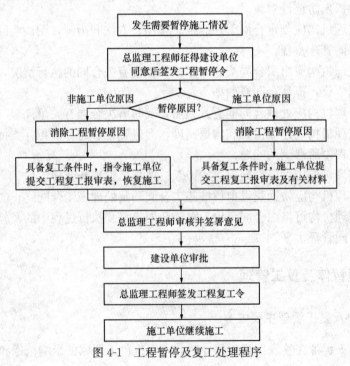

图 4-1 工程暂停及复工处理程序

4.6　工程变更管理

1. 工程变更管理主要内容

（1）项目监理机构可按下列程序处理施工单位提出的工程变更：

1）总监理工程师组织专业监理工程师审查施工单位提出的工程变更申请，提出审查意见。对涉及工程设计文件修改的工程变更，应由建设单位转交原设计单位修改工程设计文件。必要时，项目监理机构应建议建设单位组织设计、施工等单位召开论证工程设计文件修改方案的专题会议。

2）总监理工程师组织专业监理工程师对工程变更费用及工期影响作出评估。

3）总监理工程师组织建设单位、施工单位等共同协商确定工程变更费用及工期变化，会签工程变更单。

4）项目监理机构根据批准的工程变更文件监督施工单位实施工程变更。

（2）项目监理机构可在工程变更实施前与建设单位、施工单位等协商确定工程变更的计价原则、计价方法或价款。工程变更价款确定的原则如下：

1）合同中已有适用于变更工程的价格，按合同已有的价格计算、变更合同价款。

2）合同中有类似于变更工程的价格，可参照类似价格变更合同价款。

3）合同中没有适用或类似于变更工程的价格，总监理工程师应与建设单位、施工单位就工程变更价款进行充分协商达成一致；如双方达不成一致，由总监理工程师按照成本加利润的原则确定工程变更的合理单价或价款，如有异议，按施工合同约定的争议程序处理。

（3）建设单位与施工单位未能就工程变更费用达成协议时，项目监理机构可提出一个暂定价格并经建设单位同意，作为临时支付工程款的依据。工程变更款项最终结算时，应以建设单位与施工单位达成的协议为依据。

（4）项目监理机构可对建设单位要求的工程变更提出评估意见，并应督促施工单位按会签后的工程变更单组织施工。

2. 工程变更处理程序

工程变更处理程序如图 4-2 所示。

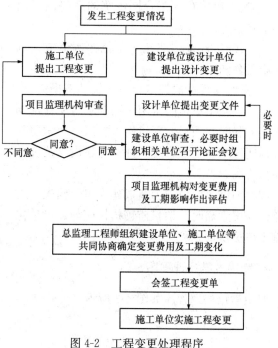

图 4-2　工程变更处理程序

4.7 费用索赔管理

1. 费用索赔管理主要内容

(1) 项目监理机构应及时收集、整理有关工程费用的原始资料,为处理费用索赔提供证据。

(2) 项目监理机构处理费用索赔的主要依据应包括下列内容:

1) 工程建设法律法规。

2) 工程建设标准。

3) 勘察设计文件、施工合同文件。

4) 索赔事件的证据。

(3) 项目监理机构可按下列程序处理施工单位提出的费用索赔:

1) 受理施工单位在施工合同约定的期限内提交的费用索赔意向通知书。

2) 收集与索赔有关的资料。

3) 受理施工单位在施工合同约定的期限内提交的费用索赔报审表。

4) 审查费用索赔报审表。需要施工单位进一步提交详细资料时,应在施工合同约定的期限内发出通知。

5) 与建设单位和施工单位协商一致后,在施工合同约定的期限内签发费用索赔报审表,并报建设单位。如双方未能协商一致,应按施工合同约定的争议程序处理。

(4) 项目监理机构批准施工单位费用索赔应同时满足下列条件:

1) 施工单位在施工合同约定的期限内提出费用索赔。

2) 索赔事件是因非施工单位原因造成,且符合施工合同约定。

3) 索赔事件造成施工单位直接经济损失。

(5) 当施工单位的费用索赔要求与工程延期要求相关联时,项目监理机构可提出费用索赔和工程延期的综合处理意见,并应与建设单位和施工单位协商。

(6) 因施工单位原因造成建设单位损失,建设单位提出索赔时,项目监理机构应与建设单位和施工单位协商处理。

2. 费用索赔处理程序

费用索赔处理程序如图 4-3 所示。

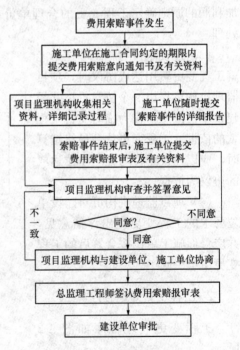

图 4-3 费用索赔处理程序

4.8　工程延期及工期延误管理

1. 工程延期及工期延误管理主要内容

（1）施工单位提出工程延期要求符合施工合同约定时，项目监理机构应予以受理。

（2）当影响工期事件具有持续性时，项目监理机构应对施工单位提交的阶段性工程临时延期报审表进行审查，并应签署工程临时延期审核意见后报建设单位。

当影响工期事件结束后，项目监理机构应对施工单位提交的工程最终延期报审表进行审查，并应签署工程最终延期审核意见后报建设单位。

（3）项目监理机构在批准工程临时延期、工程最终延期前，均应与建设单位和施工单位协商。

（4）项目监理机构批准工程延期应同时满足下列条件：

1）施工单位在施工合同约定的期限内提出工程延期。

2）因非施工单位原因造成施工进度滞后。

3）施工进度滞后影响到施工合同约定的工期。

（5）施工单位因工程延期提出费用索赔时，项目监理机构可按施工合同约定进行处理。

（6）发生工期延误时，项目监理机构应按施工合同约定进行处理。

2. 工程延期处理程序

工程延期处理程序如图4-4所示。

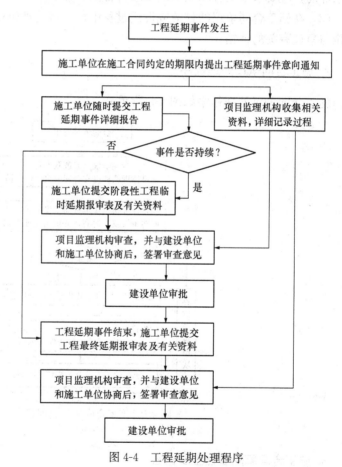

图 4-4　工程延期处理程序

4.9 施工合同争议与解除管理

1. 施工合同争议管理主要内容

（1）项目监理机构处理施工合同争议时应进行下列工作：

1）了解合同争议情况。

2）及时与合同争议双方进行磋商。

3）提出处理方案后，由总监理工程师进行协调。

4）当双方未能达成一致时，总监理工程师应提出处理合同争议的意见。

（2）项目监理机构在施工合同争议处理过程中，对未达到施工合同约定的暂停履行合同条件的，应要求施工合同双方继续履行合同。

（3）在施工合同争议的仲裁或诉讼过程中，项目监理机构应按仲裁委员会或法院要求提供与争议有关的证据。

2. 施工合同争议处理程序

施工合同争议处理程序如图 4-5 所示。

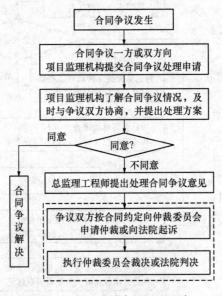

图 4-5　施工合同争议处理程序

3. 施工合同解除管理主要内容

（1）因建设单位原因导致施工合同解除时，项目监理机构应按施工合同约定与建设单位和施工单位按下列款项协商确定施工单位应得款项，并应签发工程款支付证书：

1）施工单位按施工合同约定已完成的工作应得款项。

2）施工单位按批准的采购计划订购工程材料、构配件和设备的款项。

3）施工单位撤离施工设备至原基地或其他目的地的合理费用。

　　4）施工单位人员的合理遣返费用。

　　5）施工单位合理的利润补偿。

　　6）施工合同约定的建设单位应支付的违约金。

　　（2）因施工单位原因导致施工合同解除时，项目监理机构应按施工合同约定，从下列款项中确定施工单位应得款项或偿还建设单位的款项，并应与建设单位和施工单位协商后，书面提交施工单位应得款项或偿还建设单位款项的证明：

　　1）施工单位已按施工合同约定实际完成的工作应得款项和已给付的款项。

　　2）施工单位已提供的材料、构配件、设备和临时工程等的价值。

　　3）对已完工程进行检查和验收、移交工程资料、修复已完工程质量缺陷等所需的费用。

　　4）施工合同约定的施工单位应支付的违约金。

　　（3）因非建设单位、施工单位原因导致施工合同解除时，项目监理机构应按施工合同约定处理合同解除后的有关事宜。

第5章 建设工程质量控制

项目监理机构应根据建设工程监理合同约定，遵循质量控制基本原理，坚持预防为主的原则，建立和运行工程质量控制系统，采取有效措施，通过审查、巡视、旁站、验收、见证取样和平行检验等方法对工程质量进行控制。

5.1 工程质量控制基本原理

工程质量控制基本原理主要有：PDCA 循环原理和三阶段控制原理。

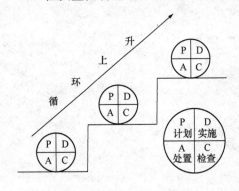

图 5-1 PDCA 循环示意图

1. PDCA 循环原理

PDCA（P—计划，D—实施，C—检查，A—处置）循环，是确立质量控制和建立质量体系的基本原理。PDCA 循环如图 5-1 所示，从实践论的角度看，质量控制就是首先确定任务目标，并按照 PDCA 循环原理来实现预期目标。每一循环都围绕着实现预期目标，进行计划、实施、检查和处置活动，随着对存在问题的解决和改进，在一次次的滚动循环中逐步上升，不断提高，持续改进。一个循环的四大职能活动相互联系，共同构成了质量控制的系统过程。

（1）计划 P（Plan）：计划包括确定质量目标和制定实现质量目标的行动方案。实践表明质量计划的严谨周密、经济合理和切实可行，是保证工作质量、产品质量和服务质量的前提条件。

（2）实施 D（Do）：实施是指将质量目标值，通过生产要素的投入、作业技术活动和产出过程，转换为质量实际值。为保证质量的产出或形成过程能够达到预期结果，在各项质量活动实施前，要根据质量计划进行部署和交底。在实施过程中，要求严格执行计划的行动方案，规范行为，把质量计划的各项规定和安排落实到具体的资源配置和作业技术活动中去。

（3）检查 C（Check）：检查是指对计划实施过程进行的各种检查。包括作业者的自检、互检和专职管理者专检。检查的内容：

1）检查是否严格执行了计划的行动方案，实际条件是否发生了变化，不执行计划的原因。

2）检查计划执行的结果，即产出质量是否达到标准要求，并对此进行确认和评价。

（4）处置 A（Action）：处置可分为纠偏和预防改进两个方面。纠偏是采取措施，解决当前的问题或事故；预防改进是提出目前质量状况信息，并反馈给管理部门，反思问题症结，确定改进目标和措施，为今后类似问题的质量预防提供借鉴。对于检查所发现的质量问题，应及时进行原因分析，采取必要的措施予以纠正，保持质量形成过程处于受控状态。

2. 三阶段控制原理

三阶段控制指的是实施质量活动的事前控制、事中控制和事后控制。三阶段控制原理适用于工程建设的全过程。

（1）事前质量控制：重点是工作质量计划预控，即做好工程实施前的准备工作。一是根据质量目标制订质量计划或编制实施方案；二是按质量计划对相应的准备工作进行控制。

（2）事中质量控制：重点是过程质量控制，即对工程实施过程进行全面控制，包括技术交底、过程输入的检验、工艺流程、检验点以及变更、不合格质量文件等控制。

（3）事后质量控制：事后质量控制也称为事后质量把关，使不合格工序或最终产品不流入下道工序。事后质量控制包括对质量活动结果的评价、认定。控制的重点是发现质量方面的缺陷，并通过分析提出质量改进的措施，保持质量处于受控状态。

三阶段控制环节不是相互孤立和截然分开的，它们共同构成有机联系的系统过程，实质上就是质量控制 PDCA 循环的具体化，在每一次滚动循环中不断提高，持续改进。

5.2　工程质量控制主要内容

（1）项目监理机构应根据建设工程监理合同约定，遵循质量控制基本原理，坚持预防为主的原则，建立和运行工程质量控制系统，采取有效措施，通过审查、巡视、旁站、验收、见证取样和平行检验等方法对工程施工质量进行控制。

（2）监理人员应熟悉工程设计文件，并应参加建设单位主持召开的设计交底与图纸会审会议，会议纪要应由总监理工程师签认。

（3）工程开工前，监理人员应参加由建设单位主持召开的第一次工地会议，会议纪要应由项目监理机构负责整理，与会各方代表共同签认。

（4）项目监理机构应审查施工单位报审的施工组织设计，符合要求的，应由总监理工程师签认后报建设单位。项目监理机构应要求施工单位按已批准的施工组织设计组织施工。施工组织设计需要调整时，项目监理机构应按程序重新审查。

施工组织设计审查应包括下列基本内容：
1）编审程序应符合相关规定。
2）施工进度、施工方案及工程质量保证措施应符合施工合同要求。
3）资金、劳动力、材料、设备等资源供应计划应满足工程施工需要。
4）安全技术措施应符合工程建设强制性标准。
5）施工总平面布置应科学合理。

（5）工程开工前，项目监理机构应审查施工单位现场的质量管理组织机构、管理制度及专职管理人员和特种作业人员的资格。

（6）总监理工程师应组织专业监理工程师审查施工单位报送的工程开工报审表及相关

资料；同时具备下列条件时，应由总监理工程师签署审核意见，并应报建设单位批准后，总监理工程师签发工程开工令：

1) 设计交底与图纸会审已完成。

2) 施工组织设计已由总监理工程师签认。

3) 施工单位现场质量、安全生产管理体系已建立，管理及施工人员已到位，施工机械具备使用条件，主要工程材料已落实。

4) 进场道路及水、电、通信等已满足开工要求。

(7) 项目监理机构可根据工程特点、施工合同、工程设计文件及经过批准的施工组织设计对工程质量目标控制进行风险分析，并提出防范性对策。

(8) 分包工程开工前，项目监理机构应审核施工单位报送的分包单位资格报审表，专业监理工程师提出审查意见后，应由总监理工程师审核签认。

分包单位资格审核应包括下列基本内容：

1) 营业执照、企业资质等级证书。

2) 安全生产许可文件。

3) 类似工程业绩。

4) 专职管理人员和特种作业人员的资格。

(9) 项目监理机构应定期召开监理例会，并组织有关单位研究解决与监理相关的问题。项目监理机构可根据工程需要，主持或参加专题会议，解决监理工作范围内工程专项问题。

(10) 总监理工程师应组织专业监理工程师审查施工单位报审的施工方案，符合要求后应予以签认。施工方案审查应包括下列基本内容：

1) 编审程序应符合相关规定。

2) 工程质量保证措施应符合有关标准。

(11) 专业监理工程师应审查施工单位报送的新材料、新工艺、新技术、新设备的质量认证材料和相关验收标准的适用性，必要时，应要求施工单位组织专题论证，审查合格后报总监理工程师签认。

(12) 专业监理工程师应检查、复核施工单位报送的施工控制测量成果及保护措施，签署意见。专业监理工程师应对施工单位在施工过程中报送的施工测量放线成果进行查验。

施工控制测量成果及保护措施的检查、复核应包括下列内容：

1) 施工单位测量人员的资格证书及测量设备检定证书。

2) 施工平面控制网、高程控制网和临时水准点的测量成果及控制桩的保护措施。

(13) 专业监理工程师应检查施工单位为工程提供服务的试验室。

试验室的检查应包括下列内容：

1) 试验室的资质等级及试验范围。

2) 法定计量部门对试验设备出具的计量检定证明。

3) 试验室管理制度。

4) 试验人员资格证书。

(14) 项目监理机构应审查施工单位报送的用于工程的材料、构配件和设备的质量证明文件（包括出厂合格证、质量检验报告、性能检测报告以及施工单位的质量抽检报告），并应按有关规定、建设工程监理合同约定，对用于工程的材料进行见证取样、平行检验。

项目监理机构对已进场经检验不合格的工程材料、构配件和设备，应要求施工单位限期将其撤出施工现场，并进行见证和记录，留存相关影像资料。

（15）专业监理工程师应审查施工单位定期提交影响工程质量的计量设备的检查和检定报告。

（16）项目监理机构应根据工程特点和施工单位报送的施工组织设计，确定旁站的关键部位、关键工序，安排监理人员进行旁站，并应及时记录旁站情况。

（17）项目监理机构应安排监理人员对工程施工质量进行巡视。巡视应包括下列主要内容：

1）施工单位是否按工程设计文件、工程建设标准和批准的施工组织设计、（专项）施工方案施工。

2）使用的工程材料、构配件和设备是否合格。

3）施工现场管理人员，特别是施工质量管理人员是否到位。

4）特种作业人员是否持证上岗。

（18）项目监理机构应根据工程特点、专业要求，以及建设工程监理合同约定，对施工质量进行平行检验。

（19）项目监理机构应对施工单位报验的隐蔽工程、检验批、分项工程和分部工程进行验收，对验收合格的应给予签认；对验收不合格的应拒绝签认，同时应要求施工单位在指定的时间内整改并重新报验。

对已同意覆盖的工程隐蔽部位质量有疑问的，或发现施工单位私自覆盖工程隐蔽部位的，项目监理机构应要求施工单位对该隐蔽部位进行钻孔探测、剥离或其他方法进行重新检验。

经重新检验证明工程质量符合工程建设相关验收标准、设计图纸、合同要求的，建设单位应承担由此增加的费用或工期延期，并支付施工单位合理利润；经重新检验证明工程质量不符合工程建设相关验收标准、设计图纸、合同要求的，施工单位应承担由此增加的费用或工期延误。

（20）项目监理机构发现施工存在质量问题的，或施工单位采用不适当的施工工艺，或施工不当，造成工程质量不合格的，应及时签发监理通知单，要求施工单位整改。整改完毕后，项目监理机构应根据施工单位报送的监理通知回复单对整改情况进行复查，提出复查意见。

（21）对需要返工处理或加固补强的质量缺陷，项目监理机构应要求施工单位报送经设计等相关单位认可的处理方案，并应对质量缺陷的处理过程进行跟踪检查，同时应对处理结果进行验收。

（22）对需要返工处理或加固补强的质量事故，项目监理机构应要求施工单位报送质量事故调查报告和经设计等相关单位认可的处理方案，并应对质量事故的处理过程进行跟踪检查，同时应对处理结果进行验收。

项目监理机构应及时向建设单位提交质量事故书面报告，并应将完整的质量事故处理记录整理归档。质量事故书面报告应包括下列主要内容：

1) 工程及各参建单位名称。

2) 质量事故发生的时间、地点、工程部位。

3) 事故发生的简要经过、造成工程损伤状况、伤亡人数和直接经济损失的初步估计。

4) 事故发生原因的初步判断。

5) 事故发生后采取的措施及处理方案。

6) 事故处理的过程及结果。

（23）项目监理机构应审查施工单位提交的单位工程竣工验收报审表及竣工资料，组织工程竣工预验收，对工程实体质量情况及竣工资料进行全面检查。存在问题的，应要求施工单位及时整改；合格的，总监理工程师应签认单位工程竣工验收报审表。

（24）工程竣工预验收合格后，项目监理机构应编写工程质量评估报告，并应经总监理工程师和监理单位技术负责人审核签字后报建设单位。

（25）项目监理机构应参加由建设单位组织的竣工验收，对验收中提出的整改问题，应督促施工单位及时整改。工程质量符合要求的，总监理工程师应在工程竣工验收报告中签署意见。

5.3 工程质量控制系统

项目监理机构是监理单位派驻工程施工现场负责履行建设工程监理合同的组织机构。为有效贯彻监理单位的质量管理体系，项目监理机构应针对具体工程项目质量要求和特点，建立和运行工程项目质量控制系统，对工程项目质量实施有效控制。工程项目质量控制系统应通过监理规划和监理实施细则等文件做出具体的规定。

1. 工程项目质量控制系统的构成

工程项目质量控制系统由组织机构、工作制度、工作程序和工作方法构成。

2. 工程项目质量控制系统建立和运行的主要工作

（1）建立组织机构

项目监理机构是监理单位派驻工程施工现场负责履行建设工程监理合同的组织机构，是建立和运行工程项目质量控制系统的主体。其健全程度、组成人员素质以及内部分工管理的水平，直接关系到整个工程质量控制的好坏。

项目监理机构的组织形式和规模，应根据监理合同约定的服务内容、服务期限，以及工程特点、规模、技术复杂程度、环境等因素确定。监理人员应由总监理工程师、专业监理工程师和监理员组成，且专业配套、数量应满足监理工作需要。

（2）制定工作制度

项目监理机构应建立相关工作制度，有效实施工程项目质量控制。根据工程特点，项目监理机构应制定的监理工作制度主要包括：

设计交底与图纸会审制度，审查审核制度，整改复查制度，监理会议制度，巡视检查制度，检验与验收制度，监理日志与日记制度，监理工作报告制度，工程变更处理制度，事故报告与处理制度，资料管理与归档制度，教育培训制度，监理人员管理制度等。

（3）明确工作程序

在工程质量控制过程中，监理工作应围绕影响工程质量的人、机、料、法、环五大因素和事前、事中、事后三阶段，按 PDCA 循环原理和规范的工作程序开展监理工作，才能有效地控制工程施工质量。如：工程材料、构配件和设备质量控制程序，检验批、分项工程、分部工程、单位工程验收程序等。

（4）确定工作方法

监理工作中的主要方法有：审查、巡视、旁站、验收、见证取样和平行检验等。对工程质量统计分析的主要方法有：调查表法、分层法、排列图法、因果分析图法、直方图法、控制图法和相关图法等。

（5）工程项目质量控制系统的改进

工程项目质量控制系统在运行过程中，应根据工程项目的具体情况，持续地对质量控制结果进行反馈，对未考虑到、不合理或者有问题的部分加以增补和改进，然后继续进行反馈，持续不断地进行改进。

项目监理机构需要定期地对工程项目质量控制的效果进行检查和反馈，并对系统进行评价，对发现的问题及时寻找原因，然后，对工程项目质量控制系统相关的部分进行调整和改进，对调整和改进后的系统继续进行跟踪反馈和评价，继续改进和完善。这个过程应是一个不断循环前进的过程。

5.4　工程质量控制程序

1. 工程材料、构配件和设备质量控制程序

工程材料、构配件和设备质量控制程序，如图 5-2 所示。

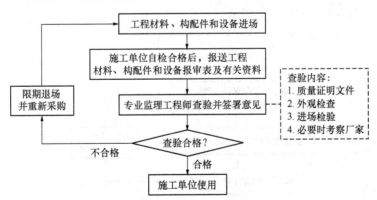

图 5-2　工程材料、构配件和设备质量控制程序

2. 检验批、分项工程验收程序

检验批、分项工程验收程序，如图 5-3 所示。

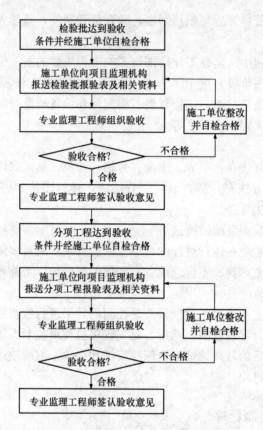

图 5-3 检验批、分项工程验收程序

3. 分部工程验收程序

分部工程验收程序,如图 5-4 所示。

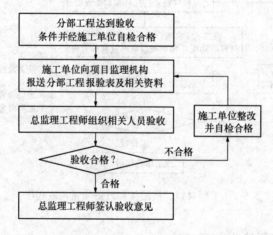

图 5-4 分部工程验收程序

4. 单位工程验收程序

单位工程验收程序，如图 5-5 所示。

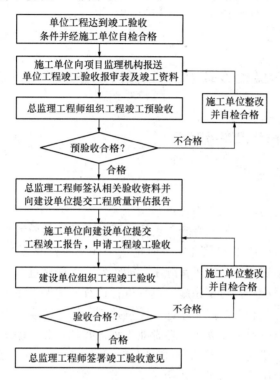

图 5-5　单位工程验收程序

5.5　工程质量控制措施

工程质量控制措施依据实施内容，可分为组织措施、技术措施、经济措施、合同措施等；依据实施时间，可分为事前控制措施、事中控制措施及事后控制措施等。

依据实施内容采取的主要措施有：

1. 组织措施

建立健全项目监理机构，明确质量控制人员及其岗位职责，制定监理工作制度和工作程序，落实工程质量控制责任。

2. 技术措施

熟悉工程设计文件，加强设计交底与图纸会审工作，审查施工组织设计和施工方案的可行性、可操作性，严格事前、事中和事后的质量检查与验收。

3. 经济措施

严格质量检查与验收，对报验资料不全、与合同文件约定不符、未经监理人员验收合格的工程不予计量，并拒绝支付该部分工程款。

4. 合同措施

加强合同管理，严格控制合同变更，在合同中充分考虑影响工程质量的主要风险因素，并制定防范对策。

5.6 工程质量检查内容与方法

1. 工程质量检查内容

工程质量检查应包括以下主要内容：

(1) 工程开工前检查。主要检查施工现场是否具有健全的质量管理体系、相应的施工技术标准、施工质量检验制度和综合施工质量水平评定考核制度；是否具备工程开工条件，工程开工后是否能够保持连续正常施工，能否保证工程质量。

(2) 工序施工过程检查。对工序施工过程进行检查，确保工序施工严格按照规定的施工工艺和操作规程进行，有效实施工序施工质量控制。每道工序施工完成后，应经施工单位自检合格，才能进行下道工序施工。各专业工种之间的相关工序应进行交接检验，并形成记录。对于项目监理机构提出检查要求的重要工序，施工完成并经施工单位自检合格后，应经专业监理工程师检查认可，才能进行下道工序施工。

(3) 隐蔽工程检查验收。施工过程中，隐蔽工程在隐蔽前，应经施工单位自检合格，并将隐蔽工程报验表及相关验收资料报送项目监理机构申请验收。专业监理工程师组织相关人员进行现场验收，签署现场验收检查原始记录，并形成验收文件。验收合格后方可进行下道工序施工。

(4) 停工后复工前检查。因客观因素暂停施工或处理质量问题等暂停施工的，在复工之前必须经项目监理机构检查签认，具备复工条件后，总监理工程师签发工程复工令方可复工。

(5) 检验批、分项工程和分部工程完工后检查验收。项目监理机构应在施工单位自检合格的基础上，组织施工单位对检验批、分项工程和分部工程质量进行检查验收。验收合格后，方可进行下道工序施工。

(6) 成品保护检查。检查成品有无保护措施以及保护措施是否有效可靠。

2. 工程质量检查方法

工程质量检查方法有：目测法、量测法（实测法）和试验法。

(1) 目测法

目测法即凭借人的感官进行质量状况判断。依据质量标准的要求，运用目测法进行质量检查的要领可归纳为"看、摸、敲、照"四个字。

1) 看：是根据质量标准的要求进行外观检查。

2）摸：是通过触摸手感进行检查、鉴别。

3）敲：是运用敲击工具进行音感检查。

4）照：是通过人工光源或反射光照射，检查难以看到或光线较暗的部位。

（2）量测法

量测法（实测法）即通过实测数据与施工验收规范、质量标准的要求及允许偏差值进行对照，判断检查对象的质量是否符合要求，其手段可概括为"靠、量、吊、套"四个字。

1）靠：是用直尺、塞尺检查。如墙面、地面、路面等的平整度。

2）量：是指用测量工具和计量仪表等进行检查。

3）吊：是利用托线板以及线坠吊线检查垂直度。

4）套：是以方尺套方，辅以塞尺检查。如对阴阳角的方正、踢脚线的垂直度检查等。

（3）试验法

试验法即通过必要的试验手段进行质量状况判断。主要包括下列内容：

1）理化试验：工程中常用的理化试验包括物理力学性能检验和化学成分及化学性能测定等两个方面。物理力学性能检验包括各种力学指标的测定和各种物理性能的测定。各种力学指标的测定，如抗拉强度、抗压强度、抗弯强度等；各种物理性能的测定，如密度、含水量、凝结时间、抗渗、传热系数等。化学成分及化学性能测定，如钢筋中的磷、硫含量，混凝土粗骨料中的活性氧化硅成分，以及耐酸、耐碱、抗腐蚀性等。此外，根据规定有时还需进行现场试验，如对桩或地基的静载试验、防水层的蓄水或淋水试验等。

2）无损检测：利用专门的仪器设备从表面探测结构物、材料、设备的内部组织结构或损伤情况。常用的无损检测方法有超声波探伤、X 射线探伤等。

5.7　工程质量控制点与成品保护

1. 工程质量控制点

工程质量控制点是指在施工过程中要进行重点控制并确保其施工质量的重要施工内容、关键施工部位和施工环节。施工质量控制点是施工质量控制的重点对象。

（1）质量控制点设置原则

质量控制点应选择技术要求高、施工难度大、对工程质量影响大或易出现质量问题的对象进行设置。一般选择下列部位或环节作为质量控制点：

1）对工程质量形成过程产生直接影响的关键部位、关键工序、关键环节及隐蔽工程。

2）施工过程中的薄弱环节，易出现质量问题或产生质量不稳定的工序和部位。

3）对下道工序的质量有重大影响的上道工序。

4）采用新技术、新工艺、新材料的部位、工序或环节。

5）施工质量没有把握的施工内容、环节、工序和部位，施工条件困难或技术难度大的工序或环节。

6）施工中应经常检查和严格控制的质量指标。

7）用户反馈指出的和过去有过返工的不良工序。

（2）质量控制点的重点控制对象

选择质量控制点的重点部位、重点工序和重点质量因素作为质量控制点的重点控制对象，进行重点预控和监控，从而有效地控制施工质量。重点控制对象主要包括以下几个方面。

1）人的行为：某些操作或工序，以人为重点的控制对象，如高空、高温、水下、易燃易爆、吊装作业以及操作要求高的工序和技术难度大的工序等，都应从人的生理、心理、技术能力等方面进行控制。

2）材料的质量与性能：这是直接影响工程质量的重要因素，应作为重点控制。如钢结构工程中使用的高强度螺栓、某些特殊焊接使用的焊条，都应重点控制其材质与性能；又如水泥的质量是直接影响混凝土工程质量的关键因素，施工中应对进场的水泥质量进行重点控制，检查其质量证明文件，并按要求进行强度和安定性复验。

3）施工方法与关键操作：某些直接影响工程质量的关键操作应作为重点控制，如预应力钢筋的张拉工艺操作过程及张拉力的控制。同时，那些易对工程质量产生重大影响的施工方法，也应列为重点控制，如大模板施工中模板的稳定和组装问题等。

4）施工技术参数：某些技术参数的大小与工程质量密切相关，必须严格控制。如混凝土的外加剂掺量、水灰比、坍落度、抗压强度；回填土的含水量、干密度；建筑物沉降与基坑边坡稳定监测数据；大体积混凝土内外温差及混凝土冬期施工受冻临界强度等技术参数都是应重点控制的质量参数与指标。

5）技术间歇：有些工序之间必须留有必要的技术间歇时间，如不严格控制就会影响施工质量。如砌筑与抹灰之间，应在墙体砌筑后留6～10天时间，让墙体充分沉陷、稳定、干燥，然后再抹灰，抹灰层干燥后，才能喷白、刷浆；混凝土浇筑与模板拆除，应保证混凝土有一定的硬化时间，达到规定拆模强度后方可拆除。

6）施工顺序：对于某些工序之间必须严格控制施工顺序，如：钢屋架的安装固定，应采取对角同时施焊方法，否则会由于焊接应力导致校正好的屋架发生变形。

7）易发生或常见质量通病：如混凝土工程的蜂窝、麻面、空洞；地面、屋面工程渗水、漏水、空鼓、起砂、裂缝等，都与工序操作有关，均应事先研究对策，提出预防措施。

8）新技术、新材料、新工艺和新设备的应用：由于缺乏经验，施工时应将其作为重点进行控制。

9）关键部位、关键工序的质量：关键部位、关键工序的质量将直接影响工程的安全、能否正常使用及其功能的发挥和耐久性。所以施工时应作为重点控制。

10）特殊地基或特种结构：对于湿陷性黄土、膨胀土等特殊土地基的处理，以及大跨度结构、高耸结构等技术难度较大的施工环节和重要部位，均应予以重点控制。

2. 工程成品保护

在施工过程中，交叉流水作业较多，如果对已完成的成品，不采取措施加以保护，就会造成损伤，影响质量。这样，不仅会增加修补工作量，浪费工料，拖延工期，更严重的是有的操作难以恢复到原样，成为永久性的缺陷。因此，工程成品保护，是确保工程质量、降低工程成本的重要环节。

成品保护主要有"护、包、盖、封"四种措施。

（1）护：是提前采取各种保护措施，以防止成品可能发生的损伤和污染。

（2）包：是进行包裹，以防止成品被损伤和污染。

（3）盖：是表面覆盖，防止堵塞、损伤。

（4）封：是局部封闭。

总之，在工程施工过程中，必须高度重视成品保护工作。施工作业时，除科学合理地安排施工顺序，采取有效的对策和措施外，还必须加强对成品保护工作的检查。

5.8　工程质量验收

工程质量验收是指工程施工质量在施工单位自行检查合格的基础上，由工程质量验收责任方组织，工程建设相关单位参加，对检验批、分项工程、分部工程、单位工程及其隐蔽工程的质量进行抽样检验，对技术文件进行审核，并根据设计文件和相关标准以书面形式对工程质量是否达到合格做出确认。

工程质量验收是工程质量控制的关键环节，包括工程施工过程质量验收和竣工质量验收。本节以建筑工程施工质量验收来表述，相关内容均来自《建筑工程施工质量验收统一标准》GB 50300—2013 和《建设工程监理规范》GB/T 50319—2013。其他工程施工质量验收可按其规定和要求进行。

1. 工程质量验收标准体系

工程质量验收的主要依据除工程建设的有关法律法规、规章、设计文件、工程合同外，最重要的就是一系列工程质量验收标准。以建筑工程为例，在现行国家标准中，工程质量验收标准体系主要包括以下 16 项标准，其中《建筑工程施工质量验收统一标准》GB 50300 为各专业验收标准的指导准则，与其他 15 项专业验收标准共同构成"工程质量验收标准体系"。工程质量验收标准体系包括：

（1）《建筑工程施工质量验收统一标准》GB 50300；

（2）《建筑地基基础工程施工质量验收标准》GB 50202；

（3）《砌体结构工程施工质量验收规范》GB 50203；

（4）《混凝土结构工程施工质量验收规范》GB 50204；

（5）《钢结构工程施工质量验收标准》GB 50205；

（6）《木结构工程施工质量验收规范》GB 50206；

（7）《屋面工程质量验收规范》GB 50207；

（8）《地下防水工程质量验收规范》GB 50208；

（9）《建筑地面工程施工质量验收规范》GB 50209；

（10）《建筑装饰装修工程质量验收标准》GB 50210；

（11）《建筑给水排水及采暖工程施工质量验收规范》GB 50242；

（12）《通风与空调工程施工质量验收规范》GB 50243；

（13）《建筑电气工程施工质量验收规范》GB 50303；

（14）《电梯工程施工质量验收规范》GB 50310；

(15)《建筑节能工程施工质量验收标准》GB 50411;

(16)《智能建筑工程质量验收规范》GB 50339。

需要说明的是:《建筑工程施工质量验收统一标准》GB 50300—2013,一是规定了建筑工程各专业验收规范编制的统一准则。为统一建筑工程各专业验收规范的编制,对检验批、分项工程、分部工程、单位工程的划分、质量指标的设置和要求、验收的程序与组织都提出了原则要求,以指导和协调各专业验收规范的编制。二是规定了单位工程的验收。从单位工程的划分和组成,质量指标的设置到验收程序都做了具体规定。《建筑工程施工质量验收统一标准》GB 50300—2013 自 2014 年 6 月起实施后,建筑工程各专业验收规范均在相继修订和实施,望读者随时关注和学习。

2. 工程施工质量验收层次划分

随着我国经济发展和施工技术的进步,工程建设规模不断扩大,技术复杂程度越来越高,出现了大量工程规模较大和具有综合使用功能的大型单体工程。由于大型单体工程可能在功能或结构上由若干子单体工程组成,且整个建设周期较长,也可能出现将已建成可使用的部分子单体工程先投入使用,或先将工程中一部分提前建成使用等情况,这就需要对其质量进行分段验收。再加之对规模较大的单体工程进行一次性质量验收,其工作量又很大等。因此,《建筑工程施工质量验收统一标准》GB 50300—2013 规定,将具备独立施工条件并能形成独立使用功能的工程划分为单位工程,将单位工程中能形成独立使用功能的部分划分为若干子单位工程,对其进行质量验收。同时为了更加科学地评价工程施工质量和有利于对其进行验收,根据工程特点,按结构分解原则将单位或子单位工程划分为若干个分部工程。每个分部工程可划分为若干个子分部工程。每个子分部工程可划分为若干个分项工程。每个分项工程可划分为若干个检验批。检验批是工程施工质量验收的最小单位。

对施工质量验收层次进行合理划分,有利于对工程施工质量进行过程控制和阶段质量验收;有利于保证工程施工质量符合有关标准和要求。因此,工程施工质量验收可划分为单位工程、分部工程、分项工程和检验批。

(1)单位工程的划分

单位工程是指具备独立施工条件并能形成独立使用功能的建筑物或构筑物。单位工程应按下列原则划分:

1)具备独立施工条件并能形成独立使用功能的建筑物或构筑物为一个单位工程。如一所学校中的一栋教学楼、办公楼、传达室,某城市的广播电视塔等。

2)对于规模较大的单位工程,可将其能形成独立使用功能的部分划分为一个子单位工程。

单位或子单位工程划分,施工前可由建设、监理、施工单位商议确定,并据此收集整理施工技术资料和进行质量验收。

(2)分部工程的划分

分部工程是单位工程的组成部分,一个单位工程往往由多个分部工程组成。分部工程应按下列原则划分:

1)可按专业性质、工程部位确定。如建筑工程划分为地基与基础、主体结构、建筑装饰装修、屋面、建筑给水排水及供暖、通风与空调、建筑电气、智能建筑、建筑节能、电梯十个分部工程。

2）当分部工程较大或较复杂时，可按材料种类、施工特点、施工程序、专业系统及类别将分部工程划分为若干子分部工程。

如：建筑工程的地基与基础分部工程划分为地基、基础、基坑支护、地下水控制、土方、边坡、地下防水等子分部工程。建筑工程的主体结构分部工程划分为混凝土结构、砌体结构、钢结构、钢管混凝土结构、型钢混凝土结构、铝合金结构、木结构等子分部工程。建筑工程的建筑装饰装修分部工程划分为建筑地面、抹灰、外墙防水、门窗、吊顶、轻质隔墙、饰面板、饰面砖、幕墙、涂饰、裱糊与软包、细部等子分部工程。

（3）分项工程的划分

分项工程是分部工程的组成部分。分项工程可按主要工种、材料、施工工艺、设备类别进行划分。如建筑工程主体结构分部工程中，混凝土结构子分部工程划分为模板、钢筋、混凝土、预应力、现浇结构、装配式结构等分项工程。

建筑工程的分部工程、分项工程划分宜按《建筑工程施工质量验收统一标准》GB 50300—2013 附录 B 采用。

（4）检验批的划分

检验批是分项工程的组成部分。检验批是指按相同的生产条件或按规定的方式汇总起来供抽样检验用的，由一定数量样本组成的检验体。检验批可根据施工、质量控制和专业验收的需要，按工程量、楼层、施工段、变形缝进行划分。

施工前，应由施工单位制定分项工程和检验批的划分方案，并由项目监理机构审核。对于《建筑工程施工质量验收统一标准》GB 50300—2013 附录 B 及相关专业验收规范未涵盖的分项工程和检验批，可由建设单位组织监理、施工等单位协商确定。

通常，多层及高层建筑的分项工程可按楼层或施工段来划分检验批，单层建筑的分项工程可按变形缝划分检验批；地基与基础的分项工程一般划分为一个检验批，有地下层的基础工程可按不同地下层划分检验批；屋面工程的分项工程可按不同楼层屋面划分为不同的检验批；其他分部工程中的分项工程，一般按楼层划分检验批；对于工程量较少的分项工程可划分为一个检验批；安装工程一般按一个设计系统或设备组别划分为一个检验批；室外工程一般划分为一个检验批；散水、台阶、明沟等含在地面检验批中。

（5）室外工程的划分

室外工程可根据专业类别和工程规模划分子单位工程、分部工程和分项工程。室外工程的划分如表 5-1 所示。

室外工程的划分　　　　　　　　　　　　　　　　　表 5-1

单位工程	子单位工程	分部工程
室外设施	道路	路基、基层、面层、广场与停车场、人行道、人行地道、挡土墙、附属构筑物
	边坡	土石方、挡土墙、支护
附属建筑及室外环境	附属建筑	车棚、围墙、大门、挡土墙
	室外环境	建筑小品、亭台、水景、连廊、花坛、场坪绿化、景观桥

3. 工程施工质量验收基本规定

(1) 施工现场应具有健全的质量管理体系、相应的施工技术标准、施工质量检验制度和综合施工质量水平评定考核制度。施工现场质量管理可按表5-2的要求进行检查记录。

施工现场质量管理检查记录　　　　　　　　　　　　表 5-2

开工日期：

工程名称			施工许可证号		
建设单位			项目负责人		
设计单位			项目负责人		
监理单位			总监理工程师		
施工单位		项目负责人		项目技术负责人	
序号	项　目		主要内容		
1	项目部质量管理体系				
2	现场质量责任制				
3	主要专业工种操作岗位证书				
4	分包单位管理制度				
5	图纸会审记录				
6	地质勘察资料				
7	施工技术标准				
8	施工组织设计、施工方案编制及审批				
9	物资采购管理制度				
10	施工设施和机械设备管理制度				
11	计量设备配备				
12	检测试验管理制度				
13	工程质量检查验收制度				
14					
自检结果：			检查结论：		
施工单位项目负责人：　　　　　　年 月 日			总监理工程师：　　　　　　年 月 日		

(2) 未实行监理的工程，建设单位相关人员应履行有关验收标准涉及的监理职责。

(3) 工程施工质量控制应符合下列规定：

1) 工程采用的主要材料、半成品、成品、构配件、器具和设备应进行进场检验。凡涉及安全、节能、环境保护和主要使用功能的重要材料、产品，应按各专业工程施工规范、验收规范和设计文件等规定进行复验，并应经专业监理工程师检查认可。

2) 各施工工序应按施工技术标准进行质量控制，每道施工工序完成后，经施工单位自检符合规定后，才能进行下道工序施工。各专业工种之间的相关工序应进行交接检验，并应记录。

3）对于项目监理机构提出检查要求的重要工序，应经专业监理工程师检查认可，才能进行下道工序施工。需要说明的是：工序是工程施工的基本组成部分，一个检验批可能由一道或多道工序组成。根据目前验收规范要求，项目监理机构对工程质量控制到检验批，对工序的质量一般由施工单位通过自检予以控制，但为保证工程质量，对于项目监理机构提出检查要求的重要工序，应经专业监理工程师检查认可，才能进行下道工序施工。项目监理机构应将提出检查要求的重要工序检查计划书面告知施工单位，在施工到该工序时进行检查。

（4）符合下列条件之一时，可按相关专业验收规范的规定适当调整抽样复验、试验数量，调整后的抽样复验、试验方案应由施工单位编制，并报送项目监理机构审核确认。

1）同一项目中由相同施工单位施工的多个单位工程，使用同一生产厂家的同品种、同规格、同批次的材料、构配件、设备。需要说明的是：相同施工单位在同一项目中施工的多个单位工程，使用的材料、构配件、设备等往往属于同一批次，如果按每一个单位工程分别进行复验、试验势必会造成重复，且必要性不大，因此规定可适当调整抽样复验、试验数量，具体要求可根据相关专业验收规范的规定执行。

2）同一施工单位在现场加工的成品、半成品、构配件用于同一项目中的多个单位工程。需要说明的是：施工现场加工的成品、半成品、构配件等符合条件时，可适当调整抽样复验、试验数量。但对施工安装后的工程质量应按分部工程的要求进行检测试验，不能减少抽样数量，如结构实体混凝土强度检测、钢筋保护层厚度检测等。

3）在同一项目中，针对同一抽样对象已有检验成果可以重复利用。需要说明的是：在实际工程中，同一专业内或不同专业之间对同一对象有重复检验的情况，并需分别填写验收资料。如混凝土结构隐蔽工程检验批和钢筋工程检验批，装饰装修工程和节能工程中对门窗的气密性试验等。因此本条规定可避免对同一对象的重复检验，可重复利用检验成果。

调整抽样复验、试验数量或重复利用已有检验成果应有具体的实施方案，实施方案应符合各专业验收规范的规定，并事先报送项目监理机构认可。如施工单位或项目监理机构认为必要时，也可不调整抽样复验、试验数量或不重复利用已有检验成果。

（5）当专业验收规范对工程中的验收项目未作出相应规定时，应由建设单位组织监理、设计、施工等相关单位制定专项验收要求。涉及安全、节能、环境保护等项目的专项验收要求应由建设单位组织专家论证。专项验收要求应符合设计意图，包括分项工程及检验批的划分、抽样方案、验收方法、判定指标等内容。

（6）工程施工质量应按下列要求进行验收：

1）工程施工质量验收均应在施工单位自检合格的基础上进行。

2）参加工程施工质量验收的各方人员应具备相应的资格。

3）检验批的质量应按主控项目和一般项目验收。

4）对涉及结构安全、节能、环境保护和主要使用功能的试块、试件及材料，应在进场时或施工中按规定进行见证检验。

5）隐蔽工程在隐蔽前应由施工单位通知项目监理机构进行验收，并应形成验收文件，验收合格后方可继续施工。

6）对涉及结构安全、节能、环境保护和使用功能的重要分部工程，应在验收前按规定进行抽样检验。

7)工程的观感质量应由验收人员现场检查,并应共同确认。

(7)工程施工质量验收合格应符合下列规定:

1)符合工程勘察、设计文件的要求。

2)符合《建筑工程施工质量验收统一标准》GB 50300—2013和相关专业验收规范的规定。

(8)检验批的质量检验,可根据检验项目的特点在下列抽样方案中选取:

1)计量、计数或计量-计数的抽样方案。

2)一次、二次或多次抽样方案。

3)对重要的检验项目,当有简易快速的检验方法时,选用全数检验方案。

4)根据生产连续性和生产控制稳定性情况,采用调整型抽样方案。

5)经实践证明有效的抽样方案。

(9)检验批抽样样本应随机抽取,满足分布均匀、具有代表性的要求,抽样数量应符合有关专业验收规范的规定。当采用计数抽样时,最小抽样数量应符合表5-3的要求。

明显不合格的个体可不纳入检验批,但应进行处理,使其满足有关专业验收规范的规定,对处理的情况应予以记录并重新验收。

检验批最小抽样数量   表 5-3

检验批的容量	最小抽样数量	检验批的容量	最小抽样数量
2～15	2	151～280	13
16～25	3	281～500	20
26～90	5	501～1200	32
91～150	8	1201～3200	50

(10)计量抽样的错判概率 α 和漏判概率 β 可按下列规定采取:

1)主控项目:对应于合格质量水平的 α 和 β 均不宜超过5%。

2)一般项目:对应于合格质量水平的 α 不宜超过5%, β 不宜超过10%。

错判概率 α 是指合格批被判为不合格批的概率,即合格批被拒收的概率。

漏判概率 β 是指不合格批被判为合格批的概率,即不合格批被误收的概率。

4. 工程质量验收程序

(1)检验批质量验收程序

检验批是工程验收的最小单位,是分项工程、分部工程、单位工程质量验收的基础。按检验批验收有助于及时发现和处理施工过程中出现的质量问题,确保工程施工质量符合有关标准要求,也符合工程施工的实际需要。

检验批应由专业监理工程师组织施工单位项目专业质量检查员、专业工长等进行验收。检验批验收包括资料检查、主控项目和一般项目的质量检验。

验收前,施工单位应对施工完成的检验批进行自检,对存在的问题自行整改处理,合格后填写检验批报审、报验表(表5-4)及检验批质量验收记录(表5-5),并将相关资料报送项目监理机构申请验收。

专业监理工程师对施工单位所报资料进行审查，并组织相关人员到现场进行实体检查、验收。对验收不合格的检验批，专业监理工程师应要求施工单位进行整改，自检合格后予以复验；对验收合格的检验批，专业监理工程师应签认检验批报审、报验表及质量验收记录，准许进行下道工序施工。

检验批质量验收记录可按（表 5-5）填写，填写时应具有现场验收检查原始记录，该原始记录应由专业监理工程师和施工单位项目专业质量检查员、专业工长共同签署，并在单位工程竣工验收前存档备查，保证该记录的可追溯性。现场验收检查原始记录的格式可由施工单位、项目监理机构确定，包括检查项目、检查位置、检查结果等内容。

_____报审、报验表　　　　　　　　　表 5-4

工程名称：　　　　　　　　　　　　　　　　　　　　　　编号：

致：_____（项目监理机构） 　我方已完成_____工作，经自检合格，请予以审查或验收。 　附件：□隐蔽工程质量检验资料 　　　　□检验批质量检验资料 　　　　□分项工程质量检验资料 　　　　□施工试验室证明资料 　　　　□其他   <div align="right">施工项目经理部（盖章） 项目经理或项目技术负责人（签字） 年　月　日</div>
审查或验收意见：   <div align="right">项目监理机构（盖章） 专业监理工程师（签字） 年　月　日</div>

注：本表一式二份，项目监理机构、施工单位各一份。

_____检验批质量验收记录　　　　　　　表 5-5

编号：____

单位（子单位）工程名称		分部（子分部）工程名称		分项工程名称	
施工单位		项目负责人		检验批容量	
分包单位		分包单位项目负责人		检验批部位	
施工依据			验收依据		

	验收项目	设计要求及规范规定	最小/实际抽样数量	检查记录	检查结果
主控项目	1				
	2				
	3				
	4				
	5				
	6				
	7				
	8				
	9				
	10				
一般项目	1				
	2				
	3				
	4				
	5				

施工单位检查结果	专业工长： 项目专业质量检查员： 　　　　　年　月　日
监理单位验收结论	专业监理工程师： 　　　　　年　月　日

（2）隐蔽工程质量验收

隐蔽工程是指在下道工序施工后将被覆盖或掩盖，难以进行质量检查的工程。如钢筋混凝土工程中的钢筋工程，地基与基础工程中的混凝土基础和桩基础等。因此隐蔽工程完成后，在被覆盖或掩盖前必须进行质量检查验收，验收合格后方可继续施工。

隐蔽工程验收前，施工单位应对施工完成的隐蔽工程质量进行自检，对存在的问题自行整改处理，合格后填写隐蔽工程报审、报验表（表 5-4）及质量验收记录，并将相关隐蔽工程资料报送项目监理机构申请验收。

专业监理工程师对施工单位所报资料进行审查，并组织相关人员到现场进行实体检查、验收，同时宜留存检查、验收过程的照片、影像等资料。对验收不合格的隐蔽工程，专业监理工程师应要求施工单位进行整改，自检合格后予以复验；对验收合格的隐蔽工程，专业监理工程师应签认隐蔽工程报审、报验表及质量验收记录，准许进行下道工序施工。

如：对于钢筋分项工程浇筑混凝土之前，应进行钢筋隐蔽工程验收。钢筋隐蔽工程验收主要内容包括：纵向受力钢筋的品种、规格、数量和位置等；钢筋的连接方式、接头位置、接头数量、接头面积百分率等；箍筋、横向钢筋的品种、规格、数量、间距等；预埋件的规格、数量、位置等。

对于装配式混凝土结构连接部位及叠合构件浇筑混凝土之前，应进行隐蔽工程验收。隐蔽工程验收主要内容包括：混凝土粗糙面的质量，键槽的尺寸、数量、位置；钢筋的牌号、规格、数量、位置、间距，箍筋弯钩的弯折角度及平直段长度；钢筋的连接方式、接头位置、接头数量、接头面积百分率、搭接长度、锚固方式及锚固长度；预埋件、预留管线的规格、数量、位置；预制混凝土构件接缝处防水、防火等构造做法；保温及其节点施工；其他隐蔽项目；隐蔽项目施工过程记录照片。

（3）分项工程质量验收程序

分项工程应由专业监理工程师组织施工单位项目专业技术负责人等进行验收。

验收前，施工单位应对施工完成的分项工程进行自检，对存在的问题自行整改处理，合格后填写分项工程报审、报验表（表 5-4）及分项工程质量验收记录（表 5-6），并将相关资料报送项目监理机构申请验收。专业监理工程师对施工单位所报资料逐项进行审查，符合要求后签认分项工程报审、报验表及质量验收记录。

_____分项工程质量验收记录　　　　　　　　　　　表 5-6

编号：____

单位（子单位）工程名称		分部（子分部）工程名称		
分项工程数量		检验批数量		
施工单位		项目负责人		项目技术负责人
分包单位		分包单位项目负责人		分包内容
序号	检验批名称	检验批容量	部位/区段	施工单位检查结果	监理单位验收结论
1					
2					
3					
4					
5					
6					
7					
8					
9					
10					
11					
12					
13					
14					
15					
说明：					
施工单位检查结果	项目专业技术负责人： 　　　　　　年　月　日				
监理单位验收结论	专业监理工程师： 　　　　　年　月　日				

(4) 分部工程验收的程序

分部工程应由总监理工程师组织施工单位项目负责人和项目技术负责人等进行验收。

勘察、设计单位项目负责人和施工单位技术、质量部门负责人应参加地基与基础分部工程的验收。需要说明的是：由于地基与基础分部工程情况复杂，专业性强，且关系到整个工程的安全，为保证工程质量，严格把关，规定勘察、设计单位项目负责人应参加验收，并要求施工单位技术、质量部门负责人也应参加验收。

设计单位项目负责人和施工单位技术、质量部门负责人应参加主体结构、节能分部工程的验收。需要说明的是：由于主体结构直接影响使用安全，建筑节能又直接关系到国家资源战略、可持续发展等，因此规定对这两个分部工程，设计单位项目负责人应参加验收，并要求施工单位技术、质量部门负责人也应参加验收。

参加验收的人员，除指定的人员必须参加验收外，允许其他相关专业人员共同参加验收。由于各施工单位的机构和岗位设置不同，施工单位技术、质量部门负责人允许是两位人员，也可以是一位人员。勘察、设计单位项目负责人应为勘察、设计单位负责本工程项目的专业负责人，不应由与本项目无关或不了解本项目情况的其他人员、非专业人员代替。

验收前，施工单位应对施工完成的分部工程进行自检，对存在的问题自行整改处理，合格后填写分部工程报验表（表5-7）及分部工程质量验收记录（表5-8），并将相关资料报送项目监理机构申请验收。总监理工程师应组织相关人员进行检查、验收，对验收不合格的分部工程，应要求施工单位进行整改，自检合格后予以复验。对验收合格的分部工程，应签认分部工程报验表及验收记录。

分部工程报验表

表 5-7

工程名称：　　　　　　　　　　　　　　　　　　　　　　　　　　编号：

致：＿＿＿＿＿＿＿＿＿＿＿＿（项目监理机构） 我方已完成＿＿＿＿＿＿＿＿（分部工程），经自检合格，请予以验收。 附件：分部工程质量资料 <div style="text-align:right">施工项目经理部（盖章） 项目技术负责人（签字） 年　月　日</div>
验收意见： <div style="text-align:right">专业监理工程师（签字） 年　月　日</div>
验收意见： <div style="text-align:right">项目监理机构（盖章） 总监理工程师（签字） 年　月　日</div>

注：本表一式三份，项目监理机构、建设单位、施工单位各一份。

_____分部工程质量验收记录   表 5-8

编号：_____

单位（子单位）工程名称			子分部工程数量		分项工程数量	
施工单位			项目负责人		技术（质量）负责人	
分包单位			分包单位负责人		分包内容	
序号	子分部工程名称	分项工程名称	检验批数量	施工单位检查结果	监理单位验收结论	
1						
2						
3						
4						
5						
6						
7						
8						
质量控制资料						
安全和功能检验结果						
观感质量检验结果						
综合验收结论						
施工单位 项目负责人： 年 月 日	勘察单位 项目负责人： 年 月 日		设计单位 项目负责人： 年 月 日		监理单位 总监理工程师： 年 月 日	

注：1. 地基与基础分部工程的验收应由施工、勘察、设计单位项目负责人和总监理工程师参加并签字。

2. 主体结构、节能分部工程的验收应由施工、设计单位项目负责人和总监理工程师参加并签字。

（5）单位工程验收的程序

1）预验收

单位工程完工后，施工单位应依据验收规范、设计图纸等组织有关人员进行自检，对存在的问题自行整改处理，合格后填写单位工程竣工验收报审表（表 5-9），并将相关竣工资料报送项目监理机构申请预验收。

单位工程竣工验收报审表　　　　　　　　表 5-9

工程名称：　　　　　　　　　　　　　　　　　　　　　　　编号：

致：＿＿＿＿＿＿＿＿＿＿＿（项目监理机构）

我方已按施工合同要求完成＿＿＿＿＿＿＿＿工程，经自检合格，现将有关资料报上，请予以验收。

附件：1. 工程质量验收报告

　　　2. 工程功能检验资料

施工单位（盖章）

项目经理（签字）

年　月　日

预验收意见：

经预验收，该工程合格/不合格，可以/不可以组织正式验收。

项目监理机构（盖章）

总监理工程师（签字、加盖执业印章）

年　月　日

注：本表一式三份，项目监理机构、建设单位、施工单位各一份。

总监理工程师应组织各专业监理工程师审查施工单位报送的相关竣工资料，并对工程质量进行竣工预验收。存在施工质量问题时，应由施工单位及时整改。整改完毕且复验合格后，总监理工程师应签认单位工程竣工验收的相关资料。项目监理机构应编写工程质量评估报告，并应经总监理工程师和监理单位技术负责人审核签字后报建设单位。

竣工预验收合格后，由施工单位向建设单位提交工程竣工报告和完整的质量控制资料，申请建设单位组织工程竣工验收。

工程竣工预验收由总监理工程师组织，各专业监理工程师参加，施工单位项目经理、项目技术负责人等参加，其他各单位人员可不参加。工程竣工预验收除参加人员与竣工验收不同外，其方法、程序、要求等均应与工程竣工验收相同。

单位工程中的分包工程完工后，分包单位应对所承包的工程项目进行自检，并应按验收标准规定的程序进行验收。验收时，总包单位应派人参加。验收合格后，分包单位应将所分包工程的质量控制资料整理完整，并移交给总包单位。建设单位组织单位工程质量验收时，分包单位负责人应参加验收。

2）验收

建设单位收到工程竣工报告后，应由建设单位项目负责人组织监理、施工、设计、勘察等单位项目负责人进行单位工程验收。对验收中提出的整改问题，项目监理机构应督促施工单位及时整改。工程质量符合要求的，总监理工程师应在工程竣工验收报告中签署验收意见。需要说明的是：在单位工程质量验收时，由于勘察、设计、施工、监理等单位都是责任主体，因此各单位项目负责人应参加验收，考虑到施工单位对工程质量负有直接生产责任，而施工项目经理部不是法人单位，故施工单位的技术、质量负责人也应参加验收。

在一个单位工程中，对满足生产要求或具备使用条件，施工单位已自行检验，项目监理机构已预验收的子单位工程，建设单位可组织进行验收。由几个施工单位负责施工的单位工程，当其中的子单位工程已按设计要求完成，并经自行检验，也可按规定的程序组织正式验收，办理交工手续。在整个单位工程验收时，已验收的子单位工程验收资料应作为单位工程验收的附件。

《建设工程质量管理条例》（国务院令第 279 号）（2019 修正）规定，建设工程竣工验收应当具备下列条件：

① 完成建设工程设计和合同约定的各项内容。

② 有完整的技术档案和施工管理资料。

③ 有工程使用的主要建筑材料、建筑构配件和设备的进场试验报告。

④ 有勘察、设计、施工、工程监理等单位分别签署的质量合格文件。

⑤ 有施工单位签署的工程保修书。

根据建设工程竣工验收应当具备的条件，对于不同性质的建设工程还应满足其他一些具体要求，如工业建设项目，还应满足必要的生活设施已按设计要求建成，生产准备工作和生产设施能适应投产的需要；环境保护设施、劳动、安全与卫生设施、消防设施以及必需的生产设施已按设计要求与主体工程同时建成，并经有关专业部门验收合格交付使用。

3）单位工程质量竣工验收、检查记录

单位工程质量竣工验收应按表 5-10 记录，表中的验收记录由施工单位填写，验收结论由项目监理机构填写；综合验收结论经参加验收各方共同商定，由建设单位填写，并应对工程质量是否符合设计文件和相关标准的规定及总体质量水平作出评价。

单位工程质量控制资料核查应按表 5-11 记录，单位工程安全和功能检验资料核查及主要功能抽查应按表 5-12 记录，单位工程观感质量检查应按表 5-13 记录。单位工程观感质量检查记录中的质量评价结果填写"好""一般"或"差"，可由各方协商确定，也可按下列原则确定：项目检查点中有 1 处或多于 1 处"差"可评价为"差"，有 60％及以上的检查点"好"可评价为"好"，其余情况可评价为"一般"。

单位工程质量竣工验收记录　　　　　　　　　表 5-10

工程名称			结构类型		层数/ 建筑面积	
施工单位			技术负责人		开工日期	
项目负责人			项目技术 负责人		完工日期	
序号	项目		验收记录		验收结论	
1	分部工程验收		共 分部,经查符合设计及标准规定 分部			
2	质量控制资料核查		共 项,经核查符合规定 项			
3	安全和使用功能核查及抽查结果		共核查 项,符合规定 项, 共抽查 项,符合规定 项, 经返工处理符合规定 项			
4	观感质量验收		共抽查 项,达到"好"和"一般"的 项, 经返修处理符合要求的 项			
	综合验收结论					
参加验收单位	建设单位	监理单位	施工单位	设计单位	勘察单位	
	(公章) 项目负责人: 年 月 日	(公章) 总监理工程师: 年 月 日	(公章) 项目负责人: 年 月 日	(公章) 项目负责人: 年 月 日	(公章) 项目负责人: 年 月 日	

注:单位工程验收时,验收签字人员应由相应单位的法人代表书面授权。

单位工程质量控制资料核查记录　　　　　　　表 5-11

工程名称				施工单位			
序号	项目	资 料 名 称	份数	施工单位		监理单位	
				核查意见	核查人	核查意见	核查人
1	建筑与结构	图纸会审记录、设计变更通知单、工程洽商记录					
2		工程定位测量、放线记录					
3		原材料出厂合格证书及进场检验、试验报告					
4		施工试验报告及见证检测报告					
5		隐蔽工程验收记录					
6		施工记录					
7		地基、基础、主体结构检验及抽样检测资料					
8		分项、分部工程质量验收记录					
9		工程质量事故调查处理资料					
10		新技术论证、备案及施工记录					

续表

序号	项目	资料名称	份数	施工单位		监理单位	
				核查意见	核查人	核查意见	核查人
1	给水排水与供暖	图纸会审记录、设计变更通知单、工程洽商记录					
2		原材料出厂合格证书及进场检验、试验报告					
3		管道、设备强度试验、严密性试验记录					
4		隐蔽工程验收记录					
5		系统清洗、灌水、通水、通球试验记录					
6		施工记录					
7		分项、分部工程质量验收记录					
8		新技术论证、备案及施工记录					
1	通风与空调	图纸会审记录、设计变更通知单、工程洽商记录					
2		原材料出厂合格证书及进场检验、试验报告					
3		制冷、空调、水管道强度试验、严密性试验记录					
4		隐蔽工程验收记录					
5		制冷设备运行调试记录					
6		通风、空调系统调试记录					
7		施工记录					
8		分项、分部工程质量验收记录					
9		新技术论证、备案及施工记录					
1	建筑电气	图纸会审记录、设计变更通知单、工程洽商记录					
2		原材料出厂合格证书及进场检验、试验报告					
3		设备调试记录					
4		接地、绝缘电阻测试记录					
5		隐蔽工程验收记录					
6		施工记录					
7		分项、分部工程质量验收记录					
8		新技术论证、备案及施工记录					
1	智能建筑	图纸会审记录、设计变更通知单、工程洽商记录					
2		原材料出厂合格证书及进场检验、试验报告					
3		隐蔽工程验收记录					
4		施工记录					
5		系统功能测定及设备调试记录					
6		系统技术、操作和维护手册					
7		系统管理、操作人员培训记录					
8		系统检测报告					
9		分项、分部工程质量验收记录					
10		新技术论证、备案及施工记录					

续表

序号	项目	资料名称	份数	施工单位		监理单位	
				核查意见	核查人	核查意见	核查人
1	建筑节能	图纸会审记录、设计变更通知单、工程洽商记录					
2		原材料出厂合格证书及进场检验、试验报告					
3		隐蔽工程验收记录					
4		施工记录					
5		外墙、外窗节能检验报告					
6		设备系统节能检测报告					
7		分项、分部工程质量验收记录					
8		新技术论证、备案及施工记录					
1	电梯	图纸会审记录、设计变更通知单、工程洽商记录					
2		设备出厂合格证书及开箱检验记录					
3		隐蔽工程验收记录					
4		施工记录					
5		接地、绝缘电阻试验记录					
6		负荷试验、安全装置检查记录					
7		分项、分部工程质量验收记录					
8		新技术论证、备案及施工记录					

结论：

施工单位项目负责人：　　　　　　　　总监理工程师：

　　年　月　日　　　　　　　　　　　年　月　日

单位工程安全和功能检验资料核查及主要功能抽查记录　　　　表 5-12

工程名称				施工单位			
序号	项目	安全和功能检查项目	份数	核查意见	抽查结果	核查（抽查）人	
1	建筑与结构	地基承载力检验报告					
2		桩基承载力检验报告					
3		混凝土强度试验报告					
4		砂浆强度试验报告					
5		主体结构尺寸、位置抽查记录					
6		建筑物垂直度、标高、全高测量记录					
7		屋面淋水或蓄水试验记录					
8		地下室渗漏水检测记录					
9		有防水要求的地面蓄水试验记录					
10		抽气（风）道检查记录					
11		外窗气密性、水密性、耐风压检测报告					
12		幕墙气密性、水密性、耐风压检测报告					
13		建筑物沉降观测测量记录					
14		节能、保温测试记录					
15		室内环境检测报告					
16		土壤氡气浓度检测报告					

续表

序号	项目	安全和功能检查项目	份数	核查意见	抽查结果	核查（抽查）人
1	给水排水与供暖	给水管道通水试验记录				
2		暖气管道、散热器压力试验记录				
3		卫生器具满水试验记录				
4		消防管道、燃气管道压力试验记录				
5		排水干管通球试验记录				
6		锅炉试运行、安全阀及报警联动测试记录				
1	通风与空调	通风、空调系统试运行记录				
2		风量、温度测试记录				
3		空气能量回收装置测试记录				
4		洁净室洁净度测试记录				
5		制冷机组试运行调试记录				
1	建筑电气	建筑照明通电试运行记录				
2		灯具固定装置及悬吊装置的载荷强度试验记录				
3		绝缘电阻测试记录				
4		剩余电流动作保护器测试记录				
5		应急电源装置应急持续供电记录				
6		接地电阻测试记录				
7		接地故障回路阻抗测试记录				
1	智能建筑	系统试运行记录				
2		系统电源及接地检测报告				
3		系统接地检测报告				
1	建筑节能	外墙节能构造检查记录或热工性能检验报告				
2		设备系统节能性能检查记录				
1	电梯	运行记录				
2		安全装置检测报告				

结论：

施工单位项目负责人：　　　　　　　　　　　　　总监理工程师：
　　　　年　　月　　日　　　　　　　　　　　　　　　年　　月　　日

注：抽查项目由验收组协商确定。

单位工程观感质量检查记录　　　　　　　表 5-13

工程名称			施工单位		
序号		项　目	抽查质量状况		质量评价
1	建筑与结构	主体结构外观	共检查　点，好　点，一般　点，差　点		
2		室外墙面	共检查　点，好　点，一般　点，差　点		
3		变形缝、雨水管	共检查　点，好　点，一般　点，差　点		
4		屋面	共检查　点，好　点，一般　点，差　点		
5		室内墙面	共检查　点，好　点，一般　点，差　点		
6		室内顶棚	共检查　点，好　点，一般　点，差　点		
7		室内地面	共检查　点，好　点，一般　点，差　点		
8		楼梯、踏步、护栏	共检查　点，好　点，一般　点，差　点		
9		门窗	共检查　点，好　点，一般　点，差　点		
10		雨罩、台阶、坡道、散水	共检查　点，好　点，一般　点，差　点		
1	给水排水与供暖	管道接口、坡度、支架	共检查　点，好　点，一般　点，差　点		
2		卫生器具、支架、阀门	共检查　点，好　点，一般　点，差　点		
3		检查口、扫除口、地漏	共检查　点，好　点，一般　点，差　点		
4		散热器、支架	共检查　点，好　点，一般　点，差　点		
1	通风与空调	风管、支架	共检查　点，好　点，一般　点，差　点		
2		风口、风阀	共检查　点，好　点，一般　点，差　点		
3		风机、空调设备	共检查　点，好　点，一般　点，差　点		
4		管道、阀门、支架	共检查　点，好　点，一般　点，差　点		
5		水泵、冷却塔	共检查　点，好　点，一般　点，差　点		
6		绝热	共检查　点，好　点，一般　点，差　点		
1	建筑电气	配电箱、盘、板、接线盒	共检查　点，好　点，一般　点，差　点		
2		设备器具、开关、插座	共检查　点，好　点，一般　点，差　点		
3		防雷、接地、防火	共检查　点，好　点，一般　点，差　点		
1	智能建筑	机房设备安装及布局	共检查　点，好　点，一般　点，差　点		
2		现场设备安装	共检查　点，好　点，一般　点，差　点		
1	电梯	运行、平层、开关门	共检查　点，好　点，一般　点，差　点		
2		层门、信号系统	共检查　点，好　点，一般　点，差　点		
3		机房	共检查　点，好　点，一般　点，差　点		
观感质量综合评价					

结论：

　　施工单位项目负责人：　　　　　　　　　总监理工程师：
　　　　　　年　月　日　　　　　　　　　　　　年　月　日

注：1. 对质量评价为差的项目应进行返修。
　　2. 观感质量现场检查原始记录应作为本表附件。

5. 工程质量验收合格规定

（1）检验批质量验收合格规定

检验批质量验收合格应符合下列规定：

1）主控项目的质量经抽样检验均应合格。

2）一般项目的质量经抽样检验合格。当采用计数抽样时，合格点率应符合有关专业验收规范的规定，且不得存在严重缺陷。对于计数抽样的一般项目，正常检验一次、二次抽样可分别按表 5-14、表 5-15 判定。

3）具有完整的施工操作依据、质量验收记录。

一般项目正常检验一次抽样判定　　　　　　　　　　　　　表 5-14

样本容量	合格判定数	不合格判定数	样本容量	合格判定数	不合格判定数
5	1	2	32	7	8
8	2	3	50	10	11
13	3	4	80	14	15
20	5	6	125	21	22

一般项目正常检验二次抽样判定　　　　　　　　　　　　　表 5-15

抽样次数	样本容量	合格判定数	不合格判定数	抽样次数	样本容量	合格判定数	不合格判定数
（1）	3	0	2	（1）	20	3	6
（2）	6	1	2	（2）	40	9	10
（1）	5	0	3	（1）	32	5	9
（2）	10	3	4	（2）	64	12	13
（1）	8	1	3	（1）	50	7	11
（2）	16	4	5	（2）	100	18	19
（1）	13	2	5	（1）	80	11	16
（2）	26	6	7	（2）	160	26	27

注：（1）和（2）表示抽样次数，（2）对应的样本容量为两次抽样的累计数量。

为加深理解检验批质量验收合格规定，应注意以下几方面的内容：

① 主控项目的质量经抽样检验均应合格。主控项目是指建筑工程中对安全、节能、环境保护和主要使用功能起决定性作用的检验项目。主控项目是对检验批的基本质量起决定性影响的检验项目，是保证工程安全和使用功能的重要检验项目，必须从严要求，因此要求主控项目必须全部符合有关专业验收规范的规定。主控项目如果达不到有关专业验收规范规定的质量指标，降低要求就相当于降低该工程的性能指标，就会严重影响工程的安全性能。这意味着主控项目不允许有不符合要求的检验结果，必须全部合格。如混凝土、砂浆强度等级是保证混凝土结构、砌体强度的重要性能，必须全部达到有关专业验收规范规定的质量要求。

为了使检验批的质量满足工程安全和使用功能的基本要求，保证工程质量，各专业工程质量验收规范对各检验批主控项目的合格质量给予明确的规定。如钢筋安装时的主控项目为：受力钢筋的品种、级别、规格和数量必须符合设计要求。

② 一般项目的质量经抽样检验合格。当采用计数抽样时，合格点率应符合有关专业验收规范的规定，且不得存在严重缺陷。

一般项目是指除主控项目以外的检验项目。为了使检验批的质量满足工程安全和使用功能的基本要求，保证工程质量，各专业工程质量验收规范对各检验批一般项目的合格质量给予明确的规定。如钢筋连接的一般项目为：钢筋的接头宜设置在受力较小处；同一纵向受力钢筋不宜设置两个或两个以上接头；接头末端至钢筋弯起点的距离不应小于钢筋直径的 10 倍。

对于一般项目，虽然允许存在一定数量的不合格点，但某些不合格点的指标与合格要求偏差较大或存在严重缺陷时，仍将影响工程的使用功能或观感，因此对这些部位还应进行返修处理。

对于计数抽样的一般项目，正常检验一次抽样可按表 5-14 判定，正常检验二次抽样可按表 5-15 判定。抽样方案应在抽样前确定，具体的抽样方案应按有关专业验收规范执行。如有关专业验收规范无明确规定时，可采用一次抽样方案，也可由建设、设计、监理、施工等单位根据检验对象的特征协商采用二次抽样方案。样本容量在表 5-14 或表 5-15 给出的数值之间时，合格判定数可通过插值并四舍五入取整确定。

举例说明：表 5-14 和表 5-15 的使用方法：

对于一般项目正常检验一次抽样，假设样本容量为 20，在 20 个试样中如果有 5 个或 5 个以下试样被判为不合格时，该检验批可判定为合格；当 20 个试样中有 6 个或 6 个以上试样被判为不合格时，则该检验批可判定为不合格。

对于一般项目正常检验二次抽样，假设样本容量为 20，当 20 个试样中有 3 个或 3 个以下试样被判为不合格时，该检验批可判定为合格；当有 6 个或 6 个以上试样被判为不合格时，该检验批可判定为不合格；当有 4 个或 5 个试样被判为不合格时，应进行第二次抽样，样本容量也为 20 个，两次抽样的样本容量为 40，当两次不合格试样之和为 9 或小于 9 时，该检验批可判定为合格，当两次不合格试样之和为 10 或大于 10 时，该检验批可判定为不合格。

样本容量在表 5-14 或表 5-15 给出的数值之间时，合格判定数可通过插值并四舍五入取整确定。例如样本容量为 15，按表 5-14 插值得出的合格判定数为 3.571，取整可得合格判定数为 4，不合格判定数为 5。

③ 具有完整的施工操作依据、质量验收记录

质量控制资料反映了检验批从原材料到最终验收的各施工工序的操作依据、检查情况以及保证工程质量所必需的管理制度等。对其完整性的检查，实际是对过程控制的确认，这是检验批质量合格的前提。

通常，质量控制资料主要包括：

a. 图纸会审记录、设计变更通知单、工程洽商记录。

b. 工程定位测量、放线记录。

c. 原材料出厂合格证书及进场检验、试验报告。

d. 施工试验报告及见证检测报告。

e. 隐蔽工程验收记录。

f. 施工记录。

g. 按有关专业工程质量验收规范规定的抽样检测资料、试验记录。

h. 分项、分部工程质量验收记录。

i. 工程质量事故调查处理资料。

j. 新技术论证、备案及施工记录。

（2）分项工程质量验收合格规定

分项工程质量验收合格应符合下列规定：

1）所含检验批的质量均应验收合格。

2）所含检验批的质量验收记录应完整。

分项工程质量验收是以检验批为基础进行的。一般情况下，检验批和分项工程两者具有相同或相近的性质，只是批量的大小不同而已。分项工程质量合格的条件是构成分项工程的各检验批质量验收资料齐全完整，且各检验批质量均已验收合格。

（3）分部工程质量验收合格规定

分部工程质量验收合格应符合下列规定：

1）所含分项工程的质量均应验收合格。

2）质量控制资料应完整。

3）有关安全、节能、环境保护和主要使用功能的抽样检验结果应符合相应规定。

4）观感质量应符合要求。

分部工程质量验收是以所含各分项工程质量验收为基础进行的。首先，分部工程所含各分项工程已验收合格且相应的质量控制资料齐全、完整。此外，由于各分项工程的性质不尽相同，因此作为分部工程不能简单地组合而加以验收，尚须进行以下两方面检查项目：

① 涉及安全、节能、环境保护和主要使用功能的地基与基础、主体结构和设备安装等分部工程应进行有关的见证检验或抽样检验。总监理工程师应组织相关人员，检查各专业验收规范中规定应见证检验或抽样检验的项目是否都进行了检验。查阅各项检测报告（记录），核查有关检测方法、内容、程序、检测结果等是否符合有关标准规定；核查有关检测机构的资质，见证取样和送检人员资格，检测报告出具机构负责人的签署情况是否符合相关要求。

② 观感质量验收。这类检查往往难以定量，只能以观察、触摸或简单量测的方式进行观感质量验收，并结合验收人的主观判断，检查结果并不给出"合格"或"不合格"的结论，而是由各方协商确定，综合给出"好""一般""差"的质量评价结果。对于"差"的检查点应进行返修处理。所谓"好"是指在观感质量符合验收规范的基础上，能到达精致、流畅的要求，细部处理到位、精度控制好；所谓"一般"是指观感质量能符合验收规范的要求；所谓"差"是指观感质量勉强达到验收规范的要求，或有明显的缺陷，但不影响安全或使用功能。

（4）单位工程质量验收合格规定

单位工程质量验收合格应符合下列规定：

1）所含分部工程的质量均应验收合格。

2）质量控制资料应完整。

3）所含分部工程中有关安全、节能、环境保护和主要使用功能的检验资料应完整。

4）主要使用功能的抽查结果应符合相关专业质量验收规范的规定。

5）观感质量应符合要求。

单位工程质量验收也称质量竣工验收，是建筑工程投入使用前的最后一次验收，也是最重要的一次验收。参建各方责任主体和有关单位及人员，应给予足够的重视，认真做好单位工程质量竣工验收，把好工程质量竣工验收关。

为加深理解单位工程质量验收合格规定，应注意以下几方面内容：

① 所含分部工程的质量均应验收合格。施工单位事前应认真做好验收准备工作，将所有分部工程的质量验收记录表及相关资料，及时收集整理，并列出目次表，依序将其装订成册。在核查和整理过程中，应注意以下 3 点：

a. 核查各分部工程中所含的子分部工程是否齐全。

b. 核查各分部工程质量验收记录表及相关资料的质量评价是否完善。

c. 核查各分部工程质量验收记录表及相关资料的验收人员是否符合规定的具备相应资格的技术人员，并进行了评价和签认。

② 质量控制资料应完整。质量控制资料完整是指所收集到的资料，能反映工程所采用的建筑材料、构配件和设备的质量技术性能，施工质量控制和技术管理状况，涉及结构安全和主要使用功能的施工试验和抽样检验结果，以及工程参建各方质量验收的原始依据、客观记录、真实数据和见证取样等资料，能确保工程结构安全和使用功能满足设计要求。它是客观评价工程质量的主要依据。

尽管质量控制资料在分部工程质量验收时已经检查过，但某些资料由于受试验龄期的影响，或受系统测试的需要等，难以在分部工程验收时到位。因此应对所有分部工程质量控制资料的系统性和完整性进行一次全面的核查，在全面梳理的基础上，重点检查资料是否齐全、有无遗漏，从而达到完整无缺的要求。

③ 所含分部工程中有关安全、节能、环境保护和主要使用功能等的检验资料应完整。涉及安全、节能、环境保护和主要使用功能的分部工程检验资料应复查合格，这些检验资料与质量控制资料同等重要。资料复查不仅要全面检查其完整性，不得有漏检缺项，其次复核分部工程验收时要补充进行的见证抽样检验报告，这体现了对安全和主要使用功能的重视。

④ 主要使用功能的抽查结果应符合相关专业质量验收规范的规定。对主要使用功能进行抽查，这是对建筑工程和设备安装工程质量的综合检验，也是用户最为关心的内容，体现了验收标准完善手段、过程控制的原则，也将减少工程投入使用后的质量投诉和纠纷。因此，在分项、分部工程质量验收合格的基础上，竣工验收时应再作全面的检查。主要使用功能抽查项目是在检查资料文件的基础上由参加验收的各方人员商定，并用计量、计数的方法抽样检验，检验结果应符合有关专业验收规范的规定。

⑤ 观感质量应符合要求。观感质量验收不单纯是对工程外表质量进行检查，同时也是对部分使用功能和使用安全所作的一次全面检查。如门窗启闭是否灵活、关闭后是否严密；又如室内顶棚抹灰层的空鼓、楼梯踏步高差过大等。涉及使用的安全，在检查时应加以关注。观感质量验收须由参加验收的各方人员共同进行，最后共同协商确定是否通过验收。

6. 工程质量验收时不符合要求的处理

一般情况，不合格现象在检验批验收时就应发现并及时处理，但实际工程中不能完全避免不合格情况的出现，因此工程施工质量验收时不符合要求的应按下列进行处理：

（1）经返工或返修的检验批，应重新进行验收。检验批验收时，对于主控项目不能满足验收规范规定或一般项目超过偏差限值的样本数量不符合验收规定时，应及时进行处理。其中，对于严重的质量缺陷应重新施工；一般的质量缺陷可通过返修、更换予以解决，允许施工单位在采取相应的措施后重新验收。如能够符合相应的专业验收规范要求，应认为该检验批合格。

（2）经有资质的检测机构检测鉴定能够达到设计要求的检验批，应予以验收。当个别检验批发现问题，难以确定能否验收时，应请具有资质的法定检测机构进行检测鉴定。当鉴定结果认为能够达到设计要求时，该检验批可以通过验收。这种情况通常出现在某检验批的材料试块强度不满足设计要求时。

（3）经有资质的检测机构检测鉴定达不到设计要求，但经原设计单位核算认可能够满足安全和使用功能的检验批，可予以验收。如经有资质的检测机构检测鉴定达不到设计要求，但经原设计单位核算、鉴定，仍可满足相关设计规范和使用功能要求时，该检验批可予以验收。这主要是因为一般情况下，标准、规范的规定是满足安全和功能的最低要求，而设计往往在此基础上留有一些余量。在一定范围内，会出现不满足设计要求而符合相应规范要求的情况，两者并不矛盾。

（4）经返修或加固处理的分项、分部工程，满足安全及使用功能要求时，可按技术处理方案和协商文件的要求予以验收。经法定检测机构检测鉴定后认为达不到规范的相应要求，即不能满足最低限度的安全储备和使用功能时，则必须进行加固或处理，使之能满足安全使用的基本要求。这样可能会造成一些永久性的影响，如增大结构外形尺寸，影响一些次要的使用功能。但为了避免建筑物的整体或局部拆除，避免社会财富更大的损失，在不影响安全和主要使用功能条件下，可按技术处理方案和协商文件进行验收，责任方应按法律法规承担相应的经济责任和接受处罚。需要特别注意的是，这种方法不能作为降低质量要求、变相通过验收的一种出路。

（5）经返修或加固处理仍不能满足安全或重要使用要求的分部工程及单位工程，严禁验收。分部工程及单位工程经返修或加固处理后仍不能满足安全或重要使用功能时，表明工程质量存在严重的缺陷。重要的使用功能不满足要求时，将导致建筑物无法正常使用。安全不满足要求时，将危及人身健康或财产安全，严重时会给社会带来巨大的安全隐患。因此对这类工程严禁通过验收，更不得擅自投入使用，需要专门研究处置方案。

（6）工程质量控制资料应齐全完整。当部分资料缺失时，应委托有资质的检测机构按有关标准进行相应的实体检验或抽样试验。实际工程中偶尔会遇到因遗漏检验或资料丢失而导致部分施工验收资料不全的情况，使工程无法正常验收。对此可有针对性地进行工程质量检验，采取实体检验或抽样试验的方法确定工程质量状况。上述工作应由有资质的检测机构完成，出具的检验报告可用于工程施工质量验收。

5.9 工程竣工验收相关规定

1. 房屋建筑和市政基础设施工程竣工验收规定

根据住房城乡建设部关于印发《房屋建筑和市政基础设施工程竣工验收规定》的通知（建质〔2013〕171号），房屋建筑和市政基础设施工程竣工验收由建设单位负责组织实施。

(1) 工程竣工验收条件

房屋建筑和市政基础设施工程竣工验收符合下列要求方可进行竣工验收：

1) 完成工程设计和合同约定的各项内容。

2) 施工单位在工程完工后对工程质量进行了检查，确认工程质量符合有关法律、法规和工程建设强制性标准，符合设计文件及合同要求，并提出工程竣工报告。工程竣工报告应经项目经理和施工单位有关负责人审核签字。

3) 对于委托监理的工程项目，监理单位对工程进行了质量评估，具有完整的监理资料，并提出工程质量评估报告。工程质量评估报告应经总监理工程师和监理单位有关负责人审核签字。

4) 勘察、设计单位对勘察、设计文件及施工过程中由设计单位签署的设计变更通知书进行了检查，并提出质量检查报告。质量检查报告应经该项目勘察、设计负责人和勘察、设计单位有关负责人审核签字。

5) 有完整的技术档案和施工管理资料。

6) 有工程使用的主要建筑材料、建筑构配件和设备的进场试验报告，以及工程质量检测和功能性试验资料。

7) 建设单位已按合同约定支付工程款。

8) 有施工单位签署的工程质量保修书。

9) 对于住宅工程，进行分户验收并验收合格，建设单位按户出具《住宅工程质量分户验收表》。

10) 建设主管部门及工程质量监督机构责令整改的问题全部整改完毕。

11) 法律、法规规定的其他条件。

(2) 工程竣工验收程序

工程竣工验收应按下列程序进行：

1) 工程完工后，施工单位向建设单位提交工程竣工报告，申请工程竣工验收。实行监理的工程，工程竣工报告须经总监理工程师签署意见。

2) 建设单位收到工程竣工报告后，对符合竣工验收要求的工程，组织勘察、设计、施工、监理等单位组成验收组，制定验收方案。对于重大工程和技术复杂工程，根据需要可邀请有关专家参加验收组。

3) 建设单位应当在工程竣工验收7个工作日前将验收的时间、地点及验收组名单书面通知负责监督该工程的工程质量监督机构。

4) 建设单位组织工程竣工验收。

① 建设、勘察、设计、施工、监理单位分别汇报工程合同履约情况和在工程建设各

个环节执行法律、法规和工程建设强制性标准的情况。

② 审阅建设、勘察、设计、施工、监理单位的工程档案资料。

③ 实地查验工程质量。

④ 对工程勘察、设计、施工、设备安装质量和各管理环节等方面作出全面评价，形成经验收组人员签署的工程竣工验收意见。

参与工程竣工验收的建设、勘察、设计、施工、监理等各方不能形成一致意见时，应当协商提出解决的方法，待意见一致后，重新组织工程竣工验收。

（3）工程竣工验收报告

工程竣工验收合格后，建设单位应当及时提出工程竣工验收报告。工程竣工验收报告应包括下列主要内容：

1）工程概况。

2）建设单位执行基本建设程序情况。

3）对工程勘察、设计、施工、监理等方面的评价。

4）工程竣工验收时间、程序、内容和组织形式。

5）工程竣工验收意见。

6）工程竣工验收报告还应附有下列文件：

① 施工许可证。

② 施工图设计文件审查意见。

③ 施工单位提交的工程竣工报告；监理单位提交的工程质量评估报告；勘察、设计单位提交的质量检查报告；以及施工单位签署的工程质量保修书等规定的文件。

④ 验收组人员签署的工程竣工验收意见。

⑤ 法规、规章规定的其他有关文件。

2. 城市轨道交通建设工程验收管理暂行办法

根据住房城乡建设部关于印发《城市轨道交通建设工程验收管理暂行办法的通知》（建质〔2014〕42 号），城市轨道交通是指采用专用轨道导向运行的城市公共客运交通系统，包括地铁、轻轨、单轨、磁浮、自动导向轨道等系统。

城市轨道交通建设工程验收分为单位工程验收、项目工程验收、竣工验收三个阶段。

单位工程验收是指在单位工程完工后，检查工程设计文件和合同约定内容的执行情况，评价单位工程是否符合有关法律法规和工程技术标准，符合设计文件及合同要求，对各参建单位的质量管理进行评价的验收。

项目工程验收是指各项单位工程验收后、试运行之前，确认建设项目工程是否达到设计文件及标准要求，是否满足城市轨道交通试运行要求的验收。

竣工验收是指项目工程验收合格后、试运营之前，结合试运行效果，确认建设项目是否达到设计目标及标准要求的验收。

专项验收是指为保证城市轨道交通建设工程质量和运行安全，依据相关法律法规由政府有关部门负责的验收。

城市轨道交通建设工程所包含的单位工程验收合格且通过相关专项验收后，方可组织项目工程验收；项目工程验收合格后，建设单位应组织不载客试运行，试运行三个月、并通过全部专项验收后，方可组织竣工验收；竣工验收合格后，城市轨道交通建设工程方可履行相关试运营手续。

(1) 单位工程验收

1) 单位工程验收应具备的条件

单位工程验收应具备以下条件：

① 完成工程设计和合同约定的各项内容，对不影响运营安全及使用功能的缓建项目已经相关部门同意；

② 质量控制资料应完整；

③ 单位工程所含分部工程的质量均应验收合格；

④ 有关安全和功能的检测、测试和必要的认证资料应完整；主要功能项目的检验检测结果应符合相关专业质量验收规范的规定；设备、系统安装工程需通过各专业要求的检测、测试或认证；

⑤ 有勘察、设计、施工、工程监理等单位签署的质量合格文件或质量评价意见；

⑥ 观感质量应符合验收要求；

⑦ 住房城乡建设主管部门及其委托的工程质量监督机构等有关部门责令整改的问题已经整改完毕。

2) 单位工程验收相关要求

① 施工单位对单位工程质量自验合格后，总监理工程师应组织专业监理工程师，依据有关法律、法规、工程建设强制性标准、设计文件及施工合同，对施工单位报送的验收资料进行审查后，组织单位工程预验。单位工程各相关参建单位须参加预验，预验程序可参照单位工程验收程序。

② 单位工程预验合格、遗留问题整改完毕后，施工单位应向建设单位提交单位工程验收报告，申请单位工程验收。验收报告须经该工程总监理工程师签署意见。

③ 单位工程验收由建设单位组织，勘察、设计、施工、监理等各参建单位的项目负责人参加，组成验收小组。

a. 建设单位应对验收小组主要成员资格进行核查；

b. 建设单位应制定验收方案，验收方案的内容应包括验收小组人员组成、验收方法等。方案应明确对工程质量进行抽样检查的内容、部位等详细内容，抽样检查应具有随机性和可操作性；

c. 建设单位应当在单位工程验收 7 个工作日前，将验收的时间、地点及验收方案书面报送工程质量监督机构。

④ 当一个单位工程由多个子单位工程组成时，子单位工程质量验收的组织和程序应参照单位工程质量验收组织和程序进行。

3) 单位工程验收的内容和程序

① 建设、勘察、设计、施工、监理等单位分别汇报工程合同履约情况和在工程建设各个环节执行法律、法规和工程建设强制性标准的情况；

② 验收小组实地查验工程质量，审阅建设、勘察、设计、监理、施工单位的工程档案资料，并形成验收意见。查验及审阅至少应包括以下内容：

a. 检查合同和设计相关内容的执行情况；

b. 检查单位工程实体质量（涉及运营安全及使用功能的部位应进行抽样检测），检查工程档案资料；

c. 检查施工单位自检报告及施工技术资料（包括主要产品的质量保证资料及合格报告）；

d. 检查监理单位独立抽检资料、监理工作总结报告及质量评价资料。

单位工程验收时，对重要分部工程应核查质量验收记录，进行质量抽样检查，经验收记录核查和质量抽样检查合格后，方可判定所含的分部工程质量合格。单位工程质量验收时，可委托第三方质量检测机构进行工程质量抽测。

③ 工程质量监督机构出具验收监督意见。

（2）项目工程验收

1）项目工程验收应具备的条件

项目工程验收应具备以下条件：

① 项目所含单位工程均已完成设计及合同约定的内容，并通过了单位工程验收。对不影响运营安全及使用功能的缓建、缓验项目已经相关部门同意；

② 单位工程质量验收提出的遗留问题、住房城乡建设行政主管部门或其委托的工程质量监督机构责令整改的问题已全部整改完毕；

③ 设备系统经联合调试符合运营整体功能要求，并已由相关单位出具认可文件；

④ 已通过对试运行有影响的相关专项验收。

2）项目工程验收相关要求

城市轨道交通建设项目工程验收工作由建设单位组织，各参建单位项目负责人以及运营单位、负责专项验收的城市政府有关部门代表参加，组成验收组。

① 建设单位应对验收组主要成员资格进行核查；

② 建设单位应制定验收方案，验收方案的内容应包括验收组人员组成、验收方法等；

③ 建设单位应当在项目工程验收 7 个工作日前，将验收的时间、地点及验收方案书面报送工程质量监督机构。

3）项目工程验收的内容和程序

① 建设单位代表向验收组汇报工程合同履约情况和在工程建设各个环节执行法律、法规和工程建设强制性标准的情况；

② 各验收小组实地查验工程质量，复查单位工程验收遗留问题的整改情况；审阅建设、勘察、设计、监理、施工单位的工程档案和各项功能性检测、监测资料；

③ 验收组对工程勘察、设计、施工、监理、设备安装质量等方面进行评价，审查对试运行有影响的相关专项验收情况；审查系统设备联合调试情况，签署项目工程验收意见；

④ 工程质量监督机构出具验收监督意见。

城市轨道交通建设工程自项目工程验收合格之日起可投入不载客试运行，试运行时间不应少于三个月。

（3）竣工验收

1）竣工验收应具备的条件

竣工验收应具备以下条件：

① 项目工程验收的遗留问题全部整改完毕；

② 有完整的技术档案和施工管理资料；

③ 试运行过程中发现的问题已整改完毕，有试运行总结报告；

④ 已通过规划部门对建设工程是否符合规划条件的核实和全部专项验收，并取得相关验收或认可文件；暂时甩项的，应经相关部门同意。

2）竣工验收相关要求

城市轨道交通建设工程竣工验收由建设单位组织，各参建单位项目负责人以及运营单位、负责规划条件核实和专项验收的城市政府有关部门代表参加，组成验收委员会。

① 建设单位应对验收组主要成员资格进行核查；

② 建设单位应制定验收方案，验收方案的内容应包括验收委员会人员组成、验收内容及方法等；

③ 验收委员会可按专业分为若干专业验收组；

④ 建设单位应当在竣工验收 7 个工作日前，将验收的时间、地点及验收方案书面报送工程质量监督机构。

3）竣工验收的内容和程序

① 建设、勘察、设计、监理、施工等单位代表简要汇报工程概况、合同履约情况和在工程建设各个环节执行法律、法规和工程建设强制性标准的情况；

② 建设单位汇报试运行情况；

③ 相关部门代表进行专项验收工作总结；

④ 验收委员会审阅工程档案资料、运行总结报告及检查项目工程验收遗留问题和试运行中发现问题的整改情况；

⑤ 验收委员会质询相关单位，讨论并形成验收意见；

⑥ 验收委员会签署工程竣工验收报告，并对遗留问题做出处理决定；

⑦ 工程质量监督机构出具验收监督意见。

施工单位应在竣工验收合格后，签订工程质量保修书，自竣工验收合格之日开始履行质保义务。建设单位应在竣工验收合格之日起 15 个工作日内，将竣工验收报告和相关文件，报城市建设主管部门备案。

5.10　工程质量缺陷与事故处理

项目监理机构应采取有效措施预防工程质量缺陷及事故的出现。工程施工过程中一旦出现工程质量缺陷及事故，项目监理机构应按规定的程序予以处理。

1. 工程质量缺陷及处理

工程质量缺陷是指工程质量不符合国家或行业有关技术标准、设计文件及合同对质量的要求。

（1）常见工程质量缺陷的成因

由于建设工程施工周期较长，所用材料品种繁杂，在施工过程中，受社会环境和自然条件等方面因素影响，出现的工程质量缺陷类型多种多样。使得引起工程质量缺陷的成因也错综复杂，往往一项质量缺陷是由于多种原因引起的。通过对大量质量缺陷调查与分析发现，引起质量缺陷的原因有不少相同或相似之处，归纳其最基本的因素主要有以下几个方面：

1) 违背基本建设程序。基本建设程序是工程建设过程及其客观规律的反映，工程建设过程中，经常出现不按建设程序办事的情况，如未搞清地质情况就仓促开工，边设计、边施工；无图施工；不经竣工验收就交付使用等。

2) 违反法律法规。如无证设计，无证施工；越级设计，越级施工；转包、挂靠，低于成本价中标，非法分包；擅自修改设计等。

3) 地质勘察数据失真。如未认真进行地质勘察或勘探时钻孔深度、间距、范围不符合规定要求，地质勘察报告不详细、不准确、不能全面反映实际的地基情况；对基岩起伏、土层分布误判，或未查清地下软土层、墓穴、空洞等，导致采用不恰当或错误的基础方案，造成地基不均匀沉降、失稳，使上部结构或墙体开裂、破坏，或引发建筑物倾斜、倒塌等。

4) 设计差错。如盲目套用图纸，采用不正确的结构方案，计算简图与实际受力情况不符，荷载取值过小，内力分析有误，沉降缝或变形缝设置不当，悬挑结构未进行抗倾覆验算，以及计算错误等。

5) 施工与管理不到位。不按图纸或不按操作规程施工；施工组织管理紊乱，不熟悉图纸，盲目施工；施工方案考虑不周，施工顺序颠倒；图纸未经会审，仓促施工；技术交底不清，违章作业等。

6) 操作人员专业技术水平不高。近年来，施工操作人员的专业技术水平不断下降，过去师傅带徒弟的技术传承方式越来越少，熟练工人的总体数量无法满足工程建设需求，施工操作人员流动性大，缺乏教育培训，操作技能较差，质量意识和安全意识差。

7) 使用不合格的原材料、构配件和设备。工程使用了假冒伪劣的材料、构配件和设备，造成质量缺陷或质量事故。如钢筋物理力学性能不良导致钢筋混凝土结构破坏；骨料中碱活性物质导致碱骨料反应使混凝土产生破坏；水泥受潮、过期，砂石含泥量及有害物含量超标，外加剂掺量不符合要求，影响混凝土强度、抗渗性，导致混凝土结构强度不足、裂缝、渗漏等质量缺陷。

8) 自然环境因素。空气温度、湿度、暴雨、大风、洪水、雷电等。

9) 盲目抢工。盲目压缩工期，不尊重质量、进度、造价的内在规律。

10) 使用不当。对建筑物、构筑物或设施的装修、改造或使用不当。如装修中未经验算就对建筑物任意加层；任意拆除承重结构部件；任意在结构上开槽、打洞、削弱承重结构截面等。

（2）工程质量缺陷处理程序

发生工程质量缺陷，项目监理机构应按下列程序进行处理：如图 5-6 所示。

1) 发生工程质量缺陷，项目监理机构应进行检查和记录，并签发监理通知单，责成施工单位进行处理。

2) 施工单位进行质量缺陷调查，分析质量缺陷产生的原因，并提出经设计等相关单位认可的处理方案。

3) 项目监理机构审查施工单位报送的质量缺陷处理方案，并签署意见。

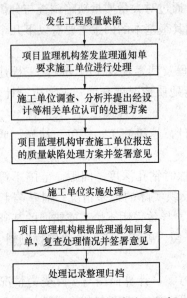

图 5-6　工程质量缺陷处理程序

4）施工单位按审查认可的处理方案实施处理，项目监理机构对处理过程进行跟踪检查，对处理结果进行验收。

5）质量缺陷处理完毕后，项目监理机构应根据施工单位报送的监理通知回复单对质量缺陷处理情况进行复查，并提出复查意见。

6）处理记录整理归档。

2. 工程质量事故处理

根据住房城乡建设部《关于做好房屋建筑和市政基础设施工程质量事故报告和调查处理工作的通知》（建质〔2010〕111 号），工程质量事故是指由于建设、勘察、设计、施工、监理等单位违反工程质量有关法律法规和工程建设标准，使工程产生结构安全、重要使用功能等方面的质量缺陷，造成人身伤亡或者重大经济损失的事故。

（1）工程质量事故等级

根据工程质量事故造成的人员伤亡或者直接经济损失，工程质量事故可分为 4 个等级：

1）特别重大事故，是指造成 30 人以上死亡，或者 100 人以上重伤，或者 1 亿元以上直接经济损失的事故。

2）重大事故，是指造成 10 人以上 30 人以下死亡，或者 50 人以上 100 人以下重伤，或者 5000 万元以上 1 亿元以下直接经济损失的事故。

3）较大事故，是指造成 3 人以上 10 人以下死亡，或者 10 人以上 50 人以下重伤，或者 1000 万元以上 5000 万元以下直接经济损失的事故。

4）一般事故，是指造成 3 人以下死亡，或者 10 人以下重伤，或者 100 万元以上 1000 万元以下直接经济损失的事故。

本等级所称的"以上"包括本数，所称的"以下"不包括本数。

（2）工程质量事故处理依据

工程质量事故处理的主要依据：一是有关的法律法规；二是具有法律效力的工程承包合同、勘察设计合同、材料或设备购销合同以及监理合同等合同文件；三是质量事故的实况资料；四是有关的工程技术文件、资料和档案。

1）有关法律法规

有关法律法规包括：《中华人民共和国建筑法》《建设工程质量管理条例》以及相关的配套法规等。

2）有关合同文件

所涉及的合同文件包括：工程承包合同、勘察设计合同、材料或设备购销合同、基坑监测合同和监理合同等。

有关合同文件在处理质量事故中的作用：确定在施工过程中有关各方是否按照合同有

关条款实施其活动，借以探寻产生事故的可能原因。如施工单位是否在规定时间内通知项目监理机构进行隐蔽工程验收，项目监理机构是否按规定时间实施了检查验收；施工单位在材料进场时，是否按规定进行了检验等。此外，有关合同文件还是界定质量责任的重要依据。

　　3）质量事故的实况资料

　　要搞清质量事故的原因和确定处理对策，首先是要掌握质量事故的实际情况。有关质量事故的实况资料主要来自以下两个方面：

　　① 施工单位的质量事故调查报告。质量事故发生后，施工单位有责任就所发生的质量事故进行调查、研究，掌握情况，并在此基础上写出调查报告，提交项目监理机构和建设单位。

　　② 项目监理机构所掌握的质量事故相关资料。其内容大致与施工单位调查报告中有关内容相似，可用来与施工单位所提供的情况对照、核实。

　　4）有关的工程技术文件、资料和档案

　　① 有关的设计文件。如施工图纸和技术说明等。设计文件在处理质量事故时的作用，一是可以对照设计文件，核查施工质量是否完全符合设计文件的规定和要求；二是可以根据所发生的质量事故，核查设计中是否存在问题或缺陷，成为导致质量事故的原因。

　　② 与施工有关的技术文件、资料和档案。

　　与施工有关的技术文件、资料和档案包括：施工组织设计或施工方案、施工计划；施工记录、施工日志等；有关材料的质量证明文件；现场制备材料的质量证明资料；质量事故发生后，对事故状况的观测记录、试验记录或试验报告等。

　　(3) 工程质量事故处理的基本方法

　　工程质量事故处理的基本方法包括确定事故处理方案和事故处理后鉴定验收。

　　工程质量事故处理的基本要求是：安全可靠，不留隐患；满足建筑物的功能和使用要求；技术上可行，经济合理。

　　1）确定工程质量事故处理方案

　　确定工程质量事故处理方案，要以分析事故调查报告中事故原因为基础，结合实地勘查成果，并尽量满足建设单位的要求。在确定事故处理方案时，应遵循事故处理的原则和要求，尤其应重视工程实际条件，如建筑物实际状态、材料实测性能等，以确保作出正确判断和选择。根据工程质量事故情况，事故处理方案可归纳为以下三种类型：

　　① 修补处理

　　这是最常用的一种处理方案。当工程的某个检验批、分项工程或分部工程的质量虽未达到规定的标准或设计要求，存在一定质量缺陷，但通过修补或更换构配件、设备后，可达到规定的标准或设计要求，又不影响使用功能和外观要求，在此情况下，可进行修补处理。如对混凝土表面裂缝进行封闭处理；对混凝土表面的蜂窝、麻面进行表面处理；对较严重的质量缺陷，可能影响结构安全和使用功能的，必须按一定的技术方案进行加固补强处理。

　　② 返工处理

　　当工程质量未达到规定的标准或设计要求，存在严重质量缺陷，影响结构安全和正常使用，且又无法通过修补处理的，可对检验批、分项工程、分部工程甚至整个工程进行返工处理。如某防洪堤坝填筑压实后,其压实土的干密度未达到规定值,经核算将影响土体的稳定且不满足抗渗要求,可挖除不合格土,重新填筑,进行返工处理。

③ 不做处理

某些工程质量缺陷虽然不符合规定的标准或设计要求,但视其情况,经过分析、论证、法定检测单位鉴定和设计等有关单位认可,对工程或结构使用及安全影响不大,也可不做专门处理。如混凝土墙表面轻微麻面,可通过后续的抹灰、喷涂或刷白等工序弥补,可不做专门处理。又如有的建筑物出现放线定位偏差,且严重超过标准规定,若要纠正会造成重大经济损失,若经过分析、论证其偏差不影响生产工艺和正常使用,在外观上也无明显影响,也可不做处理。

无论哪种处理方案类型,尤其是不做处理的质量缺陷,均要备好必要的书面文件,对技术处理方案、不做处理结论和各方协商文件等有关档案资料应认真组织签认。对责任方应承担的经济责任和合同中约定的罚则应正确判定。

2) 工程质量事故处理的鉴定验收

质量事故的技术处理是否达到了预期目的,消除了工程质量不合格和工程质量缺陷,项目监理机构应通过检查验收和必要的鉴定,进行验收并最终确认。

① 检查验收

工程质量事故处理完后,项目监理机构在施工单位自检合格的基础上,应严格按施工验收标准及有关规范的规定进行检查,依据质量事故技术处理方案,通过实际量测,检查各种资料数据进行验收,并组织各有关单位会签。

② 必要的鉴定

为确保工程质量事故的处理效果,凡涉及结构承载力等使用安全和其他重要性能的处理工作,通常需做必要的试验和鉴定工作。如结构荷载试验,确定其实际承载力;超声波检测焊接或结构内部质量等。检测鉴定必须委托具有资质的法定检测单位进行。

③ 验收结论

对所有质量事故的处理,均应有明确的书面结论。若对后续工程施工有特定要求,或对建筑物使用有一定限制条件,应在结论中提出。对于处理后符合相关验收标准的,项目监理机构应予以验收、签认,并应注明责任方承担的经济责任。对经加固补强或返工处理仍不能满足安全或重要使用要求的分部工程及单位工程,应严禁验收。

(4) 工程质量事故处理程序

发生工程质量事故后,项目监理机构应按下列程序进行处理:如图 5-7 所示。

1) 发生工程质量事故后,总监理工程师应签发工程暂停令,暂停质量事故部位及与其有关联的部位施工。要求施工单位采取必要措施,防止事故扩大并保护好现场。

2) 要求质量事故发生单位立即按事故等级、报告程序向相关主管部门报告。质量事故报告应包括下列内容:

① 事故发生的时间、地点、工程项目名称、工程各参建单位名称;

② 事故发生的简要经过、伤亡人数(包括下落不明的人数)和初步估计的直接经济损失;

③ 事故的初步原因;

④ 事故发生后采取的措施及事故控制情况;

⑤ 事故报告单位、联系人及联系方式；

⑥ 其他应当报告的情况。

3）项目监理机构应要求施工单位进行质量事故调查，分析质量事故产生的原因，并报送质量事故调查报告。对由质量事故调查组负责处理的，项目监理机构应积极配合，客观地提供相应证据。事故调查报告应当包括下列内容：

① 事故项目及各参建单位概况；

② 事故发生经过和事故救援情况；

③ 事故造成的人员伤亡和直接经济损失；

④ 事故项目有关质量检测报告和技术分析报告；

⑤ 事故发生的原因和事故性质；

⑥ 事故责任的认定和事故责任者的处理建议；

⑦ 事故防范和整改措施。

事故调查报告应当附具有关证据材料。事故调查组成员应当在事故调查报告上签名。

4）根据施工单位的质量事故调查报告或质量事故调查组提出的处理意见，项目监理机构应要求施工单位报送经设计等相关单位认可的技术处理方案。质量事故技术处理方案一般由施工单位提出，经原设计单位签认，并报建设单位批准。对涉及结构安全和加固处理等重大技术处理方案，一般应由设计单位提出。必要时，

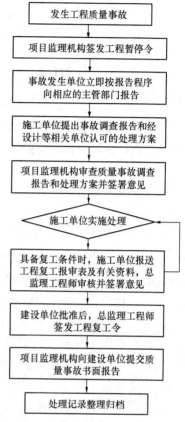

图 5-7　工程质量事故处理程序

应要求相关单位组织专家论证，以确保处理方案可靠、可行，并满足结构安全和使用功能的要求。

5）技术处理方案经相关各方签认后，项目监理机构应要求施工单位制定详细的施工方案并实施处理。项目监理机构对处理过程进行跟踪检查，对处理结果进行验收。必要时应组织有关单位对处理结果进行鉴定。

6）质量事故处理完后，具备复工条件时，施工单位向项目监理机构报送工程复工报审表及相关材料，总监理工程师审核并签署意见，报建设单位批准后，签发工程复工令。

7）项目监理机构应及时向建设单位提交质量事故书面报告，并应将完整的质量事故处理记录整理归档。质量事故书面报告应包括下列主要内容：

① 工程及各参建单位名称。

② 质量事故发生的时间、地点、工程部位。

③ 事故发生的简要经过、造成工程损伤状况、伤亡人数和直接经济损失的初步估计。

④ 事故发生原因的初步判断。

⑤ 事故发生后采取的措施及处理方案。

⑥ 事故处理的过程及结果。

第6章　建设工程造价控制

项目监理机构应根据建设工程监理合同约定，运用动态控制原理，采取有效措施，通过跟踪检查、比较分析和纠偏等方法对工程造价实施动态控制。

6.1　工程造价构成

1. 工程造价的含义

工程造价是指建造一个工程项目所需要花费的全部费用，或指一项工程预计开支或实际开支的全部固定资产投资费用，在这个意义上工程造价与固定资产投资的概念是一致的。因此，我们在讨论固定资产投资时，经常使用工程造价这个概念。

需要说明的是，在工程项目建设中，投资、造价、成本、费用都是基于不同对象的概念，它们都是以工程项目的价值消耗为依据。投资一般是从建设单位或投资者的角度出发，是指在保质保量按期完成工程项目建设条件下，投入固定资产与流动资产的全部费用；工程造价是一项工程预计开支或实际开支的全部固定资产投资费用，即固定资产投资；工程成本通常是施工单位用得较多；费用可用于各种角度，但在财务上，成本和费用是两个不同的概念。有些费用可以计入成本，有些费用不可以计入成本。

通常情况，投资、造价、成本、费用的计划和控制方法是相同的。鉴于建设工程监理主要是为建设单位在工程项目建设过程中提供咨询服务。因此，在建设工程监理中使用工程造价的概念比较合适。

2. 我国现行工程造价构成

建设工程总投资是指为完成工程项目建设并达到使用要求或生产条件，在建设期内预计或实际投入的全部费用总和。生产性建设工程项目总投资包括建设投资、建设期利息和流动资金三部分；非生产性建设工程项目总投资包括建设投资和建设期利息两部分。其中建设投资与建设期利息之和对应于固定资产投资（工程造价）。流动资产投资是指生产性建设工程为保证生产和经营正常进行，按规定应列入建设工程总投资的流动资金。我国现行工程造价构成如图6-1所示。

建设投资由建筑安装工程费、设备及工器具购置费、工程建设其他费用和预备费（包括基本预备费和涨价预备费）组成。

（1）建筑安装工程费

建筑安装工程费，是指建设单位用于建筑工程和安装工程方面的投资，由建筑工程费和安装工程费组成。建筑工程费是指建设工程涉及范围内的建筑物、构筑物、场地平整、道路、室外管道铺设、大型土石方工程费用等。安装工程费是指主要生产、辅助生产、公用工程等单项工程中需要安装的机械设备、电器设备、专用设备、仪器仪表等设备的安装

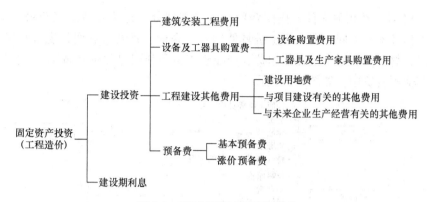

图 6-1 我国现行工程造价构成

及配件工程费，以及工艺、供热、供水等各种管道、配件和供电外线安装工程费用等。

（2）设备及工器具购置费

设备及工器具购置费，是指按照建设工程设计文件要求，建设单位（或其委托单位）购置或自制达到固定资产标准的设备和新建、扩建项目配置的首套工器具及生产家具所需的费用。设备及工器具购置费由设备原价、工器具原价和运杂费（包括设备成套公司服务费）组成。

（3）工程建设其他费用

工程建设其他费用，是指从工程筹建到工程竣工验收交付使用为止的整个建设期间，除建筑安装工程费和设备及工器具购置费以外的、根据设计文件要求和国家有关规定应由项目投资支付的、为保证工程建设顺利完成和交付使用后能够正常发挥效用而发生的一些费用。工程建设其他费用可分为以下三类：

第一类是建设用地费，是指为获得工程项目建设土地的使用权而在建设期内发生的各项费用。包括土地征用及迁移补偿费和土地使用权出让金。

第二类是与项目建设有关的费用，包括建设单位管理费、勘察设计费、研究试验费、建设工程监理费等。

第三类是与未来企业生产经营有关的费用，包括联合试运转费、生产准备费、办公和生活家具购置费等。

（4）预备费

预备费包括基本预备费和涨价预备费。

基本预备费是指在项目实施过程中可能发生难以预料的支出，需要事先预留的费用，又称不可预见费。主要是指设计变更及施工过程中可能增加工程量等费用。

涨价预备费是指为在工程建设期内利率、汇率或价格等因素的变化而预留的可能增加的费用，又称价格变动不可预见费。涨价预备费包括：人工、材料、设备、施工机具的价差费，建筑安装工程费及工程建设其他费用调整，利率、汇率调整等增加的费用。

（5）建设期利息

建设期利息是指项目借款在建设期内发生并计入固定资产的利息。

3. 建筑安装工程费用项目组成（按照费用构成要素划分）

根据住房和城乡建设部 财政部关于印发《建筑安装工程费用项目组成》的通知（建

标〔2013〕44号）及相关文件，按照费用构成要素划分，建筑安装工程费由人工费、材料（包含工程设备，下同）费、施工机具使用费、企业管理费、利润、规费和税金组成。其中人工费、材料费、施工机具使用费、企业管理费和利润包含在分部分项工程费、措施项目费、其他项目费中。如图6-2所示。

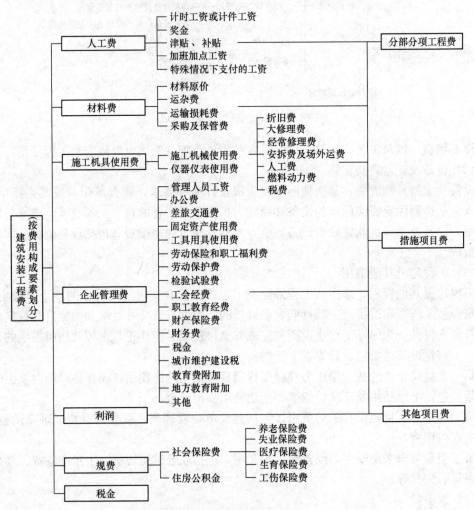

图6-2　按费用构成要素划分的建筑安装工程费用项目组成

（1）人工费

人工费是指按工资总额构成规定，支付给从事建筑安装工程施工的生产工人和附属生产单位工人的各项费用。内容包括：

1）计时工资或计件工资：是指按计时工资标准和工作时间或对已做工作按计件单价支付给个人的劳动报酬。

2）奖金：是指对超额劳动和增收节支支付给个人的劳动报酬。如节约奖、劳动竞赛奖等。

3）津贴补贴：是指为了补偿职工特殊或额外的劳动消耗和因其他特殊原因支付给个人的津贴，以及为了保证职工工资水平不受物价影响支付给个人的物价补贴。如流动施工津贴、特殊地区施工津贴、高温（寒）作业临时津贴、高空津贴等。

4）加班加点工资：是指按规定支付的在法定节假日工作的加班工资和在法定日工作时间外延时工作的加点工资。

5）特殊情况下支付的工资：是指根据国家法律、法规和政策规定，因病、工伤、产假、计划生育假、婚丧假、事假、探亲假、定期休假、停工学习、执行国家或社会义务等原因按计时工资标准或计时工资标准的一定比例支付的工资。

（2）材料费

材料费是指施工过程中耗费的原材料、辅助材料、构配件、零件、半成品或成品、工程设备的费用。内容包括：

1）材料原价：是指材料、工程设备的出厂价格或商家供应价格。

2）运杂费：是指材料、工程设备自来源地运至工地仓库或指定堆放地点所发生的全部费用。

3）运输损耗费：是指材料在运输装卸过程中不可避免的损耗。

4）采购及保管费：是指为组织采购、供应和保管材料、工程设备的过程中所需要的各项费用。包括采购费、仓储费、工地保管费、仓储损耗。

工程设备是指构成或计划构成永久工程一部分的机电设备、金属结构设备、仪器装置及其他类似的设备和装置。

（3）施工机具使用费

施工机具使用费是指施工作业所发生的施工机械、仪器仪表使用费或其租赁费。内容包括：

1）施工机械使用费：以施工机械台班耗用量乘以施工机械台班单价表示，施工机械台班单价应由下列七项费用组成：

① 折旧费：是指施工机械在规定的使用年限内，陆续收回其原值的费用。

② 大修理费：是指施工机械按规定的大修理间隔台班进行必要的大修理，以恢复其正常功能所需的费用。

③ 经常修理费：是指施工机械除大修理以外的各级保养和临时故障排除所需的费用。包括为保障机械正常运转所需替换设备与随机配备工具附具的摊销和维护费用，机械运转中日常保养所需润滑与擦拭的材料费用及机械停滞期间的维护和保养费用等。

④ 安拆费及场外运费：安拆费指施工机械（大型机械除外）在现场进行安装与拆卸所需的人工、材料、机械和试运转费用以及机械辅助设施的折旧、搭设、拆除等费用；场外运费指施工机械整体或分体自停放地点运至施工现场或由一施工地点运至另一施工地点的运输、装卸、辅助材料及架线等费用。

⑤ 人工费：是指机上司机（司炉）和其他操作人员的人工费。

⑥ 燃料动力费：是指施工机械在运转作业中所消耗的各种燃料及水、电等。

⑦ 税费：是指施工机械按照国家规定应缴纳的车船使用税、保险费及年检费等。

2）仪器仪表使用费：是指工程施工所需使用的仪器仪表的摊销及维修费用。

（4）企业管理费

企业管理费是指建筑安装企业组织施工生产和经营管理所需的费用。内容包括：

1）管理人员工资：是指按规定支付给管理人员的计时工资、奖金、津贴补贴、加班加点工资及特殊情况下支付的工资等。

2）办公费：是指企业管理办公用的文具、纸张、账表、印刷、邮电、书报、办公软件、现场监控、会议、水电、烧水和集体取暖降温（包括现场临时宿舍取暖降温）等费用。

3）差旅交通费：是指职工因公出差调动工作的差旅费、住勤补助费，市内交通费和误餐补助费，职工探亲路费，劳动力招募费，职工退休、退职一次性路费，工伤人员就医路费，工地转移费以及管理部门使用的交通工具的油料、燃料等费用。

4）固定资产使用费：是指管理和试验部门及附属生产单位使用的属于固定资产的房屋、设备、仪器等的折旧、大修、维修或租赁费。

5）工具用具使用费：是指企业施工生产和管理使用的不属于固定资产的工具、器具、家具、交通工具和检验、试验、测绘、消防用具等的购置、维修和摊销费。

6）劳动保险和职工福利费：是指由企业支付的职工退职金、按规定支付给离休干部的经费，集体福利费、夏季防暑降温、冬季取暖补贴、上下班交通补贴等。

7）劳动保护费：是企业按规定发放的劳动保护用品的支出。如工作服、手套、防暑降温饮料以及在有碍身体健康的环境中施工的保健费用等。

8）检验试验费：是指施工企业按照有关标准规定，对建筑以及材料、构件和建筑安装物进行一般鉴定、检查所发生的费用，包括自设试验室进行试验所耗用的材料等费用。不包括新结构、新材料的试验费，对构件做破坏性试验及其他特殊要求检验试验的费用和建设单位委托检测机构进行检测的费用，对此类检测发生的费用，由建设单位在工程建设其他费用中列支。但对施工企业提供的具有合格证明的材料进行检测其结果不合格的，该检测费用由施工企业支付。

9）工会经费：是指企业按《工会法》规定的全部职工工资总额比例计提的工会经费。

10）职工教育经费：是指按职工工资总额的规定比例计提，企业为职工进行专业技术和职业技能培训，专业技术人员继续教育、职工职业技能鉴定、职业资格认定以及根据需要对职工进行各类文化教育所发生的费用。

11）财产保险费：是指施工管理用财产、车辆等的保险费用。

12）财务费：是指企业为施工生产筹集资金或提供预付款担保、履约担保、职工工资支付担保等所发生的各种费用。

13）税金：是指企业按规定缴纳的房产税、车船使用税、土地使用税、印花税等。

14）城市维护建设税：是指为了加强城市的维护建设，扩大和稳定城市维护建设资金的来源，规定凡缴纳增值税、消费税的单位和个人，都应当依照规定缴纳城市维护建设税。城市维护建设税税率如下：纳税人所在地在市区的，税率为7%；纳税人所在地在县城、镇的，税率为5%；纳税人所在地不在市区、县城或镇的，税率为1%。

15）教育费附加：是对缴纳增值税和消费税的单位和个人征收的一种附加费。其作用是为了发展地方性教育事业，扩大地方教育经费的资金来源。以纳税人实际缴纳的增值税和消费税的税额为计费依据，教育费附加的征收率为3%。

16）地方教育附加：按照《关于统一地方教育附加政策有关问题的通知》（财综[2010] 98号）要求，各地统一征收地方教育附加，地方教育附加征收标准为单位和个人实际缴纳的增值税和消费税税额的 2%。

17）其他：包括技术转让费、技术开发费、投标费、业务招待费、绿化费、广告费、公证费、法律顾问费、审计费、咨询费、保险费等。

（5）利润

利润是指施工企业完成所承包工程获得的盈利。

（6）规费

规费是指按国家法律、法规规定，由省级政府和省级有关权力部门规定必须缴纳或计取的费用。内容包括：

1）社会保险费

① 养老保险费：是指企业按照规定标准为职工缴纳的基本养老保险费。

② 失业保险费：是指企业按照规定标准为职工缴纳的失业保险费。

③ 医疗保险费：是指企业按照规定标准为职工缴纳的基本医疗保险费。

④ 生育保险费：是指企业按照规定标准为职工缴纳的生育保险费。

⑤ 工伤保险费：是指企业按照规定标准为职工缴纳的工伤保险费。

2）住房公积金：是指企业按规定标准为职工缴纳的住房公积金。

其他应列而未列入的规费，按实际发生计取。

（7）税金

建筑安装工程费用的税金是指国家税法规定应计入建筑安装工程造价内的增值税销项税额。增值税是以商品（含应税劳务）在流转过程中产生的增值额作为计税依据而征收的一种流转税。从计税原理上讲，增值税是对商品生产、流通、劳务服务中多个环节的新增价值或商品的附加值征收的一种流转税。

4. 建筑安装工程费用项目组成（按造价形成划分）

根据住房和城乡建设部 财政部关于印发《建筑安装工程费用项目组成》的通知（建标〔2013〕44 号）及相关文件，建筑安装工程费按照工程造价形成由分部分项工程费、措施项目费、其他项目费、规费、税金组成，分部分项工程费、措施项目费、其他项目费包含人工费、材料费、施工机具使用费、企业管理费和利润，如图 6-3 所示。

（1）分部分项工程费

分部分项工程费是指各专业工程的分部分项工程应予列支的各项费用。内容包括：

1）专业工程：是指按现行国家计量规范划分的房屋建筑与装饰工程、仿古建筑工程、通用安装工程、市政工程、园林绿化工程、矿山工程、构筑物工程、城市轨道交通工程、爆破工程等各类工程。

2）分部分项工程：指按现行国家计量规范对各专业工程划分的项目。如房屋建筑与装饰工程划分的土石方工程、地基处理与桩基工程、砌筑工程、钢筋及钢筋混凝土工程等。

各类专业工程的分部分项工程划分见现行国家或行业计量规范。

（2）措施项目费

措施项目费是指为完成建设工程施工，发生于该工程施工前和施工过程中的技术、生活、安全、环境保护等方面的费用。内容包括：

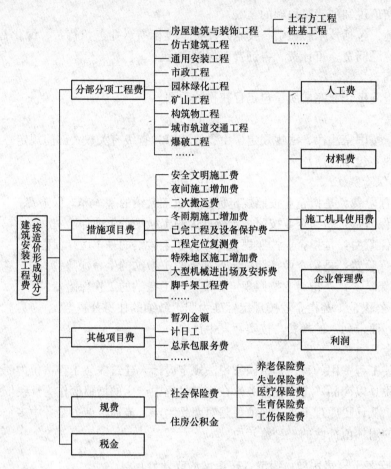

图 6-3 按造价形成划分的建筑安装工程费用项目组成

1) 安全文明施工费

① 环境保护费: 是指施工现场为达到环保部门要求所需要的各项费用。

② 文明施工费: 是指施工现场文明施工所需要的各项费用。

③ 安全施工费: 是指施工现场安全施工所需要的各项费用。

④ 临时设施费: 是指施工企业为进行建设工程施工所必须搭设的生活和生产用的临时建筑物、构筑物和其他临时设施费用。包括临时设施的搭设、维修、拆除、清理费或摊销费等。

⑤ 建筑工人实名制管理费: 是对建筑工人实行实名制管理所需费用。

2) 夜间施工增加费: 是指因夜间施工所发生的夜班补助费、夜间施工降效、夜间施工照明设备摊销及照明用电等费用。

3) 二次搬运费: 是指因施工场地条件限制而发生的材料、构配件、半成品等一次运输不能到达堆放地点, 必须进行二次或多次搬运所发生的费用。

4) 冬雨期施工增加费: 是指在冬期或雨期施工需增加的临时设施、防滑、排除雨雪, 人工及施工机械效率降低等费用。

5) 已完工程及设备保护费: 是指竣工验收前, 对已完工程及设备采取的必要保护措施所发生的费用。

6) 工程定位复测费：是指工程施工过程中进行全部施工测量放线和复测工作的费用。

7) 特殊地区施工增加费：是指工程在沙漠或其边缘地区、高海拔、高寒、原始森林等特殊地区施工增加的费用。

8) 大型机械设备进出场及安拆费：是指机械整体或分体自停放场地运至施工现场或由一个施工地点运至另一个施工地点，所发生的机械进出场运输及转移费用及机械在施工现场进行安装、拆卸所需的人工费、材料费、机械费、试运转费和安装所需的辅助设施的费用。

9) 脚手架工程费：是指施工需要的各种脚手架搭、拆、运输费用以及脚手架购置费的摊销（或租赁）费用。

措施项目及其包含的内容详见各类专业工程的现行国家或行业计量规范。

(3) 其他项目费

内容包括：

1) 暂列金额：是指建设单位在工程量清单中暂定并包括在工程合同价款中的一笔款项。用于施工合同签订时尚未确定或者不可预见的所需材料、工程设备、服务的采购，施工中可能发生的工程变更、合同约定调整因素出现时的工程价款调整以及发生的索赔、现场签证确认等的费用。

2) 计日工：是指在施工过程中，施工企业完成建设单位提出的施工图纸以外的零星项目或工作所需的费用。

3) 总承包服务费：是指总承包人为配合、协调建设单位进行的专业工程发包，对建设单位自行采购的材料、工程设备等进行保管以及施工现场管理、竣工资料汇总整理等服务所需的费用。

(4) 规费

定义同上述"3. 建筑安装工程费用项目组成（按照费用构成要素划分）"中相应内容。

(5) 税金

定义同上述"3. 建筑安装工程费用项目组成（按照费用构成要素划分）"中相应内容。

6.2　工程造价控制基本原理

工程造价控制是一个动态控制过程，并贯穿于工程项目建设的始终。工程造价控制应坚持以下基本原理：

1. 全方位控制

在保证工程功能目标、质量目标和工期目标的前提下，合理编制造价控制计划和采取切实有效的措施进行动态控制，决不能用降低功能目标、降低质量标准和拖延工期的办法来随意减少工程造价。

2. 全生命周期控制

工程造价控制，不仅要考虑工程项目建设期的资本投入，还要考虑工程项目建成投产后的经常性开支。也就是说，应从工程项目长期创造效益出发，全面考虑工程项目整个生命周期的总成本费用，决不能为压缩建设投资，而造成建成投产后经常性使用（运营）费用增加，最终导致工程投资效益降低。

3. 动态控制

在工程项目实施的各个阶段，分析和论证造价控制计划，并对造价控制计划执行状况进行跟踪、检查、分析和比较，及时发现计划执行中出现的偏差，分析偏差产生的原因。针对出现的偏差采取有效措施，纠正和消除产生偏差的原因，确保造价控制目标的实现。

6.3 工程造价控制主要内容

（1）项目监理机构可根据工程特点、施工合同、工程设计文件及经过批准的施工组织设计对工程造价目标控制进行风险分析，并提出防范性对策。

（2）项目监理机构可在工程造价控制目标分解的基础上，依据施工合同、施工进度计划等，编制资金使用计划，并运用动态控制原理，对工程造价进行分析、比较和控制。

（3）项目监理机构应按下列程序进行工程计量和付款签证：

1）专业监理工程师对施工单位在工程款支付报审表中提交的工程量和支付金额进行复核，确定实际完成的工程量，提出到期应支付给施工单位的金额，并提出相应的支持性材料。

2）总监理工程师对专业监理工程师的审查意见进行审核，签认后报建设单位审批。

3）总监理工程师根据建设单位的审批意见，向施工单位签发工程款支付证书。

（4）项目监理机构应编制月完成工程量统计表，对实际完成量与计划完成量进行比较分析，发现偏差的，应提出调整建议，并应在监理月报中向建设单位报告。

（5）项目监理机构应按下列程序进行工程竣工结算款审核：

1）专业监理工程师审查施工单位提交的工程竣工结算款支付申请，提出审查意见。

2）总监理工程师对专业监理工程师的审查意见进行审核，签认后报建设单位审批，同时抄送施工单位，并就工程竣工结算事宜与建设单位、施工单位协商；达成一致意见的，根据建设单位审批意见向施工单位签发工程竣工结算款支付证书；不能达成一致意见的，应按施工合同约定处理。

6.4 工程造价控制程序

工程造价控制程序主要包括：确定工程造价控制目标；进行造价控制目标分解；依据施工合同、施工进度计划等，编制资金使用计划；运用动态控制原理，进行造价计划值与实际值的比较；当实际值偏离计划值时，应分析产生偏差的原因，采取有效纠偏措施；对未完工程造价进行预测，确保造价控制目标的实现。

工程造价控制程序如图 6-4 所示。

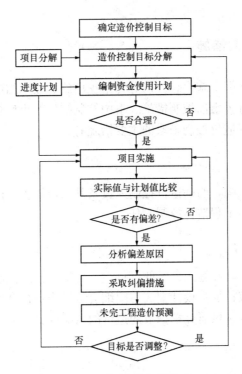

图 6-4 工程造价控制程序

6.5 工程款与竣工结算款支付程序

项目监理机构按合同约定，审查施工单位提交的工程款与竣工结算款支付申请，签发支付证书是工程造价控制的关键环节之一。项目监理机构应认真审核有关资料，严格按以下程序进行审核与支付。

1. 工程款支付程序

工程款支付程序如图 6-5 所示。

2. 工程竣工结算款支付程序

工程竣工结算款支付程序如图 6-6 所示。

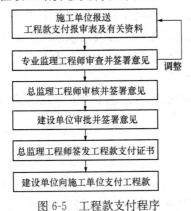

图 6-5 工程款支付程序

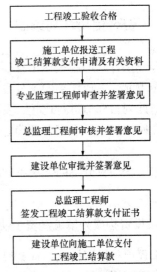

图 6-6 工程竣工结算款支付程序

6.6　工程造价控制措施

工程造价控制措施依据实施内容，可分为组织措施、技术措施、经济措施、合同措施等；依据实施时间，可分为事前控制措施、事中控制措施及事后控制措施等。

依据实施内容，工程造价控制采取的主要措施有：

1. 组织措施

建立健全项目监理机构，明确造价控制人员及其岗位职责，确定造价控制的工作流程和相应的工作制度，落实工程造价控制责任。

2. 技术措施

严格审查施工组织设计和施工方案的可行性、可操作性；控制工程变更，对工程变更进行技术经济分析和审核；加强设计交底与图纸会审工作；按合理工期组织施工，避免不必要的赶工费；深入技术领域研究挖掘节约造价的可能性。

3. 经济措施

对工程造价目标控制进行风险分析，制定防范对策；在工程实施过程中，及时进行工程造价实际值与计划值分析比较，发现偏差，分析产生偏差的原因，及时采取纠偏措施；进行工程计量，严格审核工程款及竣工结算款支付，建立行之有效的造价控制激励机制。

4. 合同措施

通过合同条款约定，明确工程造价不得超出计划值；按合同条款支付工程款；做好监理日志，保存好各种文件资料，为处理可能发生的索赔提供依据；参与合同的拟订、修改、补充工作，在合同条款中规避工程造价增加的风险。

6.7　资金使用计划编制

资金使用计划编制是在工程项目结构分解的基础上，将工程造价总目标值逐层分解到各个工作单元，形成详细的各分目标值，从而可以定期地将工程项目中各个子目标的实际支出额与计划目标值进行比较，及时发现偏差，找出偏差原因并及时采取纠正措施。通过编制资金使用计划，可以合理确定工程造价控制总目标值和分目标值，为工程造价控制提供依据。

依据工程项目分解的方法不同，资金使用计划的编制方法也不同。常用的编制方法有以下三种。

1. 按投资构成分解编制资金使用计划

按工程项目投资构成，资金使用计划主要分为建筑安装工程、设备及工器具和工程建设其他资金使用计划。由于建筑工程和安装工程在性质上存在较大差异，投资的计算方法和标准也不尽相同。因此，在实际操作中往往将建筑工程投资和安装工程投资分解开来。这样，工程项目投资的总目标可按建筑工程、安装工程、设备及工器具购置、工程建设其他等分解，并可对其进一步分解。另外，在按工程项目投资构成分解时，可以根据以往的经验和建立的数据库来确定适当的比例，必要时也可以进行适当的调整。按投资构成分解编制资金使用计划比较适合有大量经验数据的工程项目。

2. 按项目分解编制资金使用计划

以工程造价总目标为控制目标值，将总目标按项目组成合理地分解为若干子目标。可将每个单项工程细分为不同的单位工程，进而分解为各个分部分项工程。这种编制方法比较简单，易于操作。

以分解后的子目标为控制值，按单项工程、单位工程、分部分项工程的资金计划编制，从而得到详细的资金使用计划表，见表 6-1。

资金使用计划表　　　　　　　　　　　表 6-1

序号	工程分项编号	工程内容	计量单位	工程数量	单价	工程分项总价	备注
1							
2							
3							

在编制资金使用计划时，要在工程项目层面考虑预备费，也要在主要的工程分项中安排适当的不可预见费，避免在具体编制资金使用计划时，可能发现个别单位工程或工程量表中某项内容的工程量计算有较大出入，使原来的预算造价失实，并在工程项目实施过程中对其采取有效措施。

3. 按时间进度编制资金使用计划

工程项目的投资总是分阶段、分期支出的，资金应用是否合理与资金的时间安排有密切关系。为编制项目资金使用计划，并据此筹措资金，尽可能减少资金占用和利息支出，有必要将项目总投资按其使用时间进行分解，以确定各施工阶段具体的目标值。

按时间进度编制资金使用计划，通常可利用控制项目进度的网络图进一步扩充而得。即在建立网络图时，一方面确定完成各项活动所需花费时间，另一方面同时确定完成这一活动的投资支出预算。因此，在编制网络计划时应在充分考虑进度控制对项目划分要求的同时，还要考虑确定投资支出预算对项目划分的要求，做到两者兼顾。

以上三种编制资金计划的方法并不是相互独立的。在资金使用计划的实际编制过程中，往往是将以上三种编制方法有效地结合起来，从而达到扬长避短的效果。

资金使用计划如果由建设单位委托的咨询、监理单位编制，则需提交建设单位审核认可。

6.8　赢得值法基本参数

赢得值（挣值）法（Earned Value Management，EVM）作为一项先进的项目管理技术,已普遍在工程项目投资、进度综合分析中应用。它是通过实际完成工程与原进度计划相比较,确定工程进度是否符合计划要求,从而确定工程实际投资是否与原计划投资存在偏差,并在其基础上进一步分析偏差原因,从而制定纠正偏差的措施。

1. 赢得值(挣值)法三个基本参数

(1)拟完工程预算投资

拟完工程预算投资 BCWS (Budgeted Cost for Work Scheduled),即根据进度计划,在某一时间应当完成的工程(或部分工程),以预算为标准所确定的工程投资。一般来说,除非合同有变更,BCWS 在工程实施过程中应保持不变。

拟完工程预算投资(BCWS)= 拟完工程量(计划工程量)×预算单价

(2)已完工程实际投资

已完工程实际投资 ACWP (Actual Cost for Work Performed),即到某一时间为止,已完成的工程(或部分工程)实际工程投资。

已完工程实际投资(ACWP)=已完工程量(实际工程量)×实际单价

(3)已完工程预算投资

已完工程预算投资 BCWP (Budgeted Cost for Work Performed),是指在某一时间已经完成的工程(或部分工程),以批准认可的预算为标准所确定的工程投资,由于发包人正是根据这个值为承包人完成的工程量支付相应的投资,也就是承包人获得(挣得)的金额,故称赢得值或挣值(Earned Value)。

已完工程预算投资(BCWP)=已完工程量(实际工程量)×预算单价

2. 赢得值(挣值)法的四个评价指标

在这三个基本参数的基础上,可以确定四个评价指标,它们都是时间的函数。

(1)投资偏差 CV (Cost Variance)

投资偏差 CV 是指检查时点已完工程预算投资与已完工程实际投资的差值。

投资偏差 CV=已完工程预算投资(BCWP)—已完工程实际投资(ACWP),当 CV 为正值时;表示项目运行节支,实际投资没有超出预算投资;当 CV 为负值时,表示项目运行超支,实际投资超出预算投资;当 CV=0 时,表示项目未出现投资偏差。

(2)进度偏差 SV (Schedule Variance)

进度偏差 SV 是指检查时点已完工程预算投资与拟完工程预算投资的差值。

进度偏差 SV=已完工程预算投资(BCWP)—拟完工程预算投资(BCWS),当 SV 为正值时,表示进度超前,即实际进度超前于计划进度;当 SV 为负值时,表示进度滞后,即实际进度滞后于计划进度;当 SV=0 时,表示项目按计划进度实施。

(3)投资绩效指数 CPI (Cost Performed Index)

投资绩效指数 CPI 是指已完工程预算投资与已完工程实际投资之比。

投资绩效指数 CPI=已完工程预算投资(BCWP)/已完工程实际投资(ACWP),当 CPI>1 时,表示项目节支,即实际投资没有超出预算投资;当 CPI<1 时,表示项目超支,即实际投资超出预算投资;当 CPI=1 时,表示项目实际投资与预算投资吻合。

(4)进度绩效指数 SPI (Schedule Performed Index)

进度绩效指数 SPI 是指已完工程预算投资与拟完工程预算投资之比。

进度绩效指数 $SPI=$已完工程预算投资（$BCWP$）/拟完工程预算投资（$BCWS$），当 $SPI>1$ 时，表示进度超前，即实际进度超前于计划进度；当 $SPI<1$ 时，表示进度滞后，即实际进度滞后于计划进度；当 $SPI=1$ 时，表示项目实际进度与计划进度吻合。

投资（进度）偏差反映的是绝对偏差，结果很直观，有助于投资管理人员了解工程项目投资出现偏差的绝对数额，并依此采取措施，制定或调整投资支出计划和资金筹措计划。但是，绝对偏差有其不容忽视的局限性。如同样是 10 万元的投资偏差，对于总投资 1000 万元的工程项目和总投资 1 亿元的工程项目而言，其严重性显然是不同的。因此，投资（进度）偏差仅适合于对同一工程项目作偏差分析。投资（进度）绩效指数反映的是相对偏差，它不受工程项目层次的限制，也不受工程项目实施时间的限制，因而在同一工程项目和不同工程项目比较中均可采用。

采用赢得值法进行投资、进度综合控制，可以克服过去投资、进度分开控制的缺点，即当我们发现投资超支时，很难立即知道是由于投资超出预算，还是由于进度提前；相反，当我们发现投资低于预算时，也很难立即知道是由于投资节省，还是由于进度拖延。而引入赢得值法，即可定量地判断投资、进度的执行效果。

6.9 偏差分析

为有效地进行造价控制，项目监理机构应定期进行造价实际值与计划值的比较。当实际值偏离计划值时，应分析产生偏差的原因，采取有效纠偏措施，确保造价控制目标的实现。

1. 偏差分析常用方法

偏差分析常用方法有：横道图法、表格法和曲线法（赢得值法）。

（1）横道图法

用横道图法进行投资偏差分析，是将已完工程计划投资（$BCWP$）、拟完工程计划投资（$BCWS$）和已完工程实际投资（$ACWP$）用不同的横道线标识，横道线的长度与其金额成正比。

如图 6-7 所示，是用横道图法比较并分析偏差的一个例子。

横道图法具有形象、直观、一目了然等优点，能够准确表达投资的绝对偏差，而且能一眼感受到偏差的严重性。但是，此方法反映的信息量较少，一般在工程项目的较高管理层应用。

（2）表格法

表格法是将项目编号、名称、各投资参数及投资偏差值等综合纳入一张表格中，并且利用表格直接进行比较。用表格法进行偏差分析具有如下优点：

1）灵活、适用性强，可根据实际需要设计表格。

2）信息量大，可以反映偏差分析所需资料，从而有利于造价管理人员及时采取针对措施，加强控制。

3）表格处理可借助计算机，从而节约大量数据处理所需的人力，并大大提高处理

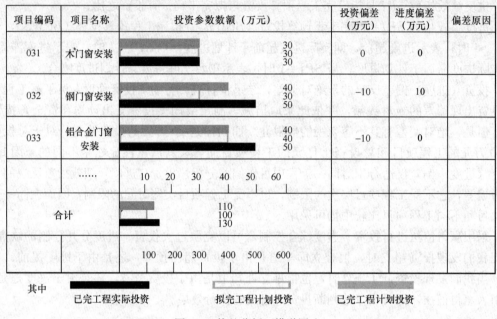

图 6-7 偏差分析（横道图法）

速度。

表 6-2 是用表格法进行偏差分析的例子。

偏差分析表（表格法）	单位：万元			表 6-2
项目编码	(1)	031	032	033
项目名称	(2)	木门窗安装	钢门窗安装	铝合金门窗安装
单位	(3)			
预算（计划）单价	(4)			
拟完工程量	(5)			
拟完工程计划投资（BCWS）	(6)=(5)×(4)	30	30	40
已完工程量	(7)			
已完工程计划投资（BCWP）	(8)=(7)×(4)	30	40	40
实际单价	(9)			
其他款项	(10)			
已完工程实际投资（ACWP）	(11)=(7)×(9)+(10)	30	50	50
投资偏差	(12)=(8)−(11)	0	−10	−10
投资绩效指数 CPI	(13)=(8)/(11)	1	0.8	0.8
进度偏差	(14)=(8)−(6)	0	10	0
进度绩效指数 SPI	(15)=(8)/(6)	1	1.33	1

（3）曲线法（赢得值法）

曲线法是用投资累计曲线来进行偏差分析。用曲线法进行偏差分析具有形象、直观的优点。用它作为定性分析可得到令人满意的结果。

在工程实施过程中，拟完工程预算投资
（BCWS）、已完工程预算投资（BCWP）、已
完工程实际投资（ACWP）形成了三条曲线，
如图 6-8 所示。

图中：CV＝BCWP−ACWP，由于两项参
数均以已完工程为计算基准，所以两项参数之
差，反映工程进展的投资偏差。SV＝BCWP−
BCWS，由于两项参数均以预算值（计划值）
作为计算基准，所以两者之差反映工程进展的
进度偏差。在检查日期，如 CV＜0、SV＜0，
表示工程项目执行效果不佳，即投资超支、进
度延误，需要采取相应补救措施。

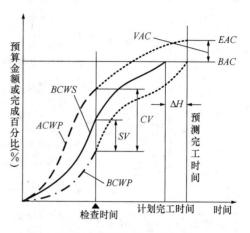

图 6-8　赢得值法评价曲线

采用赢得值法进行投资、进度综合控制，还可以根据当前的进度、投资偏差情况，通
过原因分析，对趋势进行预测，预测工程结束时的进度、投资情况。图中：

BAC（Budget At Completion）——项目完工预算，指编制计划时预计的项目完工
投资。

EAC（Estimate At Completion）——预测的项目完工估算，指计划执行过程中根据
当前的进度、投资偏差情况预测的项目完工总投资。

VAC（Variance At Completion）——预测项目完工时的投资偏差。

VAC＝BAC−EAC

2. 偏差原因分析及纠偏措施

（1）偏差原因分析

偏差分析的一个重要目的就是要找出引起偏差的原因，从而采取有针对性的措施，减
少或避免相同原因再次发生。在进行偏差原因分析时，首先应将已经导致和可能导致偏差
的各种原因逐一列举出来。由于导致不同工程项目产生投资偏差的原因具有一定共性，因
而可以通过对已建工程项目的投资偏差原因进行归纳、总结，为工程项目采用预防措施提
供依据。

在工程实施过程中，最理想的状态应是已完工程实际投资（ACWP）、拟完工程预算
投资（BCWS）和已完工程预算投资（BCWP）三条曲线靠得很近、平稳上升，表示工程
项目按预定计划目标进行。如果三条曲线离散度不断增加，则说明工程目标的完成可能会
出现重大问题。

产生投资偏差的原因如图 6-9 所示。

（2）纠偏措施

对偏差原因进行分析是为了有针对性地采取纠偏措施，从而实现对工程造价动态控
制。纠偏首先要确定纠偏的主要对象，如图 6-9 所示，有些是无法避免和控制的，如客
观原因，充其量只能对其中少数原因做到防患于未然，力求减少该原因所产生的经济损
失；对于施工原因所导致的经济损失通常是由施工单位自己承担，从造价控制的角度只
能加强合同管理，避免索赔。所以，这些偏差原因都不是纠偏的主要对象。纠偏的主要

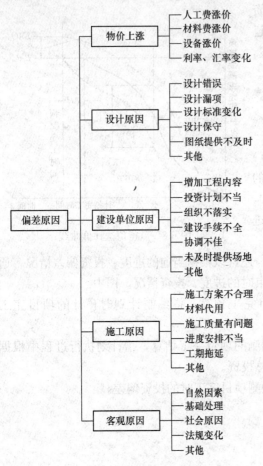

图 6-9　偏差原因分析

对象是建设单位原因和设计原因造成的投资偏差。在确定了纠偏的主要对象之后，就需要采取有针对性的纠偏措施。纠偏通常可采用组织措施、经济措施、技术措施和合同措施等。

纠偏措施通常包括以下内容：

1）组织措施。主要指从组织管理方面采取措施，包括落实投资控制的组织机构和人员，明确各级投资控制人员的任务、职责分工，完善投资控制流程和相应的工作制度等。

2）经济措施。主要指审核工程量和签发支付证书，包括检查投资目标分解是否合理，检查资金使用计划有无保障，是否与进度计划发生冲突，工程变更有无必要，是否超预算等。

3）技术措施。主要指对工程方案进行技术经济比较，包括制订合理的技术方案，进行技术分析，针对偏差进行技术改正等。

4）合同措施。主要指索赔管理。在施工过程中常出现索赔事件，要认真审查有关索赔依据是否符合合同约定，索赔计算是否合理等，加强日常的合同管理，落实合同约定的职责。

第7章 建设工程进度控制

项目监理机构应根据建设工程监理合同约定，运用动态控制原理，采取有效措施，通过跟踪检查、比较分析和调整等方法对工程进度实施动态控制。

7.1 工程进度控制基本原理

根据建设工程进度控制的特点，进度控制基本原理有：系统原理、动态控制原理、弹性原理和网络计划技术原理等。

1. 系统原理

建设工程具有系统性，其进度控制也具有系统性，应该综合考虑各种因素的影响。如进度计划的编制往往受许多因素影响，不能只考虑某一个因素或某几个因素。

2. 动态控制原理

进度控制是一个动态过程，工程实施过程中，由于受外界因素影响，实际进度往往会与计划进度产生偏差，通过分析偏差，采取相应的纠偏措施，使实际进度与计划进度吻合。一段时间后，实际进度与计划进度又会产生偏差，如此循环。

3. 弹性原理

工程进度计划影响因素多、持续时间长，不可能准确地预测未来或编制绝对准确的进度计划。因此，进度计划的编制必须留有余地，应具有弹性。进度控制时应利用这些弹性，缩短有关工作时间；或改变工作之间的逻辑关系，使实际进度与计划进度吻合。

4. 网络计划技术原理

网络计划技术是工程进度计划和计算的理论基础。在进度控制中要利用网络计划技术原理编制进度计划，根据实际进度信息，比较和分析进度计划，利用网络计划的工期优化、工期与成本优化和资源优化的理论调整计划。

7.2 工程进度控制主要内容

（1）项目监理机构应根据建设单位和施工单位签订的工程施工合同，确定工程施工总工期，并按总工期计划确定阶段性里程碑进度控制目标。

（2）项目监理机构应审查施工单位报审的施工总进度计划和阶段性施工进度计划，提出审查意见，并应由总监理工程师审核后报建设单位。

施工进度计划审查应包括下列基本内容：

1）施工进度计划应符合工程施工合同中工期的约定。

2）施工进度计划中主要工程项目无遗漏，应满足分批投入试运、分批动用的需要，阶段性施工进度计划应满足总进度控制目标的要求。

3）施工顺序的安排应符合施工工艺要求。

4）施工人员、工程材料、施工机械等资源供应计划应满足施工进度计划的需要。

5）施工进度计划应符合建设单位提供的资金、施工图纸、施工场地、物资等施工条件。

（3）项目监理机构可根据工程特点、施工合同、工程设计文件及经过批准的施工组织设计对工程进度目标控制进行风险分析，并提出防范性对策。

（4）项目监理机构应检查施工进度计划的实施情况，发现实际进度严重滞后于计划进度且影响合同工期时，应签发监理通知单、召开专题会议，要求施工单位采取调整措施，加快施工进度。总监理工程师应向建设单位报告工期延误风险。

（5）项目监理机构应比较分析工程施工实际进度与计划进度，预测实际进度对工程总工期的影响，并应在监理月报中向建设单位报告工程实际进展情况。

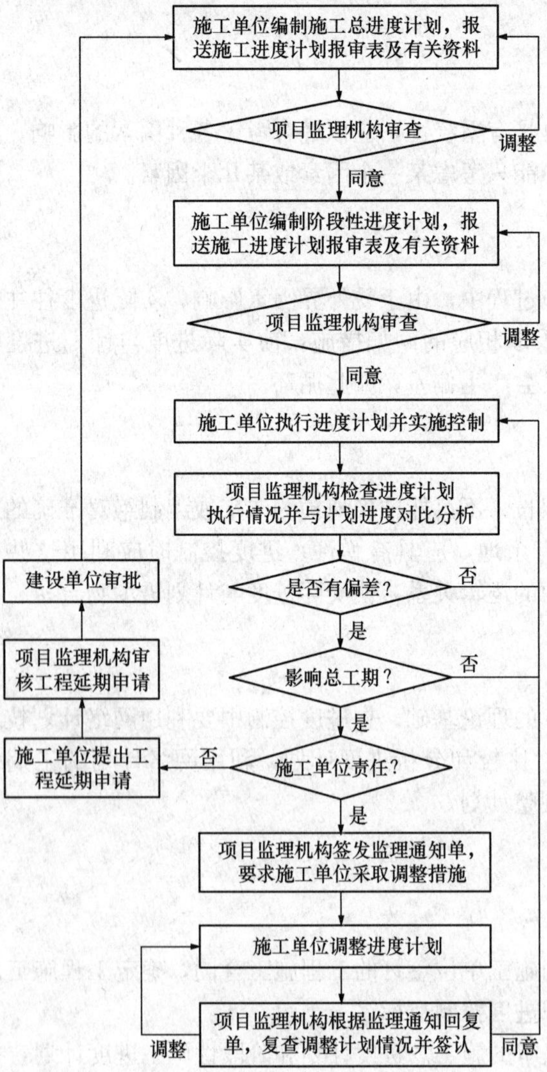

7.3 工程进度控制程序

工程进度控制程序如图 7-1 所示。

7.4 工程进度控制措施

工程进度控制措施依据实施内容，可分为组织措施、技术措施、经济措施、合同措施等；依据实施时间，可分为事前控制措施、事中控制措施及事后控制措施等。

依据实施内容，工程进度控制采取的主要措施有：

1. 组织措施

健全项目监理机构，明确进度控制人员及职责分工，制定进度控制流程和相应的工作制度，落实进度控制责任。

图 7-1　工程进度控制程序

2. 技术措施

选用有利于实现工程施工总进度目标的设计和施工技术，严格审查施工组织设计和施工方案的可行性、可操作性。定期跟踪和收集进度计划的执行情况及其相关信息，分析产生偏差的原因，确定相应的纠偏措施。

3. 经济措施

编制与总进度计划相适应的各类资源需求和供应计划，及时办理工程预付款和工程进度款支付手续；建立行之有效的进度控制激励机制。

4. 合同措施

加强合同管理，及时协调有关各方的进度；控制合同变更，严格审查设计变更和工程变更；加强风险管理，充分考虑影响工程进度的风险因素，制定防范性对策；加强工期索赔管理，认真审查有关索赔依据是否符合合同约定，索赔计算是否合理，公平地处理索赔。

7.5　进度计划编制

进度计划编制过程是一个由粗到细，即由施工总进度计划到单位工程施工进度计划，再到详细的分部分项工程作业计划的过程。

1. 进度计划编制程序

（1）确定进度计划目标

进度计划目标确定，往往需要考虑各方面因素，经过充分论证，才能确定。在实际工程中，主要方法有：参照过去同类或相似工程进行推算；采用建设工程定额工期；按照建设单位的实际要求确定。

（2）确定工作项目

工作项目是包括一定工作内容的施工过程。工作项目内容的多少，划分的粗细程度，应根据计划的需要来决定。对于大型工程项目，经常需要编制控制性施工进度计划，此时工作项目可划分得粗一些，一般只明确到分部工程即可；如果编制实施性施工进度计划，工作项目就应划分得细一些。一般情况下，单位工程施工进度计划的工作项目应明确到分项工程或更具体，以满足指导施工作业、控制施工进度的要求。

（3）确定施工顺序

确定施工顺序是为了按照施工工艺和合理的组织关系，解决各工作项目之间在时间上的先后和搭接问题，达到保证质量、安全施工、充分利用空间、争取时间、实现合理安排工期的目的。一般来说，施工顺序受施工工艺和施工组织两方面制约。当施工方案确定之后，工作项目之间的工艺关系也就随之确定。工作项目之间的组织关系是由于劳动力、施工机械、材料和构配件等资源的组织和安排需要而形成的。它不是由工程本身决定的，而是一种人为的关系。组织方式不同，组织关系也就不同。不同的组织关系会产生不同的经济效果，应通过调整组织关系，并将工艺关系和组织关系有机结合起来，形成工作项目之间的合理顺序关系。

（4）计算工程量

工程量的计算应根据施工图和工程量计算规则，针对所划分的每一个工作项目进行。当编制施工进度计划时已有预算文件，且工作项目的划分与施工进度计划一致时，可直接套用施工预算的工程量，不必重新计算。若某些项目有出入，但出入不大时，应结合工程实际情况进行必要的调整。

（5）计算劳动量和施工机械台班数量

当某工作项目是由若干分项工程合并而成时，则应分别根据各分项工程的时间定额及工程量，计算合并后的综合时间定额。根据工作项目的工程量和所采用的定额，计算各工作项目所需要的劳动量和施工机械台班数量。

（6）确定工作项目的持续时间

根据工作项目所需的劳动量或机械台班数，以及该工作项目每天安排的工人数或配备的机械台数，计算各工作项目的持续时间。

（7）编制施工进度计划初始方案

通过上述程序，可编制一个进度计划所需的全部信息：工作项目目录、工作项目的工程量、完成工作项目所需时间及工作项目之间的逻辑关系，将这些内容按施工顺序、时间进行组合，就可得到一个初始的进度计划或进度计划初稿。可用横道图或网络图表示。

（8）施工进度计划的检查与调整

施工进度计划初始方案编制好后，需要对其进行认真检查与调整，以便使进度计划更加合理，进度计划检查的主要内容包括：

1）各工作项目的施工顺序、平行搭接和技术间歇是否合理；

2）总工期是否满足合同规定；

3）是否有未排入计划的工作项目；是否有可能导致工作项目搁浅的瓶颈等；

4）主要工种的工人是否能满足连续、均衡施工的要求；

5）主要机具、材料等的利用是否均衡和充分。

通过检查发现不满足要求的，应对施工进度计划初始方案进行调整和优化。

2. 里程碑进度计划编制

（1）里程碑进度计划

里程碑进度计划是以工程建设中某些关键性重要事件的开始或完成时间点作为基准所形成的进度计划，它规定了工程可实现的中间结果。每个里程碑代表一个关键事件，并表明其必须完成的时间界限。

（2）进度计划编制

对于工期长，技术复杂的大型建设工程，在确定工程建设目标时应明确有关的里程碑进度，编制总进度计划时必须以该里程碑进度计划为依据，并在总进度计划上保证里程碑计划的实现。这种里程碑计划的要求，应在招标文件和工程施工合同中予以明确。有些工程，也可在编制了总进度计划后，根据工程特点，在总进度计划的基础上编制里程碑进度计划，以此作为工程进度控制的重要依据。

7.6　进度计划表示方式

进度计划的表示方法有多种，常用的有横道图和网络图两种表示方法。

1. 横道图

横道图又称甘特图，是美国人甘特（Gantt）在 20 世纪初提出的一种进度计划表示方法。由于其形象、直观，且易于编制和理解，因而长期以来被广泛应用于建设工程进度控制。

（1）横道图进度计划

用横道图表示的工程进度计划，一般包括：左侧的工作名称及工作持续时间等基本数据部分和右侧的横道部分。横向表示进度并与时间相对应，纵向表示工作内容。如图 7-2 所示为某基础工程流水施工的横道图进度计划。

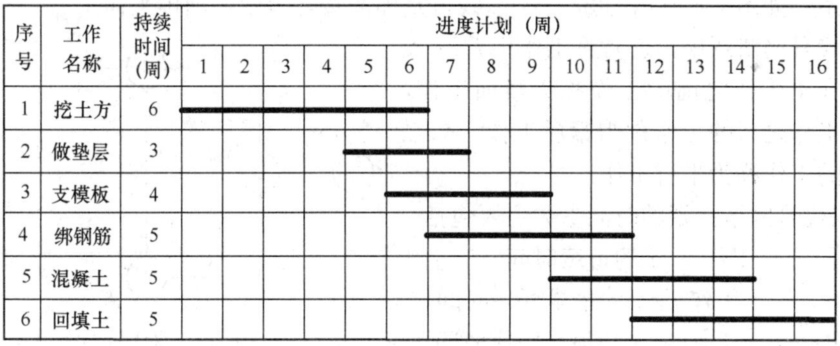

序号	工作名称	持续时间（周）	进度计划（周）															
			1	2	3	4	5	6	7	8	9	10	11	12	13	14	15	16
1	挖土方	6																
2	做垫层	3																
3	支模板	4																
4	绑钢筋	5																
5	混凝土	5																
6	回填土	5																

图 7-2　某基础工程横道图进度计划

如图 7-2 所示，每一水平横道线显示每项工作的开始和结束时间，每一横道的长度表示该项工作的持续时间。根据进度计划的需要，度量工程进度的时间单位可以用月、旬、周或天表示。

（2）横道图进度计划特点

横道图进度计划具有表达方式直观、绘图简单、使用方便、便于理解等优点，但工作之间错综复杂的逻辑关系不易表达清楚；不能进行严谨的时间参数计算，不能确定关键工作、关键线路与时差；不能对进度计划进行优化；难以适应大的进度计划系统需要。

2. 网络图

网络图是由箭线和节点组成，用来表示工作流程的有向、有序网状图形。一个网络图表示一项计划任务。网络图可分为双代号网络图和单代号网络图。网络计划是在网络图上加注时间参数而编制的进度计划。网络计划可分为双代号网络计划和单代号网络计划。

工程进度计划用网络图来表示，可以使工程进度得到有效控制。国内外实践证明，网络计划技术是用于计划和控制工程进度的最有效工具。用网络图表达出来的进度计划，其基本原理是用网络图表达项目活动之间的逻辑关系，并在此基础上进行网络分析，计算网络中各项时间参数,确定关键工作与关键线路,利用时差调整与优化网络计划,求得最短工期。

(1) 双代号网络计划

1) 双代号网络图

双代号网络图是以箭线及其两端节点的编号表示工作,节点表示工作的开始或结束以及工作之间的连接状态。双代号网络图中,每一条箭线表示一项工作。箭线的箭尾节点 i 表示该工作的开始,箭线的箭头节点 j 表示该工作的完成。工作名称可标注在箭线的上方,完成该项工作所需要的持续时间可标注在箭线的下方,如图 7-3 所示。由于一项工作需用一条箭线和其箭尾与箭头处两个圆圈中的号码来表示,故称双代号网络图。

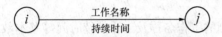

图 7-3 双代号网络图工作表示方法

在双代号网络图中,为了正确地表达图中工作之间的逻辑关系,往往需要应用虚箭线。虚箭线是实际工作中并不存在的一项虚拟工作,故它们既不占用时间也不消耗资源,一般只表示相邻工作之间的逻辑关系。如图 7-4 所示的③----④箭线,是虚箭线,表示一项虚工作。

在双代号网络图中,通常将工作用 $i-j$ 表示。紧排在本工作之前的工作称为紧前工作,紧排在本工作之后的工作称为紧后工作,与之同时进行的工作称为平行工作。

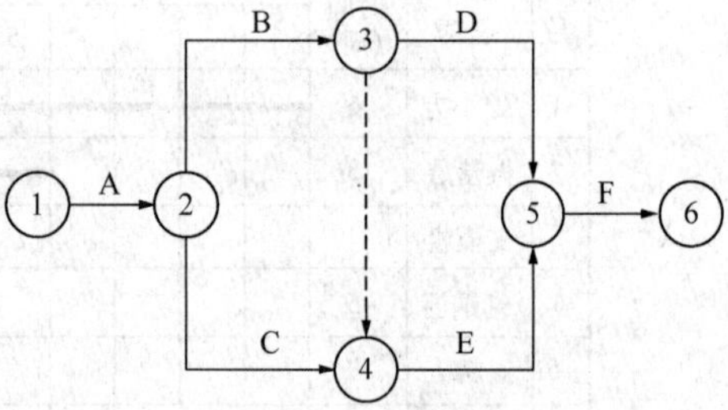

2) 双代号网络计划的时间参数主要包括:

① D_{i-j}——工作 $i-j$ 的持续时间。

② ES_{i-j}——工作 $i-j$ 的最早开始时间。

③ EF_{i-j}——工作 $i-j$ 的最早完成时间。

④ LS_{i-j}——工作 $i-j$ 的最迟开始时间。

⑤ LF_{i-j}——工作 $i-j$ 的最迟完成时间。

⑥ TF_{i-j}——工作 $i-j$ 的总时差。

⑦ FF_{i-j}——工作 $i-j$ 的自由时差。

图 7-4 双代号网络图

(2) 单代号网络计划

1) 单代号网络图

单代号网络图是以节点及其编号表示工作,以箭线表示工作之间逻辑关系的网络图,并在节点中加注工作代号、名称和持续时间,以形成单代号网络计划。如图 7-5 所示。

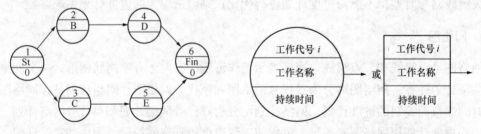

图 7-5 单代号网络图　　　　　图 7-6 单代号网络图工作表示方法

单代号网络图中每一个节点表示一项工作,节点宜用圆圈或矩形表示。节点所表示的工作代号、工作名称和持续时间等应标注在节点内。如图 7-6 所示,一项工作必须有唯一的一个节点及相应的一个编号。由于工作代号只有一个,所以称为"单代号"。

单代号网络图中的箭线表示相邻工作之间的逻辑关系,既不占用时间又不消耗资源。箭线可以是直线、折线或斜线,箭线的水平投影方向应自左向右,表示工作的进展方向。单代号网络图中不设虚箭线。

单代号网络图中只应有一个起点节点和一个终点节点。当网络图中有多个起点节点或多个终点节点时,应在网络图的相应端分别设置一项虚工作,作为该网络图的起点节点(St)和终点节点(Fin)。

2)单代号网络计划的时间参数主要包括:

① D_i——工作 i 的持续时间。

② ES_i——工作 i 的最早开始时间。

③ EF_i——工作 i 的最早完成时间。

④ LS_i——工作 i 的最迟开始时间。

⑤ LF_i——工作 i 的最迟完成时间。

⑥ TF_i——工作 i 的总时差。

⑦ FF_i——工作 i 的自由时差。

⑧ LAG_{i-j}——工作 i 与工作 j 的时间间隔。

(3)网络计划特点

利用网络计划控制工程进度,可以弥补横道计划的许多不足。与横道计划相比,网络计划主要特点有:能够明确表达各项工作之间的逻辑关系。通过网络计划时间参数的计算可以找出关键线路、关键工作,明确各项工作的机动时间。利用计算机进行计算、优化和调整。其不足之处不像横道计划直观明了,但可通过绘制时标网络计划得到弥补。

7.7　网络计划基本参数

1. 网络计划工期

工期泛指完成一项任务所需要的时间。在网络计划中,工期一般有:计算工期(T_c)、要求工期(T_r)、计划工期(T_p)。

(1)计算工期(T_c)

计算工期(T_c):是根据网络计划时间参数计算而得到的工期,用 T_c 表示,是网络计划持续时间之和最长的线路。

(2)要求工期(T_r)

要求工期(T_r):是任务委托人提出的指令性工期,用 T_r 表示。

(3)计划工期(T_p)

计划工期(T_p):是根据要求工期 T_r 和计算工期 T_c 所确定的作为实施目标的工期,用 T_p 表示。

当已规定了要求工期时,计划工期不应超过要求工期,即:$T_p \leqslant T_r$,且 $T_c \leqslant T_p$;否则,根据确定的持续时间 D_{i-j} 所安排网络计划不符合目标工期要求。

当未规定要求工期时，可令计划工期等于计算工期，即：$T_p = T_c$。

2. 网络计划时差

如果最迟开始时间和最早开始时间不同，说明该活动的开始时间就可以推迟，这个可以推迟的机动时间就称为时差。一般情况下，时差可分为总时差和自由时差两种。

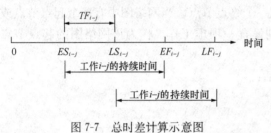

图 7-7　总时差计算示意图

（1）工作总时差（TF_{i-j}）

工作总时差（TF_{i-j}）是指在不影响总工期的前提下，本工作可以利用的机动时间。在双代号网络计划中，用 TF_{i-j} 表示工作 $i-j$ 的总时差，如图 7-7 所示。

图 7-7 中，ES_{i-j} 表示工作 $i-j$ 的最早开始时间，LS_{i-j} 表示工作 $i-j$ 的最迟开始时间；相应的 EF_{i-j} 表示工作 $i-j$ 的最早完成时间，LF_{i-j} 表示工作 $i-j$ 的最迟完成时间。

由图可见，总时差 $TF_{i-j} = LS_{i-j} - ES_{i-j}$；显然，$TF_{i-j} = LF_{i-j} - EF_{i-j}$。

总时差在网络计划中是非常重要的时间参数，在网络计划的资源优化、网络计划的调整等方面都要利用总时差。

（2）工作自由时差（FF_{i-j}）

工作自由时差（FF_{i-j}）是指在不影响其紧后工作最早开始时间的前提下，本工作可以利用的机动时间。在双代号网络计划中，用 FF_{i-j} 表示工作 $i-j$ 的自由时差。如果本工作的最早开始时间为 ES_{i-j}，其紧后工作的最早开始时间是 ES_{j-k}，在数轴上的表示如图 7-8 所示。

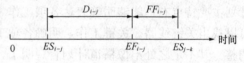

图 7-8　自由时差计算示意图

由图可见，$FF_{i-j} = ES_{j-k} - D_{i-j} - ES_{i-j} = ES_{j-k} - EF_{i-j}$。图中的 D_{i-j} 为工作的持续时间，EF_{i-j} 为工作的最早完成时间。

自由时差也是非常重要的时间参数，自由时差是该工作可以自由使用的时间。在调整工作时间安排时，自由时差首先应该被利用。

从总时差和自由时差的定义可知，对于同一项工作而言，自由时差不会超过总时差。当工作的总时差为零时，其自由时差必然为零。

3. 关键线路

（1）工作持续时间之和最长的线路为关键线路。
（2）总时差为零或为最小值的工作串联起来的线路为关键线路。
网络计划中，关键线路上的箭线一般用粗线或双线表示，以便于观察。

4. 关键工作

关键工作是指关键线路上的工作，即延长其持续时间就会影响计划工期的工作。关键工作是网络计划中总时差最小的工作。

当计划工期 $T_p=$ 计算工期 T_c 时，关键工作的总时差为 0。

当要求工期 $T_r>$ 计算工期 T_c 时，关键工作的总时差最小，应大于 0。

当计算工期不能满足计划工期时，可采取措施通过压缩关键工作的持续时间，以满足计划工期要求。在选择缩短关键工作的持续时间时，可考虑以下因素：

（1）缩短持续时间而不影响质量和其他工作。

（2）有充足备用资源的工作。

（3）缩短持续时间所需增加的费用相对较少的工作。

7.8 进度计划检查分析与调整

对进度计划执行情况的检查分析与调整是工程进度控制的重要工作。主要内容包括：跟踪检查并掌握实际进度执行情况；分析产生进度偏差的主要原因；确定相应的纠偏措施或调整方法。

1. 进度计划检查

在工程实施过程中，应经常地、定期地对进度计划的执行情况进行跟踪检查。进度计划检查方法主要有横道图比较法、S 曲线比较法、香蕉形曲线比较法和前锋线比较法等。

（1）横道图比较法

横道图比较法是将工程项目实施过程中检查实际进度收集到的数据，经加工整理后直接用横道线平行绘于原计划的横道线处，进行实际进度与计划进度比较的方法。

利用横道图进行进度计划检查时，应使用与原横道进度计划图相同的时间单位，将实际进度情况记录在横道图上，可以很形象、直观地比较实际进度与计划进度。

例如，某工程项目基础工程的计划进度和截止到第 9 周末的实际进度如图 7-9 所示，其中双线条表示该工程计划进度，粗实线表示实际进度。从图中实际进度与计划进度的比较可以看出，到第 9 周末进行实际进度检查时，挖土方和做垫层两项工作已完成；支模板按计划也应完成，但实际只完成 75%，任务量拖欠 25%；绑扎钢筋按计划应该完成 60%，而实际只完成 20%，任务量拖欠 40%。

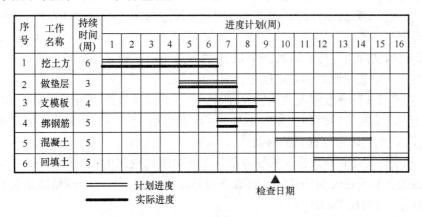

图 7-9 某基础工程实际进度与计划进度比较图

根据各项工作的进度偏差,项目监理机构要求施工单位采取相应的纠偏措施对进度计划进行调整,确保该工程按期完成。

图7-9所示的比较方法仅适用于工程项目中的各项工作都是均匀进展的情况,即每项工作在单位时间内完成的任务量都相等的情况。事实上,工程项目中各项工作的进展不一定是匀速的。根据工程项目中各项工作的进展是否匀速,可分别采用匀速进展横道图比较法或非匀速进展横道图比较法进行实际进度与计划进度的比较。

(2) S形曲线比较法

S形曲线比较法是以横坐标表示时间,纵坐标表示累计完成任务量,绘制一条按计划时间累计完成任务量的S曲线。然后,将工程项目实施过程中各检查时间实际累计完成任务量的S曲线也绘制在同一坐标系中,从而进行实际进度与计划进度比较的一种方法。

从整个工程项目实际进展全过程看,单位时间投入的资源量一般是开始和结束时较少,中间阶段较多。与其相对应,单位时间完成的任务量也呈同样的变化规律,如图7-10 (a) 所示。而随工程进展,累计完成的任务量则应呈S形变化,如图7-10 (b) 所示。由于其形似英文字母"S",S形曲线因此而得名。

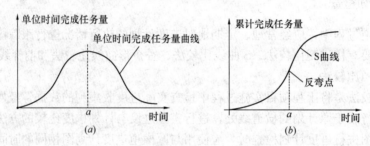

图7-10 时间与完成任务量关系曲线
(a) 单位时间完成的任务量曲线;(b) 累计完成任务量曲线

同横道图比较法一样,S曲线比较法也是在图上进行工程项目实际进度与计划进度的直观比较。在工程项目实施过程中,按照规定时间将检查收集到的实际累计完成任务量绘制在原计划S曲线图上,即可得到实际进度S曲线,如图7-11所示。通过比较实际进度S曲线和计划进度S曲线,可以获得如下信息:

1) 工程项目实际进展状况。如果工程实际进展点落在计划S曲线左侧,表明此时实际进度比计划进度超前,如图7-11中的 a 点所示;如果工程实际进展点落在计划S曲线右侧,表明此时实际进度拖后,如图7-11中的 b 点所示;如果工程实际进展点正好落在计划S曲线上,则表示此时实际进度与计划进度一致。

2) 工程项目实际进度超前或拖后的时间。在S曲线比较图中可以直接读出实际进度比计划进度超前或拖后的时间。如图7-11所示,ΔT_a 表示 T_a 时刻实际进度超前的时间;ΔT_b 表示 T_b 时刻实际进度拖后的时间。

3) 工程项目实际超额或拖欠的任务量。在S曲线比较图中,也可以直接读出实际进度比计划进度超额或拖欠的任务量。如图7-11所示,ΔQ_a 表示 T_a 时刻超额完成的任务量,ΔQ_b 表示在 T_b 时刻拖欠的任务量。

4) 后期工程进度预测。如果后期工程按原计划速度进行,则可做出后期工程计划S曲线如图7-11中虚线所示,从而可以确定工期拖延预测值 ΔT_c。

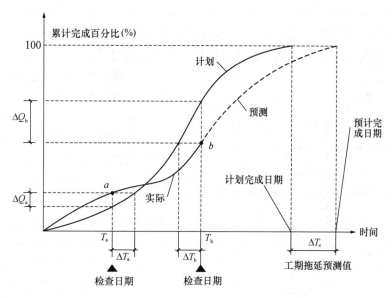

图 7-11　S 形曲线比较法

（3）香蕉曲线比较法

香蕉曲线是由两条 S 曲线组合而成的闭合曲线。由 S 曲线比较法可知，工程项目累计完成的任务量与计划时间的关系，可以用一条 S 曲线表示。对于一个工程项目的网络计划来说，如果以其中各项工作的最早开始时间安排进度而绘制 S 曲线，称为 ES 曲线；如果以其中各项工作的最迟开始时间安排进度而绘制 S 曲线，称为 LS 曲线。两条 S 曲线具有相同的起点和终点，因此，两条曲线是闭合的。在一般情况下，ES 曲线上的其余各点均落在 LS 曲线的相应点的左侧。由于该闭合曲线形似"香蕉"，故称为香蕉曲线，如图 7-12 所示。

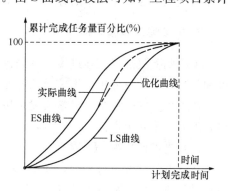

图 7-12　香蕉形曲线比较法

在工程项目实施过程中，理想的状况应是任一时刻按实际进度描出的点均落在香蕉形曲线区域内，这说明实际工程进度被控制在工作的最早开始时间和最迟开始时间的要求范围之内，因而呈现正常状态。而一旦按实际进度描出的点落在 ES 曲线的上方（左侧）或 LS 曲线的下方（右侧），则说明与计划要求相比实际进度超前或拖后，此时已产生了进度偏差。

除了对工程实际进度与计划进度进行比较，香蕉曲线的作用还在于对工程进度进行合理的调整与安排，或确定在计划执行情况检查状态下后期工程的 ES 曲线和 LS 曲线的变化趋势。

（4）前锋线比较法

前锋线比较法是通过绘制某检查时刻工程实际进度前锋线，进行工程实际进度与计划进度比较的方法，主要适用于时标网络计划。

前锋线是指在原时标网络计划上，从检查时刻的时间标点出发，用点划线依次将各项工作实际进展位置点连接，最终结束于检查时刻的时间标点而形成的对应于检查时刻各项工作实际进度前锋点的折线，故前锋线又可称为实际进度前锋线。

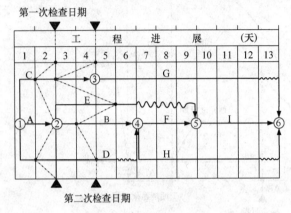

第一次检查日期

第二次检查日期

图 7-13　前锋线比较法

前锋线比较法是通过实际进度前锋线与原进度计划中各工作箭线交点的位置来判断工作实际进度与计划进度的偏差，进而判定该偏差对后续工作及总工期影响程度的一种方法。

如图 7-13 所示的是前锋线比较法：对应于任意检查日期，工作实际进度点位置与检查日时间坐标重合，则表明被检查工作实际进度与计划进度一致；而当其位于检查日时间坐标右侧或左侧，则表明被检查工作实际进度超前或滞后，其超前或滞后天数则为实际进度点所在位置与检查日两者之间的时间间隔。

如图 7-13 所示，经观察可知在第 2 次检查实际进度时，工作 E 超前于计划进度 1 天，工作 D 正常，工作 C、B 则分别滞后于计划进度 2 天、1 天。

2. 进度偏差原因分析

进度偏差就是将实际进度与计划进度进行比较而出现的偏差（超前或滞后）。出现进度偏差时，应认真分析产生偏差的原因及其对后续工作和总工期的影响。

在工程实施过程中，经常会发生进度滞后的现象，引起进度滞后的原因有很多，但主要表现为以下几个方面：

（1）进度计划编制不周全

在进度计划编制过程中，遗漏部分必需的功能或工作导致计划工作量与实际工作量不符；对完成计划所需各种资源及其限制条件考虑不充分，使得完成计划工作量的能力不足，而一旦发生这些情况，往往会导致工作过度滞后，甚至不可避免地使计划工期延误。

（2）工程实施条件发生变化

工程实施过程往往会受到各种不同事件的干扰，例如建设单位提出新的要求、设计标准提高、设计错误、环境条件发生变化、发生了不可抗力事件等，导致工程实施条件发生变化，从而使得工程实际进度无法按照事先确定的进度计划执行。

（3）管理工作失误

管理工作失误常常是导致工程进度失控的最主要原因。常见的管理工作失误有：

1）计划制定部门与计划执行人员、施工总包单位与分包单位之间、建设单位与施工单位之间缺少必要的进度信息沟通，从而导致进度失控。

2）施工单位进度控制意识不足或技术能力、管理素质较低，缺乏对工程进度实施主动控制的手段，或者由于质量问题引起返工或其他不必要的工作量增加，因而延误施工进度。

3）参与工程建设的各有关单位之间配合协调不一致，使计划工作的实施出现脱节现象。

4）工程实施所需资金及资源供应不及时，从而导致工程实际进度严重偏离计划进度。

（4）其他原因

由于采取其他调整造成进度滞后，如设计变更、质量问题的返工、实施方案修改等。

3. 进度计划调整

在工程实施过程中，将实际进度与计划进度进行对比、分析，根据出现进度偏差的大小，以及对后续工作和总工期的影响，决定是否采取相应措施对原进度计划进行调整，以确保工期目标的顺利实现。

（1）分析进度偏差对后续工作及总工期的影响

当工程实际进度与计划进度比较出现偏差时，应分析此偏差对后续工作及总工期的影响。运用网络计划原理对总时差和自由时差进行分析，可判别这种偏差对进度的影响是局部的（仅对后续工作有影响）还是总体的（即对总工期的影响）。具体分析判断过程如图 7-14 所示。

1）分析出现进度偏差的工作是否为关键工作

如果出现进度偏差的工作位于关键线路上，即该工作为关键工作，说明无论其偏差大小，都必将对后续工作的最早开始时间和总工期产生影响，必须采取相应的调整措施。如果出现进度偏差的工作是非关键工作，则需要根据进度偏差值与总时差和自由时差的关系作进一步分析。

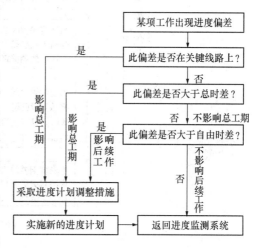

图 7-14　进度偏差对后续工作和总工期影响
分析过程图

2）分析进度偏差是否大于总时差

对于非关键工作的偏差，首先应判断该进度偏差是否大于总时差。如果大于，则说明此进度偏差必将影响其后续工作的最早开始时间和总工期，出现偏差的工作已成为关键线路上的工作，必须采取相应调整措施；如果不大于，则此进度偏差不影响总工期。至于对后续工作的影响程度，还需要根据进度偏差值与其自由时差的关系作进一步分析。

3）分析进度偏差是否大于自由时差

对于非关键工作的偏差，首先应判断该进度偏差是否大于自由时差。如果大于，则说明此偏差必定影响后续工作的最早开始时间，此时应根据后续工作的限制条件确定调整方法。如果后续工作的最早开始时间不能调整，则需要对本工作完成过程中的偏差在本工作后续过程中调整；如果本工作后续过程中不能调整，就只能调整后续工作的最早开始时间。如果不大于，说明此偏差对后续工作不会产生影响，原进度计划可不作调整。

（2）进度计划调整原则

进度计划执行过程中如实际进度与计划进度产生偏差，则必须调整原定计划，从而使其与变化以后的实际情况相适应。由于一项工程任务由多个工作过程组成，且每一工作过程的完成往往可以采用不同的施工方法与组织方法，而不同方法对工作持续时间、费用和资源投入种类、数量均可具有不同要求。这样从客观上讲，工程进度的计划安排往往可以存在多种方案。因此，对执行过程中进度计划的调整而言，则同样也会具有多种方案，进度计划执行过程中的调整究竟有无必要还应视进度偏差的具体情况而定。进度计划调整原则，如图 7-15 所示。

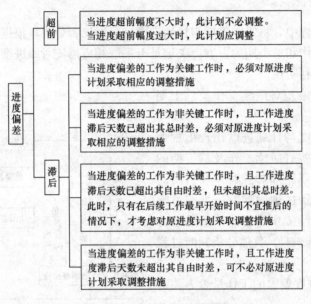

图 7-15　进度计划调整原则

（3）进度计划调整方法

1）调整关键线路方法

① 当关键线路的实际进度比计划进度拖后时，应在尚未完成的关键工作中，选择资源强度小或费用低的工作缩短其持续时间，并重新计算未完成部分的时间参数，将其作为一个新计划实施。

② 当关键线路的实际进度比计划进度超前时，若不拟提前工期，应选用资源占用量大或者直接费用高的后续关键工作，适当延长其持续时间，以降低其资源强度或费用；当确定要提前工期时，应将计划尚未完成的部分作为一个新计划，重新确定关键工作的持续时间，按新计划实施。

2）调整非关键工作时差方法

非关键工作时差调整应在其时差的范围内进行，以便充分利用资源、降低成本或满足工作需要。每一次调整后都必须重新计算时间参数，观察该调整对计划全局的影响。可采用以下几种调整方法：

① 将工作在其最早开始时间与最迟开始时间范围内移动。

② 延长工作的持续时间。

③ 缩短工作的持续时间。

3）调整工作量方法

① 不打乱原网络进度计划的逻辑关系，只对局部逻辑关系进行调整。

② 增减工作量后应重新计算时间参数，分析对原网络进度计划的影响。当对工期有影响时，应采取调整措施，以保证计划工期不变。

4）调整逻辑关系方法

逻辑关系调整只有当实际情况要求改变施工方法或组织方法时才可进行。调整时应避免影响原计划工期和其他工作的顺利进行。如将顺序进行的工作改为平行作业、搭接作业以及分段组织流水作业等，都可以有效地缩短工期。

5）调整工作持续时间方法

不改变工作之间的逻辑关系，缩短工作持续时间。当发现某些工作的原持续时间估计有误或实现条件不充分时，应重新估算其持续时间，并重新计算时间参数，尽量使原计划工期不受影响。

6）调整资源投入方法

对于因资源供应发生异常而引起进度计划执行的问题，应采用资源优化方法对计划进行调整，或采取应急措施，使其对工期的影响最小。

网络计划的调整可以定期进行，也可以根据计划检查的结果在必要时进行。

第8章 建设工程安全生产管理的监理工作

项目监理机构应根据法律法规、工程建设强制性标准，履行建设工程安全生产管理法定职责。加强施工现场巡视检查力度，发现问题及时处理，避免生产安全事故的发生。

8.1 安全生产管理的监理工作内容

（1）项目监理机构应根据法律法规、工程建设强制性标准，履行建设工程安全生产管理的监理职责，并应将安全生产管理的监理工作内容、方法和措施纳入监理规划及监理实施细则。

（2）依据有关规定、建设工程监理合同约定，总监理工程师应安排具有相应资格的专职或兼职监理人员，负责安全生产管理的监理工作，落实管理职责。

（3）项目监理机构可根据工程特点、施工合同、工程设计文件及经过批准的施工组织设计对安全生产管理的监理工作目标进行风险分析，并提出防范性对策。

（4）项目监理机构应审查施工单位现场安全生产管理规章制度的建立和实施情况，主要包括安全生产管理责任制度、安全生产检查制度、安全生产教育培训制度、安全技术交底制度、施工机械设备管理制度、消防安全管理制度、应急响应制度和事故报告制度等。

（5）项目监理机构应检查施工单位安全生产许可证、施工单位和分包单位的安全生产管理协议签订情况。检查施工单位项目经理、专职安全生产管理人员和特种作业人员的资格，以及施工单位现场作业人员的安全教育培训和安全技术交底记录。同时，应核查施工机械和设施的安全许可验收手续。

（6）项目监理机构应审查施工单位报审的专项施工方案，符合要求的，应由总监理工程师签认后报建设单位。对超过一定规模的危险性较大的分部分项工程专项施工方案，应检查施工单位组织专家进行论证、审查的情况，以及是否附具安全验算结果。

专项施工方案审查应包括下列基本内容：

1）编审程序应符合相关规定。

2）安全技术措施应符合工程建设强制性标准。

项目监理机构应要求施工单位按已批准的专项施工方案组织施工。专项施工方案需要调整时，施工单位应按程序重新提交项目监理机构审查。

（7）项目监理机构应编制危险性较大的分部分项工程监理实施细则，明确监理工作要点、工作流程、方法及措施。

（8）项目监理机构应巡视检查危险性较大的分部分项工程专项施工方案实施情况。发现未按专项施工方案实施时，应签发监理通知单，要求施工单位按专项施工方案实施。

（9）项目监理机构应检查施工单位落实安全防护、文明施工和环境保护措施的情况，对已落实的措施应及时签认所发生的费用。同时，应检查施工现场安全警示标志设置是否符合有关标准和要求。

（10）项目监理机构在实施监理过程中，发现工程存在安全事故隐患时，应签发监理通知单，要求施工单位整改；情况严重时，应签发工程暂停令，并应及时报告建设单位。施工单位拒不整改或不停止施工时，项目监理机构应及时向有关主管部门报送监理报告。

需要说明的是：自《建设工程安全生产管理条例》（国务院令 393 号）明确规定了监理单位及监理人员对建设工程安全生产管理承担监理责任以来，监理人员对此反映强烈，尤其从近年发生的工程重大安全事故处理来看，对监理人员应承担的责任认定和量刑等无论在刑法理论还是司法实践中都存在不同的看法和争议。有关部门对监理人员处罚不当或处罚过重的案例日益增多，严重影响了工程监理制度的健康发展。主要原因是相当一部分人对工程监理制度认识不到位、安全生产管理责任界定不清、定位不准、量刑依据不合理，个别地方任意扩大监理职责。但是，现行法律法规已明确规定了监理单位及监理人员的安全生产管理职责，这是不可改变亦不可回避的，监理人员应给予高度重视。监理人员应本着不回避、不扩大的原则，切实履行好安全生产管理的法定职责，按照规定做好监理人员应该做的工作，并形成文字记录，以防范安全生产管理责任风险。

需要说明的是，常常听到一部分监理人员将安全生产管理的监理工作，称为"安全控制"或"安全监理"，编者认为这两种称谓都不准确。有关部门部分人员从字面上理解"安全控制"或"安全监理"，认为既然监理人员对施工现场的安全生产进行控制或监督管理，那么一出现安全事故，就认为监理人员负有责任。事实上，施工现场安全由施工单位负责。实行施工总承包的，由总承包单位负责。监理人员也不可能对施工现场的安全进行全面控制或监督管理。因此，修订后的《建设工程监理规范》GB/T 50319—2013 将安全生产管理的监理职责称为"履行建设工程安全生产管理法定职责"，把安全生产管理的监理职责仅仅限于国家法律法规规定职责的层面上，不再扩大安全生产管理的监理职责，这种提法是比较合理的。

8.2　安全生产管理职责

《建设工程安全生产管理条例》（国务院令 393 号）明确规定了建设工程参建各方的安全生产管理职责，建设单位、监理单位、设计单位、施工单位及其他与建设工程安全生产有关的单位，必须遵守安全生产法律法规的规定，保证建设工程安全生产，并依法承担建设工程安全生产责任。

1. 建设单位安全生产职责

（1）建设单位应当向施工单位提供施工现场及毗邻区域内供水、排水、供电、供气、供热、通信、广播电视等地下管线资料，气象和水文观测资料，相邻建筑物和构筑物、地下工程的有关资料，并保证资料的真实、准确、完整。

（2）建设单位不得对勘察、设计、施工、工程监理等单位提出不符合建设工程安全生产法律、法规和强制性标准规定的要求，不得压缩合同约定的工期。

（3）建设单位在编制工程概算时，应当确定建设工程安全作业环境及安全施工措施所需费用。

（4）建设单位不得明示或者暗示施工单位购买、租赁、使用不符合安全施工要求的安全防护用具、机械设备、施工机具及配件、消防设施和器材。

（5）建设单位在申请领取施工许可证时，应当提供建设工程有关安全施工措施的资料。

依法批准开工报告的建设工程，建设单位应当自开工报告批准之日起 15 日内，将保证安全施工的措施报送建设工程所在地的县级以上地方人民政府建设行政主管部门或者其他有关部门备案。

（6）建设单位应当将拆除工程发包给具有相应资质等级的施工单位。

建设单位应当在拆除工程施工 15 日前，将下列资料报送建设工程所在地的县级以上地方人民政府建设行政主管部门或者其他有关部门备案：

1）施工单位资质等级证明；

2）拟拆除建筑物、构筑物及可能危及毗邻建筑的说明；

3）拆除施工组织方案；

4）堆放、清除废弃物的措施。

实施爆破作业的，应当遵守国家有关民用爆炸物品管理的规定。

2. 监理单位安全生产职责

（1）监理单位应当审查施工组织设计中的安全技术措施或者专项施工方案是否符合工程建设强制性标准。

（2）监理单位在实施监理过程中，发现存在安全事故隐患的，应当要求施工单位整改；情况严重的，应当要求施工单位暂时停止施工，并及时报告建设单位。施工单位拒不整改或者不停止施工的，工程监理单位应当及时向有关主管部门报告。

（3）监理单位和监理工程师应当按照法律、法规和工程建设强制性标准实施监理，并对建设工程安全生产承担监理责任。

3. 设计单位安全生产职责

（1）设计单位应当按照法律、法规和工程建设强制性标准进行设计，防止因设计不合理导致生产安全事故的发生。

设计单位应当考虑施工安全操作和防护的需要，对涉及施工安全的重点部位和环节在设计文件中注明，并对防范生产安全事故提出指导意见。

（2）采用新结构、新材料、新工艺的建设工程和特殊结构的建设工程，设计单位应当在设计中提出保障施工作业人员安全和预防生产安全事故的措施建议。

设计单位和注册建筑师等注册执业人员应当对其设计负责。

4. 施工单位安全生产职责

（1）施工单位主要负责人依法对本单位的安全生产工作全面负责。施工单位应当建立健全安全生产责任制度和安全生产教育培训制度，制定安全生产规章制度和操作规程，保证本单位安全生产条件所需资金的投入，对所承担的建设工程进行定期和专项安全检查，并做好安全检查记录。

（2）施工单位应当设立安全生产管理机构，配备专职安全生产管理人员。专职安全生产管理人员负责对安全生产进行现场监督检查。发现安全事故隐患，应当及时向项目负责人和安全生产管理机构报告；对违章指挥、违章操作的，应当立即制止。

（3）施工单位的项目负责人应当由取得相应执业资格的人员担任，对建设工程项目的安全施工负责，落实安全生产责任制度、安全生产规章制度和操作规程，确保安全生产费用的有效使用，并根据工程的特点组织制定安全施工措施，消除安全事故隐患，及时、如实报告生产安全事故。

（4）施工单位对列入建设工程概算的安全作业环境及安全施工措施所需费用，应当用于施工安全防护用具及设施的采购和更新、安全施工措施的落实、安全生产条件的改善，不得挪作他用。

（5）建设工程实行施工总承包的，由总承包单位对施工现场的安全生产负总责。

总承包单位应当自行完成建设工程主体结构的施工。

总承包单位依法将建设工程分包给其他单位的，分包合同中应当明确各自的安全生产方面的权利、义务。总承包单位和分包单位对分包工程的安全生产承担连带责任。

分包单位应当服从总承包单位的安全生产管理，分包单位不服从管理导致生产安全事故的，由分包单位承担主要责任。

（6）垂直运输机械作业人员、安装拆卸工、爆破作业人员、起重信号工、登高架设作业人员等特种作业人员，必须按照国家有关规定经过专门的安全作业培训，并取得特种作业操作资格证书后，方可上岗作业。

（7）施工单位应当在施工组织设计中编制安全技术措施和施工现场临时用电方案，对下列达到一定规模的危险性较大的分部分项工程编制专项施工方案，并附具安全验算结果，经施工单位技术负责人、总监理工程师签字后实施，由专职安全生产管理人员进行现场监督：

1）基坑支护与降水工程；

2）土方开挖工程；

3）模板工程；

4）起重吊装工程；

5）脚手架工程；

6）拆除、爆破工程；

7）国务院建设行政主管部门或者其他有关部门规定的其他危险性较大的工程。

对上述工程中涉及深基坑、地下暗挖工程、高大模板工程的专项施工方案，施工单位还应当组织专家进行论证、审查。

（8）建设工程施工前，施工单位负责项目管理的技术人员应当对有关安全施工的技术要求向施工作业班组、作业人员作出详细说明，并由双方签字确认。

（9）施工单位应当在施工现场入口处、施工起重机械、临时用电设施、脚手架、出入通道口、楼梯口、电梯井口、孔洞口、桥梁口、隧道口、基坑边沿、爆破物及有害危险气体和液体存放处等危险部位，设置明显的安全警示标志。安全警示标志必须符合国家标准。

根据不同施工阶段和周围环境及季节、气候的变化，在施工现场采取相应的安全施工措施。施工现场暂时停止施工的,施工单位应当做好现场防护,所需费用由责任方承担,或者按照合同约定执行。

(10) 施工单位应当将施工现场的办公、生活区与作业区分开设置,并保持安全距离;办公、生活区的选址应当符合安全性要求。职工的膳食、饮水、休息场所等应当符合卫生标准。施工单位不得在尚未竣工的建筑物内设置员工集体宿舍。

施工现场临时搭建的建筑物应当符合安全使用要求。施工现场使用的装配式活动房屋应当具有产品合格证。

(11) 施工单位对因建设工程施工可能造成损害的毗邻建筑物、构筑物和地下管线等,应当采取专项防护措施。

施工单位应遵守有关环境保护法律法规的规定,在施工现场采取措施,防止或者减少粉尘、废气、废水、固体废物、噪声、振动和施工照明对人与环境的危害和污染。

在城市市区内的建设工程,施工单位应当对施工现场实行封闭围挡。

(12) 施工单位应当在施工现场建立消防安全责任制度,确定消防安全责任人,制定用火、用电、使用易燃易爆材料等各项消防安全管理制度和操作规程,设置消防通道、消防水源,配备消防设施和灭火器材,并在施工现场入口处设置明显标志。

(13) 施工单位应当向作业人员提供安全防护用具和安全防护服装,并书面告知危险岗位的操作规程和违章操作的危害。

(14) 作业人员应当遵守安全施工的强制性标准、规章制度和操作规程,正确使用安全防护用具、机械设备等。

(15) 施工单位采购、租赁的安全防护用具、机械设备、施工机具及配件,应当具有生产(制造)许可证、产品合格证,并在进入施工现场前进行查验。

施工现场的安全防护用具、机械设备、施工机具及配件必须由专人管理,定期进行检查、维修和保养,建立相应的资料档案并按照国家有关规定及时报废。

(16) 施工单位在使用施工起重机械和整体提升脚手架、模板等自升式架设设施前,应当组织有关单位进行验收,也可以委托具有相应资质的检验检测机构进行验收;使用承租的机械设备和施工机具及配件的,由施工总承包单位、分包单位、出租单位和安装单位共同进行验收。验收合格的方可使用。

施工单位应当自施工起重机械和整体提升脚手架、模板等自升式架设设施验收合格之日起 30 日内,向建设行政主管部门或者其他有关部门登记。登记标志应当置于或者附着于该设备的显著位置。

(17) 施工单位的主要负责人、项目负责人、专职安全生产管理人员应当经建设行政主管部门或者其他有关部门考核合格后方可任职。

施工单位应当对管理人员和作业人员每年至少进行一次安全生产教育培训,其教育培训情况记入个人工作档案。安全生产教育培训考核不合格的人员,不得上岗。

(18) 作业人员进入新的岗位或者新的施工现场前,应当接受安全生产教育培训。未经教育培训或者教育培训考核不合格的人员,不得上岗作业。

施工单位在采用新技术、新工艺、新设备、新材料时,应当对作业人员进行相应的安全生产教育培训。

8.3　危险性较大的分部分项工程

根据《危险性较大的分部分项工程安全管理规定》（住房城乡建设部令第 37 号）（2019 修正）及住房城乡建设部办公厅关于实施《危险性较大的分部分项工程安全管理规定》有关问题的通知（建办质〔2018〕31 号），危险性较大的分部分项工程（简称"危大工程"），是指房屋建筑和市政基础设施工程在施工过程中，容易导致人员群死群伤或者造成重大经济损失的分部分项工程。

1. 危险性较大的分部分项工程范围

（1）基坑工程

1）开挖深度超过 3m（含 3m）的基坑（槽）的土方开挖、支护、降水工程。

2）开挖深度虽未超过 3m，但地质条件、周围环境和地下管线复杂，或影响毗邻建、构筑物安全的基坑（槽）的土方开挖、支护、降水工程。

（2）模板工程及支撑体系

1）各类工具式模板工程：包括滑模、爬模、飞模、隧道模等工程。

2）混凝土模板支撑工程：搭设高度 5m 及以上，或搭设跨度 10m 及以上，或施工总荷载（荷载效应基本组合的设计值，以下简称设计值）10kN/m² 及以上，或集中线荷载（设计值）15kN/m 及以上，或高度大于支撑水平投影宽度且相对独立无联系构件的混凝土模板支撑工程。

3）承重支撑体系：用于钢结构安装等满堂支撑体系。

（3）起重吊装及起重机械安装拆卸工程

1）采用非常规起重设备、方法，且单件起吊重量在 10kN 及以上的起重吊装工程。

2）采用起重机械进行安装的工程。

3）起重机械安装和拆卸工程。

（4）脚手架工程

1）搭设高度 24m 及以上的落地式钢管脚手架工程（包括采光井、电梯井脚手架）。

2）附着式升降脚手架工程。

3）悬挑式脚手架工程。

4）高处作业吊篮。

5）卸料平台、操作平台工程。

6）异型脚手架工程。

（5）拆除工程

可能影响行人、交通、电力设施、通信设施或其他建、构筑物安全的拆除工程。

（6）暗挖工程

采用矿山法、盾构法、顶管法施工的隧道、洞室工程。

（7）其他

1）建筑幕墙安装工程。

2）钢结构、网架和索膜结构安装工程。

3）人工挖孔桩工程。

4）水下作业工程。

5）装配式建筑混凝土预制构件安装工程。

6）采用新技术、新工艺、新材料、新设备可能影响工程施工安全，尚无国家、行业及地方技术标准的分部分项工程。

2. 超过一定规模的危险性较大的分部分项工程范围

（1）深基坑工程

开挖深度超过5m（含5m）的基坑（槽）的土方开挖、支护、降水工程。

（2）模板工程及支撑体系

1）各类工具式模板工程：包括滑模、爬模、飞模、隧道模等工程。

2）混凝土模板支撑工程：搭设高度8m及以上，或搭设跨度18m及以上，或施工总荷载（设计值）15kN/m² 及以上，或集中线荷载（设计值）20kN/m 及以上。

3）承重支撑体系：用于钢结构安装等满堂支撑体系，承受单点集中荷载7kN 及以上。

（3）起重吊装及起重机械安装拆卸工程

1）采用非常规起重设备、方法，且单件起吊重量在100kN 及以上的起重吊装工程。

2）起重量300kN 及以上，或搭设总高度200m 及以上，或搭设基础标高在200m 及以上的起重机械安装和拆卸工程。

（4）脚手架工程

1）搭设高度50m 及以上的落地式钢管脚手架工程。

2）提升高度在150m 及以上的附着式升降脚手架工程或附着式升降操作平台工程。

3）分段架体搭设高度20m 及以上的悬挑式脚手架工程。

（5）拆除工程

1）码头、桥梁、高架、烟囱、水塔或拆除中容易引起有毒有害气（液）体或粉尘扩散、易燃易爆事故发生的特殊建、构筑物的拆除工程。

2）文物保护建筑、优秀历史建筑或历史文化风貌区影响范围内的拆除工程。

（6）暗挖工程

采用矿山法、盾构法、顶管法施工的隧道、洞室工程。

（7）其他

1）施工高度50m 及以上的建筑幕墙安装工程。

2）跨度36m 及以上的钢结构安装工程，或跨度60m 及以上的网架和索膜结构安装工程。

3）开挖深度16m 及以上的人工挖孔桩工程。

4）水下作业工程。

5）重量1000kN 及以上的大型结构整体顶升、平移、转体等施工工艺。

6）采用新技术、新工艺、新材料、新设备可能影响工程施工安全，尚无国家、行业及地方技术标准的分部分项工程。

8.4　危大工程现场安全管理

根据《危险性较大的分部分项工程安全管理规定》（住房城乡建设部令第 37 号）（2019 修正）及住房城乡建设部办公厅关于实施《危险性较大的分部分项工程安全管理规定》有关问题的通知（建办质〔2018〕31 号），危大工程现场安全管理应符合下列规定：

（1）施工单位应当在施工现场显著位置公告危大工程名称、施工时间和具体责任人员，并在危险区域设置安全警示标志。

（2）专项施工方案实施前，编制人员或者项目技术负责人应当向施工现场管理人员进行方案交底。

施工现场管理人员应当向作业人员进行安全技术交底，并由双方和项目专职安全生产管理人员共同签字确认。

（3）施工单位应当严格按照专项施工方案组织施工，不得擅自修改专项施工方案。

因规划调整、设计变更等原因确需调整的，修改后的专项施工方案应当按照规定重新审核和论证。涉及资金或者工期调整的，建设单位应当按照约定予以调整。

（4）施工单位应当对危大工程施工作业人员进行登记，项目负责人应当在施工现场履职。

项目专职安全生产管理人员应当对专项施工方案实施情况进行现场监督，对未按照专项施工方案施工的，应当要求立即整改，并及时报告项目负责人，项目负责人应当及时组织限期整改。

施工单位应当按照规定对危大工程进行施工监测和安全巡视，发现危及人身安全的紧急情况，应当立即组织作业人员撤离危险区域。

（5）监理单位应当结合危大工程专项施工方案编制监理实施细则，并对危大工程施工实施专项巡视检查。

（6）监理单位发现施工单位未按照专项施工方案施工的，应当要求其进行整改；情节严重的，应当要求其暂停施工并及时报告建设单位。施工单位拒不整改或者不停止施工的，监理单位应当及时报告建设单位和工程所在地住房城乡建设主管部门。

（7）对于按照规定需要进行第三方监测的危大工程，建设单位应当委托具有相应勘察资质的单位进行监测。

监测单位应当编制监测方案。监测方案由监测单位技术负责人审核签字并加盖单位公章，报送监理单位后方可实施。

监测方案的主要内容应当包括工程概况、监测依据、监测内容、监测方法、人员及设备、测点布置与保护、监测频次、预警标准及监测成果报送等。

监测单位应当按照监测方案开展监测，及时向建设单位报送监测成果，并对监测成果负责；发现异常时，及时向建设、设计、施工、监理单位报告，建设单位应当立即组织相关单位采取处置措施。

（8）对于按照规定需要验收的危大工程，施工单位、监理单位应当组织相关人员进行验收。验收合格的，经施工单位项目技术负责人及总监理工程师签字确认后，方可进入下一道工序。危大工程验收合格后，施工单位应当在施工现场明显位置设置验收标识牌，公示验收时间及责任人员。

危大工程验收人员应当包括:

1) 总承包单位和分包单位技术负责人或授权委派的专业技术人员、项目负责人、项目技术负责人、专项施工方案编制人员、项目专职安全生产管理人员及相关人员;

2) 监理单位项目总监理工程师及专业监理工程师;

3) 有关勘察、设计和监测单位项目技术负责人。

(9) 危大工程发生险情或者事故时,施工单位应当立即采取应急处置措施,并报告工程所在地住房城乡建设主管部门。建设、勘察、设计、监理等单位应当配合施工单位开展应急抢险工作。

(10) 危大工程应急抢险结束后,建设单位应当组织勘察、设计、施工、监理等单位制定工程恢复方案,并对应急抢险工作进行后评估。

(11) 施工、监理单位应当建立危大工程安全管理档案。

施工单位应当将专项施工方案及审核、专家论证、交底、现场检查、验收及整改等相关资料纳入档案管理。

监理单位应当将监理实施细则、专项施工方案审查、专项巡视检查、验收及整改等相关资料纳入档案管理。

8.5 专项施工方案编制与审查

专项施工方案是指施工单位在编制施工组织设计的基础上,针对危险性较大的分部分项工程单独编制的安全技术措施文件。

1. 专项施工方案编制

(1) 施工单位应当在危大工程施工前组织工程技术人员编制专项施工方案。

实行施工总承包的,专项施工方案应当由施工总承包单位组织编制。危大工程实行分包的,专项施工方案可以由相关专业分包单位组织编制。

(2) 专项施工方案应当由施工单位技术负责人审核签字、并加盖单位公章。

危大工程实行分包并由分包单位编制专项施工方案的,专项施工方案应当由总承包单位技术负责人及分包单位技术负责人共同审核签字并加盖单位公章。

2. 专项施工方案内容

危大工程专项施工方案的主要内容应当包括:

(1) 工程概况:危大工程概况和特点、施工平面布置、施工要求和技术保证条件;

(2) 编制依据:相关法律、法规、规范性文件、标准、规范及施工图设计文件、施工组织设计等;

(3) 施工计划:包括施工进度计划、材料与设备计划;

(4) 施工工艺技术:技术参数、工艺流程、施工方法、操作要求、检查要求等;

(5) 施工安全保证措施:组织保障措施、技术措施、监测监控措施等;

(6) 施工管理及作业人员配备和分工:施工管理人员、专职安全生产管理人员、特种作业人员、其他作业人员等；

（7）验收要求：验收标准、验收程序、验收内容、验收人员等；

（8）应急处置措施；

（9）计算书及相关施工图纸。

3. 专项施工方案报审程序

（1）施工单位应在危大工程施工前，向项目监理机构报送编制的专项施工方案。专项施工方案应由施工单位技术负责人审核签字并加盖单位公章。

（2）项目监理机构应审查专项施工方案；合格后由总监理工程师审核签字、并加盖执业印章。当需要修改时，总监理工程师签署修改意见，要求施工单位修改后按程序重新报审。

（3）对超过一定规模的危险性较大的分部分项工程，施工单位应当组织召开专家论证会对专项施工方案进行论证，并形成论证报告。论证通过的，由建设单位审批并签署意见。论证不通过的，施工单位修改后应按要求重新组织专家论证。

专项施工方案报审程序如图 8-1 所示。

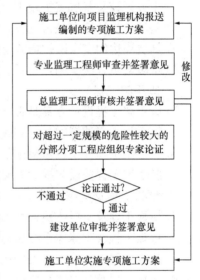

图 8-1　专项施工方案报审程序

4. 专项施工方案论证

（1）对于超过一定规模的危大工程，施工单位应当组织召开专家论证会对专项施工方案进行论证。实行施工总承包的，由施工总承包单位组织召开专家论证会。专家论证前专项施工方案应当通过施工单位审核和总监理工程师审查。

专家应当从地方人民政府住房城乡建设主管部门建立的专家库中选取，符合专业要求且人数不得少于 5 名。与本工程有利害关系的人员不得以专家身份参加专家论证会。

（2）专家论证会的参会人员应包括：专家；建设单位项目负责人；有关勘察、设计单位项目技术负责人及相关人员；总承包单位和分包单位技术负责人或授权委派的专业技术人员、项目负责人、项目技术负责人、专项施工方案编制人员、项目专职安全生产管理人员及相关人员；监理单位项目总监理工程师及专业监理工程师。

（3）专家论证的主要内容应包括：专项施工方案内容是否完整、可行；专项施工方案计算书和验算依据、施工图是否符合有关标准规范；专项施工方案是否满足现场实际情况，并能够确保施工安全。

（4）专家论证会后，应当形成论证报告，对专项施工方案提出通过、修改后通过或者不通过的一致意见。专家对论证报告负责并签字确认。

专项施工方案经论证需修改后通过的，施工单位应当根据论证报告修改完善后，重新履行有关审核和审查手续后方可实施，修改情况应及时告知专家。

专项施工方案经论证不通过的，施工单位修改后应当按照规定要求重新组织专家论证。

5. 专项施工方案审查

(1) 专项施工方案审查的基本内容

1) 编审程序应符合相关规定。

2) 安全技术措施应符合工程建设强制性标准。

3) 对超过一定规模的危险性较大的分部分项工程专项施工方案，应检查施工单位组织专家进行论证、审查的情况，以及是否附具安全验算结果。

(2) 常见专项施工方案审查要点

1) 土方开挖及基坑支护工程

① 相邻建筑物和构筑物、地下管线的保护措施是否可行。

② 土方开挖及基坑支护施工方法及安全技术措施是否合理，并具有可操作性。

③ 基坑支护计算书是否完整，计算是否正确。

④ 基坑周边的安全防护措施是否可行，是否具有针对性。

⑤ 基坑监测方法、测点布置、监测频率及日常检查是否符合标准、设计等要求。

2) 脚手架工程

① 脚手架工程设计方案是否合理，并具有可操作性。

② 脚手架工程计算书是否完整、计算方法是否正确。

③ 脚手架工程安全技术措施是否合理，是否具有可操作性。

④ 脚手架工程搭设与拆除方案是否符合标准要求，是否具有针对性。

3) 模板工程及支撑体系

① 模板工程及支撑体系计算书的荷载取值是否符合工程实际，计算方法是否正确。

② 模板工程及支撑体系细部构造的大样图、材料规格、尺寸、连接件等是否完整。

③ 模板工程及支撑体系安全技术措施是否具有针对性和可操作性。

④ 模板工程及支撑体系搭设与拆除方案是否符合标准要求，是否具有针对性。

4) 起重吊装及起重机械安装拆卸工程

① 起重吊装基础是否满足要求。

② 起重吊装及起重机械安装拆卸的安全技术措施是否完整，是否具有可操作性。

③ 起重吊装作附着使用时，附着装置的设置和自由端高度是否符合使用说明书的规定。当附着水平距离、附着间距不满足使用说明书要求时，应进行附着计算，并检查计算是否完整，计算方法是否正确。

④ 起重吊装使用时班前检查和使用制度是否健全。

5) 临时用电

① 电源的进线、线路走向是否合理，是否符合三级配电要求。

② 用电负荷计算是否正确。各施工用电量是否与施工用电总容量匹配。

③ 方案是否符合"一机一箱一闸一漏"，是否满足分级分段漏电保护。

④ 漏电保护器参数是否符合规范要求。

⑤ 是否制定临时用电定期检查、复查、验收等制度。

⑥ 防雷装置、电气防火和安全用电措施是否完整，是否具有可操作性。

（3）专项施工方案审查注意事项

项目监理机构审查施工单位报送的专项施工方案时，一般应进行程序性审查、符合性审查和针对性审查。

1）程序性审查

项目监理机构对专项施工方案进行程序性审查，特别要关注"施工单位技术负责人审批签字同意"环节。需要说明的是，施工单位技术负责人仅仅签字是不够的，必须明确对专项施工方案审批的结论性意见是否"同意"。因此，施工单位提供的审批意见中，如果仅仅是技术负责人签名，项目监理机构可将该方案退回施工单位。

2）符合性审查

项目监理机构对专项施工方案进行符合性审查，主要审查专项施工方案中安全技术措施是否符合工程建设强制性标准要求，如果不符合强制性标准要求，应将该方案退回施工单位。

3）针对性审查

项目监理机构对专项施工方案进行针对性审查，主要是针对本工程的具体情况，包括工程特点、周边环境和场地条件、施工组织设计、施工进度计划、施工机械设备、施工质量安全保证体系等进行审查。需要说明的是，如果施工单位提交的专项施工方案是参照其他类似工程项目拷贝来的，仅仅将工程名称与工程概况作了替换，而具体内容与工程实际不相符的，项目监理机构要认真研读，以书面形式指出不相符之处，要求重新修改和补充。该书面意见应作为项目监理机构审查的附件，与报审表装订在一起归档。施工单位修改补充后，项目监理机构仍应认真审查其修改稿，满足要求后方可出具正式审查意见。

4）专项施工方案审查意见

专项施工方案审查意见，一般包括以下内容：

① 编审程序符合相关规定。

② 安全技术措施符合工程建设强制性标准要求。

③ 具有可实施性，符合施工组织设计要求。

④ 同意按本专项施工方案实施。

⑤ 附件：审查过程中的意见、专项施工方案和施工单位根据审查意见所作的修改及补充。

总之，审查专项施工方案时，要结合工程特点，进行程序性、符合性、针对性审查，切不可凭以往的"经验"，想当然地签署审查意见。总监理工程师应组织监理人员学习危大工程的内容，注重施工现场针对性培训，以防范审查专项施工方案的责任风险。

8.6　专职安全管理人员配备

根据住房城乡建设部关于印发《建筑施工企业安全生产管理机构设置及专职安全生产管理人员配备办法》的通知（建质〔2008〕91号），专职安全生产管理人员是指经建设主管部门或者其他有关部门安全生产考核合格取得安全生产考核合格证书，并在建筑施工企业及其项目从事安全生产管理工作的专职人员。

1. 项目专职安全生产管理人员主要职责

(1) 负责施工现场安全生产日常检查并做好检查记录;

(2) 现场监督危险性较大工程安全专项施工方案实施情况;

(3) 对作业人员违规违章行为有权予以纠正或查处;

(4) 对施工现场存在的安全隐患有权责令立即整改;

(5) 对于发现的重大安全隐患,有权向企业安全生产管理机构报告;

(6) 依法报告生产安全事故情况。

2. 项目专职安全生产管理人员配备应满足下列要求。

(1) 总承包单位配备项目专职安全生产管理人员应当满足下列要求:

1) 建筑工程、装修工程按照建筑面积配备:

① 1 万 m^2 以下的工程不少于 1 人;

② 1 万～5 万 m^2 的工程不少于 2 人;

③ 5 万 m^2 及以上的工程不少于 3 人,且按专业配备专职安全生产管理人员。

2) 土木工程、线路管道、设备安装工程按照工程合同价配备:

① 5000 万元以下的工程不少于 1 人;

② 5000 万～1 亿元的工程不少于 2 人;

③ 1 亿元及以上的工程不少于 3 人,且按专业配备专职安全生产管理人员。

(2) 分包单位配备项目专职安全生产管理人员应当满足下列要求:

1) 专业承包单位应当配置至少 1 人,并根据所承担的分部分项工程的工程量和施工危险程度增加。

2) 劳务分包单位施工人员在 50 人以下的,应当配备 1 名专职安全生产管理人员;50～200 人的,应当配备 2 名专职安全生产管理人员;200 人及以上的,应当配备 3 名及以上专职安全生产管理人员,并根据所承担的分部分项工程施工危险实际情况增加,不得少于工程施工人员总人数的 0.5%。

3) 采用新技术、新工艺、新材料或致害因素多、施工作业难度大的工程项目,项目专职安全生产管理人员的数量应当根据施工实际情况,在上述规定的配备标准上增加。

8.7 安全防护与文明施工措施

根据建设部关于印发《建筑工程安全防护、文明施工措施费用及使用管理规定》的通知(建办〔2005〕89 号),安全防护、文明施工措施费用是指按照国家现行的建筑施工安全、施工现场环境与卫生标准和有关规定,购置和更新施工安全防护用具及设施、改善安全生产条件和作业环境所需要的费用。

项目监理机构应当对施工单位落实安全防护、文明施工措施情况进行现场监理。对施工单位已经落实的安全防护、文明施工措施,项目监理机构应当及时审查并签认所发生的费用。

项目监理机构发现施工单位未落实施工组织设计及专项施工方案中安全防护和文明施工措施的,有权责令其立即整改。对施工单位拒不整改或未按期限要求完成整改的,项目监理机构应当及时向建设单位和有关主管部门报告，必要时责令其暂停施工。

建设工程安全防护、文明施工措施项目清单见表 8-1。

建设工程安全防护、文明施工措施项目清单　　　　　　　　　表 8-1

类别		项目名称	具 体 要 求
文明施工与环境保护		安全警示标志牌	在易发伤亡事故（或危险）处设置明显的、符合国家标准要求的安全警示标志牌
		现场围挡	(1) 现场采用封闭围挡，高度不小于 1.8m； (2) 围挡材料可采用彩色、定型钢板、砖、混凝土砌块等墙体
		五板一图	在进门处悬挂工程概况、管理人员名单及监督电话、安全生产、文明施工、消防保卫五板；施工现场总平面图
		企业标志	现场出入的大门应设有本企业标识或企业标识
		场容场貌	(1) 道路畅通； (2) 排水沟、排水设施通畅； (3) 工地地面硬化处理； (4) 绿化
		材料堆放	(1) 材料、构件、料具等堆放时，悬挂有名称、品种、规格等标牌； (2) 水泥和其他易飞扬细颗粒建筑材料应密闭存放或采取覆盖等措施； (3) 易燃、易爆和有毒有害物品分类存放
		现场防火	消防器材配置合理，符合消防要求
		垃圾清运	施工现场应设置密闭式垃圾站，施工垃圾、生活垃圾应分类存放。施工垃圾必须采用相应容器或管道运输
临时设施		现场办公、生活设施	(1) 施工现场办公、生活区与作业区分开设置，保持安全距离。 (2) 工地办公室、现场宿舍、食堂、厕所、饮水、休息场所符合卫生和安全要求
	施工现场临时用电	配电线路	(1) 按照 TN-S 系统要求配备五芯电缆、四芯电缆和三芯电缆； (2) 按要求架设临时用电线路的电杆、横担、瓷夹、瓷瓶等，或电缆埋地的地沟； (3) 对靠近施工现场的外电线路，设置木质、塑料等绝缘体的防护设施
		配电箱、开关箱	(1) 按三级配电要求，配备总配电箱、分配电箱、开关箱三类标准电箱；开关箱应符合一机、一箱、一闸、一漏；三类电箱中的各类电器应是合格品； (2) 按两级保护的要求，选取符合容量要求和质量合格的总配电箱和开关箱中的漏电保护器
		接地保护装置	施工现场保护零线的重复接地应不少于三处
安全施工	临边洞口交叉高处作业防护	楼板、屋面、阳台等临边防护	用密目式安全立网全封闭，作业层另加两边防护栏杆和 18cm 高的踢脚板
		通道口防护	设防护棚，防护棚应为不小于 5cm 厚的木板或两道相距 50cm 的竹笆。两侧应沿栏杆架用密目式安全网封闭
		预留洞口防护	用木板全封闭；短边超过 1.5m 长的洞口，除封闭外四周还应设有防护栏杆
		电梯井口防护	设置定型化、工具化、标准化的防护门；在电梯井内每隔两层（不大于 10m）设置一道安全水平网
		楼梯边防护	设 1.2m 高的定型化、工具化、标准化的防护栏杆，18cm 高的踢脚板
		垂直方向交叉作业防护	设置防护隔离棚或其他设施
		高空作业防护	有悬挂安全带的悬索或其他设施；有操作平台；有上下的梯子或其他形式的通道
其他			

注：本表所列建筑工程安全防护、文明施工措施项目，是依据现行法律法规及标准规范确定。如修订法律法规和
标准规范，本表所列项目应按照修订后的法律法规和标准规范进行调整。

8.8 生产安全事故隐患及其处理

1. 造成生产安全事故隐患的原因

建设工程生产安全事故隐患是指未被事先识别或未采取必要防护措施的可能导致安全事故的危险源或不利因素。安全事故隐患如不及时发现并处理，往往会引起安全事故。安全生产管理的监理工作重点之一就是加强安全责任风险分析，制定和实施相应的措施。造成生产安全事故隐患的主要原因有以下几个方面：

（1）违章操作、违章指挥或安全生产管理不到位

施工单位由于没有制定安全技术措施，缺乏安全技术知识，不进行逐级安全技术交底，安全生产责任不落实，违章操作、违章指挥或安全生产管理工作不到位，是导致生产安全事故隐患、安全事故的主要原因。

（2）设计不合理或缺陷

设计原因包括：未按照法律法规和工程建设强制性标准进行设计，导致设计不合理；未考虑施工安全操作和防护需要，对涉及施工安全的重点部位和环节在设计文件中未注明，未对防范生产安全事故提出指导意见；采用新材料、新结构、新工艺和特殊结构的工程，未在设计中提出保障施工作业人员安全和预防生产安全事故的措施建议等。

（3）勘察设计文件失真

勘察单位未认真进行地质勘察或勘探时钻孔布置、深度、范围不符合规定要求，地质勘察报告不详细、不准确，不能真实、全面地反映地下实际情况，对基岩起伏、土层分布误判，或未查清地下软土层、墓穴、空洞等，从而导致基础、主体结构的设计错误，引发重大安全事故。

（4）使用不合格的安全防护用具、安全材料、机械设备、施工机具及配件

许多建设工程已经发生的隐患、安全事故，就是由于施工现场使用劣质、不合格的安全防护用具、安全材料、机械设备、施工机具及配件等造成的。

（5）安全生产资金投入不足

建设单位、施工单位为了追求经济效益，往往不顾生产安全，压缩安全生产费用，致使在工程投入中用于安全生产的资金过少，不能保证正常的安全生产措施。

（6）安全事故应急措施制度不健全

施工单位及其施工现场未制定生产安全事故应急救援预案，未落实应急救援人员、设备、器材等，发生生产安全事故后得不到及时救助和处理。

（7）违法违规行为

包括无证设计、无证施工、越级设计、越级施工、边设计边施工、违法分包、转包等。

（8）其他因素

包括自然环境、管理环境、安全生产责任不够明确等。

2. 生产安全事故隐患处理程序

建设工程施工过程中出现安全事故隐患时，项目监理机构处理程序如图 8-2 所示。

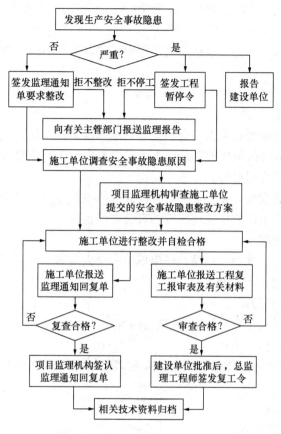

图 8-2　生产安全事故隐患处理程序

8.9　生产安全事故及其处理

1. 生产安全事故等级

根据《生产安全事故报告和调查处理条例》（国务院令第 493 号），生产安全事故造成的人员伤亡或者直接经济损失，生产安全事故划分为以下四个等级。

（1）特别重大事故

特别重大事故是指造成 30 人以上死亡，或者 100 人以上重伤（包括急性工业中毒，下同），或者 1 亿元以上直接经济损失的事故。

（2）重大事故

重大事故是指造成 10 人以上 30 人以下死亡，或者 50 人以上 100 人以下重伤，或者 5000 万元以上 1 亿元以下直接经济损失的事故。

（3）较大事故

较大事故是指造成 3 人以上 10 人以下死亡，或者 10 人以上 50 人以下重伤，或者 1000 万元以上 5000 万元以下直接经济损失的事故。

（4）一般事故

一般事故是指造成 3 人以下死亡，或者 10 人以下重伤，或者 1000 万元以下直接经济损失的事故。

本等级划分所称的"以上"包括本数，所称的"以下"不包括本数。

2. 生产安全事故报告

（1）事故报告程序

事故发生后，事故现场有关人员应当立即向本单位负责人报告；单位负责人接到报告后，应当于 1 小时内向事故发生地县级以上人民政府安全生产监督管理部门和负有安全生产监督管理职责的有关部门报告。

情况紧急时，事故现场有关人员可以直接向事故发生地县级以上人民政府安全生产监督管理部门和负有安全生产监督管理职责的有关部门报告。

（2）事故报告的内容

事故报告应当及时、准确、完整，任何单位和个人对事故不得迟报、漏报、谎报或者瞒报。报告事故应当包括下列内容：

1）事故发生单位概况；

2）事故发生的时间、地点以及事故现场情况；

3）事故的简要经过；

4）事故已经造成或者可能造成的伤亡人数（包括下落不明的人数）和初步估计的直接经济损失；

5）已经采取的措施；

6）其他应当报告的情况。

事故报告后出现新情况的，应当及时补报。自事故发生之日起 30 日内，事故造成的伤亡人数发生变化的，应当及时补报。

（3）事故报告后的处置

事故发生单位负责人接到事故报告后，应当立即启动事故相应应急预案，或采取有效措施，组织抢救，防止事故扩大，减少人员伤亡和财产损失。

事故发生地有关地方人民政府、安全生产监督管理部门和负有安全生产监督管理职责的有关部门接到事故报告后，其负责人应当立即赶赴事故现场，组织事故救援。

事故发生后，有关单位和人员应当妥善保护事故现场以及相关证据，任何单位和个人不得破坏事故现场、毁灭相关证据。

因抢救人员、防止事故扩大以及疏通交通等原因，需要移动事故现场物件的，应当做出标志，绘制现场简图并做出书面记录，妥善保存现场重要痕迹、物证。

3. 事故调查处理

事故调查处理应当坚持实事求是、尊重科学的原则，及时、准确地查清事故经过、事故原因和事故损失，查明事故性质，认定事故责任，总结事故教训，提出整改措施，并对事故责任者依法追究责任。

（1）事故调查

事故调查组有权向有关单位和个人了解与事故有关的情况，并要求其提供相关文件、资料，有关单位和个人不得拒绝。

事故发生单位的负责人和有关人员在事故调查期间不得擅离职守，并应当随时接受事故调查组的询问，如实提供有关情况。

事故调查报告应当包括下列内容：

1）事故发生单位概况；

2）事故发生经过和事故救援情况；

3）事故造成的人员伤亡和直接经济损失；

4）事故发生的原因和事故性质；

5）事故责任的认定以及对事故责任者的处理建议；

6）事故防范和整改措施。

事故调查报告应当附具有关证据材料。事故调查组成员应当在事故调查报告上签名。

（2）事故处理

有关机关应当按照人民政府的批复，依照法律、行政法规规定的权限和程序，对事故发生单位和有关人员进行行政处罚，对负有事故责任的国家工作人员进行处分。

事故发生单位应当按照负责事故调查的人民政府的批复，对本单位负有事故责任的人员进行处理。负有事故责任的人员涉嫌犯罪的，依法追究刑事责任。

4. 生产安全事故处理程序

（1）发生生产安全事故后，监理人员应立即向总监理工程师报告，总监理工程师应及时签发工程暂停令，并向建设单位及监理单位报告。

（2）要求施工单位及时启动生产安全应急救援预案，采取有效措施抢救伤员并保护事故现场，防止事故扩大。同时，要求施工单位立即按事故等级和报告程序向有关主管部门报告。

（3）项目监理机构如实整理与事故有关的安全生产管理的监理工作资料，并积极配合有关主管部门或事故调查组进行事故调查，客观地提供相应证据。

（4）有关主管部门或事故调查组进行事故调查，并提出事故处理方案或意见。

（5）施工单位按事故处理方案制定详细的实施方案，进行整改并自检合格。

（6）事故处理完后，具备复工条件时，施工单位向项目监理机构报送工程复工报审表及有关材料，总监理工程师审核并签署意见，报建设单位批准后，签发工程复工令。

（7）事故处理的相关技术资料归档保存。

生产安全事故的处理程序如图 8-3 所示。

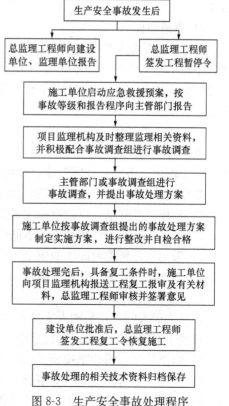

图 8-3　生产安全事故处理程序

第9章 设备采购与监造

项目监理机构应根据建设工程监理合同约定，配备监理人员，明确岗位职责，编制设备采购与设备监造工作计划，开展好设备采购与设备监造工作。

9.1 设备采购

1. 设备采购方式

设备采购方式有：招标、竞争性谈判、单一来源、询价等采购方式。我国在工程建设过程中主要的采购方式是招标采购。

（1）招标采购

招标采购包括公开招标和邀请招标两种采购方式。

1）公开招标

公开招标是指采购人以招标公告方式，邀请不特定的符合公开招标资格条件的法人或者其他组织参加投标，按照法律程序和招标文件公开的评标方法、标准选择供应单位的方式。

2）邀请招标

邀请招标是指采购人邀请符合资格条件的特定的法人或者其他组织参加投标，按照法律程序和招标文件公开的评标方法、标准选择供应单位的方式。邀请招标不需发布招标公告或招标资格预审文件，但应组织必要的资格审查，且参加投标的供应单位不应少于3家。

（2）竞争性谈判采购

竞争性谈判采购是指采购人通过与符合相应资格条件不少于3家的供应单位分别谈判，商定价格、条件和合同条款，最后从中确定成交供应单位的方式。

当出现下列情形之一时，采购人可以采用竞争性谈判方式进行采购。

1）招标后没有供应单位投标或者没有合格标的或者重新招标未能成立的。

2）技术复杂或者性质特殊，不能确定详细规格或者具体要求的。

3）采用招标所需时间不能满足用户紧急需要的。

4）不能事先计算出价格总额的。

（3）单一来源采购

单一来源采购是指采购人直接与唯一的供应单位进行谈判，签订合同的方式。

符合下列情形之一时，可以采用单一来源方式采购：

1）只能从唯一供应单位处采购的。

2）发生了不可预见的紧急情况不能从其他供应单位处采购的。

3）必须保证原有采购项目一致性或者服务配套的要求，需要继续从原供应单位处添购，且添购资金总额不超过原合同采购金额 10% 的。

（4）询价采购

询价采购是指采购人从符合相应资格条件的供应单位名单中确定不少于 3 家的供应单位，向其发出询价通知书让其报价，最后从中确定成交供应单位的方式。

采购的货物规格、标准统一，现货货源充足且价格变化幅度小的，可采用询价方式采购。

2. 设备采购主要内容

（1）项目监理机构应编制设备采购工作计划，并应协助建设单位编制设备采购方案。

（2）采用招标方式进行设备采购时，项目监理机构应协助建设单位按有关规定组织设备采购招标。采用其他方式进行设备采购时，项目监理机构应协助建设单位进行询价。

（3）项目监理机构应协助建设单位进行设备采购合同谈判，并应协助签订设备采购合同。

（4）设备采购文件资料应包括下列主要内容：

1）建设工程监理合同及设备采购合同。

2）设备采购招投标文件。

3）工程设计文件和图纸。

4）市场调查、考察报告。

5）设备采购方案。

6）设备采购工作总结。

3. 设备采购程序

设备采购应遵循下列程序：

（1）设备采购策划，编制设备采购计划。

（2）市场调查、选择合格的设备供应单位，建立名录。

（3）采用招标、询价或其他方式实施评审，确定设备供应单位。

（4）签订设备采购合同。

（5）运输、验收、交付采购设备。

（6）处置不合格品或不符合要求的设备。

（7）采购资料归档。

4. 设备采购过程控制

为实现设备采购目标，对设备采购过程应进行有效控制。主要控制重点：

（1）根据工程合同、设计文件、设备采购需求编制详细可行的设备采购计划。采购计划主要包括内容：采购范围和内容，采购数量、技术标准和质量要求，检验方式和标准，供应单位资格审查要求，采购控制目标及措施等。

（2）采购过程应按规定程序，依据工程合同需求采用招标、询价或其他方式，确定设备供应单位并保存评审记录。符合公开招标的采购过程应按相关要求进行控制。

（3）对特殊产品（特种设备、材料、制造周期长的大型设备、有毒有害产品）的供应单位应进行实地考察，并采取有效措施进行重点监控。实地考察应包括内容：生产供应能力；现场控制结果；相关风险评估。

（4）对承压产品、有毒有害产品、重要设备等特殊产品的采购，应要求供应单位提供有效的安全资质、生产许可证及其他相关要求的证明文件。

（5）协助签订设备采购合同，采购合同应明确双方责任、交付期限、质量标准、技术服务、风险，确保设备采购合同内容的合法性。

（6）采购的设备应经检验合格，满足设计及相关标准要求。进口设备验收应符合合同规定的质量标准，并按规定办理报关和商检手续。

9.2 设备监造

1. 设备监造主要内容

（1）项目监理机构应编制设备监造工作计划，并应协助建设单位编制设备监造方案。

（2）项目监理机构应检查设备制造单位的质量管理体系，并应审查设备制造单位报送的设备制造生产计划和工艺方案。

（3）项目监理机构应审查设备制造的检验计划和检验要求，并应确认各阶段的检验时间、内容、方法、标准，以及检测手段、检测设备和仪器。

（4）专业监理工程师应审查设备制造的原材料、外购配套件、元器件、标准件以及坯料的质量证明文件及检验报告，并应审查设备制造单位提交的报验资料，符合规定时应予以签认。

（5）项目监理机构应对设备制造过程进行监督和检查，对主要及关键零部件的制造工序应进行抽检。监督和检查应包括的主要内容：零部件制造是否按工艺规程的规定进行，零部件制造是否经检验合格后才转入下一道工序，主要及关键零部件的材质和加工工序是否符合设计图纸、工艺的规定，零部件制造的进度是否符合生产计划的要求。

（6）项目监理机构应要求设备制造单位按批准的检验计划和检验要求进行设备制造过程的检验工作，并应做好检验记录。项目监理机构应对检验结果进行审核，认为不符合质量要求时，应要求设备制造单位进行整改、返修或返工。当发生质量失控或重大质量事故时，应由总监理工程师签发暂停令，提出处理意见，并应及时报告建设单位。

总监理工程师签发暂停令时，应同时提出下列处理意见：

1）要求设备制造单位进行原因分析。

2）要求设备制造单位提出整改措施并进行整改。

3）确定复工条件。

（7）项目监理机构应检查和监督设备的装配过程。

（8）在设备制造过程中如需要对设备的原设计进行变更时，项目监理机构应审查设计变更，并应协调处理因变更引起的费用和工期调整，同时应报建设单位批准。

（9）项目监理机构应参加设备整机性能检测、调试和出厂验收，符合要求后应予以签认。

（10）在设备运往现场前，项目监理机构应检查设备制造单位对待运设备采取的防护和包装措施，并应检查是否符合运输、装卸、储存、安装的要求，以及随机文件、装箱单和附件是否齐全。

（11）设备运到现场后，项目监理机构应参加设备制造单位按合同约定与接收单位的交接工作。

（12）专业监理工程师应按设备制造合同的约定审查设备制造单位提交的付款申请，提出审查意见，并应由总监理工程师审核后签发支付证书。

（13）专业监理工程师应审查设备制造单位提出的索赔文件，提出意见后报总监理工程师，并应由总监理工程师与建设单位、设备制造单位协商一致后签署意见。

（14）专业监理工程师应审查设备制造单位报送的设备制造结算文件，提出审查意见，并应由总监理工程师签署意见后报建设单位。

2. 设备监造文件资料

设备监造文件资料应包括下列主要内容：

（1）建设工程监理合同及设备采购合同。

（2）设备监造工作计划。

（3）设备制造工艺方案报审资料。

（4）设备制造的检验计划和检验要求。

（5）分包单位资格报审资料。

（6）原材料、零配件的检验报告。

（7）工程暂停令、工程开工、复工报审资料。

（8）检验记录及试验报告。

（9）变更资料。

（10）会议纪要。

（11）来往函件。

（12）监理通知单与工作联系单。

（13）监理日志。

（14）监理月报。

（15）质量事故处理文件。

（16）索赔文件。

（17）设备验收文件。

（18）设备交接文件。

（19）支付证书和设备制造结算审核文件。

（20）设备监造工作总结。

第10章 建设工程勘察设计与保修

建设工程勘察设计与保修阶段服务是监理单位需要拓展的业务领域。监理单位应根据建设工程监理合同约定，开展相关服务工作，编制相关服务工作计划，并按规定汇总整理、分类归档相关服务工作的文件资料。

10.1 工程勘察阶段服务

1. 工程勘察

工程勘察是指勘察单位根据工程建设要求，通过技术手段查明、分析、评价工程建设场地的水文、地质、地理环境特征和岩土工程条件，编制建设工程勘察文件的活动。工程勘察是为工程进行场址选择、工程设计和施工提供可靠的依据。

2. 工程勘察各阶段主要任务

工程勘察是为工程设计所需的建设条件、设计参数而进行的，它贯穿设计的全过程。由于设计阶段不同，设计所需的条件、参数的深度也不相同，所以，国内一般都按不同的设计阶段，委托不同精度等级的勘察任务，以节省投资并保证设计工作的顺利进行。

工程勘察一般分为选址勘察、设计勘察和施工勘察阶段。各阶段主要任务如下：

（1）选址勘察

选址勘察又称可行性研究勘察，其目的是要通过搜集、分析已有资料，进行现场踏勘。必要时进行工程地质测绘和少量勘探工作，对拟选场址的稳定性和适宜性作出岩土工程评价，进行技术经济论证和方案比较，满足确定场地方案要求。

（2）设计勘察

设计勘察根据设计深度不同，可分为初步设计勘察和详细勘察。

1）初步设计勘察。是指在可行性研究勘察的基础上，对场地内建筑地段的稳定性作出岩土工程评价，并为确定建筑总平面布置、主要建筑物地基基础方案及对不良地质现象的防治工作方案进行论证，满足初步设计的要求。

初步设计勘察为初步设计提供依据。主要内容有：查明地层、构造、岩石和土壤的物理力学性质，地下水情况及冰冻程度；场地不良地质现象的成因、分布范围及对场址稳定性的影响及发展趋势；对设计烈度为7度或7度以上建筑，要测定场地和地基的地震效应。

2）详细勘察。详细勘察为施工图设计提供依据。主要内容有：查明建筑物范围内的地层结构、岩石和土壤的物理力学性质，并对地基的稳定性及承载力作出评价；提供不良地质现象及防治工程所需的计算指标和资料；查明地下水的埋藏条件和侵蚀性以及地层渗透性，水位变化幅度与规律；判定地基岩石、土壤和地下水对建筑物施工和使用的影响。

（3）施工勘察

施工勘察主要是针对工程地质条件复杂或有特殊施工要求的重要工程进行的。主要内容有：施工验槽；深基础施工勘察和桩应力测试；地基加固处理勘察和加固效果检验；施工完成后的沉陷监测及其他有关环境工程地质的监测工作。

3. 监理单位工作主要内容

（1）监理单位应协助建设单位编制工程勘察任务书和选择工程勘察单位，并应协助建设单位签订工程勘察合同。工程勘察任务书应包括以下主要内容：

1）工程勘察范围，包括：工程名称、工程性质、拟建地点、相关政府部门对工程的限制条件等；

2）建设工程目标和建设标准；

3）对工程勘察成果的要求，包括：提交内容、提交质量和深度要求、提交时间、提交方式等。

（2）监理单位应审查勘察单位提交的勘察方案，提出审查意见，并应报建设单位。变更勘察方案时，应按原程序重新审查。重点审查以下内容：

1）勘察技术方案中工作内容与勘察合同及设计要求是否相符，是否有漏项；

2）勘察点的布置是否合理，其数量、深度是否满足规范和设计要求；

3）各类相应的工程地质勘察手段、方法和程序是否合理，是否符合有关规范要求；

4）勘察重点是否符合勘察项目特点，技术与质量保证措施是否还需要细化，以确保勘察成果的有效性；

5）勘察方案中配备的勘察设备是否满足本工程勘察技术要求；

6）勘察单位现场勘察组织及人员安排是否合理，是否与勘察进度计划相匹配；

7）勘察进度计划是否满足工程总进度计划。

（3）监理单位应检查勘察现场及室内试验主要岗位操作人员的资格，以及所使用设备、仪器计量的检定情况。

1）主要岗位操作人员。现场及室内试验主要岗位操作人员是指钻探设备操作人员、记录人员和室内试验的数据签字和审核人员，这些人员应具有相应的上岗资格。

2）工程勘察设备、仪器。对于工程现场勘察所使用的设备、仪器，要求工程勘察单位做好设备、仪器计量使用及检定台账。监理单位不定期检查相应的检定证书，发现问题时，应要求勘察单位停止使用不符合要求的勘察设备、仪器，直至提供相关检定证书后方可继续使用。

（4）监理单位应检查勘察进度计划执行情况、督促勘察单位完成勘察合同约定的工作内容。

（5）监理单位应审核勘察单位提交的勘察费用支付申请，签发勘察费用支付证书，并应报建设单位。

（6）监理单位应检查勘察单位执行勘察方案的情况，对重要点位的勘探与测试应进行现场检查。重点检查以下内容：

1）工程地质勘察范围、内容是否准确、齐全；

2）钻探及原位测试等勘探点的数量、深度及勘探操作工艺、现场记录和勘探测试成果是否符合规范要求；

    3）水、土、石试样的数量和质量是否符合要求；

    4）取样、运输和保管方法是否得当；

    5）试验项目、试验方法和成果资料是否全面；

    6）物探方法的选择、操作过程和解释成果资料是否准确、完整；

    7）水文地质试验方法、试验过程及成果资料是否准确、完整；

    8）勘察单位操作是否符合有关安全操作规章制度；

    9）勘察单位内业是否符合规范要求。

（7）监理单位应审查勘察单位提交的勘察成果报告，并应向建设单位提交勘察成果评估报告，同时应参与勘察成果验收。勘察成果评估报告应包括下列内容：

    1）勘察工作概况。

    2）勘察报告编制深度、与勘察标准的符合情况。

    3）勘察任务书的完成情况。

    4）存在问题及建议。

    5）评估结论。

（8）监理单位应根据工程勘察合同，协调处理勘察延期、费用索赔等事宜。

（9）监理单位应按规定汇总整理、分类归档工程勘察阶段服务工作的文件资料。

10.2 工程设计阶段服务

1. 工程设计

工程设计是根据建设单位要求，对建设工程所需的技术、经济、资源、环境等条件进行综合分析、论证，编制建设工程设计文件的活动。也就是说，按照有关规定和标准要求，在规定的场地范围内，对拟建工程进行详细规划、布局，把可行性研究推荐的最佳方案具体化，形成图纸、文字，描绘工程实体。

工程设计是工程建设生命周期中的重要环节，是建设工程进行整体规划、体现具体实施意图的重要过程，是处理技术与经济关系的关键性环节，是确定与控制工程造价的重点阶段。

2. 工程设计各阶段主要任务

对不同行业、不同专业的建设工程，设计阶段划分是不同的，主要取决于工程规模、技术复杂程度以及是否具有设计经验等。

对民用建筑工程一般分为方案设计、初步设计和施工图设计阶段；对技术要求简单的民用建筑工程，经有关主管部门同意，并在合同中有约定不做初步设计的，可在方案设计审批后直接进入施工图设计。

对于工业、交通、能源等工程，一般分为初步设计和施工图设计阶段；对于重大工程，技术复杂、工艺特殊、设计又缺乏经验的，可根据各行业特点，增加技术设计阶段，或在初步设计基础上进行扩大初步设计，简称扩初设计。

通常工程设计各阶段主要任务可归纳如下：

（1）方案设计阶段

方案设计是解决工程总体布置和规划问题。主要任务是对工程进行总体规划、建筑设计（包括建筑艺术、造型）、街景布置、环境关系规划、交通组织、提出建筑模型和技术经济指标等。建设单位根据城市规划部门审批的方案设计文件，进行初步设计和施工图设计。

（2）初步设计阶段

初步设计是根据批准的可行性研究报告、设计合同，进行必要的工程勘察，取得可靠的设计资料，从技术和经济上对工程进行系统全面规划和设计，论证技术上的先进性、可能性和经济上的合理性，对投资概算、产出效益进行分析和财务评价，并编制初步设计文件。

初步设计阶段应确定：总体设计原则、功能和工程标准、设计方案、建设投资。应能满足编制投资和筹融资计划、签订工程施工合同、进行施工准备和生产准备、主要设备与材料采购等要求。

（3）技术设计阶段

技术设计是根据已批准的初步设计，对设计中比较复杂的项目、遗留问题或特殊需要，通过更详细的设计和计算，进一步研究和阐明其可靠性和合理性，准确地确定各主要技术问题。其任务主要是应能满足有关特殊工艺流程方面的试验、研究及确定，新型设备的试验、制作及确定，大型建筑物、构筑物等某些关键部位的试验研究及确定，以及某些技术复杂的问题研究及确定等要求。

（4）施工图设计阶段

施工图设计是根据批准的初步设计、技术设计，进行详细的设计计算，确定具体的定位、结构尺寸、构造分布与材料、质量标准、技术细节要求等，绘制出正确、完整和详尽的建筑结构与构造、安装图纸，并确定工程合理的使用年限。施工图设计应满足设备、材料的采购，各种非标设备和结构构件的加工制作，施工图预算编制，施工组织设计编制，并满足设备安装和土建工程的施工需要，工程计量和完工检验等要求。

3. 工程设计任务委托途径

工程设计任务委托有两种途径：设计招标和设计竞赛。

（1）设计招标

设计招标是指在工程实施过程中，建设单位委托招标代理机构以招标公告的方式，邀请不特定的符合公开招标资格条件的设计单位参加投标，按照法律程序和招标文件规定的评标方法、标准选择中标人，并将设计任务委托给中标人的招标方式。

（2）设计竞赛

虽然国内普遍采用设计招标的途径委托设计任务，但在国际上，设计任务的委托往往不采用招标方式，而是采用设计竞赛的方式。设计工作好坏的关键不是设计报价，而是设计本身的先进性、合理性、经济性，设计委托合同也不是承包合同，而是技术咨询合同。

设计竞赛是指建设单位组织设计竞赛，竞赛评审委员会对参赛的设计方案进行评审，从参赛的众多设计方案中评选出优胜的设计，建设单位可将设计任务委托给竞赛优胜者，也可以综合几个优胜设计，再行设计委托。建设单位还可根据需要，组织深化设计竞赛，不断地寻求设计优化的可能。

（3）设计竞赛与设计招标的区别

设计竞赛与设计招标的主要区别体现在下列几个方面：

1）设计竞赛只征集并优选设计方案，不关注设计本身的价格和设计工期等；而设计招标还包括了对设计费用、设计工期等的竞争。

2）设计竞赛评选的过程只是优选设计方案，不一定作为任务委托；而设计招标过程本身就决定了优胜者必然成为设计任务受委托人。

3）为保证设计竞赛能得到较高质量的设计方案，设计竞赛未中奖的，将得到一定的经济补偿；而设计招标未中标者，一般没有经济补偿。

4. 工程设计文件的评审

工程设计文件评审目的是控制设计成果质量，优化工程设计，提高效益。通常，设计评审包括设计方案评审、初步设计评审和施工图设计评审。

（1）设计方案评审

设计方案评审应结合投资概算进行，技术经济比较和多方案论证，确保工程质量、投资和进度目标的实现。主要评审内容如下：

1）总体方案评审。重点评审：设计依据、设计规模、产品方案、工艺流程、项目组成及布局、设备配套、占地面积、建筑面积、建筑造型、协作条件、环保设施、防震防灾、建设期限、投资概算等的可靠性、合理性、经济性、先进性和协调性。

2）专业设计方案评审。重点评审：专业设计方案的设计参数、设计标准、设备选型和结构造型、功能和使用价值等。

（2）初步设计成果评审

初步设计成果评审要依据工程设计委托任务和设计原则，逐条对照，侧重于工程项目所采用的技术方案是否符合总体方案要求，以及是否到达项目决策阶段确定的质量标准。重点评审：总平面布置是否充分考虑方向、风向、采光、通风等要素；设计方案是否全面，工艺流程、技术参数是否先进，经济评价是否合理。主要评审内容如下：

1）是否满足法律法规、技术标准和功能要求。

2）是否满足有关部门的审批意见和设计要求。

3）工艺流程、设备选型的适用性、先进性及经济合理性。

4）技术参数的先进合理性，与环境协调程度，对环境保护要求的满足情况。

5）设计深度是否满足施工图设计阶段的要求。

6）总平面布置是否充分考虑方向、风向、采光、通风等要素。

7）采用的新材料、新设备、新技术、新工艺是否安全适用、经济合理。

8）经济评价是否合理。

（3）技术设计成果评审

技术设计成果评审应侧重于技术方案的研究、选择。主要评审内容如下：

1）是否符合设计任务书和批准方案所确定的使用性质、规模、设计原则和审批意见，设计文件的深度是否达到要求。

2）有无违反人防、消防、节能、抗震及其他有关设计标准。

3）总体设计中所列项目有无漏项，各项技术经济指标是否符合有关规定，总体工程与城市规划红线、坐标、标高、市政管网等是否协调一致。

4）建筑物单体设计中各部分平面布置、空间布置和相互关系、交通路线等是否合理，建筑物通风采光、安全卫生、消防疏散、装修标准等是否恰当。

5）结构选型、结构布置是否合理，给水排水、热力、燃气、消防、空调、电力、通信、电视等系统设计标准是否恰当。

（4）施工图设计成果评审

施工图设计成果评审是设计阶段质量控制的重点。重点评审：使用功能是否满足质量目标和标准要求，设计文件是否齐全、完整，设计深度是否符合相关规定。

主要评审内容如下：

1）总体审核

首先，审核施工图纸的完整性和完备性，以及有关部门和各级人员的签字盖章。其次，审核工程施工设计总图和总目录。重点审核：工艺和总图布置的合理性，项目是否齐全，有无子项目缺漏，总图在平面和空间布置上是否有矛盾；是否有管线"打架"、工艺与各专业"相碰"，工艺流程及相互间距是否满足标准要求。

2）总说明审核

重点审核：所采用的设计依据、参数、标准是否满足质量要求，各项工程的做法是否合理，选用设备、材料等是否先进、合理，工程措施是否合适，采用的技术标准是否满足工程需要。

3）设计图纸审核

重点审核：设计图纸是否符合现行标准的要求；设计图纸是否符合现场和施工的实际条件，深度是否达到施工和安装的要求，是否达到工程质量的标准；对选型、选材、尺寸、关系、节点等图纸自身质量是否满足要求。

4）施工图预算和总投资预算审核

重点审核：预算编制是否符合预算编制要求，工程量计算是否正确，定额标准是否合理，各项收费是否符合规定，总投资预算是否在总概算控制范围内。

5）其他审核

重点审核：是否满足勘察提供的建设条件；外部水、电、气及交通运输条件是否满足；是否满足与当地政府签订的建设协议；是否满足建筑节能、环境保护等标准；是否满足施工和安全、卫生、劳动保护的要求。

5. 施工图审查机构审查的内容

根据《房屋建筑和市政基础设施工程施工图设计文件审查管理办法》（住房和城乡建设部令第 13 号）（2018 修正），建设单位应当将施工图报送施工图审查机构审查。施工图审查机构按照有关法律、法规，对施工图涉及公共利益、公众安全和工程建设强制性标准的内容进行审查。施工图审查机构对施工图审查的内容包括：

（1）是否符合工程建设强制性标准。

（2）地基基础和主体结构的安全性。

（3）消防安全性。

(4) 人防工程（不含人防指挥工程）防护安全性。

(5) 是否符合民用建筑节能强制性标准，对执行绿色建筑标准的项目，还应当审查是否符合绿色建筑标准。

(6) 勘察设计企业和注册执业人员以及相关人员是否按规定在施工图上加盖相应的图章和签字。

(7) 法律、法规、规章规定必须审查的其他内容。

《国务院办公厅关于全面开展工程建设项目审批制度改革的实施意见》（国办发〔2019〕11号），明确将消防、人防、技防等技术审查并入施工图设计文件审查，相关部门不再进行技术审查。因此，施工图审查的内容还应包括技防设计审查。

6. 工程限额设计

限额设计是设计阶段进行技术经济分析，实施工程造价控制的一项重要措施。

(1) 限额设计的基本内涵

限额设计就是按照可行性研究报告批准的投资限额进行初步设计、按照批准的初步设计概算进行施工图设计、按照施工图预算对施工图设计中各专业设计文件做出决策的设计工作程序。限额设计实际上是设计单位的工程技术人员和技术经济分析人员密切合作，做到技术与经济统一的过程。技术人员在设计时考虑经济支出，进行方案比较，优化设计；技术经济分析人员则及时进行工程造价计算，为技术人员提供经济信息，进行技术经济论证，从而达到密切配合、共同进行工程造价动态控制的目的。

(2) 限额设计的实施程序

限额设计的实施是工程造价目标的动态反馈和管理过程，可分为目标制定、目标分解、目标推进和成果评价等阶段。

1) 目标制定。包括工程造价目标、质量目标、进度目标。同时考虑安全生产及环境保护等因素。这些目标之间相互关联和制约，要通过分析与论证找到他们之间的最佳匹配，以实现总体目标的最优。

2) 目标分解。在设计任务书的框架内对工程造价目标进行分解，将上一步确定的造价目标细化。通过对工程进行综合分析与评价，将工程总投资限额分解到各单位工程、分部工程、分项工程，横向展开到边，纵向展开到底，重点突出，层次分明。然后，再将各细化的目标明确到相应的设计班组和个人，制定明确的目标控制计划。

3) 目标推进。包括限额初步设计、限额施工图设计两个阶段。限额初步设计应严格按照分配的造价控制目标进行方案的规划和设计，在此基础上由经济分析人员及时编制工程概算，并进行初步设计技术经济分析，直到满足限额要求后才可报批初步设计，作为修正设计及其概算的限额目标。设计单位将工程造价限额作为总目标分解到各个单位工程，继而分解为各专业设计的造价控制目标。

限额施工图设计也要按照各目标协调推进的原则进行。已批准的初步设计及工程概算，作为施工图设计造价的最高限额。单位工程施工图设计完成后，要编制施工图预算，判断是否满足单位工程造价的限额要求；由技术经济专业人员进行施工图设计的技术经济分析，做出是否需要修改的判断，以供设计决策者参考。

4) 目标成果评价。这是目标管理的总结阶段，通过评价，总结经验和教训，作为今后实施设计阶段工程造价控制的依据。

7. 监理单位工作主要内容

（1）监理单位应协助建设单位编制工程设计任务书和选择工程设计单位，并应协助建设单位签订工程设计合同。工程设计任务书应包括以下主要内容：

1）工程设计范围，包括：工程名称、工程性质、拟建地点、相关政府部门对工程的限制条件等；

2）建设工程目标和建设标准；

3）对工程设计成果的要求，包括：提交内容、提交质量和深度要求、提交时间、提交方式等。

（2）监理单位应依据设计合同约定及项目总体计划要求，审查各专业、各阶段设计进度计划。审查内容包括：

1）计划中各个节点是否存在漏项；

2）出图节点是否符合建设工程总体计划进度节点要求；

3）分析各阶段、各专业工种设计工作量和工作难度，并审查相应设计人员的配置安排是否合理；

4）各专业计划的衔接是否合理，是否满足工程需要。

（3）监理单位应检查设计进度计划执行情况，督促设计单位完成合同约定的工作内容。发现进度滞后时，应要求设计单位采取措施予以调整。

（4）监理单位应依据设计合同约定，检查设计单位标准化设计与限额设计的执行情况；鼓励设计人员，比选功能好、造价低、效益高、技术经济合理的设计方案。

（5）监理单位应审核设计单位提交的设计费用支付申请，签认设计费用支付证书，并应报建设单位。

（6）监理单位应审查设计单位提交的设计成果，并应提出评估报告。评估报告应包括下列主要内容：

1）设计工作概况。

2）设计深度、与设计标准的符合情况。

3）设计任务书的完成情况。

4）有关部门审查意见的落实情况。

5）存在的问题及建议。

（7）监理单位应审查设计单位提出的新材料、新工艺、新技术、新设备在相关部门的备案情况。必要时，应协助建设单位组织专家评审。

（8）监理单位应审查设计单位提出的设计概算、施工图预算，提出审查意见，并应报建设单位。设计概算和施工图预算的审查内容包括：

1）设计概算和施工图预算的编制依据是否准确；

2）设计概算和施工图预算内容是否充分反映自然条件、技术条件、经济条件，是否合理运用各种原始资料提供的数据，编制说明是否齐全等；

3）各类取费项目是否符合规定，是否符合工程实际，有无遗漏或在规定之外的取费；

4）工程量计算是否正确，有无漏算、重算和计算错误，对计算工程量中各种系数的

选用是否有合理的依据;

5)各分部分项套用定额单价是否正确,定额中参考价是否恰当。编制的补充定额,取值是否合理;

6)采用限额设计时,审查设计概算和施工图预算是否控制在规定的范围内。

(9)监理单位应分析可能发生索赔的原因,并应制定防范对策。防范对策包括:

1)协助建设单位编制符合工程特点及实际需求的设计任务书、设计合同等;

2)加强对设计方案和设计进度计划的审查;

3)协助建设单位及时提供设计工作必需的基础性文件;

4)保持与设计单位沟通,定期组织设计会议,及时解决设计单位提出的合理要求;

5)检查设计工作情况,发现问题及时处理,减少错误;

6)及时检查设计文件及设计成果,并报送建设单位;

7)严格按照变更流程,谨慎对待变更事宜,减少不必要的工程变更。

(10)监理单位应协助建设单位组织专家对设计成果进行评审。

(11)监理单位可协助建设单位向政府有关部门报审有关工程设计文件,并应根据审批意见,督促设计单位予以完善。

(12)监理单位应根据工程设计合同,协调处理设计延期、费用索赔等事宜。

(13)监理单位应按规定汇总整理、分类归档工程设计阶段服务工作的文件资料。

10.3 工程保修阶段服务

工程保修阶段服务工作期限,应在建设工程监理合同中明确。工程保修期限按国家有关法律法规确定。

1. 建筑工程质量保修期限

《建设工程质量管理条例》(国务院令第 279 号)第四十条规定,在正常使用条件下,建筑工程的最低保修期限为:

(1)基础设施工程、房屋建筑的地基基础工程和主体结构工程,为设计文件规定的该工程的合理使用年限。

(2)屋面防水工程、有防水要求的卫生间、房间和外墙面的防渗漏,为 5 年。

(3)供热与供冷系统,为 2 个供暖期、供冷期。

(4)电气管线、给排水管道、设备安装和装修工程,为 2 年。

其他项目的保修期限由建设单位与施工单位约定。

2. 监理单位工作主要内容

(1)承担工程保修阶段的服务工作时,监理单位应定期回访,征求建设单位或使用单位的意见,发现使用中存在的问题并做好回访记录。

(2)对建设单位或使用单位提出的工程质量缺陷,监理单位应安排监理人员进行检查和记录,并应向施工单位发出保修通知,要求施工单位予以修复,同时应监督实施,合格后应予以签认。

（3）监理单位应对工程质量缺陷原因进行调查、分析，并应与建设单位、施工单位协商确定责任归属。对非施工单位原因造成的工程质量缺陷，应核实施工单位申报的修复工程费用，并应签认工程款支付证书，同时应报建设单位。

核实施工单位申报的修复工程费用应注意以下内容：

1）修复工程费用核实应以各方确定的修复方案作为依据；

2）修复工程质量验收合格后，方可计取全部修复工程费用；

3）修复工程的建筑材料费、人工费，机械费等价格应按正常的市场价格计取，所发生材料、人工、机械台班数量一般按实结算，也可按相关定额或事先约定的方式结算。

（4）保修阶段服务工作结束前，监理单位应组织相关单位对工程进行全面检查，编制检查报告，同保修阶段服务工作总结一起报送建设单位。

第 11 章　全过程工程咨询

《国务院办公厅关于促进建筑业持续健康发展的意见》（国办发［2017］19 号），首次提出"培育全过程工程咨询"，并鼓励投资咨询、勘察、设计、监理、招标代理、造价等企业采取联合经营、并购重组等方式发展全过程工程咨询。这一提出在工程建设领域引起极大反响和广泛关注，也成为工程监理企业转型升级的重要发展方向。

11.1　全过程工程咨询的含义及特点

《国务院办公厅关于促进建筑业持续健康发展的意见》（国办发［2017］19 号），首次提出"培育全过程工程咨询"，有其鲜明的时代背景。首先，是为了完善工程建设组织模式，将我国工程咨询行业"碎片化"的现状整合为整体集成化咨询服务。其次，是为了适应投资咨询、工程设计、监理、造价咨询等工程咨询类企业转型升级、拓展业务领域的需求。第三，是为了加快与国际工程咨询服务方式接轨，培育具有国际竞争力的工程咨询服务企业，更好地"走出去"，服务于"一带一路"建设，同时也要考虑国内建筑市场进一步开放、更多国际企业进入国内市场带来的挑战。

1. 全过程工程咨询的含义

所谓全过程工程咨询，是指工程咨询方综合运用多学科知识、工程实践经验、现代科学技术和经济管理方法，采用多种服务方式组合，为委托方在项目投资决策、建设实施乃至运营维护阶段持续提供局部或整体解决方案的智力性服务活动。

需要说明的是：这里的"工程咨询方"，可以是具备相应资质和能力的一家咨询单位，也可以是多家咨询单位组成的联合体。"委托方"可以是投资方、建设单位，也可能是项目使用或运营单位。全过程工程咨询不仅强调投资决策、建设实施全过程，甚至可延伸至运营维护阶段；而且，强调技术、经济和管理相结合的综合性咨询。因此，要正确认识全过程工程咨询的内涵，避免从字面上简单地理解"全过程"。

根据《国家发展改革委　住房城乡建设部关于推进全过程工程咨询服务发展的指导意见》（发改投资规［2019］515 号），全过程工程咨询可分为投资决策综合性咨询和工程建设全过程咨询。其中，工程建设全过程咨询又可分为工程勘察设计咨询、工程招标采购咨询、工程监理与项目管理服务。

2. 全过程工程咨询的特点

与传统"碎片化"咨询相比，全过程工程咨询具有以下三大特点：

（1）咨询服务范围广。全过程工程咨询服务阶段覆盖项目投资决策、建设实施（勘察、设计、招标、施工）全过程集成化服务，有时还会包括运营维护阶段咨询服务。服务内容包含技术咨询和管理咨询，而不只是侧重于管理咨询。

（2）强调智力性策划。全过程工程咨询方要运用工程技术、经济学、管理学、法学等多学科的知识和经验，为委托方提供智力服务。如建设方案策划和比选、融资方案策划、招标方案策划、建设目标分析论证等。

（3）实施多阶段集成。全过程工程咨询服务不是将各个阶段简单相加，而是要通过多阶段集成化咨询服务，为委托方创造价值。全过程工程咨询要避免工程项目要素分阶段独立运作而出现漏洞和制约，要综合考虑项目质量、投资、工期、安全、环保等目标以及合同管理、资源管理、技术管理、风险管理、信息管理、沟通管理等要素之间的相互制约和影响关系，从技术经济角度实现综合集成。

11.2　全过程工程咨询相关规定

根据《国家发展改革委　住房城乡建设部关于推进全过程工程咨询服务发展的指导意见》（发改投资规〔2019〕515号），全过程工程咨询相关规定：

（1）投资决策综合性咨询服务

投资决策综合性咨询服务可由工程咨询方采取市场合作、委托专业服务等方式牵头提供，或由其会同具备相应资格的服务机构联合提供。牵头提供投资决策综合性咨询服务的机构，根据与委托方合同约定对服务成果承担总体责任；联合提供投资决策综合性咨询服务的，各合作方承担相应责任。鼓励纳入有关行业自律管理体系的工程咨询单位发挥投资机会研究、项目可行性研究等特长，开展综合性咨询服务。投资决策综合性咨询应充分发挥咨询工程师（投资）的作用，鼓励其作为综合性咨询项目负责人。

（2）工程建设全过程咨询服务

1）在房屋建筑、市政基础设施等工程建设中，鼓励建设单位委托咨询单位提供招标代理、勘察、设计、监理、造价、项目管理等全过程咨询服务，满足建设单位一体化服务需求，增强工程建设过程的协同性。

2）工程建设全过程咨询服务应由一家具有综合能力的咨询单位实施，也可由多家具有招标代理、勘察、设计、监理、造价、项目管理等不同能力的咨询单位联合实施。由多家咨询单位联合实施的，应当明确牵头单位及各单位的权利、义务和责任。

3）全过程咨询单位提供勘察、设计、监理或造价咨询服务时，应当具有与工程规模及委托内容相适应的资质条件。全过程咨询服务单位应当自行完成自有资质证书许可范围内的业务，在保证整个工程项目完整性的前提下，按照合同约定或经建设单位同意，可将自有资质证书许可范围外的咨询业务依法依规择优委托给具有相应资质或能力的单位，全过程咨询服务单位应对被委托单位的委托业务负总责。建设单位选择具有相应工程勘察、设计、监理或造价咨询资质的单位开展全过程咨询服务的，除法律法规另有规定外，可不再另行委托勘察、设计、监理或造价咨询单位。

4）工程建设全过程咨询项目负责人应当取得工程建设类注册执业资格且具有工程类、工程经济类高级职称，并具有类似工程经验。对于工程建设全过程咨询服务中承担工程勘察、设计、监理或造价咨询业务的负责人，应具有法律法规规定的相应执业资格。全过程咨询服务单位应根据项目管理需要配备具有相应执业能力的专业技术人员和管理人员。设计单位在民用建筑中实施全过程咨询的，要充分发挥建筑师的主导作用。

（3）全过程工程咨询服务酬金计取方式

建设单位应根据工程项目的规模和复杂程度，服务范围、内容和期限等与咨询单位确定服务酬金。全过程工程咨询服务酬金可在项目投资中列支，也可根据所包含的具体服务事项，通过项目投资中列支的投资咨询、招标代理、勘察、设计、监理、造价、项目管理等费用进行支付。全过程工程咨询服务酬金在项目投资中列支的，所对应的单项咨询服务费用不再列支。全过程工程咨询服务酬金可按各专项服务酬金叠加后再增加相应统筹管理费用计取，也可按人工成本加酬金方式计取。鼓励建设单位根据咨询服务节约的投资额对咨询单位予以奖励。

11.3　全过程工程咨询服务内容

根据《国家发展改革委 住房城乡建设部关于推进全过程工程咨询服务发展的指导意见》（发改投资规〔2019〕515号），全过程工程咨询服务内容包括投资决策综合性咨询和工程建设全过程咨询。具体服务内容应由委托合同约定。

1. 投资决策综合性咨询

在项目决策阶段，工程咨询方（综合性工程咨询单位）接受投资者委托，就投资项目的市场、技术、经济、生态环境、能源、资源、安全等影响可行性的要素，结合国家、地区、行业发展规划及相关重大专项建设规划、产业政策、技术标准及相关审批要求进行分析研究和论证，为投资者提供决策依据和建议。

（1）投资决策综合性咨询主要包括投资策划咨询、可行性研究、建设条件单项咨询等活动，以及在此基础上编制形成的，符合建设项目投资决策基本程序要求的申报材料，同时协助投资方按规定完成投资决策阶段各项审批、核准或备案事项。

（2）投资策划咨询重点应结合项目所在地的规划、产业政策、投资条件、市场状况等开展调研，提供投资机会研究成果，是可行性研究前的准备性调查研究。

（3）可行性研究是投资决策综合性咨询服务的核心内容，是政府投资项目审批决策的重要依据。重点分析项目的技术经济可行性、社会效益以及项目资金等主要建设条件的落实情况，提供多种建设方案比选，提出项目建设必要性、可行性和合理性的研究结论。纳入可行性研究的相关建设条件单项咨询，鼓励以可行性研究报告进行报批。

（4）建设条件单项咨询可包括但不限于：建设项目用地与选址规划、环境影响评价、节约能源分析、社会稳定风险评估、政府和社会资本合作（PPP）咨询等。鼓励将开工前必须完成的其他建设条件单项咨询主要内容纳入可行性研究统筹论证。

2. 工程建设全过程咨询

在工程建设实施阶段，工程咨询方（由一家具有相应资质条件的咨询企业或多家具有相应资质条件的咨询企业组成联合体）接受建设单位委托，可提供招标代理、工程勘察、设计、监理、造价、项目管理等全过程咨询服务，满足建设单位一体化服务需求，增强工程建设过程的协同性。具体服务内容为：

（1）招标代理：工程咨询方应按照相关法律法规要求，在合同委托权限范围内开展工程监理、施工、材料设备的招标采购代理活动。包括选择招标方式、编制和发布招标公告或发出投标邀请书、组织投标资格预审、编制招标文件、协助评标定标、协助签订合同文件等。

（2）工程勘察：工程咨询方应根据工程咨询合同约定，针对可行性研究勘察、初步勘察、详细勘察和施工勘察为委托方提供咨询服务。包括室外作业、室内试验分析和报告编制。工程咨询方应根据工程勘察任务书要求及工程勘察相关标准编制工程勘察报告。

（3）工程设计：工程咨询方应根据工程咨询合同约定，开展方案设计、初步设计和施工图设计工作。根据工程咨询合同及工程设计任务书要求，向委托方提交方案设计、初步设计和施工图设计的成果。

（4）工程监理：工程咨询方应根据工程咨询合同约定，开展工程监理服务。在施工阶段对建设工程质量、造价、进度进行控制，对合同、信息进行管理，对工程建设相关方的关系进行协调，并履行建设工程安全生产管理法定职责的服务活动。委托方需要委托施工项目管理时，宜委托工程咨询方提供工程监理与项目管理一体化服务。

（5）造价咨询：工程咨询方应根据工程咨询合同约定，为委托方提供造价咨询服务。投资决策阶段，编制或审核项目投资估算。设计阶段，编制或审核项目设计概算、施工图预算。承发包阶段，编制或审核工程量清单、标底或最高投标限价。施工阶段，进行工程计量和工程款支付审核等工作。

（6）项目管理：工程咨询方可根据工程咨询合同约定，开展项目管理服务活动。以合同管理为主线，信息管理为支撑，组织协调为手段，协助委托方管理工程项目目标，保证工程项目有序实施。对于依法必须实行监理的工程，宜委托工程咨询方提供工程监理与项目管理一体化服务。

（7）专项咨询服务包括但不限于：信息技术咨询、风险管理咨询、项目后评价咨询、建筑节能与绿色建筑咨询、工程保险咨询等。

11.4　全过程工程咨询管理组织

工程咨询方应根据全过程工程咨询服务内容和期限，结合工程特点、建设规模、复杂程度及环境因素等建立全过程工程咨询组织机构和工作制度，明确工作流程，设置全过程工程咨询项目总负责人，配备数量适宜、专业配套的专业咨询人员，行使全过程工程咨询职责，实行项目总负责人负责制。

（1）全过程工程咨询涉及工程勘察、设计、监理、造价咨询业务的，工程咨询方应分别委派具有相应职业资格和业务能力的专业人员担任工程勘察负责人、设计负责人、总监理工程师、造价咨询项目负责人。

（2）全过程工程咨询项目总负责人应履行下列职责：

1）组建工程咨询机构，明确岗位职责及人员分工。

2）组织编制咨询工作大纲，制定咨询工作制度，明确咨询工作流程。

3）根据咨询工作需要调配专业咨询人员，检查咨询人员工作。

4）协调咨询项目内外部相关方关系，调解相关争议，解决项目实施中出现的问题。

5）检查咨询工作进展情况，组织评价咨询工作绩效。

6）在授权范围内决定咨询任务分解、利益分配和资源使用。

7）审核工程咨询成果文件，签署相关咨询成果文件。

8）参与或配合工程质量安全事故的调查和处理。

9）定期向委托方报告工程项目进展情况。

（3）勘察项目负责人、设计项目负责人、总监理工程师、造价咨询项目负责人应根据工程勘察、设计、监理、造价咨询相关标准规定，分别履行其相应职责。

（4）咨询工作部门负责人应履行下列职责：

1）参与编制咨询工作大纲，组织编制本部门咨询工作计划。

2）根据咨询工作大纲、工作计划、相关标准及任务分配，组织实施咨询服务工作。

3）组织编制工程咨询成果文件，需要项目总负责人审核签认的，应报送其审核签字。

（5）工程咨询机构其他专业咨询人员根据岗位职责分工，履行其相应的职责。

需要说明的是：全过程工程咨询的核心是通过采用一系列工程技术、经济、管理方法和多阶段集成化服务，为委托方提供增值服务。工程咨询方要做好全过程工程咨询业务，还需在以下几个方面做出努力：

（1）创新工程咨询服务模式。工程咨询方可根据市场需求通过建立战略合作联盟，以联合体形式实现咨询业务的联合承揽，开展跨阶段咨询服务组合或同一阶段内不同类型咨询服务组合，为委托方提供多样化服务。

（2）加大人才培养力度。全过程工程咨询是高智力的知识密集型活动，需要工程技术、经济、管理、法律等多学科人才。工程咨询方要高度重视全过程工程咨询项目负责人及相关专业人才的培养，加强技术、经济、管理及法律等方面的知识培训，培养一批符合全过程工程咨询需求的综合型人才，为开展全过程工程咨询提供人才支撑。

（3）建立咨询服务管理体系及标准。建立自身的咨询服务技术标准、管理标准，不断完善质量管理体系、职业健康安全和环境管理体系，通过积累咨询服务实践经验，建立具有自身特色的咨询服务管理体系及标准，为全过程工程咨询标准化提供支撑。

（4）加强现代信息技术应用。全过程工程咨询是一种智力性服务，需要大量的知识和数据支撑。现代信息技术的快速发展和应用，为全过程工程咨询信息化提供技术支撑。工程咨询方要掌握先进、科学的工程咨询及项目管理技术和方法，综合应用大数据、物联网、地理信息系统（GIS）、3D打印、建筑信息建模（BIM）等技术，为委托方提供增值服务。

（5）加快与国际工程咨询服务方式接轨。要积极探索与国际著名工程顾问公司开展多种形式的合作，提高咨询业务水平，培育具有国际竞争力的工程咨询企业，更好地"走出去"，服务于"一带一路"建设，推进工程咨询行业高质量的发展。

第 12 章　建设工程总承包

《国务院办公厅关于促进建筑业持续健康发展的意见》（国办发〔2017〕19号），明确提出"加快推行工程总承包"。工程总承包模式是国际通行的建设项目组织实施方式之一。加快推行工程总承包，有利于缩短建设工期、降低建设成本，提升工程建设质量和效益。

12.1　工程总承包的含义及特点

1. 工程总承包的含义

在我国，工程总承包是指承包单位按照与建设单位签订的合同，对工程设计、采购、施工或者设计、施工等阶段实行总承包，并对工程的质量、安全、工期和造价等全面负责的工程建设组织实施方式。事实上，这里所说的设计、采购、施工（Engineering-Procurement-Construction，EPC）承包或者设计、施工（Design-Build，DB）承包，只是工程总承包的两种主要代表性模式，工程总承包还有多种不同模式。

需要说明的是：EPC（Engineering-Procurement-Construction）常被翻译为设计－采购－施工。但是，将"Engineering"一词简单地译为"设计"未必恰当。"Engineering"一词有着丰富含义。在 EPC 中，它不仅包括具体的设计工作（Design），而且包括整个建设工程的总体策划、组织管理策划和具体管理工作。因此，很难用一个简单的中文词来准确表达"Engineering"一词在这里的含义。

2. 工程总承包的特点

工程总承包模式具有以下特点：

（1）有利于缩短建设工期。采用工程总承包模式，工程设计、采购及施工任务均由总承包单位负责，可使工程设计、采购与施工各阶段的工作深度融合。有些采购和施工准备工作可与设计工作同时进行或搭接进行，从而可缩短建设工期。

（2）便于较早确定工程造价。采用工程总承包模式，建设单位与总承包单位之间通常签订总价合同。总承包单位负责工程总体控制，有利于减少工程设计变更，有利于将工程造价控制在预算范围内，也可减少建设单位工程造价的失控风险。

（3）有利于控制工程质量。在工程总承包模式下，总承包单位通常会将部分专业工程分包给其他承包单位。由于总承包单位与分包单位之间通过分包合同建立了责、权、利关系，这样就会在承包单位内部增加工程质量监控环节，工程质量既有分包单位的自控，又有总承包单位的监督管理。

（4）工程项目责任主体单一。由总承包单位负责工程设计和施工，主体责任明确，可减少工程实施中的争议和索赔发生。工程设计与施工责任主体合一，能够激励总承包单位更加注重提高工程项目整体质量和效益。

(5) 可减轻建设单位合同管理负担。采用工程总承包模式,与建设单位直接签订合同的参建方减少,合同结构简单,可大量减少建设单位协调工作量,合同管理工作量也大大减少。

但由于工程总承包单位的选择范围小,同时因工程总承包的责任重、风险大,为应对工程实施风险,总承包单位通常会提高报价,最终导致工程总承包合同价会较高。

12.2 工程总承包相关规定

根据《住房和城乡建设部 国家发展改革委关于印发房屋建筑和市政基础设施项目工程总承包管理办法的通知》(建市规 [2019] 12 号),工程总承包相关规定:

(1) 建设单位依法采用招标或者直接发包等方式选择工程总承包单位。工程总承包项目范围内的设计、采购或者施工中,有任一项属于依法必须进行招标的项目范围且达到国家规定规模标准的,应当采用招标的方式选择工程总承包单位。

(2) 建设单位应当在发包前完成项目审批、核准或者备案程序。采用工程总承包方式的企业投资项目,应当在核准或者备案后进行工程总承包项目发包。采用工程总承包方式的政府投资项目,原则上应当在初步设计审批完成后进行工程总承包项目发包;其中,按照国家有关规定简化报批文件和审批程序的政府投资项目,应当在完成相应的投资决策审批后进行工程总承包项目发包。

(3) 建设单位应当根据招标项目的特点和需要编制工程总承包项目招标文件,主要包括以下内容:

1) 投标人须知;

2) 评标办法和标准;

3) 拟签订合同的主要条款;

4) 发包人要求,列明项目的目标、范围、设计和其他技术标准,包括对项目的内容、范围、规模、标准、功能、质量、安全、节约能源、生态环境保护、工期、验收等的明确要求;

5) 建设单位提供的资料和条件,包括发包前完成的水文地质、工程地质、地形等勘察资料,以及可行性研究报告、方案设计文件或者初步设计文件等;

6) 投标文件格式;

7) 要求投标人提交的其他材料。

建设单位可以在招标文件中提出对履约担保的要求,依法要求投标文件载明拟分包的内容;对于设有最高投标限价的,应当明确最高投标限价或者最高投标限价的计算方法。

推荐使用由住房城乡建设部会同有关部门制定的工程总承包合同示范文本。

(4) 工程总承包单位应当同时具有与工程规模相适应的工程设计资质和施工资质,或者由具有相应资质的设计单位和施工单位组成联合体。工程总承包单位应当具有相应的项目管理体系和项目管理能力、财务和风险承担能力,以及与发包工程相类似的设计、施工或者工程总承包业绩。

设计单位和施工单位组成联合体的,应当根据项目的特点和复杂程度,合理确定牵头单位，并在联合体协议中明确联合体成员单位的责任和权利。联合体各方应当共同与建设单位签订工程总承包合同，就工程总承包项目承担连带责任。

（5）工程总承包单位不得是工程总承包项目的代建单位、项目管理单位、监理单位、造价咨询单位、招标代理单位。

政府投资项目的项目建议书、可行性研究报告、初步设计文件编制单位及其评估单位，一般不得成为该项目的工程总承包单位。政府投资项目招标人公开已经完成的项目建议书、可行性研究报告、初步设计文件的，上述单位可以参与该工程总承包项目的投标，经依法评标、定标，成为工程总承包单位。

（6）建设单位和工程总承包单位应当加强风险管理，合理分担风险。

建设单位承担的风险主要包括：

1）主要工程材料、设备、人工价格与招标时基期价相比，波动幅度超过合同约定幅度的部分；

2）因国家法律法规政策变化引起的合同价格的变化；

3）不可预见的地质条件造成的工程费用和工期的变化；

4）因建设单位原因产生的工程费用和工期的变化；

5）不可抗力造成的工程费用和工期的变化。

具体风险分担内容由双方在合同中约定。鼓励建设单位和工程总承包单位运用保险手段增强防范风险能力。

（7）企业投资项目的工程总承包宜采用总价合同，政府投资项目的工程总承包应当合理确定合同价格形式。采用总价合同的，除合同约定可以调整的情形外，合同总价一般不予调整。建设单位和工程总承包单位可以在合同中约定工程总承包计量规则和计价方法。依法必须进行招标的项目，合同价格应当在充分竞争的基础上合理确定。

（8）建设单位不得迫使工程总承包单位以低于成本的价格竞标，不得明示或者暗示工程总承包单位违反工程建设强制性标准、降低建设工程质量，不得明示或者暗示工程总承包单位使用不合格的建筑材料、建筑构配件和设备。

工程总承包单位应当对其承包的全部建设工程质量负责，分包单位对其分包工程的质量负责，分包不免除工程总承包单位对其承包的全部建设工程所负的质量责任。

工程总承包单位、工程总承包项目经理依法承担质量终身责任。

（9）建设单位不得对工程总承包单位提出不符合建设工程安全生产法律、法规和强制性标准规定的要求，不得明示或者暗示工程总承包单位购买、租赁、使用不符合安全施工要求的安全防护用具、机械设备、施工机具及配件、消防设施和器材。

工程总承包单位对承包范围内工程的安全生产负总责。分包单位应当服从工程总承包单位的安全生产管理，分包单位不服从管理导致生产安全事故的，由分包单位承担主要责任，分包不免除工程总承包单位的安全责任。

（10）建设单位不得设置不合理工期，不得任意压缩合理工期。工程总承包单位应当依据合同对工期全面负责，对项目总进度和各阶段的进度进行控制管理，确保工程按期竣工。

12.3　工程总承包管理内容

根据《建设项目工程总承包管理规范》GB/T 50358—2017,工程总承包管理内容包括项目设计、采购、施工、试运行管理以及质量管理、安全管理、工期管理、费用管理、风险管理、合同管理、资源管理和生态环境保护管理等。本节主要介绍项目设计管理、采购管理、施工管理的相关内容。

1. 项目设计管理

(1) 设计管理应由设计经理负责,并适时组建项目设计组。在项目实施过程中,设计经理应接受项目经理和工程总承包单位设计管理部门的管理。

(2) 设计执行计划

1) 设计执行计划应由设计经理或项目经理负责组织编制,经工程总承包单位有关职能部门评审后,由项目经理批准实施。

2) 设计执行计划宜包括下列主要内容:

① 设计依据;

② 设计范围;

③ 设计的原则和要求;

④ 组织机构及职责分工;

⑤ 适用的标准规范清单;

⑥ 质量保证程序和要求;

⑦ 进度计划和主要控制点;

⑧ 技术经济要求;

⑨ 安全、职业健康和环境保护要求;

⑩ 与采购、施工和试运行的接口关系及要求。

3) 设计执行计划应满足合同约定的质量目标和要求,同时应符合工程总承包单位的质量管理体系要求。

(3) 设计实施

1) 设计组应执行已批准的设计执行计划,满足计划控制目标的要求。

2) 设计经理应组织对设计基础数据和资料进行检查和验证。

3) 设计组应按项目设计评审程序和计划进行设计评审,并保存评审活动结果的证据。

4) 初步设计文件应满足主要设备、材料订货和编制施工图设计的需要;施工图设计文件应满足设备、材料采购,非标准设备制作和施工以及试运行的需要。

5) 设计选用的设备、材料,应在设计文件中注明其规格、型号、性能、数量等技术指标,其质量要求应符合合同要求和国家现行相关标准的有关规定。

(4) 设计控制

1) 设计经理应组织检查设计执行计划的执行情况,分析进度偏差,制定有效措施。设计进度的控制点应包括下列主要内容:

① 设计各专业间的条件关系及其进度;

② 初步设计完成和提交时间；

③ 关键设备和材料请购文件的提交时间；

④ 设计组收到设备、材料供应商最终技术资料的时间；

⑤ 进度关键线路上的设计文件提交时间；

⑥ 施工图设计完成和提交时间；

⑦ 设计工作结束时间。

2) 设计质量应按项目质量管理体系要求进行控制，制定控制措施。设计经理及各专业负责人应填写规定的质量记录，并向工程总承包单位职能部门反馈项目设计质量信息。设计质量控制点应包括下列主要内容：

① 设计人员资格的管理；

② 设计输入的控制；

③ 设计策划的控制；

④ 设计技术方案的评审；

⑤ 设计文件的校审与会签；

⑥ 设计输出的控制；

⑦ 设计确认的控制；

⑧ 设计变更的控制；

⑨ 设计技术支持和服务的控制。

3) 设计组应按设备、材料控制程序，统计设备、材料数量，并提出请购文件。请购文件应包括下列主要内容：

① 请购单；

② 设备材料规格书和数据表；

③ 设计图纸；

④ 适用的标准规范；

⑤ 其他有关的资料和文件。

(5) 设计经理及各专业负责人应根据项目文件管理规定，收集、整理设计图纸、资料和有关记录，组织编制项目设计文件总目录并存档。

2. 项目采购管理

(1) 项目采购管理应由采购经理负责，并适时组建项目采购组。在项目实施过程中，采购经理应接受项目经理和工程总承包单位采购管理部门的管理。

(2) 工程总承包单位宜对设备、材料供应商进行资格预审。

(3) 采购工作应按下列程序实施：

1) 根据项目采购策划，编制项目采购执行计划；

2) 采买（包括接收请购文件、确定采买方式、实施采买和签订采购合同）；

3) 对所订购的设备、材料及其图纸、资料进行催交；

4) 依据合同约定进行检验；

5) 运输与交付；

6) 仓库管理；

7）现场服务管理；

8）采购收尾。

（4）采购执行计划

1）采购执行计划应由采购经理负责组织编制，并经项目经理批准后实施。

2）采购执行计划应包括下列主要内容：

① 编制依据。

② 项目概况。

③ 采购原则包括标包划分策略及管理原则，技术、质量、安全、费用和进度控制原则，设备、材料分交原则等。

④ 采购工作范围和内容。

⑤ 采购岗位设置及其主要职责。

⑥ 采购进度的主要控制目标和要求，长周期设备和特殊材料专项采购执行计划。

⑦ 催交、检验、运输和材料控制计划。

⑧ 采购费用控制的主要目标、要求和措施。

⑨ 采购质量控制的主要目标、要求和措施。

⑩ 采购协调程序。

⑪特殊采购事项的处理原则。

⑫现场采购管理要求。

（5）采买

1）采买工作应包括接收请购文件、确定采买方式、实施采买和签订采购合同或订单等内容。

2）采购组应按批准的请购文件组织采买。

3）项目合格供应商应同时符合下列基本条件：

① 满足相应的资质要求；

② 有能力满足产品设计技术要求；

③ 有能力满足产品质量要求；

④ 符合质量、职业健康安全和环境管理体系要求；

⑤ 有良好的信誉和财务状况；

⑥ 有能力保证按合同要求准时交货；

⑦ 有良好的售后服务体系。

4）采买工程师应根据采购执行计划确定的采买方式实施采买。

5）根据工程总承包单位授权，可由项目经理或采购经理按规定与供应商签订采购合同或订单。采购合同或订单应完整、准确、严密、合法，宜包括下列主要内容：

① 采购合同或订单正文及其附件；

② 技术要求及其补充文件；

③ 报价文件；

④ 会议纪要；

⑤ 涉及商务和技术内容变更所形成的书面文件。

（6）催交与检验

1）采购经理应组织相关人员，根据设备、材料的重要性划分催交与检验等级，确定催交与检验方式和频度，制定催交与检验计划并组织实施。

2）催交方式应包括驻厂催交、办公室催交和会议催交等。

3）催交工作宜包括下列主要内容：

① 熟悉采购合同及附件；

② 根据设备、材料的催交等级，制定催交计划，明确检查内容和控制点；

③ 要求供应商按时提供制造进度计划，并定期提供进度报告；

④ 检查设备和材料制造、供应商提交图纸和资料的进度符合采购合同要求；

⑤ 督促供应商按计划提交有效的图纸和资料供设计审查和确认，并确保经确认的图纸、资料按时返回供应商；

⑥ 检查运输计划和货运文件的准备情况，催交合同约定的最终资料；

⑦ 按规定编制催交状态报告。

4）依据采购合同约定，采购组应按检验计划，组织具备相应资格的检验人员，根据设计文件和标准规范的要求确定其检验方式，并进行设备、材料制造过程中以及出厂前的检验。重要、关键设备应驻厂监造。

5）对于有特殊要求的设备、材料，可与有相应资格和能力的第三方检验单位签订检验合同，委托其进行检验。采购组检验人员应依据合同约定对第三方的检验工作实施监督和控制。合同有约定时，应安排项目发包人参加相关的检验。

6）检验人员应按规定编制驻厂监造及出厂检验报告。检验报告宜包括下列主要内容：

① 合同号、受检设备、材料的名称、规格和数量；

② 供应商的名称、检验场所和起止时间；

③ 各方参加人员；

④ 供应商使用的检验、测量和试验设备的控制状态并应附有关记录；

⑤ 检验记录；

⑥ 供应商出具的质量检验报告；

⑦ 检验结论。

（7）运输与交付

1）采购组应依据采购合同约定的交货条件制定设备、材料运输计划并实施。计划内容宜包括运输前的准备工作、运输时间、运输方式、运输路线、人员安排和费用计划等。

2）采购组应依据采购合同约定，对包装和运输过程进行监督管理。对超限和有特殊要求设备的运输，采购组应制定专项运输方案，可委托专门运输机构承担。

3）设备、材料运至指定地点后，接收人员应对照送货单清点、签收、注明设备和材料到货状态及其完整性，填写接收报告并归档。

（8）仓储管理工作应包括物资接收、保管、盘库和发放以及技术档案、单据、账目和仓储安全管理等。仓储管理应建立物资动态明细台账，所有物资应注明货位、档案编号和标识码等。仓储管理员应登账并定期核对，使账物相符。

3. 项目施工管理

（1）施工管理应由施工经理负责，并适时组建施工组。在项目实施过程中，施工经理应接受项目经理和工程总承包单位施工管理部门的管理。

（2）施工执行计划

1）施工执行计划应由施工经理负责组织编制，经项目经理批准后组织实施，并报项目发包人确认。

2）施工执行计划宜包括下列主要内容：

① 工程概况；

② 施工组织原则；

③ 施工质量计划；

④ 施工安全、职业健康和环境保护计划；

⑤ 施工进度计划；

⑥ 施工费用计划；

⑦ 施工技术管理计划，包括施工技术方案要求；

⑧ 资源供应计划；

⑨ 施工准备工作要求。

3）施工采用分包时，项目发包人应在施工执行计划中明确分包范围、项目发包人的责任和义务。

4）施工组应对施工执行计划实行目标跟踪和监督管理，对施工过程中发生的工程设计和施工方案重大变更，应履行审批程序。

（3）施工进度控制

1）施工组应根据施工执行计划组织编制施工进度计划，并组织实施和控制。

2）施工进度计划应包括施工总进度计划、单位工程进度计划。施工总进度计划应报项目发包人确认。

3）施工进度计划宜按下列程序编制：

① 收集编制依据资料；

② 确定进度控制目标；

③ 计算工程量；

④ 确定分部、分项、单位工程的施工期限；

⑤ 确定施工流程；

⑥ 形成施工进度计划；

⑦ 编写施工进度计划说明书。

4）施工组应检查施工进度计划中的关键路线、资源配置的执行情况，并提出施工进展报告。施工组宜采用赢得值等技术，测量施工进度，分析进度偏差，预测进度趋势，采取纠正措施。

（4）施工费用控制

1）施工组应根据项目施工执行计划，估算施工费用，确定施工费用控制基准。施工费用控制基准调整时，应按规定程序进行审批。

2）施工组宜采用赢得值等技术，测量施工费用，分析费用偏差，预测费用趋势，采取纠正措施。

3）施工组应依据施工分包合同、安全生产管理协议和施工进度计划制定施工分包费用支付计划和管理规定。

（5）施工质量控制

1）施工组应根据施工质量计划，明确施工质量标准和控制目标。

2）施工组应监督施工过程的质量，对特殊过程和关键工序进行识别与质量控制，并应保存质量记录。

3）施工组应对供货质量按规定进行复验并保存活动结果的证据。

4）施工组应对所需的施工机械、装备、设施、工具和器具的配置以及使用状态进行有效性和安全性检查，必要时进行试验。操作人员应持证上岗，按操作规程作业，并在使用中做好维护和保养。

5）施工组应组织对项目分包人的施工组织设计和专项施工方案进行审查。

6）施工组应按规定组织或参加工程质量验收。

（6）施工安全管理

1）项目部应建立项目安全生产责任制，明确各岗位人员的责任、责任范围和考核标准等。

2）施工组应根据项目安全管理实施计划进行施工阶段安全策划，编制施工安全计划，建立施工安全管理制度，明确安全职责，落实施工安全管理目标。

3）施工组应对施工各阶段、部位和场所的危险源进行识别和风险分析，制定应对措施，并对其实施管理和控制。

4）施工组应按安全检查制度组织现场安全检查，掌握安全信息，召开安全例会，发现和消除隐患。

5）施工组应建立并保存完整的施工记录。

6）项目部应依据分包合同和安全生产管理协议的约定，明确各自的安全生产管理职责和应采取的安全措施，并指定专职安全生产管理人员进行安全生产管理与协调。

（7）施工现场管理

1）项目部应建立和执行安全防范及治安管理制度、施工现场卫生防疫管理制度，落实防范范围和责任，检查报警和救护系统的适应性和有效性。

2）当施工现场发生安全事故时，应按国家现行有关规定处理。

12.4　工程总承包管理组织

根据《住房和城乡建设部　国家发展改革委关于印发房屋建筑和市政基础设施项目工程总承包管理办法的通知》（建市规〔2019〕12 号）及《建设项目工程总承包管理规范》GB/T 50358—2017，工程总承包单位应当建立与工程总承包相适应的项目管理组织机构和管理制度，设置项目经理，配备相应管理人员，行使项目管理职能，实行项目经理负责制。

1. 项目经理

工程总承包单位应在工程总承包合同生效后，任命项目经理，并由工程总承包单位法定代表人签发书面授权委托书。

(1) 工程总承包项目经理应当具备下列条件：

1) 取得相应工程建设类注册执业资格，包括注册建筑师、勘察设计注册工程师、注册建造师或者注册监理工程师等；未实施注册执业资格的，取得高级专业技术职称。

2) 担任过与拟建项目相类似的工程总承包项目经理、设计项目负责人、施工项目负责人或者项目总监理工程师。

3) 熟悉工程技术和工程总承包项目管理知识以及相关法律法规、标准规范。

4) 具有较强的组织协调能力和良好的职业道德。

工程总承包项目经理不得同时在两个或者两个以上工程项目担任工程总承包项目经理、施工项目负责人。

(2) 工程总承包项目经理应履行下列职责：

1) 执行工程总承包单位管理制度，维护企业合法权益。

2) 代表企业组织实施工程总承包项目管理，对实现合同约定的项目目标负责。

3) 完成项目管理目标责任书规定的任务。

4) 在授权范围内负责与项目干系人的协调，解决项目实施中出现的问题。

5) 对项目实施全过程进行策划、组织、协调和控制。

6) 负责组织项目的管理收尾和合同收尾工作。

2. 项目部

工程总承包单位承担建设项目工程总承包，宜采用矩阵式管理。项目部应由项目经理领导，并接受工程总承包单位职能部门指导、监督、检查和考核。

项目部应履行下列基本职能：

(1) 项目部应具有工程总承包项目组织实施和控制职能。

(2) 项目部应对项目质量、安全、费用、进度、职业健康和环境保护目标负责。

(3) 项目部应具有内外部沟通协调管理职能。

需要说明的是：工程总承包是国际通行的建设项目组织实施方式之一。工程总承包的核心是设计、采购、施工的深度融合，缩短建设工期，降低建设成本，提升建设质量。工程总承包企业要做好工程总承包业务，还需要在以下几个方面作出努力：

(1) 优化调整企业组织结构。工程总承包企业要根据工程总承包特点和需要，优化调整企业组织机构、部门职责和人员结构，形成集设计、采购和施工各阶段项目管理于一体，技术与管理密切结合，具有工程总承包能力的组织体系。

(2) 加大人才培养力度。工程总承包企业要高度重视工程总承包项目经理及从事项目设计管理、采购管理、施工管理、合同管理、质量安全管理、风险管理等方面的人才培养。加强项目管理知识培训，在工程总承包项目实践中锻炼人才、培育人才，为开展工程总承包提供人才支撑。

(3) 加强工程总承包管理体系建设。工程总承包企业要不断完善包括技术标准、管理标准、质量管理体系、职业健康安全和环境管理体系在内的工程总承包管理标准体系，为工程总承包标准化提供支撑。

(4) 加强现代信息技术应用。工程总承包企业要积极推广应用大数据、物联网、地理信息系统（GIS）、3D打印、建筑信息建模（BIM）等现代信息技术。搭建信息网络平台，应用先进实用的项目管理软件，完善相关数据库，为工程总承包信息化提供技术支撑。

（5）积极推广应用新型建造方式。新型建造方式是指在工程建设过程中，将现代信息技术与工程建造深度融合，以"绿色化"为目标，以"智能化"为技术手段，以"工业化"为生产方式，形成涵盖设计、生产加工、施工装配、运营等全产业链融合一体的智能建造产业体系，提升工程质量安全、效益和品质。工程总承包企业要以工程总承包为实施载体，积极推广应用新型建造方式，提高工程管理水平，培育具有国际竞争力的工程总承包企业，服务于"一带一路"建设，推进工程承包高质量发展。

第13章　建设工程开工准备

建设工程开工准备是项目监理机构开展监理工作的首要环节，只有做好了开工前的各项准备工作，才能保证建设工程的顺利实施。

13.1　设计交底与图纸会审

设计交底与图纸会审是工程开工前实施质量控制的一项重要工作。项目监理机构在收到施工图审查机构审查合格的施工图设计文件后，总监理工程师应及时组织监理人员熟悉和审查施工图设计文件。如发现施工图设计文件中存在不符合建设工程质量标准或发现施工图设计文件错误时，应通过建设单位向设计单位提出书面意见或建议。

一般情况下，设计交底与图纸会审会议合并召开，由建设单位主持，项目监理机构、设计单位、施工单位等相关人员参加。先由设计单位进行设计交底，后转入图纸会审问题解答，设计单位对图纸会审提出的问题逐条予以解答。

设计交底与图纸会审会议纪要，与会各方代表共同签认。

1. 设计交底

设计交底是指在施工图设计文件完成并经施工图审查机构审查合格后，设计单位按法律规定的义务就施工图设计文件的内容向建设单位、施工单位和项目监理机构做出详细说明。

设计交底的目的是帮助施工单位和项目监理机构正确贯彻设计意图，加深对施工图设计文件特点、难点、疑点的理解，掌握关键工程部位的质量要求，确保工程质量。

设计交底的主要内容一般包括：

施工图设计文件总体介绍，设计的意图说明；特殊的工艺要求，建筑、结构、工艺、设备等各专业在施工中的难点、疑点和容易发生的问题说明，以及对施工单位、项目监理机构、建设单位等就施工图设计文件提出的意见、建议或疑义逐条进行解释。

2. 图纸会审

图纸会审是指建设单位在收到施工图审查机构审查合格的施工图设计文件后，组织相关单位进行熟悉和审查施工图设计文件，及时发现施工图设计文件错误并进行修改的活动。

图纸会审的目的，一是使施工单位和各参建单位熟悉施工图设计文件，了解工程特点和设计意图，找出需要解决的技术难题，并制定解决方案；二是解决施工图设计文件中存在的问题，减少施工图设计文件中的差错，将施工图设计文件中的质量隐患消灭在萌芽之中。

图纸会审主要内容包括：

（1）审查施工图设计文件是否满足工程项目立项的功能、安全、经济适用的需求。

（2）施工图纸与说明是否齐全；设计深度是否满足指导施工及工程建设标准的要求，施工图设计文件中是否已注明工程的合理使用年限。

（3）设计地震烈度是否符合当地要求；技术措施及消防是否符合有关标准的要求。

（4）施工图纸中的平面位置、尺寸、标高等数据是否准确一致。各专业施工图纸在结构、管线、设备标注上有无矛盾或有无遗漏；各种管线走向是否合理，预埋件是否表示清楚。

（5）施工图纸中所用的材料、构配件和设备是否符合现行国家或行业标准的要求。

（6）工艺管道、电气线路、设备装置、运输道路与建筑物之间或相互间有无矛盾，布置是否合理。

（7）地基、建筑与结构是否存在容易导致质量、安全、造价增加等方面的问题。

3. 监理人员参加设计交底与图纸会审会议应熟悉的主要内容

（1）设计主导思想、设计构思、采用的设计规范、各专业设计说明等。

（2）施工图设计文件对主要工程材料、构配件和设备的要求，对所采用的新材料、新工艺、新技术、新设备的要求，对施工技术的要求以及涉及工程质量、施工安全应特别注意的事项等。

（3）设计单位对建设单位、施工单位和项目监理机构提出的意见和建议的答复。

13.2 施工组织设计审查

项目监理机构应依据工程勘察设计文件、施工合同、标准/规范等对施工组织设计进行认真审查，履行监理职责。（施工组织设计相关内容详见本书第23章）

1. 施工组织设计报审程序

（1）施工单位编制的施工组织设计经施工单位技术负责人审批签认后，与施工组织设计报审表一并报送项目监理机构。

（2）总监理工程师应及时组织专业监理工程师对施工单位报送的施工组织设计进行审查，需要修改的，由总监理工程师签发书面意见，退回施工单位修改后重新报审；符合要求的，由总监理工程师审核签认后报送建设单位。

（3）施工组织设计需要调整时，项目监理机构应按程序重新审查。

2. 施工组织设计审查基本内容

施工组织设计审查应包括的基本内容：

（1）编审程序应符合相关规定。

（2）施工进度、施工方案及工程质量保证措施应符合施工合同要求。

（3）资金、劳动力、材料、设备等资源供应计划应满足工程施工需要。

（4）安全技术措施应符合工程建设强制性标准。

（5）施工总平面布置应科学、合理。

13.3 分包单位资格审核

1. 分包单位资格报审程序

分包单位资格报审程序如图 13-1 所示。

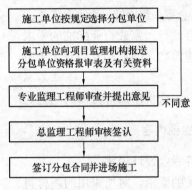

施工单位按规定选择分包单位

施工单位向项目监理机构报送
分包单位资格报审表及有关资料

专业监理工程师审查并提出意见 不同意

总监理工程师审核签认

签订分包合同并进场施工

图 13-1 分包单位资格报审程序

(1) 分包工程开工前，施工单位应将分包单位资格报审表及有关资料报送项目监理机构。

(2) 专业监理工程师对施工单位报送的分包单位资格有关资料进行审查并提出审查意见，符合要求后由总监理工程师审核签认。

2. 分包单位资格审核基本内容

分包单位资格审核应包括下列基本内容：
(1) 营业执照、企业资质等级证书。
(2) 安全生产许可文件。
(3) 类似工程业绩。
(4) 专职管理人员和特种作业人员的资格。

13.4 试验室检查

1. 试验室报审程序

(1) 施工单位应将为工程提供服务的试验室报审表及有关资料报送项目监理机构。为工程提供服务的试验室是指施工单位自有试验室或委托的试验室。

(2) 专业监理工程师对施工单位报送的试验室有关资料进行检查并提出意见。

2. 试验室检查内容

试验室检查应包括下列内容：
(1) 试验室的资质等级及试验范围。
(2) 法定计量部门对试验设备出具的计量检定证明。
(3) 试验室管理制度。
(4) 试验人员资格证书。

13.5 施工控制测量成果及保护措施检查复核

1. 施工控制测量成果报审程序

(1) 施工单位应将施工控制测量成果及保护措施报验表等有关资料报送项目监理机构。

（2）专业监理工程师检查、复核施工单位报送的施工控制测量成果及保护措施，并签署意见。

2. 施工控制测量成果及保护措施检查、复核的内容

施工控制测量成果及保护措施检查、复核应包括下列内容：
（1）施工单位测量人员的资格证书及测量设备检定证书。
（2）施工平面控制网、高程控制网和临时水准点的测量成果及控制桩的保护措施。

3. 施工测量放线成果查验

专业监理工程师应对施工单位在施工过程中报送的施工测量放线成果进行查验。

13.6　进场材料、构配件和设备的质量查验

项目监理机构应对进场工程材料、构配件和设备的质量进行查验，并按有关规定、建设工程监理合同约定，对进场工程材料进行见证取样或平行检验。

（1）项目监理机构应审查施工组织设计中材料、构配件和设备的采购及供应计划。对影响结构安全和重要使用功能的材料、构配件和设备，项目监理机构应审查生产、供应单位的产品质量保证能力，必要时可进行实地考察。

（2）项目监理机构应审查施工单位报送的材料、构配件和设备的质量证明文件（包括出厂合格证、质量检验报告、性能检测报告以及施工单位的质量抽检报告），并会同施工单位检查材料、构配件和设备的外观质量。

（3）施工单位报送的材料、构配件和设备的质量证明文件，不足以说明进场的材料、构配件和设备的质量合格时，项目监理机构应要求施工单位补充报送相关资料，并对材料、构配件和设备进行复检或见证取样检测，确认质量合格后方可用于工程。

（4）项目监理机构应按有关规定，对用于工程的材料进行见证取样，填写见证记录，并及时查询检测结果，发现检测结果不合格的应及时督促施工单位进行处理。

（5）项目监理机构应按有关规定、建设工程监理合同约定对用于工程的材料进行平行检验，并做好平行检验记录。

（6）项目监理机构应审查施工单位报送的新材料和新设备的质量认证材料、相关验收标准的适用性以及在相关部门的备案情况，必要时，应要求施工单位组织专题论证。

（7）凡检验不合格的材料、构配件和设备均不得用于工程。对已进场经检验不合格的材料、构配件和设备，项目监理机构应要求施工单位限期将其撤出施工现场，并进行见证和记录，留存相关影像资料。

（8）对进场的设备，项目监理机构应会同相关单位进行开箱检查，检查其是否符合设计文件和合同要求的厂家、型号、规格、数量、技术参数等；检查设备出厂合格证、质量检验证明、有关图纸、技术说明书、配件清单及技术资料等是否齐全，并做好检查记录。

（9）对进口的材料、构配件和设备，项目监理机构应要求施工单位报送进口商检证明文件和中文质量证明文件，会同相关单位按合同约定进行联合检查，并做好检查记录。

（10）由建设单位采购的设备，应由建设单位、施工单位和项目监理机构共同进行开

箱检查,并由三方在开箱检查记录上签署意见。

(11) 对重要设备或大型设备,项目监理机构应会同相关单位对其生产厂家的产品质量保证能力和生产能力进行实地考察;监理合同有约定的可按合同约定实行驻厂监理。设备进场时,项目监理机构应审查施工单位提交的设备验收方案,验收方案包括验收方法、质量标准和验收依据。

(12) 对工地交货的大型设备,项目监理机构应在生产单位组装、调整、检测和自检合格的基础上,组织相关单位按合同和设计要求进行设备验收并签署验收意见。

13.7 工程开工条件审查

工程开工条件审查,是项目监理机构的一项重要工作。只有做好了工程开工前的各项准备工作,才能保证工程的顺利实施。

1. 工程开工条件报审程序

(1) 施工单位应将工程开工报审表及有关资料报送项目监理机构。

(2) 专业监理工程师对施工单位报送的工程开工资料进行审查,满足工程开工应具备的条件时,应由总监理工程师签署审核意见,并应报建设单位批准后,总监理工程师签发工程开工令。

2. 工程开工具备的条件

工程开工具备的条件应包括下列内容:

(1) 设计交底和图纸会审已完成。

(2) 施工组织设计已由总监理工程师签认。

(3) 施工单位现场质量、安全生产管理体系已建立,管理及施工人员已到位,施工机械具备使用条件,主要工程材料已落实。

(4) 进场道路及水、电、通信等已满足开工要求。

3. 施工工期计算

施工工期自总监理工程师发出的工程开工令中载明的工程开工日期起计算。施工单位应在工程开工日期后尽快施工。

第14章　建设工程监理规划

建设工程监理规划是项目监理机构全面开展监理工作的指导性文件。项目监理机构应结合工程实际情况编制监理规划，明确监理工作目标，确定监理工作内容、工作制度、工作流程、工作方法和措施。

14.1　监理规划编制要求

（1）监理规划可在签订建设工程监理合同及收到工程设计文件后，由总监理工程师组织编制，并应在召开第一次工地会议前报送建设单位。

（2）总监理工程师应组织专业监理工程师熟悉合同文件、设计文件及相关资料。针对工程实际情况，确定监理规划编写内容、深度，明确分工及编写要求。

（3）对影响工程质量、造价、进度的主要因素进行分析，并采取有效措施，确保工程质量、造价、进度控制目标的实现。

（4）编制过程中，总监理工程师应及时检查编写的质量和进度。汇总成册时，应注意各专业之间的接口，使监理规划内容完整，具有针对性和可实施性。

（5）对专业性较强、危险性较大的分部分项工程，应制定监理实施细则编制计划。

（6）在实施工程监理过程中，实际情况或条件发生变化需要调整监理规划时，总监理工程师组织专业监理工程师按原编审程序进行调整并报建设单位。

（7）监理规划由总监理工程师签字，监理单位技术负责人审批，并加盖监理单位公章。

（8）监理规划一式三份，项目监理机构、监理单位、建设单位各一份。

14.2　监理规划编制依据

（1）工程建设法律法规。

（2）工程建设相关标准。

（3）工程勘察设计文件。

（4）工程监理合同及其他合同文件。

（5）其他文件资料。

14.3　监理规划编审程序

1. 总监理工程师组织专业监理工程师编制

监理规划可在签订监理合同及收到工程设计文件后，由总监理工程师组织专业监理工程师编制；专业监理工程师应熟悉相关资料，按要求进行编写。

2. 总监理工程师签字后由监理单位技术负责人审批

监理规划编写完成后，由总监理工程师签字；监理单位技术负责人审批签字，并加盖监理单位公章。

14.4 监理规划主要内容

监理规划应包括下列主要内容：

(1) 工程概况。
(2) 监理工作的范围、内容和目标。
(3) 监理工作依据。
(4) 监理组织形式、人员配备及进退场计划、监理人员岗位职责。
(5) 监理工作制度。
(6) 工程质量控制。
(7) 工程造价控制。
(8) 工程进度控制。
(9) 安全生产管理的监理工作。
(10) 合同与信息管理。
(11) 组织协调。
(12) 监理工作设施。
(13) 监理实施细则编制计划。

14.5 监理规划审核

监理规划编写完后，通常应由监理单位技术部门进行审核。监理规划审核应包括下列主要内容：

1. 监理工作范围、内容及监理目标的审核

依据监理招标文件和建设工程监理合同，审核是否理解建设单位的工程建设意图，监理工作范围、监理工作内容是否已包括全部委托的工作任务，监理目标是否与建设工程监理合同要求和建设意图相一致。

2. 项目监理机构的审核

项目监理机构组织形式、管理模式等是否合理，是否已结合工程特点，是否能够与建设单位、施工单位的组织关系相协调。派驻现场监理人员的专业、数量是否满足监理工作要求，高、中级职称和年龄结构是否合理。是否有操作性较强的现场监理人员及进退场计划表，现场监理人员及进退场计划是否能按计划执行。

3. 工程质量、造价、进度控制方法的审核

对三大目标控制方法和措施应重点审核，如何应用组织、技术、经济、合同措施保证监理目标的实现，控制方法是否合理、有效，措施是否具有针对性和可操作性。

4. 安全生产管理监理工作内容的审核

主要审核安全生产管理的监理工作内容是否明确；是否建立了施工组织设计、专项施工方案的审查制度；是否建立了施工现场安全隐患巡视检查制度；是否建立了安全生产管理状况的监理报告制度；是否制定了危大工程监理实施细则编制计划等。

5. 监理工作制度的审核

主要审核项目监理机构工作制度是否健全、有效，监理工作制度是否能有效保证监理工作的实施。

14.6　监理规划（示例）

北京××工程

监 理 规 划

项目监理合同号：××××

公司技术负责人： _____

总监理工程师： _____

编 制 人： _____

北京××监理公司（盖章）

（北京××工程项目监理机构）

××××年××月编制

目　　录

1. 工程概况
1.1 工程基本情况
工程基本情况见表 14-1。

工程基本情况 表 14-1

工程名称	北京××工程				
工程地点	北京市海淀区西三环北路×号				
建设单位	北京××房地产开发公司				
计划开工日期	××××年××月××日		实际开工日期	××××年××月××日	
计划竣工日期	××××年××月××日		总工期(天)	×××	
质量等级	合格	合同价款	××××万元	建筑面积(m²)	××××
总高度(m)	××	总层数	××	地上层数	××
地下层数	×	结构类型	框架-剪力墙	抗震设防烈度	×

1.2 工程地质与环境情况
场地土及承载力、地下水情况,场地周边交通情况和场区水、电、气、通信等情况。

1.3 建筑与结构工程特点
(1)建筑特点

工程为××楼、设计使用年限、防火等级、人防等级、主要使用功能、屋面作法、外装修(含保温)做法、±0.000 高程和室内外高差等。

(2)结构工程特点

基础形式、埋置深度、底板厚度、主体结构形式及特点、混凝土强度等级、钢筋种类、抗震设防烈度等。

1.4 建筑电气工程特点
变配电室、供电干线、电气照明和防雷及接地装置等。

1.5 建筑给水排水及供暖工程特点
室内给水与排水系统、室内采暖系统、室外给水与排水管网等。

1.6 通风与空调工程特点
送风与排风系统、防排烟系统、空调(冷热)水系统、水源热泵换热系统等。

1.7 智能建筑工程特点
信息网络系统、综合布线系统、建筑设备监控系统、火灾自动报警系统等。

1.8 建筑节能工程特点
围护结构节能、供暖空调节能、配电照明节能和监测控制节能等。

1.9 电梯工程特点
电梯类型、台数和规格等。

2. 工程参建单位
工程参建单位见表 14-2。

工程参建单位			表 14-2
参建单位	单位名称	联系人	联系方式
建设单位	北京××房地产开发公司	×××	×××
勘察单位	北京××勘察设计院	×××	×××
设计单位	北京××设计研究院	×××	×××
监理单位	北京××监理公司	×××	×××
施工单位	北京××建筑工程公司	×××	×××
……	……	……	……

3. 监理工作范围和内容

3.1　监理工作范围

根据建设工程监理合同约定，监理工作范围为施工阶段工程监理及保修阶段监理服务。包括建筑红线内的地基与基础，主体结构，建筑装饰装修，屋面，建筑给水排水及供暖，通风与空调，建筑电气，智能建筑，建筑节能，电梯等工程以及室外工程。（具体应根据建设工程监理合同约定的监理工作范围编写）

3.2　监理工作内容

根据建设工程监理合同约定，监理工作内容为工程质量控制、造价控制、进度控制、合同管理、信息管理、组织协调以及履行建设工程安全生产管理的法定职责。

根据建设工程监理合同约定细化监理工作内容。（具体工作内容参见本书第 1 章）。

4. 监理工作目标

监理工作目标通常以建设工程质量、造价、进度三大目标的控制值来表示。在实际工作中，应对工程质量、造价、进度目标进行分解，运用动态控制原理对分解的目标进行跟踪检查，将实际值与计划值进行比较、分析和预测。发现偏差时，及时采取组织、技术、经济和合同措施进行纠偏，以保证工程质量、造价、进度目标的实现。

4.1　质量目标

工程质量必须符合设计图纸和施工质量验收标准，达到施工合同约定的质量合格标准，并实现施工合同约定的质量创优目标。

项目监理机构以施工合同约定的质量合格目标、施工单位投标时承诺争创省（部）级工程奖项"国家优质工程奖项"目标，制定各分部工程质量目标。各分部工程质量目标如表 14-3 所示。

各分部工程质量目标		表 14-3
序号	分部工程	质量目标
1	地基与基础	合格，符合相关验收标准要求
2	主体结构	合格，符合相关验收标准要求
3	建筑装饰装修	合格，符合相关验收标准要求
4	屋面工程	合格，符合相关验收标准要求
5	建筑给水排水及供暖	合格，符合相关验收标准要求
6	通风与空调	合格，符合相关验收标准要求

续表

序号	分部工程	质量目标
7	建筑电气	合格，符合相关验收标准要求
8	智能建筑	合格，符合相关验收标准要求
9	建筑节能	合格，符合相关验收标准要求
10	电梯	合格，符合相关验收标准要求

注：分部工程划分，是以建筑工程为例。对于其他类型工程（如：设备安装工程、市政工程等），应根据工程特点和相关标准要求进行划分。

4.2 造价目标

依据施工合同约定的合同价款，即×××××万元为工程造价目标。工程造价目标分解如表14-4所示。

工程造价目标分解   表14-4

序号	项目名称	金额(万元)
1	地基与基础工程	×××
2	主体结构工程	×××
3	建筑装饰装修工程	×××
4	设备安装工程	×××
5	室外工程	×××
6	......	......

4.3 工期目标

依据施工合同约定的工期，本工程于××××年××月××日开工，××××年××月××日竣工，工期为×××天。阶段性里程碑进度目标如表14-5所示。

阶段性里程碑进度目标   表14-5

序号	部位名称	进度目标(开始时间～完成时间)	工期(天)
1	土方开挖及基坑支护工程	××××年××月××日～××××年××月××日	×××
2	基础工程	××××年××月××日～××××年××月××日	×××
3	主体结构	××××年××月××日～××××年××月××日	×××
4	二次结构围护	××××年××月××日～××××年××月××日	×××
5	屋面工程	××××年××月××日～××××年××月××日	×××
6	建筑装饰装修	××××年××月××日～××××年××月××日	×××
7	设备安装工程	××××年××月××日～××××年××月××日	×××
8	竣工验收	××××年××月××日～××××年××月××日	××
9	......	......	......

5. 监理工作依据与总程序

5.1 监理工作依据

（1）工程建设法律法规。如《建设工程质量管理条例》……

（2）工程建设相关标准/规范，如表14-6所示。

施工质量验收标准/规范　　　　　　　　　　　　表 14-6

序号	标准/规范名称	标准编号	备注
1	建筑工程施工质量验收统一标准	GB 50300—××××	
2	建筑地基基础工程施工质量验收标准	GB 50202—××××	
3	砌体结构工程施工质量验收规范	GB 50203—××××	
4	混凝土结构工程施工质量验收规范	GB 50204—××××	
5	钢结构工程施工质量验收标准	GB 50205—××××	
6	木结构工程施工质量验收规范	GB 50206—××××	
7	屋面工程质量验收规范	GB 50207—××××	
8	地下防水工程质量验收规范	GB 50208—××××	
9	建筑地面工程施工质量验收规范	GB 50209—××××	
10	建筑装饰装修工程质量验收标准	GB 50210—××××	
11	建筑给水排水及采暖工程质量验收规范	GB 50242—××××	
12	通风与空调工程施工质量验收规范	GB 50243—××××	
13	建筑电气工程施工质量验收规范	GB 50303—××××	
14	电梯工程施工质量验收规范	GB 50310—××××	
15	建筑节能工程施工质量验收标准	GB 50411—××××	
16	智能建筑工程质量验收规范	GB 50339—××××	
17	……	……	

注：施工质量验收标准/规范应采用与本工程相关的现行有效版本。

（3）工程勘察设计文件。

（4）工程监理合同及其他合同文件。

（5）其他文件资料。

5.2　监理工作总程序

（参见本书第 1 章内容）

6. 项目监理机构

6.1　组织结构形式

项目监理机构组织结构形式可用项目组织结构图来表示。（参见本书第 2 章内容）

6.2　监理人员配备及进退场计划

监理人员配备及进退场计划，如表 14-7 所示。（监理人员配备应尽量与监理投标文件的人员保持一致，并详细注明职称、专业等，对某些兼职人员，要说明参加本工程监理的具体时间，以便核查）

监理人员配备及进退场计划　　　　　　　　　　表 14-7

序号	姓名	性别	年龄	专业	岗位	职称	资格	进退场计划
1	李××	男	49	土建	总监理工程师	高级	注册监理工程师	××××年××月××日进驻现场，常驻

续表

序号	姓名	性别	年龄	专业	岗位	职称	资格	进退场计划
2	刘××	男	38	土建	总监理工程师代表	高级	注册监理工程师	××××年××月××日进驻现场,常驻
3	张××	男	53	土建	专业工程师	中级	监理培训合格	××××年××月××日进驻现场,常驻
4	李××	男	48	水暖	专业工程师	中级	监理培训合格	××××年××月××日进驻现场,常驻
5	姜××	男	50	电气	专业工程师	高级	监理培训合格	××××年××月××日进驻现场,常驻
6	冯××	女	36	造价	专业工程师	中级	注册造价工程师	××××年××月××日进驻现场,常驻
7	刘××	女	32	合同	专业工程师	中级	注册监理工程师	××××年××月××日进驻现场,常驻
8	左××	男	48	安全	专业工程师	中级	监理培训合格	××××年××月××日进驻现场,常驻
9	冯××	女	27	资料	监理员	初级	监理培训合格	××××年××月××日进驻现场,常驻
10	……	……	……	……	……	……	……	……

项目监理机构人员于××××年××月××日,按表14-7进驻施工现场,开展监理工作。

6.3 监理人员岗位职责

根据《建设工程监理规范》GB/T 50319—2013 规定,监理人员应履行的岗位职责:(可参见本书第 2 章内容)

(1) 总监理工程师职责。

(2) 总监理工程师代表职责。

(3) 专业监理工程师职责。

(4) 监理员职责。

7. 监理工作制度

为全面履行监理职责,确保建设工程监理服务质量,根据工程特点和监理工作重点应制定监理工作制度。(参见本书第 2 章内容)

8. 监理工作主要方法

(参见本书第 3 章内容)

9. 工程质量控制

工程质量控制重点在于预防,即在既定目标前提下,项目监理机构遵循质量控制基本原理,坚持预防为主的原则,制定监理工作制度,实施有效监理措施,通过审查、巡视、旁站、验收、见证取样和平行检验等方法对工程质量实施控制。(参见本书第 5 章内容)

9.1 质量控制原则

(1) 以工程建设相关法律法规和标准/规范、勘察设计文件及合同为依据,督促施工单位全面实现施工合同约定的质量目标。

（2）以质量预控为重点，对影响工程质量的人、机、料、法、环等因素进行全面质量控制。

（3）工程采用的材料、构配件和设备进场应按规定进行检验，不合格的工程材料、构配件和设备不得在工程中使用。

（4）每道施工工序完成后，应经施工单位自检合格后，才能进行下道工序施工。

9.2　质量控制目标风险分析

简要描述工程质量控制目标风险分析，并提出防范性对策。针对影响工程质量的主要因素（人、机、料、法、环等）进行风险分析，采取有效措施，确保实现质量控制目标。

9.3　质量控制主要内容

9.4　质量控制程序

（1）工程材料、构配件和设备质量控制程序。

（2）检验批、分项工程验收、分部工程验收程序。

（3）单位工程验收程序。

9.5　质量控制方法与措施

9.6　旁站方案

旁站方案内容包括：旁站范围及内容、旁站工作要求和旁站人员主要职责等。（可参见本书第 3 章内容）

（1）旁站范围及内容。

（2）旁站工作要求。

（3）旁站人员主要职责。

9.7　质量缺陷与质量事故处理

（1）质量缺陷处理。

（2）质量事故处理。

10.　工程造价控制

项目监理机构依据工程施工合同约定的合同价款、单价、工程量计算规则和工程款支付方法，运用动态控制原理，采取有效措施，通过跟踪检查、分析比较、纠偏，控制工程变更，进行工程计量和付款签证等，对工程造价实施动态控制。（参见本书第 6 章内容）

10.1　造价控制原则

（1）按照动态控制原理，对工程造价进行主动控制。

（2）严格执行施工合同约定的合同价款、单价、工程量计算规则和工程款支付方法。

（3）坚持对报验资料不全、与合同约定不符、未经项目监理机构质量验收合格、未按设计文件要求完成的工程均不予计量，并拒绝签署该部分工程款的支付申请。

（4）公平处理由于工程变更及索赔引起的费用调整。

（5）对有争议的工程计量和工程款支付，应采取协商的方法确定，在协商无效时，由总监理工程师做出决定。若仍有争议，可执行合同争议调解程序。

10.2　造价控制目标风险分析

简要描述造价控制目标风险分析，并提出防范性对策。针对影响工程造价的主要因素（工程变更、材料市场价格变化等）进行风险分析，采取有效措施，确保实现造价控制目标。

10.3 造价控制主要内容

10.4 造价控制程序

(1) 工程造价控制程序。

(2) 工程款支付程序。

(3) 工程竣工结算款支付程序。

10.5 造价控制方法与措施

11. 工程进度控制

项目监理机构根据工程施工合同约定的工期目标，运用动态控制原理，采取有效措施，通过跟踪检查、分析比较和调整等方法，对工程施工进度实施动态控制。(参见本书第 7 章内容)

11.1 进度控制原则

(1) 按照动态控制原理，对工程进度进行主动控制。

(2) 根据施工合同约定的施工总工期，确定阶段性里程碑进度控制目标。

(3) 在确保工程质量和安全并符合造价控制的原则下，实施进度控制。

11.2 进度控制目标风险分析

简要描述进度控制目标风险分析，并提出防范性对策。针对影响工程进度的因素进行风险分析，采取有效措施，确保实现进度控制目标。

11.3 进度控制主要内容

11.4 进度控制程序

11.5 进度控制方法与措施

12. 安全生产管理的监理工作

项目监理机构应根据工程建设有关法律法规、工程建设强制性标准，履行建设工程安全生产管理的监理职责。根据工程实际情况，重点审查施工组织设计中涉及安全技术措施以及专项施工方案，加大对施工现场安全事故隐患巡视检查力度，发现问题及时处理，预防和避免施工安全事故的发生。(参见本书第 8 章内容)

12.1 安全生产管理的监理工作目标

履行法律法规赋予监理单位安全生产管理的法定职责，预防和避免施工安全事故的发生。争创"北京市绿色安全工地"。

12.2 安全生产管理的监理工作目标风险分析

简要描述安全生产管理监理工作目标风险分析，并提出防范性对策。针对影响安全生产的主要因素进行风险分析，采取有效措施，确保实现安全生产管理的监理工作目标。

12.3 安全生产管理的监理工作内容

12.4 危大工程现场安全管理

12.5 专项施工方案编制与审查

12.6 安全生产管理监理工作方法与措施

(1) 通过审查施工单位现场安全生产管理规章制度的建立和实施情况；督促施工单位落实安全技术措施和应急救援预案，加强风险防范意识，预防和避免生产安全事故的发生。

（2）通过项目监理机构安全生产管理责任风险分析，制订监理实施细则，落实监理人员管理职责，加强日常巡视检查，发现安全事故隐患时，采取会议、通知、停工、报告等措施向施工单位管理人员指出，及时消除安全事故隐患。

（3）…………

12.7　安全防护与文明施工措施

12.8　生产安全事故隐患及其处理

12.9　生产安全事故及其处理

13. 合同管理

项目监理机构依据监理合同约定进行合同管理，即对建设单位与施工单位、材料设备供应单位等签订的合同进行管理。处理工程暂停及复工、工程变更、索赔、施工合同争议与解除等事宜。（参见本书第 4 章内容）

13.1　合同管理目标

依据监理合同约定，项目监理机构应针对合同执行的各个环节，跟踪检查履行情况，发现问题及时处理，避免合同争议，实现合同履约率 100％。

13.2　合同管理目标风险分析

简要描述合同管理目标风险分析，并提出防范性对策。针对影响合同履行的主要因素进行风险分析，采取有效措施，确保实现合同管理的目标。

13.3　合同管理主要内容

13.4　工程暂停及复工管理

（1）工程暂停及复工管理主要内容。

（2）工程暂停及复工处理程序。

13.5　工程变更管理

（1）工程变更管理主要内容。

（2）工程变更处理程序。

13.6　工程延期及工期延误管理

（1）工程延期及工期延误管理主要内容。

（2）工程延期处理程序。

13.7　费用索赔管理

（1）费用索赔管理主要内容。

（2）费用索赔处理程序。

13.8　施工合同争议与解除管理

（1）施工合同争议管理主要内容。

（2）施工合同解除管理主要内容。

14. 监理文件资料管理

项目监理机构应对履行监理合同过程中形成或获取的，以一定形式记录、保存的文件资料进行整理、传递、组卷、归档，并向建设单位移交有关监理文件资料。（参见本书第 23 章内容）

14.1　监理文件资料管理要求

14.2　监理文件资料管理主要内容

14.3 监理文件资料主要内容

14.4 归档与移交

15. 组织协调

组织协调是建设工程监理的基本职能,也是实现工程项目目标必不可少的工作方法和手段。组织协调是指监理人员通过对项目监理机构内部人与人之间,机构与机构之间,以及项目监理机构与外部环境组织之间的工作协调与沟通,从而使工程参建各方相互理解、步调一致,促进建设工程监理目标的实现。

15.1 组织协调的范围和层次

(1) 组织协调的范围

项目监理机构组织协调的范围包括建设单位、工程建设各参建单位之间的关系。

(2) 组织协调的层次

1) 工程各参建单位之间的组织协调

在工程实施过程中,涉及建设单位、设计单位、监理单位、施工单位等,使各单位之间保持良好的协调,相互理解、步调一致,对工程质量、造价和进度目标的实现具有决定性的作用,因此工程各参建单位之间的组织协调是项目监理机构监理工作的重点。协调任务主要由总监理工程师承担。

2) 工程技术协调

工程技术协调是指工程各参建单位在技术层面上的组织协调,协调工作由总监理工程师指定相应的专业监理工程师承担。

15.2 组织协调主要工作内容

(1) 项目监理机构内部协调

1) 总监理工程师应首先协调好项目监理机构内部人员之间的工作关系,激励监理人员的工作积极性。

2) 明确监理人员分工及各自的岗位职责,做到人尽其才,事事有人管,人人有专责。

3) 建立信息沟通制度,采用工作例会等方式进行信息沟通。

4) 绩效评价要实事求是,使监理人员热爱自己的工作并对工作充满信心和希望。

5) 总监理工程师应及时消除工作中的矛盾或冲突,多听取监理人员的意见和建议,及时交流,建立良好的人际关系,使项目监理机构始终处于和谐、热情高涨的工作气氛之中。

(2) 与建设单位协调

1) 充分理解建设单位的建设意图和建设工程总目标要求。

2) 利用工作之便做好工程监理服务宣传工作,增进建设单位对监理工作的理解,主动协助建设单位处理工程实施过程的事务性工作。

3) 每月5日前报送上月监理工作月报,使建设单位及时了解监理工作、工程进展、出现的问题及处理等情况。

4) 尊重建设单位,在工程实施过程中根据建设单位的要求,对工程建设过程中遇到的技术和管理难题,应及时召开专题协调会议,研究解决并提出合理化建议。

(3) 与施工单位协调

1) 坚持原则,实事求是,严格执行工程建设有关标准。在监理工作中,强调各方利益的一致性和建设工程总目标的实现。鼓励施工单位将工程建设实施状况、实施结果、遇到的困难和意见及时向项目监理机构汇报，以减少建设工程总目标实现的风险。

2）讲究协调的语言艺术和表达方式，尽量减少和施工单位之间不必要的矛盾和冲突，但对原则性问题决不让步。

3）对于施工单位提出的技术和管理方面的问题，应及时、明确地予以答复。

4）一旦发现施工单位违约行为，立即通知施工单位停止违约，避免事态进一步扩大，随后应及时通知建设单位，共同制定对违约行为的处罚措施。

（4）与设计单位协调

项目监理机构应通过建设单位来协调设计单位的关系。

1）建议建设单位要求设计单位派设计代表进驻施工现场，及时与施工单位、项目监理机构协调技术问题。

2）发生工程质量缺陷或质量事故时，应认真听取设计单位的处理意见。

3）施工中发现的设计问题，及时由建设单位向设计单位提出，以免造成较大的损失。

4）当好施工单位和设计单位之间的桥梁，在解决施工单位的技术问题时尽量注意信息传递的程序和及时性。

（5）与政府主管部门协调

项目监理机构应做好与政府主管部门的协调。如果协调不好，建设工程实施可能会严重受阻，包括与工程质量监督机构的协调和信息交流、合同备案等。

15.3　组织协调方法与措施

（1）组织协调方法

1）会议协调。采用监理例会、专题会议等方式，在会议上同各参建单位进行充分交流，表明想法，提出要求，达到沟通、协调的目的。

2）交谈协调。通过面谈、电话和网络交谈的方式，同各参建单位保持畅通的信息渠道，寻求各方面力量的协助。

3）书面协调。对重要的技术和管理问题，必须以准确的语言、合理的协调程序进行书面协调和信息沟通。

4）访问协调。在施工现场不能协调某一方面关系时，应走访或者约见对方单位负责人，进行协调和信息沟通，取得理解和支持。

（2）组织协调措施

1）开工前协调

① 参加由建设单位主持召开的第一次工地会议。

② 建立以工程项目为中心的协调体系，明确各参建单位的工作职责、协调方法及联系方式，使工程各参建单位按照组织一体化的原则参与工程建设。

2）施工过程中协调

① 施工过程中需要协调的问题，由专业监理工程师整理，记入监理日志并及时处理。如果问题比较复杂，专业监理工程师应向总监理工程师报告，由总监理工程师决定采取何种协调方法，及时处理。

② 施工过程中协调的原则：

a. 涉及进度问题，要确保网络计划中关键线路上的工序正常施工，满足节点形象进度，对出现的进度偏差应采取有效措施及时调整。对不同施工单位之间施工接口的进度完成情况要采取积极协调，避免后续施工单位因无施工面而提出工期索赔。

b. 涉及质量、进度的矛盾，坚持质量第一，确保使用功能和外观质量，不得以降低质量标准来赶进度。

c. 交叉施工中的矛盾，要坚持安全第一，减少相互干扰，要有利于成品保护。

d. 涉及工程计量、支付签证及索赔处理，要坚持实事求是的原则，公平地进行处理。

③ 总监理工程师根据施工过程中的专项问题，可组织召开现场协调会议或专题会议进行解决。

④ 总监理工程师在协调过程中凡涉及工程造价、进度变化，应及时在监理工作月报中向建设单位报告。

⑤ 对工程实施过程中的合同争议，总监理工程师应先采用协商解决的方式。如协商不成，可按施工合同约定进行处理。

16. 监理实施细则编制计划

项目监理机构应根据有关规定，结合工程特点、施工环境和施工工艺等，对专业性较强、危险性较大的分部分项工程，应编制监理实施细则。实施细则应在相应工程施工前由专业监理工程师编制完成并装订成册。监理实施细则编制计划如表 14-8 所示。

监理实施细则编制计划　　　　　　　　　　　　　　表 14-8

序号	监理实施细则名称	编制时间	编制人	备注
1	土方开挖与基坑支护工程	××××年××月××日	×××	
2	地基与基础工程	××××年××月××日	×××	
3	主体结构工程	××××年××月××日	×××	
4	钢结构工程	××××年××月××日	×××	
5	预应力工程	××××年××月××日	×××	
6	建筑装饰装修工程	××××年××月××日	×××	
7	建筑幕墙工程	××××年××月××日	×××	
8	屋面工程	××××年××月××日	×××	
9	建筑电气工程	××××年××月××日	×××	
10	建筑给水排水与供暖工程	××××年××月××日	×××	
11	空调与通风工程	××××年××月××日	×××	
12	建筑节能工程	××××年××月××日	×××	
13	模板工程及支撑体系	××××年××月××日	×××	
14	脚手架工程	××××年××月××日	×××	
15	起重吊装及起重机械安装拆卸工程	××××年××月××日	×××	
16	临时用电	××××年××月××日	×××	
17	……	……	……	

17. 监理设施

监理设施是指项目监理机构监理工作需要的仪器设备和工具，以及办公、交通、通信、生活等设施。建设单位按建设工程监理合同的约定，提供监理工作需要的办公、交通、通信、生活等设施。项目监理机构应根据建设工程类别、规模、技术复杂程度、建设工程所在地的环境条件，按建设工程监理合同约定，配备满足监理工作需要的仪器设备和工具，并指定专人负责管理。项目监理机构监理设施如表 14-9 所示。

项目监理机构监理设施

表 14-9

序号	名　称	规格型号	数量	使用时间	备注
1	办公桌、椅	×××	××套	××××	项目监理机构专用
2	文件资料柜	×××	×个	××××	项目监理机构专用
3	台式计算机	×××	×台	××××	项目监理机构专用
4	笔记本电脑	×××	×个	××××	项目监理机构专用
5	复印机	×××	×台	××××	项目监理机构专用
6	打印机	×××	×台	××××	项目监理机构专用
7	传真机	×××	×台	××××	项目监理机构专用
8	数码照相机	×××	×个	××××	项目监理机构专用
9	望远镜	×××	×个	××××	项目监理机构专用
10	多功能检测尺	×××	×套	××××	项目监理机构专用
11	钢卷尺	×××	×个	××××	项目监理机构专用
12	靠尺	×××	×个	××××	项目监理机构专用
13	游标卡尺	×××	×个	××××	项目监理机构专用
14	百格网	×××	×个	××××	项目监理机构专用
15	温度计	×××	×个	××××	项目监理机构专用
16	测绳	×××	×个	××××	项目监理机构专用
17	混凝土回弹仪	×××	×个	××××	项目监理机构专用
18	全站仪	×××	×个	××××	监理单位管理
19	经纬仪	×××	×个	××××	监理单位管理
20	水准仪	×××	×个	××××	监理单位管理
21	钢筋保护层厚度测定仪	×××	×个	××××	监理单位管理
22	楼板厚度测定仪	×××	×个	××××	监理单位管理
23	钢筋位置测定	×××	×个	××××	监理单位管理
24	裂缝观测仪	×××	×个	××××	监理单位管理
25	焊缝检测仪	×××	×个	××××	监理单位管理
26	万用电表	×××	×个	××××	监理单位管理
27	激光测距仪	×××	×个	××××	监理单位管理
28	涂层厚度仪	×××	×个	××××	监理单位管理
29	电阻测试仪	×××	×个	××××	监理单位管理
30	……	……	……	……	……

注：项目监理机构应根据所监理工程的实际需要，合理配备监理设施。

第15章 建设工程监理实施细则

建设工程监理实施细则是项目监理机构开展监理工作的操作性文件。项目监理机构应根据有关规定，结合工程特点、施工环境、施工工艺等编制监理实施细则，明确监理工作要点、工作流程、工作方法和措施。

15.1 监理实施细则编制要求

（1）对专业性较强、危险性较大的分部分项工程，项目监理机构应编制监理实施细则。

（2）监理实施细则可随工程进展编制，但应在相应工程施工开始前由专业监理工程师编制完成，并应报总监理工程师审批。

（3）监理实施细则内容应符合监理规划要求，并应结合专业工程特点，做到目标明确、措施有效，具有针对性和可操作性。

（4）专业监理工程师应熟悉本专业设计图纸和施工方案，结合工程特点，分析本专业的重点、难点及其主要影响因素，制定有针对性的组织、技术、经济和合同措施。

（5）在实施工程监理过程中，监理实施细则可根据实际情况进行补充、修改，并应经总监理工程师批准后实施。

（6）监理实施细则由总监理工程师审批，并加盖项目监理机构印章。

（7）监理实施细则一式二份，项目监理机构、监理单位各一份。

15.2 监理实施细则编制依据

（1）工程建设相关标准。
（2）工程勘察设计文件。
（3）监理规划。
（4）施工组织设计、（专项）施工方案。

15.3 监理实施细则编审程序

1. 专业监理工程师编写

专业监理工程师应根据监理规划中监理实施细则编制计划，在相应工程施工开始前，按要求进行编写。

2. 总监理工程师审批

监理实施细则编写完成后，由总监理工程师审批签字并加盖项目监理机构印章。

15.4　监理实施细则主要内容

监理实施细则应包括下列主要内容：

1. 专业工程特点

专业工程特点应从专业工程施工的重点和难点、施工顺序、施工工艺等内容进行有针对性的阐述，体现工程施工的特殊性和技术复杂性。

2. 监理工作流程

工作流程是结合工程相应专业制定的具有可操作性和可实施性的流程图。不仅涉及最终产品的检查验收，更多地涉及施工中各个环节及中间产品的监督检查与验收。

3. 监理工作要点

工作要点是对监理工作流程中工作内容的增加和补充，应将流程图设置的相关监理控制点和判断点进行详细而全面的描述。

4. 监理工作方法及措施

监理实施细则中监理工作方法和措施是针对专业工程而言，应更具体，更具有可操作性和可实施性。

15.5　监理实施细则审核

监理实施细则编写完后，总监理工程师应组织相关专业技术人员进行审核。监理实施细则审核应包括下列主要内容：

1. 编制依据、内容的审核

监理实施细则的编制是否符合监理规划要求，是否符合专业工程相关标准，是否符合设计文件内容，是否与施工组织设计、（专项）施工方案使用的标准、规范、技术要求相一致。编写内容是否涵盖专业工程的特点、重点和难点，内容是否全面、可行，是否能确保监理工作质量等。

2. 项目监理人员的审核

现场监理人员配备的专业满足程度、数量等是否结合了专业工程的特点，是否能满足监理工作的需要，是否有操作性较强的现场监理人员及进退场计划表。

3. 监理工作流程、监理工作要点的审核

监理工作流程是否完整、翔实，节点检查验收的内容和要求是否明确，监理工作流程是否与施工流程相衔接。监理工作要点是否明确、清晰，控制点设置是否合理、可控等。

4. 监理工作方法和措施的审核

监理工作方法是否科学、合理、有效，监理工作措施是否具有针对性、可操作性，是否能确保监理目标的实现等。

5. 监理工作制度的审核

针对专业工程监理，其监理工作制度是否能有效保证监理工作的实施，监理记录、检查相应表格是否完备等。

15.6　监理实施细则（示例）

北京××工程
（土方开挖与基坑支护工程）

监 理 实 施 细 则

总监理工程师：_____

编 制 人：_____

北京××监理公司
北京××工程项目监理机构

北京××监理公司
（北京××工程项目监理机构）（盖章）
××××年××月编制

目 录

北京×××工程
土方开挖与基坑支护工程监理实施细则

1. 工程概况
1.1　工程基本情况
工程基本情况如表 15-1 所示。

工程基本情况　　　　　　　　　　表 15-1

工程名称	北京××工程			
工程地点	北京市海淀区西三环北路××号			
建设单位	北京××房地产开发公司			
开工日期	××××年××月××日		完工日期	××××年××月××日
工期(天)	××	质量等级	合格,达到合同约定的质量标准	
建筑面积(m²)	××××	总高度(m)	×××	总层数	××
地下层数	×	地上层数	××	基坑面积(m²)	××××
基坑深度(m)	×	土方开挖量(m³)	×××	合同价款	××××万元

1.2　工程地质情况
依据北京××勘察设计院提供的《北京××工程地质勘察报告》,本工程拟建场地现状地形较为平坦,勘探钻孔孔口标高为××~××m。

（1）描述场地土层组成,由上而下描述（土层编号、土层名称、土层厚度等）。

（2）地下水位高程,是否考虑地下水影响。

1.3　建筑与结构工程特点
根据工程实际情况简要描述建筑与结构工程特点。

（1）建筑特点

工程为××楼,主要使用功能,±0.000 高程和室内外高差等。

（2）结构工程特点

基础形式,埋置深度,底板厚度,主体结构形式,抗震设防烈度等。

2. 工程参建单位
工程参建单位如表 15-2 所示。

工程参建单位　　　　　　　　　　表 15-2

参建单位	单位名称	联系人	电话
建设单位	北京××房地产开发公司	×××	×××
勘察单位	北京××勘察设计院	×××	×××
设计单位	北京××设计研究院	×××	×××
监理单位	北京×× 监理公司	×××	×××
施工单位	北京××建筑工程公司	×××	×××
……	……	……	……

3. 编制依据

（1）勘察设计图纸。

（2）北京××工程地质勘察报告。

（3）土方开挖与基坑支护工程专项施工方案。

（4）北京××工程监理规划。

（5）土方开挖与基坑支护施工合同。

（6）工程建设相关标准/规范，如表 15-3 所示。

工程建设相关标准/规范   表 15-3

序号	标准/规范名称	标准编号	备注
1	建筑工程施工质量验收统一标准	GB 50300—××××	
2	建筑地基基础工程施工质量验收标准	GB 50202—××××	
3	建筑基坑支护技术规程	JGJ 120—××××	
4	建筑桩基技术规范	JGJ 94—××××	
5	建筑基坑监测技术规范	GB 50497—××××	
6	建筑工程资料管理规程	DB11/T 695—××××	北京市地标
7	……	……	

注：工程建设相关标准/规范应采用与本工程相关的现行有效版本。

4. 项目监理机构

4.1 组织结构形式

项目监理机构组织结构形式可用项目组织结构图来表示。（参见本书第 2 章内容）

4.2 监理人员配备及进退场计划

监理人员配备及进退场计划，如表 15-4 所示。（监理人员配备应尽量与监理投标文件的人员保持一致，并详细注明职称及专业等，对某些兼职人员，要说明参加本工程监理的具体时间，以便核查）

监理人员配备及进退场计划   表 15-4

序号	姓名	性别	年龄	专业	岗位	职称	资格	进退场计划
1	李××	男	49	土建	总监理工程师	高级	注册监理工程师	××××年××月××日进驻现场，常驻
2	刘××	男	38	土建	总监理工程师代表	高级	注册监理工程师	××××年××月××日进驻现场，常驻
3	张××	男	53	土建	专业工程师	中级	监理培训合格	××××年××月××日进驻现场，常驻
4	李××	男	48	水暖	专业工程师	中级	监理培训合格	××××年××月××日进驻现场，常驻
5	姜××	男	50	电气	专业工程师	高级	监理培训合格	××××年××月××日进驻现场，常驻
6	冯××	女	36	造价	专业工程师	中级	注册造价工程师	××××年××月××日进驻现场，常驻

续表

序号	姓名	性别	年龄	专业	岗位	职称	资格	进退场计划
7	刘××	女	32	合同	专业工程师	中级	注册监理工程师	××××年××月××日进驻现场，常驻
8	左××	男	48	安全	专业工程师	中级	监理培训合格	××××年××月××日进驻现场，常驻
9	冯××	女	27	资料	监理员	初级	监理培训合格	××××年××月××日进驻现场，常驻
10	……	……	……	……	……	……	……	……

项目监理人员于××××年××月××日，按表 15-4 人员进驻施工现场，开展监理工作。

5. 土方开挖与基坑支护工程特点

5.1　土方开挖特点

（依据土方开挖施工方案简要描述土方开挖工程施工重点和难点、施工顺序、施工工艺等内容）

5.2　基坑支护特点

（依据基坑支护施工方案简要描述基坑支护工程施工重点和难点、施工顺序、施工工艺等内容）

本工程基坑支护形式为：上部采用混凝土土钉墙，下部采用钢筋混凝土护坡桩＋预应力锚杆。具体如表 15-5 所示。

基坑支护形式 表 15-5

区段/深度	支护形式	主要构件做法	辅助构件做法
区段/深度	土钉墙（边坡坡度）	土钉：排数、自上而下长度、直径、钢筋、注浆、间距	面层：厚度、混凝土强度等级、网片钢筋规格及间距、水平加强筋
	护坡桩＋锚杆	护坡桩：桩长、桩径、间距、主筋、箍筋、加强钢筋、混凝土强度等级	混凝土冠梁：截面、主筋、箍筋
		锚杆：n 桩一锚、孔径、长度（自由段＋锚固段）、倾角、预应力钢筋、钢绞线及强度、注浆、锁定荷载	腰梁：混凝土或钢梁桩间土护壁：钢筋网、混凝土喷射厚度

6. 监理工作主要程序

（1）工程材料、构配件质量控制程序。（参见本书第 5 章内容）

（2）检验批、分项、分部工程验收程序。（参见本书第 5 章内容）

（3）工程进度控制程序。（参见本书第 7 章内容）

（4）工程款支付程序。（参见本书第 6 章内容）

（5）工程暂停及复工管理程序。（参见本书第 4 章内容）

7. 监理工作要点

7.1　测量成果检查复核

（1）参加建设单位向施工单位提供施工现场及毗邻区域内地下管线资料的移交。

（2）检查、复核施工单位报送的施工控制测量成果及保护措施，并签署意见。

（3）查验基坑开挖测量放线成果及标高是否符合相关要求。

（4）……

7.2 工程材料进场质量控制

（1）审查施工单位报送的工程材料质量证明文件，并会同施工单位检查材料的外观质量。

（2）按有关规定，对用于工程的材料进行见证取样，填写见证记录，并及时查询检测结果，发现检测结果不合格的应及时督促施工单位进行处理。

（3）凡检验不合格的材料均不得用于工程。对已进场经检验不合格的材料，项目监理机构应要求施工单位限期将其撤出施工现场，并进行见证和记录，留存相关影像资料。

（4）……

7.3 降排水

（重点对降水井的数量、位置、直径、深度、滤料、临时排水管线等工序进行控制，并应符合施工标准及施工方案的要求）

（1）严格对成井口径、孔深、井管配制、砾料填筑等质量进行控制。

（2）降水井应沿基坑周边布置形成闭合状。当地下水流速较小时，降水井可等间距布置；当地下水流速较大时，在地下水补给方向可适当减小降水井间距。

（3）降水井正式施工时应进行试成井。试成井数量不应少于2口（组），并应根据试成井检验成孔工艺、泥浆配比，复核地层情况等。

（4）降水井施工中应检验成孔垂直度。降水井的成孔垂直度偏差为1/100，井管应居中竖直沉设。

（5）降水井施工完成后应进行试抽水，检验成井质量和降水效果。

（6）降水运行过程中，应监测和记录降水场区内和周边的地下水位。

（7）降水后基坑内的水位应低于坑底0.5m。按施工方案要求，基坑内设置排水沟及集水井，排水沟坡度不宜小于0.3%，沿排水沟每隔30~50m设置一口集水井，沟底应采取防渗措施，并保持畅通。排水沟：宽0.20m，深0.20m，集水坑0.50m×0.50m×1.00m（深）。

（8）……

7.4 土方开挖

（重点对基坑边坡坡度、开挖深度、基底标高及超挖、基底不扰动等工序进行控制，并应符合施工标准及施工方案的要求）

（1）依据基坑支护平面图和测量成果报告，进行基坑开挖放线。

（2）当支护结构构件强度达到开挖阶段的设计强度时，方可向下开挖；对土钉墙，应在土钉、喷射混凝土面层的养护时间大于2d后，方可开挖下层土方。

（3）土方开挖的顺序、方法必须与设计工况和施工方案相一致，并应遵循"开槽支撑、先撑后挖、分层开挖、严禁超挖"的原则。

（4）锚杆、土钉的施工作业面与锚杆、土钉的高差不宜大于500mm。

（5）基坑周边施工材料、设施或车辆荷载严禁超过设计要求的地面荷载限值。

（6）基坑开挖接近基底300mm时，应配合人工清底，不得超挖或扰动基底持力土层的原状结构。人工清槽、平整至设计标高后，建设单位应组织勘察、设计、监理、施工等单位进行验槽，并及时浇筑混凝土垫层。

（7）土方开挖工程质量检验标准应符合表 15-6 的规定。（依据《建筑地基基础工程施工质量验收标准》GB 50202—2018）

柱基、基坑、基槽土方开挖工程质量检验标准　　　　　　　　　　　　表 15-6

项	序	项目	允许偏差或允许值		检验方法
			单位	数值	
主控项目	1	标高	mm	0 −50	水准测量
	2	长度、宽度（由设计中心线向两边量）	mm	+200 −50	全站仪或用钢尺量
	3	坡率	设计值		目测法或用坡度尺检查
一般项目	1	表面平整度	mm	±20	用 2m 靠尺
	2	基底土性	设计要求		目测法或土样分析

7.5　土钉墙

（重点对成孔、注浆、制锚、喷锚的施工质量进行控制，并应符合施工标准及施工方案的要求）

（1）土钉支护工程施工前应确定基坑开挖线、轴线定位点、水准基点、变形观测点等，并在设置后加以妥善保护。对进场钢筋、水泥、砂石、机械设备性能等应进行检验。

（2）土钉支护工程施工过程中应对放坡系数，土钉位置，土钉孔直径、深度及角度，土钉杆体长度，注浆配比，注浆压力及注浆量，喷射混凝土面层厚度、强度等进行检验。

（3）土钉支护工程施工应配合挖土和降水等作业进行，并应符合下列规定：

1）分层开挖厚度应与土钉竖向间距协调同步，逐层开挖并施工土钉，严禁超挖。

2）每层土钉施工结束后，应按要求抽查土钉的抗拔力。

3）开挖后应及时封闭临空面，应在 24h 内完成土钉安设和喷射混凝土面层，在淤泥质土层开挖时，应在 12h 内完成土钉安设和喷射混凝土面层。

4）上一层土钉完成注浆后，间隔 48h 方可开挖下一层土方。

5）施工期间坡顶应严格按照设计要求控制施工荷载。

（4）钢筋网的铺设应符合下列规定：

1）钢筋网宜在喷射一层混凝土后铺设，钢筋与坡面的间隙不宜小于 20mm。

2）采用双层钢筋网时，第二层钢筋网应在第一层钢筋网被混凝土覆盖后铺设。

3）钢筋网宜焊接或绑扎，钢筋网格允许误差应为 ±10mm，钢筋网搭接长度不应小于 300mm，焊接长度不应小于钢筋直径的 10 倍。

4）网片与加强联系钢筋交接部位应绑扎或焊接。

（5）喷射混凝土面层施工应符合下列规定：

1）喷射混凝土作业应分段分片依次进行，同一分段内喷射顺序应自下而上，一次喷射厚度不宜大于 120mm。

2）喷射时，喷头与受喷面应垂直，距离宜为 0.8~1.0m。

3）喷射混凝土终凝 2h 后，应喷水养护。

（6）土钉墙的质量检测应符合下列规定：

1）土钉应进行抗拔承载力检验，检验数量不宜少于土钉总数的 1‰，且同一土层中的土钉检验数量不应少于 3 根。

2）应进行土钉墙面层喷射混凝土的现场试块强度试验，每 $500m^2$ 喷射混凝土面积的试验数量不应少于一组，每组试块不应少于 3 个。

3）应对土钉墙喷射混凝土面层厚度进行检测，每 $500m^2$ 喷射混凝土面积的检测数量不应少于一组，每组的检测点不应少于 3 个；全部检测点的面层厚度平均值不应小于厚度设计值，最小厚度不应小于厚度设计值的 80%。

（7）土钉墙支护质量检验应符合表 15-7 的规定。（依据《建筑地基基础工程施工质量验收标准》GB 50202—2018）

土钉墙支护质量检验标准 表 15-7

项	序	检查项目	允许值或允许偏差		检查方法
			单位	数值	
主控项目	1	抗拔承载力	不小于设计值		土钉抗拔试验
	2	土钉长度	不小于设计值		用钢尺量
	3	分层开挖厚度	mm	±200	水准测量或用钢尺量
一般项目	1	土钉位置	mm	±100	用钢尺量
	2	土钉直径	不小于设计值		用钢尺量
	3	土钉孔倾斜度	≤3°		测倾角
	4	水胶比	设计值		实际用水量与水泥等胶凝材料的重量比
	5	注浆量	不小于设计值		查看流量表
	6	注浆压力	设计值		检查压力表读数
	7	浆体强度	不小于设计值		试块强度
	8	钢筋网间距	mm	±30	用钢尺量
	9	土钉面层厚度	mm	±10	用钢尺量
	10	面层混凝土强度	不小于设计值		28d 试块强度
	11	预留土墩尺寸及间距	mm	±500	用钢尺量
	12	微型桩桩位	mm	≤50	全站仪或用钢尺量
	13	微型桩垂直度	≤1/200		经纬仪测量

注：第 12 项和 13 项的检测仅适用于微型桩结合土钉的复合土钉墙。

（8）……

7.6 护坡桩

（重点对桩位放线、成孔、钢筋笼制作、混凝土浇筑等工序施工质量进行控制，并应符合施工标准及施工方案的要求）

（1）严格按照护坡桩施工工艺和操作规程进行施工。

（2）对混凝土灌注桩，应采取间隔成桩的施工顺序，已完成浇筑混凝土的桩与邻桩间距应大于 4 倍桩径，或间隔施工时间应大于 36h。

（3）混凝土灌注桩施工中应加强过程控制，对成孔、钢筋笼制作与安装、混凝土灌注、桩位、孔深、桩顶标高等各项指标进行检查验收。

（4）灌注桩混凝土强度检验的试件应在施工现场随机抽取。灌注桩每浇筑 $50m^3$ 必须至少留置 1 组混凝土强度试件，单桩不足 $50m^3$ 的桩，每连续浇筑 12h 必须至少留置 1 组混凝土强度试件。有抗渗等级要求的灌注桩尚应留置抗渗等级检测试件，一个级配不宜少于 3 组。

（5）桩身质量检测应符合下列规定：

1）采用低应变法检测桩身完整性，检测桩数不宜少于总桩数的 20%，且不得少于 5 根。

2）当根据低应变法或声波透射法判定的桩身完整性为Ⅲ类（桩身有明显缺陷，对桩身结构承载力有影响）或Ⅳ类（桩身存在严重缺陷）时，应采用钻芯法进行验证。

（6）……

7.7 锚杆

（重点对钻孔、杆体安放、注浆等工序施工质量进行控制，并应符合施工标准及施工方案的要求）

（1）锚杆施工前应对钢绞线、锚具、水泥、机械设备等进行检验。

（2）锚杆施工中应对锚杆位置，钻孔直径、长度及角度，锚杆杆体长度，注浆配比、注浆压力及注浆量等进行检验。

（3）锚杆抗拔承载力的检验应符合下列规定：

1）锚杆应进行抗拔承载力检验，检验数量不宜少于锚杆总数的 5%，且同一土层中的锚杆检验数量不应少于 3 根。

2）检验应在锚固段注浆固结体强度达到 15MPa 或达到设计强度的 75% 后进行。

（4）锚杆质量检验应符合表 15-8 的规定。（依据《建筑地基基础工程施工质量验收标准》GB 50202—2018）

锚杆质量检验标准   表 15-8

项	序	检查项目	允许值或允许偏差		检查方法
			单位	数值	
主控项目	1	抗拔承载力	不小于设计值		锚杆抗拔试验
	2	锚固体强度	不小于设计值		试块强度
	3	预加力	不小于设计值		检查压力表读数
	4	锚杆长度	不小于设计值		用钢尺量
一般项目	1	钻孔孔位	mm	≤100	用钢尺量
	2	锚杆直径	不小于设计值		用钢尺量
	3	钻孔倾斜度	≤3°		测倾角
	4	水胶比(或水泥砂浆配比)	设计值		实际用水量与水泥等胶凝材料的重量比（实际用水、水泥、砂的重量比）
	5	注浆量	不小于设计值		查看流量表
	6	注浆压力	设计值		检查压力表读数
	7	自由段套管长度	mm	±50	用钢尺量

（5）……

7.8 基坑监测

（基坑监测内容及频率应根据基坑支护等级以及相关标准确定。对深基坑工程应开展

第三方监测工作,第三方监测项目和频率应符合相关标准要求)

(1)基坑开挖前,项目监理机构应审查施工单位编制的基坑监测方案,并签署意见。

(2)依据基坑监测方案,检查监测点的布置,并应满足有关标准及监测要求。

(3)本基坑支护结构安全等级为二级,在基坑开挖过程与支护结构使用期内,必须进行支护结构的水平位移监测和基坑开挖影响范围内建筑物、地面的沉降监测。

(4)水平位移观测、沉降观测的基准点应设置在变形影响范围外,且基准点数量不应少于2个。

(5)支护结构顶部水平位移的监测频次应符合下列要求:

1)基坑向下开挖期间,监测不应少于每天一次,直至开挖停止后连续三天的监测数值稳定。

2)当地面、支护结构或周边建筑物出现裂缝、沉降,遇到降雨、降雪、气温骤变,基坑出现异常的渗水或漏水,坑外地面荷载增加等各种环境条件变化或异常情况时,应立即进行连续监测,直至连续三天的监测数值稳定。

(6)在支护结构施工、基坑开挖期间以及支护结构使用期内,每天应安排专人对支护结构和周边环境的状况随时进行巡查,现场巡查时应检查有无下列现象及其发展情况:

1)基坑外地面和道路开裂、沉陷。

2)基坑周边建筑物、围墙开裂、倾斜。

3)基坑周边水管漏水、破裂,燃气管漏气。

4)锚杆锚头松动,锚具夹片滑动,腰梁及支座变形,连接破损等。

5)土钉墙土钉滑脱,土钉墙面层开裂和错动。

6)降水井抽水异常,基坑排水不通畅。

7)基准点、监测点完好状况等。

(7)基坑开挖监测过程中,项目监理机构应对施工单位提交的阶段性监测结果报告及完整的监测报告进行核查,并存档。

(8)……

7.9 施工现场安全防护

(1)基坑四周必须设置临边防护栏,临边防护栏杆搭设必须符合相关标准的规定。

(2)基坑周边使用荷载不应超过设计限值,周边1.2m范围内不得堆土、堆料。

(3)基坑周边应设置排水沟,临边及周边危险部位应设置明显的安全警示标识。

(4)……

7.10 安全生产管理的监理工作

项目监理机构通过日常巡视检查,发现施工存在安全事故隐患的,应采用监理例会、专题会议、监理通知、工程暂停令等及时消除安全事故隐患。(参见本书第8章内容)

7.11 环境保护与作业环境要求

1.环境保护要求

项目监理机构应要求施工单位严格执行环境保护有关规定,采取有效措施,做到施工不扰民、不扬尘、运输无遗撒、垃圾不乱弃,营造良好的施工作业环境。具体要求如下:

(1)施工现场应有充分的防扬尘措施,严格控制施工现场和施工运输过程中的降尘和飘尘对周围大气污染,可采用清扫、洒水、遮盖、密封或者采取其他措施等降低污染。

（2）土方运输车冲洗应设置沉淀池，车辆开出工地要做到不带泥沙，不撒土、不扬尘，减少对周围环境污染。

（3）加强人为噪声的管理，减少大声喧哗，增强全体人员防噪声扰民的自觉意识。

2. 作业环境要求

（1）基坑边防护应符合相关规定。

（2）垂直、交叉作业应设置隔离防护措施。

（3）作业点应有照明设备，确保施工环境照明。

（4）配电箱设置应符合相关标准及临时用电方案要求。

7.12 监理文件资料管理

（参见本书第 23 章内容）

8. 监理工作方法及措施

8.1 监理工作方法

项目监理机构通过审查、巡视、旁站、验收、见证取样和平行检验等对工程施工质量实施主动控制。（根据工程实际，参见本书相应内容编写）

8.2 监理工作措施

（根据工程实际，可参见本书内容编写。监理工作措施根据措施实施内容，可分为组织措施、技术措施、经济措施、合同措施）

第16章　建设工程见证取样

见证取样是指项目监理机构对施工单位进行的涉及结构安全的试块、试件及工程材料现场取样、封样、送检工作的监督活动。项目监理机构应掌握见证取样的相关规定和工作要求，编制见证取样计划，明确见证取样的工作内容、程序和方法。履行监理见证职责，确保见证取样过程的真实性。

16.1　见证取样相关规定

1. 房屋建筑工程和市政基础设施工程实行见证取样和送检的规定

根据建设部关于印发《房屋建筑工程和市政基础设施工程实行见证取样和送检的规定》的通知（建建［2000］211号）规定，涉及结构安全的试块、试件和材料见证取样和送检的比例不得低于有关技术标准中规定应取样数量的30%；下列试块、试件和材料必须实施见证取样和送检：

（1）用于承重结构的混凝土试块。

（2）用于承重墙体的砌筑砂浆试块。

（3）用于承重结构的钢筋及连接接头试件。

（4）用于承重墙的砖与混凝土小型砌块。

（5）用于拌制混凝土和砌筑砂浆的水泥。

（6）用于承重结构的混凝土中使用的掺加剂。

（7）地下、屋面、厕浴间使用的防水材料。

（8）国家规定必须实行见证取样和送检的其他试块、试件和材料。

需要说明的是：在"建设部关于印发《房屋建筑工程和市政基础设施工程实行见证取样和送检的规定》的通知（建建［2000］211号）"的基础上，多项国家标准、行业标准和地方标准陆续增加了一些需要见证的项目，并且将见证项目由进场材料逐步扩大到工程实体，要求对工程实体的某些抽样检验也应实行见证。如《建筑工程施工质量验收统一标准》GB 50300—2013规定，"对涉及结构安全、节能、环境保护和使用功能的重要分部工程应在验收前按规定进行抽样检验"（即实体检验）。各专业验收标准给出了实体检验应实施见证的具体规定。如《混凝土结构工程施工质量验收规范》GB 50204—2015规定，"结构实体检验应由监理单位组织施工单位实施，并见证实施过程"。如《建筑节能工程施工质量验收标准》GB 50411—2019规定，"涉及安全、节能、环境保护和主要使用功能的材料、构件和设备，应按规定在施工现场随机抽样复验，复验应为见证取样检验"。因此，项目监理机构应及时学习并掌握见证取样的有关规定及专业验收标准要求，履行好监理见证职责。

2. 北京市建设工程见证取样和送检管理规定

根据关于印发《北京市建设工程见证取样和送检管理规定（试行）》的通知（京建质〔2009〕289 号）规定，下列涉及结构安全的试块、试件和材料应 100％实行见证取样和送检：

（1）用于承重结构的混凝土试块。

（2）用于承重墙体的砌筑砂浆试块。

（3）用于承重结构的钢筋及连接接头试件。

（4）用于承重墙的砖和混凝土小型砌块。

（5）用于拌制混凝土和砌筑砂浆的水泥。

（6）用于承重结构的混凝土中使用的掺合料和外加剂。

（7）防水材料。

（8）预应力钢绞线、锚夹具。

（9）沥青、沥青混合料。

（10）道路工程用无机结合料稳定材料。

（11）建筑外窗。

（12）建筑节能工程用保温材料、绝热材料、粘结材料、增强网、幕墙玻璃、隔热型材、散热器、风机盘管机组、低压配电系统选择的电缆、电线等。

（13）钢结构工程用钢材及焊接材料、高强度螺栓预拉力、扭矩系数、摩擦面抗滑移系数和网架节点承载力试验。

（14）国家及地方标准、规范规定的其他见证检验项目。

需要说明的是：各省、市对见证取样的检测项目及比例均有具体规定，如关于印发《北京市建设工程见证取样和送检管理规定（试行）》的通知（京建质〔2009〕289 号）规定，对涉及结构安全的试块、试件和材料应 100％实行见证取样和送检，并规定了见证取样的具体检测项目。因此，实施见证取样时，应当按照工程所在地的有关规定执行。

16.2　见证取样工作要求

（1）根据有关规定及工程建设相关标准的要求，对涉及结构安全的试块、试件和材料的质量检测应实行见证取样制度。

（2）承担见证取样试验的检测机构必须经省级以上建设行政主管部门对其资质认可和质量技术监督部门对其计量认证。

（3）见证取样检测项目、检测内容、取样方法应按有关规定及工程建设相关标准的要求确定。

（4）项目监理机构应按规定配备足够的见证人员，负责见证取样和送检工作。见证人员应具备建筑工程施工试验知识，并经培训考核合格，取得见证人员培训合格证书。

（5）见证人员确定后，填写见证取样和送检见证人告知书（表 16-1），并及时告知该工程的质量监督机构和承担见证试验的检测机构。见证人员发生变化时，项目监理机构应通知相关单位，办理书面变更手续。

见证取样和送检见证人告知书 表 16-1

工程名称		编号	

致：_____（质量监督机构）
　　_____（检测机构）
　我单位决定，由_____同志担任_____工程见证取样和送检见证人，有关的印章和签字如下，请查收备案。

见证取样和送检印章	见证人签字
	证书编号

建设单位：（盖章）

项目负责人：　　　　　　　　　　　　　　　　　　　　　年　　月　　日

项目监理机构：（盖章）

总监理工程师：　　　　　　　　　　　　　　　　　　　　年　　月　　日

施工项目经理部：（盖章）

项目负责人：　　　　　　　　　　　　　　　　　　　　　年　　月　　日

注：本表为北京市见证人告知书表式，其他省市应按当地有关规定执行。

（6）施工单位应按照有关规定，在工程施工前编制施工检测试验计划，并报送项目监理机构审查。项目监理机构应根据施工检测试验计划，编制见证取样计划。

（7）施工过程中，见证人员应按照见证取样计划，对施工现场的取样和送检过程进行见证，确认试样的真实性和代表性，并填写见证记录（表 16-2）。见证记录应由见证人员和施工单位试验人员共同签字。

见证记录

表 16-2

工程名称				编号	
试件名称			生产厂家		
试件品种			材料出厂编号		
试件规格型号			材料进场时间		
材料进场数量			代表数量		
试样编号			取样组数		
抽样时间			取样地点		
使用部位（取样部位）					
检测项目（设计要求）					
检测结果判定依据	产品标准				
	验收规范				
	设计要求				
抽样人	签字		见证人	签字	
	日期			日期	
有见证和送检章					
送检情况	检测单位				
	送检时间				

注：本表为北京市见证记录表式，其他省市应按当地有关规定执行。

（8）进场材料的检测试样，必须从施工现场随机抽取，严禁在现场外制取。施工过程的质量检测试样，除确定工艺参数可制作模拟试样外，必须从现场相应的施工部位制取。

（9）施工单位试验人员应在试样或其包装上作出标识、封志。标识和封志应标明工程名称、取样部位、取样日期、试样名称和数量等信息，并由试验人员和见证人员签字。

（10）施工单位及试验人员应确保提供的检测试样具有真实性和代表性。试验人员制取试样并做出标识后，按试样编号顺序登记检测试样台账。

（11）见证人员应确保见证取样和送检过程的真实性。见证取样时，应核查见证取样的项目、数量和比例是否满足有关规定和相关标准的要求，并留存相关影像资料。

（12）工程实体质量与使用功能检验，应依据相关标准要求抽取检测试样或确定检验部位。项目监理机构应按相关标准要求对抽样和检验过程进行见证。

（13）施工单位试验人员应及时获取检测试验报告，并核查检测试验报告内容。当检测试验结果不合格时，应及时报告有关单位的相关人员，并应在检测试样台账中注明处置情况。

需要说明的是：北京市住房和城乡建设委员会关于印发《北京市施工现场材料管理工作导则（试行）》的通知（京建发［2013］536号）规定，进入施工现场的"钢材、保温材料、防水卷材见证取样检验不合格的，不再进行二次复试，相应批次材料应按规定程序进行退场处理"。如各省市有相应规定，应按工程所在地规定执行。

（14）对检测试验结果不合格的报告严禁抽撤、替换或修改。

（15）对检测试验结果不合格的材料和工程实体，项目监理机构应要求施工单位依据相关标准进行处理或限期退场，对处理情况进行监督，做好处理记录并留存相关影像资料。

（16）检测机构应确保检测数据和检测报告的真实性和准确性。见证取样和送检的检测报告，应加盖检测机构"有见证试验"专用章，由施工单位汇总后纳入工程施工技术档案。

16.3　见证取样人员职责

见证取样人员应履行下列职责：

（1）见证人员按照见证取样计划，对施工现场的取样和送检过程进行见证，确认试样的真实性和代表性，并填写见证记录。

（2）见证取样时，见证人员应核查见证取样的项目、数量和取样方法等是否满足有关规定和相关专业验收标准的要求，并留存相关影像资料。

（3）见证人员应核查试样或其包装上的标识、封志信息是否齐全、试样编号是否唯一等，并应在标识和封志上签字。

（4）见证人员应确保见证取样和送检过程的真实性。

（5）检测机构核实见证人员资格及见证记录时，见证人员应主动配合。

（6）见证人员应及时核查检测试验报告内容。当检测试验结果合格时，应签认进场材料相关资料。

（7）对检测试验结果不合格的材料和工程实体，见证人员应要求施工单位依据相关标准进行处理或限期退场，对处理情况进行监督，并做好处理记录。

16.4　见证取样程序

见证取样程序如图16-1所示。

（1）项目监理机构应检查施工单位为工程提供服务的试验室或检测机构，并进行签认。

（2）施工单位应按有关规定编制施工检测试验计划，并报送项目监理机构审查。项目监理机构应根据审查通过的施工检测试验计划，编制见证取样计划。

（3）项目监理机构应审查进场材料的质量证明文件及相关资料，并检查其外观质量。

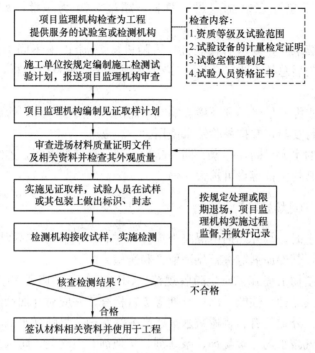

图 16-1　见证取样程序

符合要求的，见证人员按照见证取样计划，对取样和送检的过程进行见证，并填写见证记录。试验人员应在试样或其包装上作出标识、封志，并由试验人员和见证人员签字。

（4）检测机构接收试样，实施检测。接收试样时应对试样进行确认，核对有关信息，符合相关规定后方可接收试样，并依据检验要求实施检测。

（5）施工单位试验人员应及时获取检测试验报告，并核查检测试验报告内容。当检测试验结果合格时，项目监理机构应签认进场材料相关资料，并使用于工程。当检测试验结果不合格时，应及时报告有关单位的相关人员，并应在检测试样台账中注明处置情况。

（6）对检测试验结果不合格的材料和工程实体，项目监理机构应要求施工单位依据相关标准进行处理或限期退场，对处理情况进行监督，做好处理记录并留存相关影像资料。

16.5　工程主要材料进场检验

本节介绍建筑工程主要材料进场检验的相关规定及内容，包括检验项目、检验批划分和取样数量，以方便监理人员学习、掌握和运用。

1. 水泥进场检验

依据《混凝土结构工程施工质量验收规范》GB 50204—2015 及相关标准，水泥进场时，应对其品种、代号、强度等级、包装或散装编号、出厂日期等进行检查，并应对水泥的强度、安定性和凝结时间进行检验。

（1）检查数量：按同一厂家、同一品种、同一代号、同一强度等级、同一批号且连续进场的水泥,袋装不超过 200t 为一批,散装不超过 500t 为一批,每批抽样不应少于一次。

水泥试样可连续取样,并应有代表性,可随机从 20 个以上不同部位各取等量试样,所取试样经混拌均匀后总量不少于 12kg。袋装水泥可采用取样管取样,散装水泥可采用槽形管状取样器取样。

(2) 当使用中水泥质量受不利环境影响或水泥出厂超过三个月(快硬硅酸盐水泥超过一个月)时,应进行复验,并按复验结果使用。

(3) 获得认证的水泥或同一厂家、同一品种、同一规格的水泥,连续三次进场检验均一次检验合格的,其检验批容量可扩大一倍。

2. 混凝土外加剂进场检验

使用预拌混凝土时,其外加剂由混凝土搅拌站进行材料检验,不列入见证检验范围。现场搅拌的混凝土,其外加剂应进行见证取样和送检。

依据《混凝土结构工程施工质量验收规范》GB 50204—2015 及相关标准,混凝土外加剂进场时,应对其品种、性能、出厂日期等进行检查,并应对外加剂的相关性能指标进行检验。常用混凝土外加剂有:普通减水剂、高效减水剂、早强减水剂、缓凝减水剂、缓凝高效减水剂、引气减水剂、缓凝剂、泵送剂、早强剂、引气剂、防水剂、防冻剂、膨胀剂、速凝剂。

(1) 检查数量:按同一厂家、同一品种、同一性能、同一批号且连续进场的混凝土外加剂,不超过 50t 为一批,每批抽样数量不应少于一次。

(2) 获得认证的外加剂或同一厂家、同一品种、同一规格的外加剂,连续三次进场检验均一次检验合格的,其检验批容量可扩大一倍。

3. 混凝土用矿物掺合料进场检验

依据《混凝土结构工程施工质量验收规范》GB 50204—2015 及相关标准,混凝土用矿物掺合料进场时,应对其品种、技术指标、出厂日期等进行检查,并应对矿物掺合料细度、需水量比、活性指数、烧失量指标进行检验。

检查数量:按同一厂家、同一品种、同一技术指标、同一批号且连续进场的矿物掺合料,粉煤灰、石灰石粉、磷渣粉和钢铁渣粉不超过 200t 为一批。粒化高炉矿渣粉和复合矿物掺合料不超过 500t 为一批;沸石粉不超过 120t 为一批,硅灰不超过 30t 为一批;每批抽样数量不应少于一次。

4. 混凝土试件强度检验

依据《混凝土结构工程施工质量验收规范》GB 50204—2015 及相关标准,用于检验混凝土强度的试件应在浇筑地点随机抽取。

检查数量:对同一配合比混凝土,取样与试件留置应符合下列规定:

(1) 每拌制 100 盘且不超过 100m³ 时,取样不得少于一次。

(2) 每工作班拌制不足 100 盘时,取样不得少于一次。

(3) 连续浇筑超过 1000m³ 时,每 200m³ 取样不得少于一次。

（4）每一楼层取样不得少于一次。

（5）每次取样应至少留置一组试件。同条件养护试件的留置组数应根据实际需要确定。每组 3 个试件应从同一盘或同一车的混凝土中取样制作。

（6）有耐久性指标要求时，应在施工现场随机抽取试件进行耐久性检验。检查数量：同一配合比的混凝土，取样不应少于一次，留置试件数量应符合相关标准的规定。

（7）有抗冻要求时，应在施工现场进行混凝土含气量检验。检查数量：同一配合比的混凝土，取样不应少于一次，取样数量应符合相关标准的规定。

（8）有抗渗性能要求时，应在混凝土浇筑地点随机取样，连续浇筑混凝土每 500m³ 应留置一组 6 个抗渗试件，且每项工程不得少于两组；采用预拌混凝土的抗渗试件，留置组数应视结构的规模和要求而定。

5. 砌体结构砖及砌块进场检验

依据《砌体结构工程施工质量验收规范》GB 50203—2011 及相关标准，砌体结构砖及砌块进场检验应符合表 16-3 的规定。

砌体结构砖及砌块进场检验　　　　　　　　　　　表 16-3

序号	材料名称	检验项目	检验批划分及取样数量	备注
1	烧结普通砖 混凝土实心砖	抗压强度	同一生产厂家，同品种、同规格、同等级，每 15 万块为一验收批，不足 15 万块时按 1 批计，每批从尺寸偏差和外观质量检查合格的砖中，随机抽取试件 1 组（10 块）	
2	烧结多孔砖 混凝土多孔砖 蒸压灰砂砖 蒸压粉煤灰砖	抗压强度	同一生产厂家，同品种、同规格、同等级，每 10 万块为一验收批，不足 10 万块时按 1 批计，每批从尺寸偏差和外观质量检查合格的砖中，随机抽取试件 1 组。蒸压粉煤灰砖试件 1 组为 20 块，其他砖试件 1 组为 10 块	
3	普通混凝土小型空心砌块和轻骨料混凝土小型空心砌块（简称小砌块）	抗压强度	同一生产厂家，同品种、同规格、同等级，每 1 万块小砌块为一验收批，不足 1 万块按一批计；每批从尺寸偏差和外观质量检查合格的小砌块中，随机抽取试件 1 组；用于多层以上建筑的基础和底层的小砌块抽检数量为不应少于 2 组。当 $H/B \geqslant$ 0.6 时，1 组为 5 块；当 $H/B < 0.6$ 时，1 组为 10 块	注：H/B（高宽比）是指试样在实际使用状态下的承压高度 H 与最小水平尺寸 B 之比

6. 砌筑砂浆试件强度检验

依据《砌体结构工程施工质量验收规范》GB 50203—2011 及相关标准，砌筑砂浆试件强度检验，抽检数量及检验方法应符合下列规定：

(1) 抽检数量：每一检验批且不超过 250m³ 砌体的各类、各强度等级的普通砌筑砂浆，每台搅拌机应至少抽检一次。验收批的预拌砂浆、蒸压加气混凝土砌块专用砂浆，抽检可为 3 组。

(2) 检验方法：在砂浆搅拌机出料口或在湿拌砂浆的储存容器出料口随机取样制作砂浆试块（现场拌制的砂浆，同盘砂浆只应作 1 组试块），试块标养 28d 后作强度试验。预拌砂浆中的湿拌砂浆稠度应在进场时取样检验。

(3) 当施工中或验收时出现下列情况，可采用现场检验方法对砂浆或砌体强度进行实体检测，并判定其强度：

1) 砂浆试块缺乏代表性或试块数量不足。

2) 对砂浆试块的试验结果有怀疑或有争议。

3) 砂浆试块的试验结果，不能满足设计要求。

4) 发生工程事故，需要进一步分析事故原因。

7. 钢筋进场检验

钢筋进场时，应检查钢筋的质量证明文件，质量证明文件包括产品合格证和出厂检验报告，并应按国家现行相关标准的规定，抽取试件作屈服强度、抗拉强度、伸长率、弯曲性能和重量偏差检验。检验应按相关产品标准规定的检验批划分及取样数量、方法等执行。

(1) 热轧光圆钢筋和热轧带筋钢筋进场检验：依据《混凝土结构工程施工质量验收规范》GB 50204—2015、《钢筋混凝土用钢 第 1 部分：热轧光圆钢筋》GB 1499.1—2008 和《钢筋混凝土用钢 第 2 部分：热轧带肋钢筋》GB 1499.2—2007 标准，每检验批由同一牌号、同一炉罐号、同一规格的钢筋组成，每批重量不大于 60t。超过 60t 的部分，每增加 40t（或不足 40t 的余量），增加 1 个拉伸试件和 1 个弯曲试件。每检验批抽取 5 个试件，先进行重量偏差检验，再取其中 2 个试件进行拉伸试验检验屈服强度、抗拉强度、伸长率，另取其中 2 个试件进行弯曲性能检验。对于钢筋伸长率，牌号带"E"的钢筋应检验最大力下总伸长率。对重量偏差检验试件应从每检验批不同根钢筋上截取，数量不少于 5 个，每个试件长度不小于 500mm。

获得认证的钢筋或同一厂家、同一牌号、同一规格的钢筋，连续三批均一次检验合格的，其检验批容量可扩大一倍。

(2) 冷轧带肋钢筋进场检验：依据《冷轧带肋钢筋混凝土结构技术规程》JGJ 95—2011，进场的冷轧带肋钢筋应按同一厂家、同一牌号、同一直径、同一交货状态的原则划分检验批进行抽样检验，并检查钢筋出厂质量合格证明书、标牌，标牌应标明钢筋的生产企业、钢筋牌号、钢筋直径等信息。每个检验批的检验项目为外观质量、重量偏差、拉伸试验（量测抗拉强度和伸长率）和弯曲试验或反复弯曲试验。

1) CRB550、CRB600H 钢筋的重量偏差、拉伸试验和弯曲试验的检验批重量不应超过 10t，每个检验批由 3 个试件组成。应随机抽取 3 捆（盘），从每捆（盘）抽一根钢筋（钢筋一端），并在任一端截去 500mm 后取一个长度不小于 300mm 的试样。3 个试样均应进行重量偏差检验，再取其中 2 个试样分别进行拉伸试验和弯曲试验。

2）CRB650、CRB650H、CRB800、CRB800H 和 CRB970 钢筋的重量偏差、拉伸试验和反复弯曲试验的检验批重量不应超过 5t。当连续 10 批且每批的检验结果均合格时，可改为重量不超过 10t 为一个检验批进行检验。每个检验批由 3 个试件组成。应随机抽取 3 盘，从每盘任一端截去 500mm 后取一个长度不小于 300mm 的试样。3 个试样均应进行重量偏差检验，再取其中 2 个试样分别进行拉伸试验和反复弯曲试验。

8. 成型钢筋进场检验

依据《混凝土结构工程施工质量验收规范》GB 50204—2015，成型钢筋进场时，应检查成型钢筋的质量证明文件（专业加工企业提供的产品合格证、出厂检验报告）、成型钢筋所用材料质量证明文件及检验报告，并应抽取试件检验成型钢筋的屈服强度、抗拉强度、伸长率和重量偏差。

（1）对由热轧钢筋制成的成型钢筋，当有监理单位或施工单位的代表驻厂监督生产过程，并提供原材钢筋力学性能第三方检验报告时，可仅进行重量偏差检验。

（2）检查数量：同一厂家、同一类型、同一钢筋来源的成型钢筋，不超过 30t 为一批，每批中每种钢筋牌号、规格均应至少抽取 1 个钢筋试件，总数不应少于 3 个。

（3）考虑到钢筋试件抽取的随机性，每批抽取的试件应在不同成型钢筋上抽取，成型钢筋截取钢筋试件后可采用搭接或焊接的方式进行修补。

（4）获得认证的成型钢筋或同一厂家、同一类型、同一钢筋来源的成型钢筋，连续三批均一次检验合格的，其检验批容量可扩大一倍。

9. 盘卷钢筋调直后检验

依据《混凝土结构工程施工质量验收规范》GB 50204—2015，盘卷钢筋调直后应进行力学性能和重量偏差检验，其强度应符合国家现行有关标准的规定，其断后伸长率、重量偏差应符合表 16-4 的规定。力学性能和重量偏差检验应符合下列规定：

盘卷钢筋调直后的断后伸长率、重量偏差要求　　　　　　　　　表 16-4

钢筋牌号	断后伸长率 A （%）	重量偏差（%）	
		直径 6～12mm	直径 14～16mm
HPB300	≥21	≥−10	—
HRB335、HRBF335	≥16	≥−8	≥−6
HRB400、HRBF400	≥15		
RRB400	≥13		
HRB500、HRBF500	≥14		

注：断后伸长率 A 的量测标距为 5 倍钢筋直径。

（1）应对 3 个试件先进行重量偏差检验，再取其中 2 个试件进行力学性能检验。

（2）重量偏差应按下式计算：

$$\Delta = (W_d - W_0)/W_0 \times 100$$

式中　Δ——重量偏差（%）；

W_d——3 个调直钢筋试件的实际重量之和（kg）；

W_0——钢筋理论重量（kg），取每米理论重量（kg/m）与 3 个调直钢筋试件长度之和（m）的乘积。

（3）检验重量偏差时，试件切口应平滑并与长度方向垂直，其长度不应小于 500mm；长度和重量的量测精度分别不应低于 1mm 和 1g。

采用无延伸功能的机械设备调直的钢筋，可不进行调直后力学性能和重量偏差的检验。

检查数量：同一设备加工的同一牌号、同一规格的调直钢筋，重量不大于 30t 为一批；每批见证抽取 3 个试件。

10. 钢筋焊接接头力学性能检验

依据《钢筋焊接及验收规程》JGJ 18—2012，钢筋焊接接头力学性能检验，应在接头外观质量检查合格后随机切取试件作力学性能检验，并应符合表 16-5 的规定。

钢筋焊接接头力学性能检验　　　　　　　　　　　　　　表 16-5

序号	焊接接头方式	检验项目	检验批划分及取样数量
1	钢筋闪光对焊接头	抗拉强度 弯曲性能	（1）在同一台班内，由同一个焊工完成的 300 个同牌号、同直径钢筋焊接接头应作为一批。当同一台班内焊接的接头数量较少，可在一周之内累计计算；累计仍不足 300 个接头时，应按一批计算。 （2）力学性能检验时，应从每批接头中随机切取 6 个接头，其中 3 个做拉伸试验，3 个做弯曲试验。 （3）异径钢筋接头只可做拉伸试验
2	钢筋电弧焊接头	抗拉强度	（1）在现浇混凝土结构中，应以 300 个同牌号钢筋、同形式接头作为一批；在房屋结构中，应在不超过连续二楼层中 300 个同牌号钢筋、同形式接头作为一批；每批随机切取 3 个接头，做拉伸试验。 （2）在装配式结构中，可按生产条件制作模拟试件，每批 3 个，做拉伸试验。 （3）钢筋与钢板搭接焊接头只可进行外观质量检查。 注：在同一批中若有 3 种不同直径的钢筋焊接接头，应在最大直径钢筋接头和最小直径钢筋接头中分别切取 3 个试件进行拉伸试验
3	钢筋电渣压力焊接头	抗拉强度	（1）在现浇钢筋混凝土结构中，应以 300 个同牌号钢筋接头作为一批。 （2）在房屋结构中，应在不超过连续二楼层中 300 个同牌号钢筋接头作为一批；当不足 300 个接头时，仍应作为一批。 （3）每批随机切取 3 个接头试件做拉伸试验。 注：在同一批中若有 3 种不同直径的钢筋焊接接头，应在最大直径钢筋接头和最小直径钢筋接头中分别切取 3 个试件进行拉伸试验。电渣压力焊应用于柱、墙等现浇混凝土结构中竖向钢筋的连接；不得用于梁、板等构件中水平钢筋的连接

续表

序号	焊接接头方式	检验项目	检验批划分及取样数量
4	钢筋气压焊接头	抗拉强度 弯曲性能	（1）在现浇钢筋混凝土结构中，应以 300 个同牌号钢筋接头作为一批；在房屋结构中，应在不超过连续二楼层中 300 个同牌号钢筋接头作为一批；当不足 300 个接头时，仍应作为一批。 （2）在柱、墙的竖向钢筋连接中，应从每批接头中随机切取 3 个接头做拉伸试验；在梁、板的水平钢筋连接中，应另切取 3 个接头做弯曲试验。 （3）在同一批中，异径钢筋气压焊接头可只做拉伸试验。 注：在同一批中若有 3 种不同直径的钢筋焊接接头，应在最大直径钢筋接头和最小直径钢筋接头中分别切取 3 个试件进行拉伸试验
5	箍筋闪光对焊接头	抗拉强度	（1）在同一台班内，由同一焊工完成的 600 个同牌号、同直径箍筋闪光对焊接头作为一个检验批；如超出 600 个接头，其超出部分可以与下一台班完成接头累计计算。 （2）每一检验批中，应随机抽查 5% 的接头进行外观质量检查。 （3）每个检验批中应随机切取 3 个对焊接头做拉伸试验
6	预埋件钢筋 T 形接头	抗拉强度	（1）外观质量检查，应从同一台班内完成的同类型预埋件中抽查 5%，且不得少于 10 件。 （2）力学性能检验时，应以 300 件同类型预埋件作为一批。一周内连续焊接时，可累计计算。当不足 300 件时，亦应按一批计算。 （3）应从每批预埋件中随机切取 3 个接头做拉伸试验。试件的钢筋长度应大于或等于 200mm，钢板（锚板）的长度和宽度应等于 60mm，并视钢筋直径的增大而适当增大

11. 钢筋机械连接接头检验

依据《钢筋机械连接技术规程》JGJ 107—2016，钢筋机械连接接头包括套筒挤压接头、锥螺纹接头、镦粗直螺纹接头、滚轧直螺纹接头、套筒灌浆接头、熔融金属充填接头等。应在工程实体中随机截取试件作抗拉强度检验。接头的检验应符合下列规定：

（1）工程应用钢筋机械接头时，应对接头技术提供单位提交的接头相关技术资料进行审查与验收，并应包括下列内容：

1）工程所用接头的有效型式检验报告；

2）连接件产品设计、接头加工安装要求的相关技术文件；

3）连接件产品合格证和连接件原材料质量证明书。

（2）接头工艺检验应针对不同钢筋生产厂的钢筋进行，施工过程中更换钢筋生产厂或接头技术提供单位时，应补充进行工艺检验。

（3）接头现场抽检项目应包括极限抗拉强度试验、加工和安装质量检验。抽检应按验收批进行，同钢筋生产厂、同强度等级、同规格、同类型和同型式接头应以 500 个为一个验收批进行检验与验收，不足 500 个也应作为一个验收批。

（4）接头安装检验应符合下列规定：

1）螺纹接头安装后应按验收批，抽取其中 10% 的接头进行拧紧扭矩校核，拧紧扭矩值不合格数超过被校核接头数的 5% 时，应重新拧紧全部接头，直到合格为止。

2）套筒挤压接头应按验收批抽取 10％接头，压痕直径或挤压后套筒长度应满足规程的要求；钢筋插入套筒深度应满足产品设计要求，检查不合格数超过 10％时，可在本批外观检验不合格的接头中抽取 3 个试件做极限抗拉强度试验。

（5）对接头的每一验收批，应在工程结构中随机截取 3 个接头试件作极限抗拉强度试验，按设计要求的接头等级进行评定。当 3 个接头试件的极限抗拉强度均符合规程中相应等级的强度要求时，该验收批应评为合格。当仅有 1 个试件的极限抗拉强度不符合要求，应再取 6 个试件进行复检。复检中仍有 1 个试件的极限抗拉强度不符合要求，该验收批应评为不合格。

（6）同一接头类型、同型式、同强度等级、同规格的现场检验连续 10 个验收批抽样试件抗拉强度试验一次合格率为 100％时，验收批接头数量可扩大 1 倍。

（7）现场截取抽样试件后，原接头位置的钢筋可采用同等规格的钢筋进行绑扎搭接连接、焊接或机械连接方法补接。

（8）对抽检不合格的接头验收批，应由工程有关各方研究后提出处理方案。

12. 钢材复验检测项目与检测方法

依据《钢结构工程施工质量验收标准》GB 50205—2020，钢材复验检测项目与检测方法应符合下列规定：

（1）钢材进场时，应按国家现行标准的规定抽取试件且应进行屈服强度、抗拉强度、伸长率和厚度偏差检验，检验结果应符合国家现行标准的规定。

（2）全数检查钢材的质量合格证明文件、中文标志及检验报告等，检查钢材的品种、规格、性能等应符合国家现行标准的规定并满足设计要求。

（3）对属于下列情况之一的钢材，应进行抽样复验，其复验结果应符合国家现行产品标准的规定并满足设计要求。

1）结构安全等级为一级的重要建筑主体结构用钢材；

2）结构安全等级为二级的一般建筑，当其结构跨度大于 60m 或高度大于 100m 时或承受动力荷载需要验算疲劳的主体结构用钢材；

3）板厚不小于 40mm，且设计有 Z 向性能要求的厚板；

4）强度等级大于或等于 420MPa 高强度钢材；

5）进口钢材、混批钢材或质量证明文件不齐全的钢材；

6）设计文件或合同文件要求复验的钢材。

（4）钢材复验检验批量标准值是根据同批钢材量确定的，同批钢材应由同一牌号、同一质量等级、同一规格、同一交货条件的钢材组成。检验批量标准值可按表 16-6 采用。

钢材复验检验批量标准值（t）　　　　　　　　　　表 16-6

同批钢材量	检验批量标准值	同批钢材量	检验批量标准值
≤500	180	3001～5400	420
501～900	240	5401～9000	500
901～1500	300	＞9000	600
1501～3000	360		

注：同一规格可参照板厚度分组：≤16mm；＞16mm，≤40mm；＞40mm，≤63mm；＞63mm，≤80mm；＞80mm，≤100mm；＞100mm。

（5）根据建筑结构的重要性及钢材品种不同，对检验批量标准值进行修正，检验批量值取 10 的整数倍。修正系数可按表 16-7 采用。

钢材复验检验批量修正系数　　　　　　　　　　表 16-7

项目	修正系数
（1）建筑结构安全等级一级，且设计使用年限 100 年重要建筑用钢材； （2）强度等级大于或等于 420MPa 高强度钢材	0.85
获得认证且连续首三批均检验合格的钢材产品	2.00
其他情况	1.00

注：修正系数为 2.00 的钢材产品，当检验出现不合格时，应按照修正系数 1.00 重新确定检验批量。

（6）钢材的复验项目应满足设计文件的要求，当设计文件无要求时可按表 16-8 执行。

每个检验批复验项目及取样数量　　　　　　　　　表 16-8

序号	复验项目	取样数量	适用标准编号	备注
1	屈服强度、抗拉强度、伸长率	1	GB/T 2975、GB/T 228.1	承重结构采用的钢材
2	冷弯性能	3	GB/T 232	焊接承重结构和弯曲成型构件采用的钢材
3	冲击韧性	3	GB/T 2975、GB/T 229	需要验算疲劳的承重结构采用的钢材
4	厚度方向断面收缩率	3	GB/T 5313	焊接承重结构采用的 Z 向钢
5	化学成分	1	GB/T 20065、GB/T 223 系列标准、GB/T 4336、GB/T 20125	焊接结构采用的钢材保证项目：P、S、C（CEV）；非焊接结构采用的钢材保证项目：P、S
6	其他		由设计提出要求	

（7）拉索、拉杆、锚具复验应符合下列规定：

1）对应于同一炉批号原材料，按同一轧制工艺及热处理制作的同一规格拉杆或拉索为一批；

2）组装数量以不超过 50 套件的锚具和索杆为 1 个检验批。

每个检验批抽 3 个试件按其产品标准的要求进行拉伸检验。

检验项目和检验方法按表 16-8 执行。

13. 钢结构工程有关安全及功能的检验和见证检测项目

依据《钢结构工程施工质量验收标准》GB 50205—2020，钢结构分部（子分部）工程安全及功能的检验和见证检测项目按表 16-9 执行。

钢结构分部（子分部）工程安全及功能的检验和见证检测项目　　表 16-9

项次	项目		基本要求	检验方法及要求
1	见证取样送样检测	钢材复验	（1）由监理工程师或业主方代表见证取样送样； （2）由满足相应要求的检测机构进行检测并出具检测报告	GB 50205—2020 附录 A
		焊材复验		GB 50205—2020 第 4.6.2 条
		高强度螺栓连接副复验		GB 50205—2020 附录 B
		摩擦面抗滑移系数试验		GB 50205—2020 附录 B
		金属屋面系统抗风能力试验		GB 50205—2020 附录 C

续表

项次	项目			基本要求	检验方法及要求
2	焊缝无损探伤检测	施工单位自检		由施工单位具有相应要求的检测人员或由其委托的具有相应要求的检测机构进行检测	GB 50205—2020 第5.2.4条
		第三方监检		由业主或其代表委托的具有相应要求的独立第三方检测机构进行检测并出具检测报告	一级焊缝按不少于被检测焊缝处数的20%抽检；二级焊缝按不少于被检测焊缝处数的5%抽检
3	现场见证检测	焊缝外观质量		(1) 由监理工程师或业主方代表指定抽样样本，见证检测过程； (2) 由施工单位质检人员或由其委托的检测机构进行检测	GB 50205—2020 第5.2.7条
		焊缝尺寸			GB 50205—2020 第5.2.8条
		高强度螺栓终拧质量	大六角头型		GB 50205—2020 第6.3.3条
			扭剪型		GB 50205—2020 第6.3.4条
		基础和支座安装	单层、多高层		GB 50205—2020 第10.2.1条
			空间结构		GB 50205—2020 第11.2.1条
		钢材表面处理			GB 50205—2020 第13.2.1条
		涂料附着力			GB 50205—2020 第13.2.6条
		防腐涂层厚度			GB 50205—2020 第13.2.3条
		防火涂层厚度			GB 50205—2020 第13.4.3条
		主要构件安装精度	柱		GB 50205—2020 第10.3.4条
			梁与桁架		GB 50205—2020 第10.4.2条
		主体结构整体尺寸	单层、多高层		GB 50205—2020 第10.9.1条
			空间结构		GB 50205—2020 第11.3.1条

14. 地下工程用防水材料进场检验

依据《地下防水工程质量验收规范》GB 50208—2011，地下工程用防水材料进场抽样检验应符合表16-10的规定。

地下工程用防水材料进场抽样检验　　　　　　　　　　表 16-10

序号	材料名称	抽样数量	外观质量检验	物理性能检验
1	高聚物改性沥青类防水卷材	大于1000卷抽5卷，每500~1000卷抽4卷，100~499卷抽3卷，100卷以下抽2卷，进行规格尺寸和外观质量检验。在外观质量检验合格的卷材中，任取一卷作物理性能检验	断裂、折皱、孔洞、剥离、边缘不整齐、胎体露白、未浸透、撒布材料粒度、颜色、每卷卷材的接头	可溶物含量，拉力，延伸率，低温柔度，热老化后低温柔度，不透水性
2	合成高分子类防水卷材		折痕、杂质、胶块、凹痕，每卷卷材的接头	断裂拉伸强度，断裂伸长率，低温弯折性，不透水性，撕裂强度

续表

序号	材料名称	抽样数量	外观质量检验	物理性能检验
3	有机防水涂料	每 5t 为一批，不足 5t 按一批抽样	均匀黏稠体，无凝胶，无结块	潮湿基面粘结强度，涂膜抗渗性，浸水 168h 后拉伸强度，浸水 168h 后断裂伸长率，耐水性
4	无机防水涂料	每 10t 为一批，不足 10t 按一批抽样	液体组分：无杂质、凝胶的均匀乳液　固体组分：无杂质、结块的粉末	抗折强度，粘结强度，抗渗性
5	膨润土防水材料	每 100 卷为一批，不足 100 卷按一批抽样；100 卷以下抽 5 卷，进行尺寸偏差和外观质量检验。在外观质量检验合格的卷材中，任取一卷作物理性能检验	表面平整，厚度均匀，无破洞、破边，无残留断针，针刺均匀	单位面积质量，膨润土膨胀指数，渗透系数，滤失量
6	混凝土建筑接缝用密封胶	每 2t 为一批，不足 2t 按一批抽样	细腻，均匀膏状物或黏稠液体，无气泡，结皮和凝胶现象	流动性、挤出性、定伸粘结性
7	橡胶止水带	每月同标记的止水带产量为一批抽样	尺寸公差；开裂，缺胶，海绵状，中心孔偏心，凹痕，气泡，杂质，明疤	拉伸强度，扯断伸长率，撕裂强度
8	腻子型遇水膨胀止水条	每 5000m 为一批，不足 5000m 按一批抽样	尺寸公差；柔软、弹性匀质，色泽均匀，无明显凹凸	硬度，7d 膨胀率，最终膨胀率，耐水性
9	遇水膨胀止水胶	每 5t 为一批，不足 5t 按一批抽样	细腻，黏稠、均匀膏状物，无气泡，结皮和凝胶	表干时间，拉伸强度，体积膨胀倍率
10	弹性橡胶密封垫材料	每月同标记的密封垫材料产量为一批抽样	尺寸公差；开裂，缺胶，凹痕，气泡，杂质，明疤	硬度，伸长率，拉伸强度，压缩永久变形
11	遇水膨胀橡胶密封垫胶料	每月同标记的膨胀橡胶产量为一批抽样	尺寸公差；开裂，缺胶，凹痕，气泡，杂质，明疤	硬度，拉伸强度，扯断伸长率，体积膨胀倍率、低温弯折
12	聚合物水泥防水砂浆	每 10t 为一批，不足 10t 按一批抽样	干粉类：均匀，无结块；乳胶类：液体经搅拌后均匀无沉淀，粉料均匀，无结块	7d 粘结强度，7d 抗渗性，耐水性

15. 屋面防水材料进场检验

依据《屋面工程质量验收规范》GB 50207—2012，屋面防水材料进场检验项目应符合表 16-11 的规定。

屋面防水材料进场检验项目 表 16-11

序号	防水材料名称	现场抽样数量	外观质量检验	物理性能检验
1	高聚物改性沥青防水卷材	大于 1000 卷抽 5 卷，每 500～1000 卷抽 4 卷，100～499 卷抽 3 卷，100 卷以下抽 2 卷，进行规格尺寸和外观质量检验。在外观质量检验合格的卷材中，任取一卷作物理性能检验	表面平整，边缘整齐，无孔洞、缺边、裂口、胎基未浸透，矿物粒料粒度，每卷卷材的接头	可溶物含量、拉力、最大拉力时延伸率、耐热度、低温柔度、不透水性
2	合成高分子防水卷材		表面平整，边缘整齐，无气泡、裂纹、粘结疤痕，每卷卷材的接头	断裂拉伸强度、扯断伸长率、低温弯折性、不透水性
3	高聚物改性沥青防水涂料		水乳型：无色差、凝胶、结块、明显沥青丝；溶剂型：黑色黏稠状，细腻、均匀胶状液体	固体含量、耐热性、低温柔性、不透水性、断裂伸长率或抗裂性
4	合成高分子防水涂料	每 10t 为一批，不足 10t 按一批抽样	反应固化型：均匀黏稠状、无凝胶、结块；挥发固化型：经搅拌后无结块，呈均匀状态	固体含量、拉伸强度、断裂伸长率、低温柔性、不透水性
5	聚合物水泥防水涂料		液体组分：无杂质、无凝胶的均匀乳液；固体组分：无杂质、无结块的粉末	固体含量、拉伸强度、断裂伸长率、低温柔性、不透水性
6	胎体增强材料	每 3000m² 为一批，不足 3000m² 的按一批抽样	表面平整，边缘整齐，无折痕、无孔洞、无污迹	拉力、延伸率
7	沥青基防水卷材用基层处理剂		均匀液体，无结块、无凝胶	固体含量、耐热性、低温柔性、剥离强度
8	高分子胶粘剂	每 5t 产品为一批，不足 5t 的按一批抽样	均匀液体，无杂质、无分散颗粒或凝胶	剥离强度、浸水 168h 后的剥离强度保持率
9	改性沥青胶粘剂		均匀液体，无结块、无凝胶	剥离强度

续表

序号	防水材料名称	现场抽样数量	外观质量检验	物理性能检验
10	合成橡胶胶粘带	每 1000m 为一批，不足 1000m 的按一批抽样	表面平整，无固块、杂物、孔洞、外伤及色差	剥离强度、浸水 168h 后的剥离强度保持率
11	改性石油沥青密封材料	每 1t 产品为一批，不足 1t 的按一批抽样	黑色均匀膏状，无结块和未浸透的填料	耐热性、低温柔性、拉伸粘结性、施工度
12	合成高分子密封材料		均匀膏状物或黏稠液体，无结皮、凝胶或不易分散的固体团状	拉伸模量、断裂伸长率、定伸粘结性
13	烧结瓦、混凝土瓦	同一批至少抽一次	边缘整齐，表面光滑，不得有分层、裂纹、露砂	抗渗性、抗冻性、吸水率
14	玻纤胎沥青瓦		边缘整齐，切槽清晰，厚薄均匀，表面无孔洞、硌伤、裂纹、皱折及起泡	可溶物含量、拉力、耐热度、柔度、不透水性、叠层剥离强度
15	彩色涂层钢板及钢带	同牌号、同规格、同镀层重量、同涂层厚度、同涂料种类和颜色为一批	钢板表面不应有气泡、缩孔、漏涂等缺陷	屈服强度、抗拉强度、断后伸长率、镀层重量、涂层厚度

16. 屋面保温材料进场检验

依据《屋面工程质量验收规范》GB 50207—2012，屋面保温材料进场检验项目应符合表 16-12 的规定。

屋面保温材料进场检验项目　　　　　　　　　　　表 16-12

序号	材料名称	组批及抽样	外观质量检验	物理性能检验
1	模塑聚苯乙烯泡沫塑料	同规格按 100m³ 为一批，不足 100m³ 的按一批计。在每批产品中随机抽取 20 块进行规格尺寸和外观质量检验。从规格尺寸和外观质量检验合格的产品中，随机取样进行物理性能检验	色泽均匀，阻燃型应掺有颜色的颗粒；表面平整，无明显收缩变形和膨胀变形；熔结良好；无明显油渍和杂质	表观密度、压缩强度、导热系数、燃烧性能
2	挤塑聚苯乙烯泡沫塑料	同类型、同规格按 50m³ 为一批，不足 50m³ 的按一批计。在每批产品中随机抽取 10 块进行规格尺寸和外观质量检验。从规格尺寸和外观质量检验合格的产品中，随机取样进行物理性能检验	表面平整，无夹杂物，颜色均匀；无明显起泡、裂口、变形	压缩强度、导热系数、燃烧性能

续表

序号	材料名称	组批及抽样	外观质量检验	物理性能检验
3	硬质聚氨酯泡沫塑料	同原料、同配方、同工艺条件按50m³为一批,不足50m³的按一批计。 在每批产品中随机抽取10块进行规格尺寸和外观质量检验。从规格尺寸和外观质量检验合格的产品中,随机取样进行物理性能检验	表面平整,无严重凹凸不平	表观密度、压缩强度、导热系数、燃烧性能
4	泡沫玻璃绝热制品	同品种、同规格按250件为一批,不足250件的按一批计。 在每批产品中随机抽取6个包装箱,每箱各抽1块进行规格尺寸和外观质量检验。从规格尺寸和外观质量检验合格的产品中,随机取样进行物理性能检验	垂直度、最大弯曲度、缺棱、缺角、孔洞、裂纹	表观密度、抗压强度、导热系数、燃烧性能
5	膨胀珍珠岩制品(憎水型)	同品种、同规格按2000块为一批,不足2000块的按一批计。 在每批产品中随机抽取10块进行规格尺寸和外观质量检验。从规格尺寸和外观质量检验合格的产品中,随机取样进行物理性能检验	弯曲度、缺棱、掉角、裂纹	表观密度、抗压强度、导热系数、燃烧性能
6	加气混凝土砌块	同品种、同规格、同等级按200m³为一批,不足200m³的按一批计。 在每批产品中随机抽取50块进行规格尺寸和外观质量检验。从规格尺寸和外观质量检验合格的产品中,随机取样进行物理性能检验	缺棱掉角;裂纹、爆裂、粘膜和损坏深度;表面疏松、层裂;表面油污	干密度、抗压强度、导热系数、燃烧性能
7	泡沫混凝土砌块		缺棱掉角;平面弯曲;裂纹、粘膜和损坏深度;表面酥松、层裂;表面油污	干密度、抗压强度、导热系数、燃烧性能
8	玻璃棉、岩棉、矿渣棉制品	同原料、同工艺、同品种、同规格按1000m²为一批,不足1000m²的按一批计。 在每批产品中随机抽取6个包装箱或卷进行规格尺寸和外观质量检验。从规格尺寸和外观质量检验合格的产品中,抽取1个包装箱或卷进行物理性能检验	表面平整,伤痕、污迹、破损,覆层与基材粘贴	表观密度、导热系数、燃烧性能

序号	材料名称	组批及抽样	外观质量检验	物理性能检验
9	金属面绝热夹芯板	同原料、同生产工艺、同厚度按150块为一批，不足150块的按一批计。 在每批产品中随机抽取5块进行规格尺寸和外观质量检验，从规格尺寸和外观质量检验合格的产品中，随机抽取3块进行物理性能检验	表面平整，无明显凹凸、翘曲、变形；切口平直、切面整齐，无毛刺；芯板切面整齐，无剥落	剥离性能、抗弯承载力、防火性能

17. 外墙饰面砖粘结强度检验

依据《建筑工程饰面砖粘结强度检验标准》JGJ/T 110—2017，外墙饰面砖粘贴强度检验应符合下列规定：

（1）现场粘贴外墙饰面砖应符合下列规定：

1）现场粘贴外墙饰面砖施工前应对饰面砖样板粘结强度进行检验。

2）每种类型的基体上应粘贴不小于 $1m^2$ 饰面砖样板，每个样板应各制取一组 3 个饰面砖粘结强度试样，取样间距不得小于 500mm。

3）大面积施工应采用饰面砖样板粘结强度合格的饰面砖、粘结材料和施工工艺。

（2）现场粘贴施工的外墙饰面砖，应对饰面砖粘结强度进行检验。

（3）现场粘贴饰面砖粘结强度检验应以每 $500m^2$ 同类基体饰面砖为一个检验批，不足 $500m^2$ 应为一个检验批。每批应取不少于一组 3 个试样，每连续三个楼层应取不少于一组试样，取样宜均匀分布。

（4）当按现行行业标准《外墙饰面砖工程施工及验收规程》JGJ 126 采用水泥基粘结材料粘贴外墙饰面砖后，可按水泥基粘结材料使用说明书的规定时间或样板饰面砖粘结强度达到合格的龄期，进行饰面砖粘结强度检验。当粘贴后 28d 以内达不到标准或有争议时，应以 28～60d 内约定时间检验的粘结强度为准。

（5）现场粘贴的同类饰面砖，当一组试样均符合判定指标要求时，判定其粘结强度合格；当一组试样均不符合判定指标要求时，判定其粘结强度不合格；当一组试样仅符合判定指标的一项要求时，应在该组试样原取样检验批内重新抽取两组试样检验，若检验结果仍有一项不符合判定指标要求时，判定其粘结强度不合格。判定指标应符合下列规定：

1）每组试样平均粘结强度不应小于 0.4MPa。

2）每组允许有一个试样的粘结强度小于 0.4MPa，但不应小于 0.3MPa。

18. 门窗工程检验批划分与检查数量

（1）门窗节能工程验收的检验批划分

依据《建筑节能工程施工质量验收标准》GB 50411—2019，门窗节能工程验收的检验批划分应符合下列规定：

1）同一厂家的同材质、类型和型号的门窗每 200 樘划分为一个检验批。

2) 同一厂家的同材质、类型和型号的特种门窗每 50 樘划分为一个检验批。

3) 异型或有特殊要求的门窗检验批的划分也可根据其特点和数量，由施工单位和项目监理机构协商确定。

（2）门窗工程检验批划分及检查数量

依据《建筑装饰装修工程质量验收标准》GB 50210—2018，门窗工程检验批划分及检查数量应符合下列规定：

1) 检验批应按下列规定划分：

① 同一品种、类型和规格的木门窗、金属门窗、塑料门窗和门窗玻璃每 100 樘应划分为一个检验批，不足 100 樘也应划分为一个检验批。

② 同一品种、类型和规格的特种门每 50 樘应划分为一个检验批，不足 50 樘也应划分为一个检验批。

2) 检查数量应符合下列规定：

① 木门窗、金属门窗、塑料门窗和门窗玻璃每个检验批应至少抽查 5%，并不得少于 3 樘，不足 3 樘时应全数检查；高层建筑的外窗每个检验批应至少抽查 10%，并不得少于 6 樘，不足 6 樘时应全数检查。

② 特种门每个检验批应至少抽查 50%，并不得少于 10 樘，不足 10 樘时应全数检查。

19. 建筑节能工程进场材料和设备复验

依据《建筑节能工程施工质量验收标准》GB 50411—2019，建筑节能工程进场材料和设备复验项目（复验应为见证取样）应符合表 16-13 的规定。

建筑节能工程进场材料和设备复验项目　　　　　　表 16-13

序号	分项工程	主要内容	检查数量
1	墙体节能工程	（1）保温隔热材料的导热系数或热阻、密度、压缩强度或抗压强度、垂直于板面方向的抗拉强度、吸水率、燃烧性能（不燃材料除外）； （2）复合保温板等墙体节能定型产品的传热系数或热阻、单位面积质量、拉伸粘结强度、燃烧性能（不燃材料除外）； （3）保温砌块等墙体节能定型产品的传热系数或热阻、抗压强度、吸水率； （4）反射隔热材料的太阳光反射比，半球发射率； （5）粘结材料的拉伸粘结强度； （6）抹面材料的拉伸粘结强度、压折比； （7）增强网的力学性能、抗腐蚀性能	同厂家、同品种产品，按照扣除门窗洞口后的保温墙面面积所使用的材料用量，在 5000m² 以内时应复验 1 次；面积每增加 5000m² 应增加 1 次。同工程项目、同施工单位且同期施工的多个单位工程，可合并计算抽检面积
2	幕墙节能工程	（1）保温材料的导热系数或热阻、密度、吸水率、燃烧性能（不燃材料除外）； （2）幕墙玻璃的可见光透射比、传热系数、遮阳系数、中空玻璃密封性能； （3）隔热型材的抗拉强度、抗剪强度； （4）透光、半透光遮阳材料的太阳光透射比、太阳光反射比	同厂家、同品种产品，幕墙面积在 3000m² 以内时应复验 1 次；面积每增加 3000m² 应增加 1 次。同工程项目、同施工单位且同期施工的多个单位工程，可合并计算抽检面积

序号	分项工程	主要内容	检查数量
3	门窗节能工程	(1) 严寒、寒冷地区，门窗的传热系数、气密性能； (2) 夏热冬冷地区，门窗的传热系数、气密性能，玻璃遮阳系数、玻璃可见光透射比； (3) 夏热冬暖地区，门窗的气密性能，玻璃遮阳系数、玻璃可见光透射比； (4) 严寒、寒冷、夏热冬冷和夏热冬暖地区，透光、部分透光遮阳材料的太阳光透射比、太阳光反射比，中空玻璃的密封性能	质量证明文件、复验报告和计算报告等全数核查；按同厂家、同材质、同开启方式、同型材系列的产品各抽查一次；对于有节能性能标识的门窗产品，复验时可仅核查标识证书和玻璃的检测报告。同工程项目、同施工单位且同期施工的多个单位工程，可合并计算抽检数量
4	屋面节能工程	(1) 保温隔热材料的导热系数或热阻、密度、压缩强度或抗压强度、吸水率、燃烧性能（不燃材料除外）； (2) 反射隔热材料的太阳光反射比、半球发射率	同厂家、同品种产品，扣除天窗、采光顶后的屋面面积在 1000m² 以内时应复验 1 次；面积每增加 1000m² 应增加复验 1 次。同工程项目、同施工单位且同期施工的多个单位工程，可合并计算抽检面积
5	地面节能工程	保温隔热材料的导热系数或热阻、密度、压缩强度或抗压强度、吸水率、燃烧性能（不燃材料除外）	同厂家、同品种产品，地面面积在 1000m² 以内时应复验 1 次；面积每增加 1000m² 应增加 1 次。同工程项目、同施工单位且同期施工的多个单位工程，可合并计算抽检面积
6	供暖节能工程	(1) 散热器的单位散热量、金属热强度； (2) 保温材料的导热系数或热阻、密度、吸水率	同厂家、同材质的散热器，数量在 500 组及以下时，抽检 2 组；当数量每增加 1000 组时应增加抽检 1 组。同工程项目、同施工单位且同期施工的多个单位工程可合并计算
7	通风与空调节能工程	(1) 风机盘管机组的供冷量、供热量、风量、水阻力、功率及噪声； (2) 绝热材料的导热系数或热阻、密度、吸水率	按结构形式抽检，同厂家的风机盘管机组数量在 500 台及以下时，抽检 2 台；每增加 1000 台时应增加抽检 1 台。同工程项目、同施工单位且同期施工的多个单位工程可合并计算。同厂家、同材质的绝热材料，复验次数不得少于 2 次
8	空调与供暖系统的冷热源及管网节能工程	绝热材料的导热系数或热阻、密度、吸水率	同厂家、同材质的绝热材料，复验次数不得少于 2 次
9	配电与照明节能工程	(1) 照明光源初始光效； (2) 照明灯具镇流器能效值； (3) 照明灯具效率； (4) 照明设备功率、功率因数和谐波含量值	同厂家的照明光源、镇流器、灯具、照明设备，数量在 200 套（个）及以下时，抽检 2 套（个）；数量在 201～2000 套（个）时，抽检 3 套（个）；当数量在 2000 套（个）以上时，每增加 1000 套（个）时应增加抽检 1 套（个）。同工程项目、同施工单位且同期施工的多个单位工程可合并计算
		电线、电缆的导体电阻值	同厂家各种规格总数的 10%，且不少于 2 个规格

序号	分项工程	主要内容	检查数量
10	太阳能光热系统节能工程	(1) 集热设备的热性能; (2) 保温材料的导热系数或热阻、密度、吸水率	同厂家、同类型的太阳能集热器或太阳能热水器数量在 200 台及以下时,抽检 1 台(套);200 台以上抽检 2 台(套)。同工程项目、同施工单位且同期施工的多个单位工程可合并计算

在同一工程项目中,同厂家、同类型、同规格的节能材料、构件和设备,当获得建筑节能产品认证、具有节能标识或连续三次见证取样检验均一次检验合格时,其检验批的容量可扩大一倍,且仅可扩大一倍。扩大检验批后的检验中出现不合格情况时,应按扩大前的检验批重新验收,且该产品不得再次扩大检验批容量。

16.6 工程实体检验

工程实体检验已成为工程质量控制的重要手段之一。依据《建筑工程施工质量验收统一标准》GB 50300—2013 规定,"对涉及结构安全、节能、环境保护和使用功能的重要分部工程应在验收前按规定进行抽样检验"(即实体检验)。《混凝土结构工程施工质量验收规范》GB 50204—2015、《建筑节能工程施工质量验收标准》GB 50411—2019 等各专业验收规范/标准均要求在重要分部工程验收前,按规定进行工程实体检验,并见证实施过程。

目前,国家相关验收规范/标准要求在建筑工程的分部工程验收前,应进行实体检验并见证实施过程的项目有:混凝土强度实体检验,钢筋保护层厚度实体检验,结构位置与尺寸偏差实体检验,外墙节能构造实体检验,建筑外窗气密性实体检验,设备系统节能性能检验等。随着各专业验收规范相继修订和实施,有关工程实体检验的要求也会相继补充和完善,望读者随时关注、更新和运用。

本节主要介绍《混凝土结构工程施工质量验收规范》GB 50204—2015、《建筑节能工程施工质量验收标准》GB 50411—2019 规定的工程实体检验。其他各专业验收标准规定的实体检验,应遵循其规定执行。

1. 混凝土强度实体检验

依据《混凝土结构工程施工质量验收规范》GB 50204—2015,混凝土强度实体检验应由具有相应资质的检测机构实施,项目监理机构见证实施过程。施工单位应制定实体检验专项方案,并经项目监理机构审核批准后实施。

混凝土强度实体检验应按不同强度等级分别检验,检验方法宜采用同条件养护试件方法;当未取得同条件养护试件强度或同条件养护试件强度不符合要求时,可采用回弹-取芯法进行检验。

当混凝土强度实体检验结果不满足要求时,应委托具有资质的检测机构按国家现行有关标准的规定进行检测。

（1）结构实体混凝土同条件养护试件强度检验

1）同条件养护试件的取样和留置应符合下列规定：

① 同条件养护试件所对应的结构构件或结构部位，应由施工、监理等各方共同选定，且同条件养护试件的取样宜均匀分布于工程施工周期内。

② 同条件养护试件应在混凝土浇筑入模处见证取样。

③ 同条件养护试件应留置在靠近相应结构构件的适当位置，并应采取相同的养护方法。

④ 同一强度等级的同条件养护试件不宜少于 10 组，且不应少于 3 组。每连续两层楼取样不应少于 1 组；每 2000m³ 取样不得少于 1 组。

2）每组同条件养护试件的强度值应根据强度试验结果按现行国家标准《普通混凝土力学性能试验方法标准》GB/T 50081 的规定确定。

3）对同一强度等级的同条件养护试件，其强度值应除以 0.88 后按现行国家标准《混凝土强度检验评定标准》GB/T 50107 的有关规定进行评定，评定结果符合要求时可判结构实体混凝土强度合格。

4）同条件养护试件等效养护龄期

① 等效养护龄期应根据同条件养护试件强度与在标准养护条件下 28d 龄期试件强度相等的原则确定。同条件养护试件应在达到等效养护龄期后进行混凝土强度实体检验。

② 混凝土强度检验时的等效养护龄期可取日平均温度逐日累计达到 600℃·d 时所对应的龄期，且不应小于 14d。日平均温度为 0℃及以下的龄期不计入。

③ 冬期施工时，等效养护龄期计算时温度可取结构构件实际养护温度，也可根据结构构件的实际养护条件，按照同条件养护试件强度与在标准养护条件下 28d 龄期试件强度相等的原则由项目监理机构、施工单位等各方共同确定。

（2）结构实体混凝土回弹—取芯法强度检验

1）回弹构件抽取应符合下列规定：

① 同一混凝土强度等级的柱、梁、墙、板，抽取构件最小数量应符合表 16-14 的规定，并应均匀分布。

② 不宜抽取截面高度小于 300mm 的梁和边长小于 300mm 的柱。

回弹构件抽取最小数量　　　　　　　　　　　　　　　　表 16-14

构件总数量	最小抽样数量	构件总数量	最小抽样数量
20 以下	全数	281～500	40
20～150	20	501～1200	64
151～280	26	1201～3200	100

2）每个构件应选取不少于 5 个测区进行回弹检测及回弹值计算，并应符合现行行业标准《回弹法检测混凝土抗压强度技术规程》JGJ/T 23 对单个构件检测的有关规定。楼板构件的回弹宜在板底进行。

3）对同一强度等级的混凝土，应将每个构件 5 个测区中的最小测区平均回弹值进行排序，并在其最小的 3 个测区各钻取 1 个芯样。芯样应采用带水冷却装置的薄壁空心钻钻取，其直径宜为 100mm，且不宜小于混凝土骨料最大粒径的 3 倍。

4) 芯样试件的端部宜采用环氧胶泥或聚合物水泥砂浆补平，也可采用硫磺胶泥修补。加工后芯样试件的尺寸偏差与外观质量应符合下列规定：

① 芯样试件的高度与直径之比实测值不应小于 0.95，也不应大于 1.05。

② 沿芯样高度的任一直径与其平均值之差不应大于 2mm。

③ 芯样试件端面的不平整度在 100mm 长度内不应大 0.1mm。

④ 芯样试件端面与轴线的不垂直度不应大于 1°。

⑤ 芯样不应有裂缝、缺陷及钢筋等杂物。

5) 芯样试件尺寸的量测应符合下列规定：

① 应采用游标卡尺在芯样试件中部互相垂直的两个位置测量直径，取其算术平均值作为芯样试件的直径，精确至 0.1mm。

② 应采用钢板尺测量芯样试件的高度，精确至 1mm。

③ 垂直度应采用游标量角器测量芯样试件两个端线与轴线的夹角，精确至 0.1°。

④ 平整度应采用钢板尺或角尺紧靠在芯样试件端面上，一面转动钢板尺，一面用塞尺测量钢板尺与芯样试件端面之间的缝隙；也可采用其他专用设备测量。

6) 芯样试件应按现行国家标准《普通混凝土力学性能试验方法标准》GB/T 50081 中圆柱体试件的规定进行抗压强度试验。

7) 对同一强度等级的混凝土，当符合下列规定时，结构实体混凝土强度可判为合格：

① 三个芯样的抗压强度算术平均值不小于设计要求的混凝土强度等级值的 88%。

② 三个芯样的抗压强度的最小值不小于设计要求的混凝土强度等级值的 80%。

2. 结构实体钢筋保护层厚度检验

依据《混凝土结构工程施工质量验收规范》GB 50204—2015，结构实体钢筋保护层厚度检验应由具有相应资质的检测机构实施，项目监理机构见证实施过程。施工单位应制定实体检验专项方案，并经项目监理机构审核批准后实施。

(1) 结构实体钢筋保护层厚度检验构件的选取应均匀分布，并应符合下列规定：

1) 对非悬挑梁板类构件，应各抽取构件数量的 2% 且不少于 5 个构件进行检验。

2) 对悬挑梁，应抽取构件数量的 5% 且不少于 10 个构件进行检验；当悬挑梁数量少于 10 个时，应全数检验。

3) 对悬挑板，应抽取构件数量的 10% 且不少于 20 个构件进行检验；当悬挑板数量少于 20 个时，应全数检验。

(2) 钢筋保护层厚度的检验，可采用非破损或局部破损的方法，也可采用非破损方法并用局部破损方法进行校准。当采用非破损方法检验时，所使用的检测仪器应经过计量检验，检测操作应符合相应规程的规定。钢筋保护层厚度检验的检测误差不应大于 1mm。

(3) 对选定的梁类构件，应对全部纵向受力钢筋的保护层厚度进行检验，对选定的板类构件，应抽取不少于 6 根纵向受力钢筋的保护层厚度进行检验。对每根钢筋，应选择有代表性的不同部位量测 3 点取平均值。有代表性的部位是指该处钢筋保护层厚度可能对构件的承载力或耐久性有显著影响的部位。

(4) 钢筋保护层厚度检验时，纵向受力钢筋保护层厚度的允许偏差应符合表 16-15 的规定。

结构实体纵向受力钢筋保护层厚度的允许偏差　　　表 16-15

构件类型	允许偏差（mm）
梁	+10，−7
板	+8，−5

（5）梁类、板类构件纵向受力钢筋的保护层厚度应分别进行验收，并应符合下列规定：

1）当全部钢筋保护层厚度检验的合格率为 90% 及以上时，可判为合格。

2）当全部钢筋保护层厚度检验的合格率小于 90% 但不小于 80% 时，可再抽取相同数量的构件进行检验；当按两次抽样总和计算的合格率为 90% 及以上时，仍可判为合格。

3）每次抽样检验结果中不合格点的最大偏差均不应大于表 16-15 规定允许偏差的 1.5 倍。

3. 结构实体位置与尺寸偏差实体检验

依据《混凝土结构工程施工质量验收规范》GB 50204—2015，结构实体位置与尺寸偏差实体检验应由施工单位或委托具有资质的检测机构实施，项目监理机构见证实施过程。施工单位应制定实体检验专项方案，并经项目监理机构审核批准后实施。

（1）结构实体位置与尺寸偏差检验构件的选取应均匀分布，并应符合下列规定：

1）梁、柱应抽取构件数量的 1%，且不应少于 3 个构件。

2）墙、板应按有代表性的自然间抽取 1%，且不应少于 3 间。

3）层高应按有代表性的自然间抽查 1%，且不应少于 3 间。

（2）墙厚、板厚、层高的检验可采用非破损或局部破损的方法，也可采用非破损方法并用局部破损方法进行校准。当采用非破损方法检验时，所使用的检测仪器应经过计量检验，检测操作应符合国家现行有关标准的规定。

（3）对选定的构件，检验项目及检验方法应符合表 16-16 的规定，允许偏差及检验方法应符合表 16-17 和表 16-18 规定，精确至 1mm。

结构实体位置与尺寸允许偏差检验项目及检验方法　　　表 16-16

项目	检验方法
柱截面尺寸	选取柱的一边量测柱中部、下部及其他部位，取 3 点平均值
柱垂直度	沿两个方向分别量测，取较大值
墙厚	墙身中部量测 3 点，取平均值；测点间距不应小于 1m
梁高	量测一侧边跨中及两个距离支座 0.1m 处，取 3 点平均值；量测值可取腹板高度加上此处楼板的实测厚度
板厚	悬挑板取距离支座 0.1m 处，沿宽度方向取包括中心位置在内的随机 3 点取平均值；其他楼板，在同一对角线上量测中间及距离两端各 0.1m 处，取 3 点平均值
层高	与板厚测点相同，量测板顶至上层楼板板底净高，层高量测值为净高与板厚之和，取 3 点平均值

现浇结构位置和尺寸允许偏差及检验方法　　　　　　表 16-17

项目			允许偏差(mm)	检验方法
轴线位置	整体基础		15	经纬仪及尺量
	独立基础		10	经纬仪及尺量
	柱、墙、梁		8	尺量
垂直度	层高	≤6m	10	经纬仪或吊线、尺量
		>6m	12	经纬仪或吊线、尺量
	全高(H)≤300m		$H/30000+20$	经纬仪、尺量
	全高(H)>300m		$H/10000$ 且≤80	经纬仪、尺量
标高	层高		±10	水准仪或拉线、尺量
	全高		±30	水准仪或拉线、尺量
截面尺寸	基础		+15，-10	尺量
	柱、梁、板、墙		+10，-5	尺量
	楼梯相邻踏步高差		6	尺量
电梯井	中心位置		10	尺量
	长、宽尺寸		+25，0	尺量
表面平整度			8	2m靠尺和塞尺量测
预埋件中心位置	预埋板		10	尺量
	预埋螺栓		5	尺量
	预埋管		5	尺量
	其他		10	尺量
预留洞、孔中心线位置			15	尺量

注：1. 检查柱轴线、中心线位置时，沿纵、横两个方向量测，并取其中偏差的较大值。

　　2. H 为全高，单位为 mm。

装配式结构构件位置和尺寸允许偏差及检验方法　　　　　　表 16-18

项目			允许偏差(mm)	检验方法
构件轴线位置	竖向构件(柱、墙板、桁架)		8	经纬仪及尺量
	水平构件(梁、楼板)		5	
标高	梁、柱、墙板楼板底面或顶面		±5	水准仪或拉线、尺量
构件垂直度	柱、墙板安装后的高度	≤6m	5	经纬仪或吊线、尺量
		>6m	10	
构件倾斜度	梁、桁架		5	经纬仪或吊线、尺量
相邻构件平整度	梁、楼板底面	外露	3	2m靠尺和塞尺量测
		不外露	5	
	柱、墙板	外露	5	
		不外露	8	
构件搁置长度	梁、板		±10	尺量

续表

项目		允许偏差（mm）	检验方法
支座、支垫中心位置	板、梁、柱、墙板、桁架	10	尺量
墙板接缝宽度		±5	尺量

（4）结构实体位置与尺寸偏差项目应分别进行验收，并应符合下列规定：

1）当检验项目的合格率为 80％及以上时，可判为合格。

2）当检验项目的合格率小于 80％但不小于 70％时，可再抽取相同数量的构件进行检验；当按两次抽样总和计算的合格率为 80％及以上时，仍可判为合格。

4. 建筑外墙节能构造现场实体检验

依据《建筑节能工程施工质量验收标准》GB 50411—2019，建筑外墙节能构造现场实体检验应在外墙施工完工后、节能分部工程验收前进行。

（1）外墙节能构造现场实体检验的抽样数量应符合下列规定：

1）外墙节能构造实体检验应按单位工程进行，每种节能构造的外墙检验不得少于 3 处，每处检查一个点；传热系数检验数量应符合国家现行有关标准的要求。

2）同工程项目、同施工单位且同期施工的多个单位工程，可合并计算建筑面积；每 30000m² 可视为一个单位工程进行抽样，不足 30000m² 也视为一个单位工程。

3）实体检验的样本应在施工现场由项目监理机构和施工单位随机抽取，且应分布均匀、具有代表性，不得预先确定检验位置。

（2）外墙节能构造钻芯检验应由项目监理机构见证，可由建设单位委托有资质的检测机构实施，也可由施工单位实施。

（3）当对外墙传热系数或热阻检验时，应由项目监理机构见证，由建设单位委托具有资质的检测机构实施，其检测方法、抽样数量、检测部位和合格判定标准等可按相关标准确定，并在合同中约定。

（4）外墙节能构造钻芯检验方法

1）钻芯检验外墙节能构造的取样部位和数量，应符合下列规定：

① 取样部位应由检测人员随机抽样确定，不得在外墙施工前预先确定。

② 取样部位应选取节能构造有代表性的外墙上相对隐蔽的部位，并宜兼顾不同朝向和楼层。

③ 外墙取样数量为一个单位工程每种节能保温做法至少取 3 个芯样。取样部位宜均匀分布，不宜在同一个房间外墙上取 2 个或 2 个以上芯样。

2）钻芯检验外墙节能构造可采用空心钻头，从保温层一侧钻取直径 70mm 的芯样。钻取芯样深度为钻透保温层到达结构层或基层表面，必要时也可钻透墙体。当外墙的表层坚硬不易钻透时，也可局部剔除坚硬的面层后钻取芯样。但钻取芯样后应恢复原有外墙的表面装饰层。

3）对钻取的芯样，应按照下列规定进行检查：

① 对照设计图纸观察、判断保温材料种类是否符合设计要求；必要时也可采用其他

方法加以判断。

② 用分度值为1mm的钢尺，在垂直于芯样表面（外墙面）的方向上量取保温层厚度，精确到1mm。

③ 观察或剖开检查保温层构造做法是否符合设计和专项施工方案要求。

4）在垂直于芯样表面（外墙面）的方向上实测芯样保温层厚度，当实测厚度的平均值达到设计厚度的95%及以上时，应判定保温层厚度符合设计要求；否则，应判定保温层厚度不符合设计要求。

5）当取样检验结果不符合设计要求时，应委托具备检测资质的见证检测机构增加一倍数量再次取样检验。仍不符合设计要求时应判定围护结构节能构造不符合设计要求。此时应根据检验结果委托原设计单位或其他有资质的单位重新验算外墙的热工性能，提出技术处理方案。

6）外墙取样部位的修补，可采用聚苯板或其他保温材料制成的圆柱形塞填充并用建筑密封胶密封。修补后宜在取样部位挂贴注有"外墙节能构造检验点"的标志牌。

5. 建筑外窗气密性能现场实体检验

依据《建筑节能工程施工质量验收标准》GB 50411—2019，建筑外窗气密性能现场实体检验的方法应符合国家现行有关标准的规定。

（1）下列建筑的外窗应进行气密性能实体检验：

1）严寒、寒冷地区建筑；

2）夏热冬冷地区高度大于或等于24m的建筑和有集中供暖或供冷的建筑；

3）其他地区有集中供冷或供暖的建筑。

（2）外窗气密性能的现场实体检验应由项目监理机构见证，由建设单位委托有资质的检测机构实施。

（3）外窗气密性能现场实体检验的抽样数量应符合下列规定：

1）外窗气密性能现场实体检验应按单位工程进行，每种材质、开启方式、型材系列的外窗检验不得少于3樘。

2）同工程项目、同施工单位且同期施工的多个单位工程，可合并计算建筑面积；每30000m² 可视为一个单位工程进行抽样，不足30000m² 也视为一个单位工程。

3）实体检验的样本应在施工现场由项目监理机构和施工单位随机抽取，且应分布均匀、具有代表性，不得预先确定检验位置。

（4）当外窗气密性能现场实体检验结果不符合设计要求和标准规定时，应委托有资质的检测机构扩大一倍数量抽样，对不符合要求的项目或参数进行再次检验。仍然不符合要求时应给出"不符合设计要求"的结论，对于不符合设计要求和国家现行标准规定的，应查找原因，经过整改使其达到要求后重新进行检测，合格后方可通过验收。

6. 设备系统节能性能检验

依据《建筑节能工程施工质量验收标准》GB 50411—2019，供暖节能工程、通风与空调节能工程、配电与照明节能工程安装调试完成后，应由建设单位委托具有相应资质的检测机构进行系统节能性能检验并出具报告。受季节影响未进行的节能性能检验项目，应在保修期内补做。

供暖节能工程、通风与空调节能工程、配电与照明节能工程的设备系统节能性能检测应符合表 16-19 的规定。

设备系统节能性能检测主要项目及要求　　　　　　　　　　　　　表 16-19

序号	检测项目	抽样数量	允许偏差或规定值
1	室内平均温度	以房间数量为受检样本基数，最小抽样数量按 GB 50411—2019 第 3.4.3 条的规定执行，且均匀分布，并具有代表性；对面积大于 100m² 的房间或空间，可按每 100m² 划分为多个受检样本。 公共建筑的不同典型功能区域检测部位不应少于 2 处	冬季不得低于设计计算温度 2℃，且不应高于 1℃；夏季不得高于设计计算温度 2℃，且不应低于 1℃
2	通风、空调（包括新风）系统的风量	以系统数量为受检样本基数，抽样数量按 GB 50411—2019 第 3.4.3 条的规定执行，且不同功能的系统不应少于 1 个	符合现行国家标准《通风与空调工程施工质量验收规范》GB 50243 有关规定的限值
3	各风口的风量	以风口数量为受检样本基数，抽样数量按 GB 50411—2019 第 3.4.3 条的规定执行，且不同功能的系统不应少于 2 个	与设计风量的允许偏差不大于 15%
4	风道系统单位风量耗功率	以风机数量为受检样本基数，抽样数量按 GB 50411—2019 第 3.4.3 条的规定执行，且均不应少于 1 台	符合现行国家标准《公共建筑节能设计标准》GB 50189 规定的限值
5	空调机组的水流量	以空调机组数量为受检样本基数，抽样数量按 GB 50411—2019 第 3.4.3 条的规定执行	定流量系统允许偏差为 15%，变流量系统允许偏差为 10%
6	空调系统冷水、热水、冷却水的循环流量	全数检测	与设计循环流量的允许偏差不大于 10%
7	室外供暖管网水力平衡度	热力入口总数不超过 6 个时，全数检测；超过 6 个时，应根据各个热力入口距热源距离的远近，按近端、远端、中间区域各抽检 2 个热力入口	0.9～1.2
8	室外供暖管网热损失率	全数检测	不大于 10%
9	照度与照明功率密度	每个典型功能区域不少于 2 处，且均匀分布，并具有代表性	照度不低于设计值的 90%；照明功率密度值不应大于设计值

注：受检样本基数对应 GB 50411—2019 表 3.4.3 检验批的容量。

16.7　见证取样计划编制

1. 见证取样计划编制要求

（1）项目监理机构应按照有关规定及施工单位编制的施工检测试验计划，在相应项目实施见证取样前，完成见证取样计划的编制。

（2）见证取样计划内容应满足工程实施见证取样的要求，并应结合施工检测试验计划，使其具有针对性和可操作性。

（3）在实施工程监理过程中，见证取样计划需要调整时，可根据实际情况进行补充、修改。

（4）见证取样计划由总监理工程师审批，并加盖项目监理机构印章。

（5）见证取样计划一式二份，项目监理机构、施工单位各一份。

2. 见证取样计划编审程序

（1）专业监理工程师编写

专业监理工程师应按照有关规定及施工单位编制的施工检测试验计划进行编写。

（2）总监理工程师审批

见证取样计划编写完成后，由总监理工程师审批签字，并加盖项目监理机构印章。

16.8　见证取样计划主要内容

见证取样计划应包括下列主要内容：

1. 工程概况。
2. 工程参建单位。
3. 编制依据。
4. 见证取样相关规定。
5. 见证取样工作要求。
6. 见证取样人员及职责。
7. 见证取样程序。
8. 见证取样主要内容。
9. 附表。

16.9　见证取样计划（示例）

北京××工程

见 证 取 样 计 划

总监理工程师：_____

编　制　人：_____

北京××监理公司

北京××监理公司
（北京××工程项目监理机构）（盖章）
××××年××月编制

北京××监理公司
北京××工程项目监理机构

目　录

北京×××工程见证取样计划

1. 工程概况

1.1　工程基本情况

工程基本情况，如表 16-20 所示。

表 16-20

工程基本情况

工程名称	北京××工程			
工程地点	北京市海淀区西三环北路×号			
建设单位	北京××房地产开发公司			
实际开工日期	××××年××月××日	计划竣工日期	××××年××月××日	
总工期(天)	×××	质量等级	合格	合同价款	××××万元
建筑面积(m²)	××××	总高度(m)	××	总层数	××
地上层数	××	地下层数	×	结构类型	框架-剪力墙

1.2　专业工程特点

（简要描述与见证取样检验有关的专业工程特点）

2. 工程参建单位

工程参建单位，如表 16-21 所示。

表 16-21

工程参建单位

参建单位	单位名称	联系人	联系电话
建设单位	北京××房地产开发公司	×××	×××
勘察单位	北京××勘察设计院	×××	×××
设计单位	北京××设计研究院	×××	×××
监理单位	北京×× 监理公司	×××	×××
施工单位	北京××建筑工程公司	×××	×××
……	……	……	……

3. 编制依据

（1）监理规划、监理实施细则。

（2）施工组织设计、（专项）施工方案。

（3）施工检测试验计划。

（4）见证取样相关规定：

1)《建设工程质量检测管理办法》（建设部令第 141 号）（2015 修正）；

2) 建设部关于印发《房屋建筑工程和市政基础设施工程实行见证取样和送检的规定》的通知（建建［2000］211 号）；

3) 关于印发《北京市建设工程见证取样和送检管理规定（试行）》的通知（京建质

[2009] 289 号）；

4）北京市住房和城乡建设委员会关于印发《北京市施工现场材料管理工作导则（试行)》的通知（京建发[2013] 536 号）。

（5）施工质量验收标准/规范：施工质量验收标准/规范，如表 16-22 所示。

施工质量验收标准/规范　　　　　　　　　表 16-22

序号	标准/规范名称	标准编号	备注
1	建筑工程施工质量验收统一标准	GB 50300—××××	
2	建筑地基基础工程施工质量验收标准	GB 50202—××××	
3	砌体结构工程施工质量验收规范	GB 50203—××××	
4	混凝土结构工程施工质量验收规范	GB 50204—××××	
5	钢结构工程施工质量验收标准	GB 50205—××××	
6	木结构工程施工质量验收规范	GB 50206—××××	
7	屋面工程质量验收规范	GB 50207—××××	
8	地下防水工程质量验收规范	GB 50208—××××	
9	建筑地面工程施工质量验收规范	GB 50209—××××	
10	建筑装饰装修工程质量验收标准	GB 50210—××××	
11	建筑给排水采暖工程质量验收规范	GB 50242—××××	
12	通风与空调工程施工质量验收规范	GB 50243—××××	
13	建筑电气工程施工质量验收规范	GB 50303—××××	
14	电梯工程施工质量验收规范	GB 50310—××××	
15	建筑节能工程施工质量验收标准	GB 50411—××××	
16	智能建筑工程质量验收规范	GB 50339—××××	
17	……	……	

注：施工质量验收标准/规范应采用与本工程相关的现行有效版本。

4. 见证取样相关规定

（1）根据关于印发《北京市建设工程见证取样和送检管理规定（试行)》的通知（京建质[2009] 289 号）规定，下列涉及结构安全的试块、试件和材料应 100% 实行见证取样和送检：

1）用于承重结构的混凝土试块；

2）用于承重墙体的砌筑砂浆试块；

3）用于承重结构的钢筋及连接接头试件；

4）用于承重墙的砖和混凝土小型砌块；

5）用于拌制混凝土和砌筑砂浆的水泥；

6）用于承重结构的混凝土中使用的掺合料和外加剂；

7）防水材料；

8）预应力钢绞线、锚夹具；

9）沥青、沥青混合料；

10）道路工程用无机结合料稳定材料；

11) 建筑外窗；

12) 建筑节能工程用保温材料、绝热材料、粘结材料、增强网、幕墙玻璃、隔热型材、散热器、风机盘管机组、低压配电系统选择的电缆、电线等；

13) 钢结构工程用钢材及焊接材料、高强度螺栓预拉力、扭矩系数、摩擦面抗滑移系数和网架节点承载力试验；

14) 国家及地方标准、规范规定的其他见证检验项目。

（2）根据北京市住房和城乡建设委员会关于印发《北京市施工现场材料管理工作导则（试行）》的通知（京建发〔2013〕536 号）规定，进入施工现场的"钢材、保温材料、防水卷材见证取样检验不合格的，不再进行二次复试，相应批次材料应按规定程序进行退场处理"。

5. 见证取样工作要求

（参见本章内容）

6. 见证取样人员及职责

6.1　见证取样人员

见证取样人员，如表 16-23 所示。见证人员应经培训考核合格，取得见证人员培训合格证书。

表 16-23

见证取样人员

序号	姓名	年龄	专业	岗位	职称	资格	联系电话
1	李××	36	土建	专业工程师	中级	培训考核合格	
2	刘××	30	土建	专业工程师	中级	培训考核合格	
3	张××	28	土建	监理员	初级	培训考核合格	
4	李××	36	水暖	专业工程师	中级	培训考核合格	
5	姜××	26	通风空调	监理员	初级	培训考核合格	
6	王××	38	电气	专业工程师	中级	培训考核合格	
7	……	……	……	……	……	……	

6.2　见证取样人员职责

（参见本章内容）

7. 见证取样程序

（参见本章内容）

8. 见证取样主要内容

根据见证取样相关规定和施工检测试验计划，本工程见证取样的主要内容包括两部分：一是主要材料检验包括：混凝土强度试件、钢筋原材、成型钢筋、钢筋连接和防水材料等；二是工程实体检验包括：混凝土强度、钢筋保护层厚度、结构位置与尺寸偏差、外墙节能构造、外窗气密性等。

8.1　主要材料检验

（1）主要材料检验项目，如表 16-24 所示。

主要材料检验项目

表 16-24

序号	材料名称	检验项目	抽样规定	备注
1	混凝土	抗压强度 抗冻性 耐久性	(1) 每拌制 100 盘且不超过 100m³ 时，取样不得少于一次；(2) 每工作班拌制不足 100 盘时，取样不得少于一次；(3) 连续浇筑超过 1000m³ 时，每 200m³ 取样不得少于一次；(4) 每一楼层取样不得少于一次；(5) 每次取样应至少留置一组试件，同条件养护试件的留置组数应根据实际需要确定。每组 3 个试件应从同一盘或同一车的混凝土中取样制作	
2	钢筋	屈服强度 抗拉强度 伸长率 弯曲性能 重量偏差	每检验批由同一牌号、同一炉罐号、同一规格的钢筋组成，每批重量不大于 60t。超过 60t 的部分，每增加 40t (或不足 40t 的余量)，增加 1 个拉伸试件和 1 个弯曲试件。每检验批抽取 5 个试件，先进行重量偏差检验，再取其中 2 个试件进行拉伸试验，另取其中 2 个试件进行弯曲性能试验。对重量偏差检验试件应从每检验批不同根钢筋上截取，数量不少于 5 个，每个试件长度不小于 500mm	
3	成型钢筋	屈服强度 抗拉强度 伸长率 重量偏差	同一厂家、同一类型、同一钢筋来源的成型钢筋，不超过 30t 为一批，每批中每种钢筋牌号、规格均应至少抽取 1 个钢筋试件，总数不应少于 3 个	
4	钢筋机械连接	抗拉强度	同钢筋生产厂、同强度等级、同规格、同类型和同型式接头，应以 500 个为一个验收批进行检验，不足 500 个也应作为一个验收批。现场截取抽样试件后，原接头位置的钢筋可采用同等规格的钢筋进行绑扎搭接连接、焊接或机械连接方法补接	
5	钢筋电渣压力焊接头	抗拉强度	(1) 在现浇钢筋混凝土结构中，应以 300 个同牌号钢筋接头作为一批；(2) 在房屋结构中，应在不超过连续二楼层中 300 个同牌号钢筋接头作为一批；当不足 300 个接头时，仍应作为一批；(3) 每批随机切取 3 个接头试件做拉伸试验	
6	高聚物改性沥青防水卷材	可溶物含量、拉力、最大拉力时延伸率、耐热度、低温柔度、不透水性	大于 1000 卷抽 5 卷，每 500~1000 卷抽 4 卷，100~499 卷抽 3 卷，100 卷以下抽 2 卷，进行规格尺寸和外观质量检验。在外观质量检验合格的卷材中，任取一卷作物理性能检验	
7	……	……	……	

（2）主要材料检验见证取样计划表

1）混凝土强度试件检验见证取样计划表

混凝土强度试件检验见证取样计划，如表 16-25 所示。

混凝土强度试件检验见证取样计划表　　　　　表 16-25

序号	规格	数量(m³)	使用部位	强度取样数量	抗渗取样数量	见证时间	备注
1	C20	×××	××××	××		×× ××	
2	C30	×××	××××	××		×× ××	
3	C30 P6	×××	××××	××	×	×× ××	
4	C30 P8	×××	××××	××	×	×× ××	
5	……	……	……	……	……	……	

注：依据施工单位报送的施工检测试验计划进行编制。

2）钢筋检验见证取样计划表

钢筋检验见证取样计划，如表 16-26 所示。

钢筋检验见证取样计划表　　　　　表 16-26

序号	规格	使用部位	数量(t)	取样数量	见证时间	备注
1	HPB300 12mm	××××	×××	××	×× ××	
2	HRB400 20mm	××××	×××	××	×× ××	
3	HRB400 22mm	××××	×××	××	×× ××	
4	……	……	……	……	……	

注：依据施工单位报送的施工检测试验计划进行编制。

3）钢筋连接检验见证取样计划表

钢筋连接检验见证取样计划，如表 16-27 所示。

钢筋连接检验见证取样计划表　　　　　表 16-27

序号	规格	使用部位	数量(个)	取样数量	见证时间	备注
1	直径 22(HRB400)机械连接	××××	×××	××	×× ××	
2	直径 22(HRB400)电渣压力焊	××××	×××	××	×× ××	
3	直径 25(HRB400)电渣压力焊	××××	×××	××	×× ××	
4	……	……	……	……	……	

注：依据施工单位报送的施工检测试验计划进行编制。

4）防水材料检验见证取样计划表

防水材料检验见证取样计划，如表 16-28 所示。

防水材料检验见证取样计划表 表 16-28

序号	材料名称	使用部位	数量(m²)	取样数量	见证时间	备注
1	高聚合物改性沥青防水卷材	地下室底板、外墙	×××	×	×××××	
2	高聚合物改性沥青防水卷材	屋面	×××	×	×××××	
3	……	……	……	……	……	

注：依据施工单位报送的施工检测试验计划进行编制。

8.2 工程实体检验

(1) 工程实体检验项目，如表 16-29 所示。

工程实体检验项目 表 16-29

序号	检验项目	依据	抽样规定	备注
1	混凝土强度	《混凝土结构工程施工质量验收规范》GB 50204—2015	①同条件养护试件所对应的结构构件或结构部位，应由施工、监理等各方共同选定，且同条件养护试件的取样宜均匀分布于工程施工周期内；②同条件养护试件应在混凝土浇筑入模处见证取样；③同条件养护试件应留置在靠近相应结构构件的适当位置，并应采取相同的养护方法；④同一强度等级的同条件养护试件不宜少于 10 组，且不应少于 3 组。每连续两层楼取样不应少于 1 组；每 2000m³ 取样不得少于 1 组	同条件养护试件法
			①回弹构件抽取应由施工、监理等共同确定；②同一混凝土强度等级的柱、梁、墙、板，抽取构件最小数量应符合规范的规定，并应均匀分布；③不宜抽取截面高度小于 300mm 的梁和边长小于 300mm 的柱。对同一强度等级的混凝土，应将每个构件 5 个测区中的最小测区平均回弹值进行排序，并在其最小的 3 个测区各钻取 1 个芯样	混凝土回弹-取芯法
2	钢筋保护层厚度	《混凝土结构工程施工质量验收规范》GB 50204—2015	钢筋保护层厚度构件的选取应均匀分布。①对非悬挑梁板类构件，应各抽取构件数量的 2%且不少于 5 个构件进行检验；②对悬挑梁，应抽取构件数量的 5%且不少于 10 个构件进行检验；当悬挑梁数量少于 10 个时，应全数检验；③对悬挑板，应抽取构件数量的 10%且不少于 20 个构件进行检验；当悬挑板数量少于 20 个时，应全数检验	

续表

序号	检验项目	依据	抽样规定	备注
3	结构位置与尺寸偏差	《混凝土结构工程施工质量验收规范》GB 50204—2015	检验构件的选取应均匀分布。①梁、柱应抽取构件数量的1%，且不应少于3个构件；②墙、板应按有代表性的自然间抽取1%，且不应少于3间；③层高应按有代表性的自然间抽查1%，且不应少于3间	
4	外墙节能构造	《建筑节能工程施工质量验收标准》GB 50411—2019	外墙节能构造实体检验应按单位工程进行，每种节能构造的外墙检验不得少于3处，每处检查一个点；同工程项目、同施工单位且同期施工的多个单位工程，可合并计算建筑面积；每30000m² 可视为一个单位工程进行抽样，不足30000m² 也视为一个单位工程	
5	外窗气密性能	《建筑节能工程施工质量验收标准》GB 50411—2019	外窗气密性能现场实体检验应按单位工程进行，每种材质、开启方式、型材系列的外窗检验不得少于3樘。 同工程项目、同施工单位且同期施工的多个单位工程，可合并计算建筑面积；每30000m² 可视为一个单位工程进行抽样，不足30000m² 也视为一个单位工程	
6	……	……	……	

（2）工程实体检验见证计划表

1）混凝土强度同条件养护试件实体检验见证计划表

混凝土强度同条件养护试件实体检验见证计划，如表 16-30 所示。

混凝土强度同条件养护试件实体检验见证计划表　　　　表 16-30

序号	规格	数量（m³）	使用部位	强度取样数量	见证时间	备注
1	C20	×××	××××	××	××××	
2	C30	×××	××××	××	××××	
3	……	……	……	……	……	

注：依据施工单位报送的施工检测试验计划进行编制。

2）钢筋保护层厚度检验见证计划表

钢筋保护层厚度检验见证计划，如表 16-31 所示。

钢筋保护层厚度实体检验见证计划表　　　　表 16-31

序号	构件名称	构件部位	抽取数量（个）	见证时间	备注
1	××	××	××	××××	
2	××	××	××	××××	
3	……	……	……	……	

注：依据施工单位报送的施工检测试验计划进行编制。

3) 结构位置与尺寸偏差检验见证计划表

结构位置与尺寸偏差检验见证计划，如表 16-32 所示。

结构位置与尺寸偏差实体检验见证计划表　　　　表 16-32

序号	构件名称	构件部位	抽取数量(个)	见证时间	备注
1	××	××	××	×× ××	
2	××	××	××	×× ××	
3	……	……	……	……	

注：依据施工单位报送的施工检测试验计划进行编制。

4) 外墙节能构造实体检验见证计划表

外墙节能构造实体检验见证计划，如表 16-33 所示。

外墙节能构造实体检验见证计划表　　　　表 16-33

序号	构件名称	构件部位	抽取数量(个)	见证时间	备注
1	××	××	××	×× ××	
2	××	××	××	×× ××	
3	……	……	……	……	

注：依据施工单位报送的施工检测试验计划进行编制。

5) 外窗气密性实体检验见证计划表

外窗气密性实体检验见证计划，如表 16-34 所示。

外窗气密性实体检验见证计划表　　　　表 16-34

序号	构件名称	构件部位	抽取数量(个)	见证时间	备注
1	××	××	××	×× ××	
2	××	××	××	×× ××	
3	……	……	……	……	

注：依据施工单位报送的施工检测试验计划进行编制。

9. 附表

9.1 见证取样和送检见证人告知书（表 16-35）

见证取样和送检见证人告知书

表 16-35

工程名称	北京××工程	编号	××-××

致：　**北京××质量监督机构**（质量监督机构）

　　　北京××检测所　　（检测机构）

我单位决定，由**张××**同志担任**北京××**工程见证取样和送检见证人，有关的印章和签字如下，请查收备案。

见证取样和送检印章	见证人签字	
北京××监理公司 见证取样送检专用章	**张××**	
	证书编号	××-××

建设单位：（盖章）

项目负责人：**赵××**　　　　　××××年××月××日

北京××监理公司

项目监理机构：(盖章北京××工程项目监理机构

总监理工程师：**李××**　　　　　××××年××月××日

北京××建筑工程公司

施工项目经理部：(盖章北京××工程施工项目经理部

项目负责人：**王××**　　　　　××××年××月××日

注：本表为北京市见证取样和送检见证人告知书，其他省市应按当地有关规定执行。

9.2 见证记录（表 16-36）

见证记录　　　　　　　　　　　　表 16-36

工程名称	北京××工程		编号	××-××	
试件名称	钢筋		生产厂家	××公司	
试件品种	HRB400E		材料出厂编号	××-××××	
试件规格型号	直径 20mm		材料进场时间	××××年××月××日	
材料进场数量	60t		代表数量	60t	
试样编号	×××-××		取样组数	1 组(5 根)	
抽样时间	××××年××月××日		取样地点	施工现场	
使用部位 (取样部位)	综合楼 8 层梁板				
检测项目 (设计要求)	拉伸试验(屈服强度、抗拉强度、断后伸长率)、强屈比、超屈比、最大力下总伸长率、弯曲试验、重量偏差				
检测结果判定依据	产品标准	《钢筋混凝土用钢　第 2 部分：热轧带肋钢筋》GB 1499.2—2007			
	验收规范	《混凝土结构工程施工质量验收规范》GB 50204—2015			
	设计要求	直径 20mm HRB400E 钢筋			
抽样人	签字	李××	见证人	签字	张××
	日期	××××年××月××日		日期	××××年××月××日
有见证和送检章	北京××监理公司 见证取样送检专用章				
送检情况	检测单位	北京××检测所			
	送检时间	××××年××月××日			

注：本表为北京市见证记录，其他省市应按当地有关规定执行。

第17章 建设工程监理日志与日记

监理日志是项目监理机构在实施建设工程监理过程中每日形成的文件，是监理工作最真实的原始记录，是重要的监理资料。监理日志不等同于监理日记。监理日记是每个监理人员的工作日记，也是项目监理机构考核监理人员工作的重要依据。

17.1 监理日志

监理日志是项目监理机构每日对监理工作及工程施工进展情况所做的记录。由总监理工程师根据工程实际情况，指定一名专业监理工程师负责记录。

1. 主要内容

（1）天气和施工环境情况。

准确记录当日的天气状况（晴、雨、温度、风力等），特别是出现异常天气时应予描述。例如：当日天气预报是晴，实际在某一时刻出现了暴雨等异常情况，监理日志应记录其出现时间和持续时间。

（2）当日工程施工进展情况。

1）记录当日工程施工部位、施工内容、施工班组及作业人数。

2）记录当日工程材料、构配件和设备进场情况，并记录其名称、规格、数量、所用部位以及质量证明文件等情况。

3）记录当日施工现场安全生产管理状况、安全防护及措施情况。

（3）当日监理工作情况，包括审查、巡视、旁站、见证取样、平行检验、材料和设备进场查验、工程验收、质量安全检查等情况。

1）记录当日项目监理机构巡视检查的内容、部位，包括安全防护、临时用电、消防设施、特种作业人员资格，专项施工方案实施情况等。

2）记录当日项目监理机构对工程材料、构配件和设备进场查验情况，隐蔽工程、检验批、分项工程、分部工程的验收情况，监理指令、旁站、见证取样、平行检验以及签认的监理文件资料等。

（4）当日存在的问题及处理情况。

（5）其他有关事项。

2. 注意事项

（1）项目监理机构自进入施工现场应记录监理日志，直至工程竣工验收合格后可停止记录。监理日志应每日记录，内容应连续，杜绝事后追记。

（2）监理日志记录应字迹清晰、工整、数字准确、用语规范、内容严谨。

（3）监理日志记录内容应及时、真实、力求详细、具有可追溯性，应详细描述工程监理活动的具体情况，体现时间、地点、相关人员以及事情的起因、经过和结果。

（4）总监理工程师应定期审阅监理日志，掌握监理工作情况，审阅后应予以签认。

17.2 监理日记

监理日记是项目监理机构所有监理人员每日对自己所进行的监理工作及本专业工程施工进展情况所做的记录。

1. 主要内容

（1）天气和施工环境情况。

准确记录当日的天气状况（晴、雨、温度、风力等），特别是出现异常天气时应予描述。

（2）当日本专业工程施工进展情况。

1）记录当日本专业工程施工部位、施工内容、施工班组及作业人数。

2）记录当日本专业施工现场安全生产管理状况、安全防护及措施情况。

（3）当日监理工作情况，包括审查、巡视、旁站、见证取样、平行检验、材料和设备进场查验、工程验收、质量安全检查等情况。

1）记录当日本人巡视检查的内容、部位，包括安全防护、临时用电、特种作业人员资格，专项施工方案实施情况等。

2）记录当日本人对工程材料、构配件和设备进场查验情况，隐蔽工程、检验批、分项工程、分部工程验收情况，旁站、见证取样、平行检验以及签认的监理文件资料等。

（4）当日存在的问题及处理情况。

（5）其他有关事项。

2. 注意事项

（1）所有监理人员每日均应记录监理日记，内容应连续，杜绝事后追记。

（2）监理日记记录应字迹清晰、工整、数字准确、用语规范、内容严谨。

（3）记录内容应及时、真实、力求详细、具有可追溯性，应详细描述工程监理活动的具体情况，体现时间、地点、相关人员以及事情的起因、经过和结果。

（4）总监理工程师应定期审阅监理日记，掌握监理人员工作情况，审阅后应予以签认。

17.3 监理日志（示例）

北京××监理公司

监 理 日 志

2016 年 10 月 18 日 星期二 　　　　　　　　　　　编号：××-××

温度 10~22（℃）　　风力 2~3（级）　　天气（上午）晴（下午）阴

工程名称	北京××工程
施工现场监理人员	李××，王××，陈××，郭××，赵××，秦××，杨××，周××

工程施工进展情况：

1. 综合办公楼第五、六层进行内外墙围护结构砌筑，施工人员 66 人。

2. 综合办公楼屋面找坡层施工，施工人员 20 人。

3. 综合办公楼第九、十层空调风管安装，施工人员 20 人。

4. 综合办公楼第五~六层电缆桥架施工，施工人员 15 人。

5. 施工现场安全生产管理人员履职到位，各种安全警示标志设置齐全，符合相关要求。

监理工作情况，包括巡视、旁站、见证取样、平行检验等情况：

1. 审查施工单位报送的《×××项目装饰装修方案》，经审查，符合相关标准要求。

2. 水暖专业监理工程师陈××对进场的钢管进行检查验收，经查验管径、壁厚、外观均符合设计图纸及规范要求，同意使用。并对综合楼第九、十层空调风管安装进行巡视检查，空调风管安装位置、尺寸、标高符合设计和有关标准的要求。

3. 土建专业监理工程师王××对综合办公楼第五、六层围护结构砌筑进行巡视检查，砌体砂浆饱满度符合有关标准要求。对施工现场的安全防护、临时用电、消防设施等进行巡视检查，安全生产管理状况良好，但发现个别施工人员安全帽佩戴不规范、高空作业不系安全带等现象。

4. 电气专业监理工程师赵××对综合办公楼第五、六层电缆桥架施工进行巡视检查，桥架施工符合设计文件和施工方案的要求。

存在的问题及处理情况：

土建专业监理工程师王××在巡视检查时，发现个别施工人员安全帽佩戴不规范、高空作业不系安全带等现象。说明个别施工人员对安全生产管理还不够重视，对安全生产管理意识产生了麻痹和侥幸心理。专业监理工程师王××随即向施工单位管理人员杨××口头通知，要求其立即整改，并应加强安全管理，强化安全意识。经复查施工单位已进行了整改。

其他有关事项：

接公司人力资源部通知，按人员进退场计划本周末进驻一名装饰装修专业监理工程师张××。

总监理工程师：李×× 　　　　　　　　记录人：王××

17.4 监理日记（示例）

北京××监理公司

监 理 日 记

2016 年 8 月 15 日　星期一　　　　　　　　　　　　编号：××-××

温度 25～32（℃）　风力 1～2（级）　天气（上午）　晴（下午）阴

工程名称	北京××工程
施工现场监理人员	李××，王××，刘××，杨××，陈××，黄××，马××

工程施工进展情况：

1. 综合办公楼Ⅱ段第六层楼板进行钢筋绑扎，施工人员 58 人。Ⅲ段第六层核心筒内墙浇筑混凝土，施工人员 20 人。Ⅳ段地下室外墙进行防水卷材施工，施工人员 18 人。

2. 施工现场安全生产管理人员履职到位，各种安全警示标志设置齐全，符合相关要求。

监理工作情况，包括巡视、旁站、见证取样、平行检验等情况：

1. 上午 8 点 30 分开始对综合办公楼Ⅳ段地下室外墙防水卷材施工工序进行旁站，13 点 30 分施工结束。施工过程中，施工现场质检人员到岗履职，防水卷材质量符合要求并经见证检验，施工操作规范，但发现有两处搭接宽度不符合有关标准要求，随即口头通知要求其立即整改。

2. 15 点参加施工单位本周组织的施工现场安全防护、临时用电、消防设施等安全检查。施工现场安全生产管理状况良好，各种安全警示标志设置齐全，符合相关要求。

存在的问题及处理情况：

发现综合办公楼Ⅳ段地下室外墙防水卷材工序施工有两处搭接宽度不符合有关标准要求，随即口头通知要求施工单位立即整改，施工单位对两处不符合要求的部位进行了补粘，补粘后经复查符合有关标准要求。

其他有关事项：

16 点 50 分接建设单位代表马××通知，2016 年 8 月 16 日上午××区质量监督机构来工地进行施工安全例行检查，要求项目总监理工程师参加，17 点已将此通知告知项目总监李××。

总监理工程师：李××　　　　　　记录人：陈××（土建专业）

第18章　建设工程工地会议

建设工程工地会议包括第一次工地会议、监理交底会议、监理例会和专题会议。工地会议是项目监理机构组织协调的主要方法。

18.1　第一次工地会议

第一次工地会议在工程尚未全面展开，总监理工程师签发工程开工令前，由建设单位主持召开。中心内容是工程参建各方分别对各自驻现场人员及分工、开工准备、监理例会要求等情况进行沟通和协调。建设单位驻现场代表、项目监理机构人员、施工单位项目经理及相关人员参加。必要时，可邀请设计单位相关人员和与工程建设有关的其他单位人员参加。项目监理机构负责整理会议纪要，与会各方代表共同签认。会议签到表应作为附件与会议纪要一并归档保存。

第一次工地会议应包括下列主要内容：

（1）建设单位、监理单位和施工单位分别介绍各自驻现场的组织机构、人员及分工。

（2）建设单位介绍工程开工准备情况。

（3）施工单位介绍施工及安全生产准备情况。

（4）建设单位代表和总监理工程师对施工及安全生产准备情况提出意见和要求。

（5）总监理工程师介绍监理规划的主要内容。

（6）研究确定各参建单位在工程施工过程中参加监理例会的主要人员、召开监理例会的周期、地点、时间及主要议题。

（7）其他有关事项。

18.2　监理交底会议

监理交底会议由总监理工程师主持召开，中心内容是贯彻项目监理规划，介绍监理工作内容、程序和方法，提出监理资料报审及资料管理有关要求。项目监理机构人员、施工单位项目经理及相关人员参加。必要时，可邀请建设单位及相关人员参加。项目监理机构负责整理会议纪要，与会各方代表共同签认。会议签到表应作为附件与会议纪要一并归档保存。

项目监理机构向施工单位进行施工监理交底，应明确相关合同约定、监理工作依据、内容、程序和方法以及资料管理的有关要求，并应形成监理交底记录。

监理交底会议的主要内容：

（1）明确适用的有关工程建设监理的法律法规和标准。

（2）阐明相关合同约定的各参建单位的权利和义务。

（3）介绍监理工作依据、内容、程序和方法。

（4）明确资料管理有关要求。

监理交底会议可根据工程特点、规模、复杂程度等因素分阶段、分专业召开，并应形成监理交底记录。通常情况监理交底会议可与首次监理例会合并召开。

18.3 监理例会

监理例会是建设工程监理工作的基本制度。是工程各参建单位交流信息、组织协调、处理工程施工过程实际问题的重要手段。

项目监理机构应定期召开监理例会，由总监理工程师或其授权的专业监理工程师主持。建设单位驻现场代表、项目监理机构人员、施工单位项目经理及相关人员参加。必要时，可邀请设计单位相关人员和与工程建设有关的其他单位人员参加。监理例会召开的时间、地点应在第一次工地会议上协商确定。监理例会每周召开一次，会议纪要应由项目监理机构负责整理，与会各方代表共同签认。会议签到表应作为附件与会议纪要一并归档保存。

监理例会应包括下列主要内容：

（1）检查上次例会议定事项的落实情况，分析未完事项原因。

（2）检查分析工程进度计划完成情况，提出下一阶段进度目标及其落实措施。

（3）检查分析工程质量、施工安全生产管理状况，针对存在的问题提出改进措施。

（4）检查工程量核定及工程款支付情况。

（5）解决需要协调的有关事项。

（6）其他有关事项。

每次例会，建设单位应对上次监理例会以来的工作进行评价，对下一步工作提出要求，答复各参建单位提出的问题及建议。针对工程存在的问题和建设单位提出的要求，与会人员应进行充分协商并提出改进措施，项目监理机构应对需要处理的问题及时向建设单位提出意见和建议。

18.4 专题会议

专题会议是由总监理工程师或其授权的专业监理工程师主持或参加的，为解决监理过程中的工程专项问题而不定期召开的会议。专题会议纪要的内容包括会议主要议题、会议内容、参会单位、参加人员及召开时间等。由项目监理机构组织召开的专题会议，会议纪要应由项目监理机构负责整理，与会各方代表共同签认。会议签到表应作为附件与会议纪要一并归档保存。

工程各参建单位均可向项目监理机构书面提出召开专题会议的意向。意向内容包括：主要议题、参会单位及召开时间。经总监理工程师与有关单位协商，取得一致意见后，由总监理工程师签发召开专题会议的书面通知，要求参会各单位认真做好会前准备。

项目监理机构应根据工程需要及时组织专题会议，解决施工过程中的各种专项问题，尤其是遇到重大工程变更、重大工程质量问题、重大施工安全事故、影响工程进度、质量和施工安全的重大外部干扰因素（如停水停电、地下地质异常、自然灾情预报）等，项目监理机构应及时报告建设单位组织专题会议。

18.5　监理例会纪要（示例）

北京××监理公司（北京××工程项目监理机构）

编号：××-××　　　　　　　　　　　　　　签发：

北京××工程

监 理 例 会 纪 要

第××期

会议时间：××××年××月××日××点

会议地点：北京市海淀区西三环北路××号工地办公室

会议主持人：李××

会议记录人：王××

参加人员：

建设单位（北京××房地产开发公司）：李××、张××

项目监理机构（北京××工程项目监理机构）：李××、王××、姜××、冯××

施工单位项目经理部（北京××建筑工程公司）：姜××、赵××、李××、冯××

会议纪要主要内容：

1. 上次例会议定事项的落实情况，分析未完事项原因

（1）综合办公楼地下室外墙防水层施工和肥槽回填土质量问题整改事项已落实。

（2）综合办公楼四层结构以下设备安装工程施工已落实。

2. 施工单位介绍本阶段工程施工情况和下阶段工作安排

（1）本阶段工程施工主要情况

1）进度情况：工程实际进度与阶段计划进度相一致。主要完成了综合办公楼第七层主体结构Ⅰ、Ⅱ段柱、剪力墙混凝土浇筑，Ⅲ、Ⅳ段柱、剪力墙钢筋、模板安装。

2）质量情况：施工质量处于受控状态，未发生严重的质量缺陷，但存在一些质量通病。

3）造价情况：工程款支付报审资料已报送项目监理机构审查，望抓紧审批尽快支付。

4）安全生产情况：本阶段加强了安全生产管理及安全生产检查力度，对新进场施工人员进行了安全培训和考核，并逐级进行了安全技术交底，安全生产管理状况良好。

（2）下阶段工作安排

按进度计划要求，完成综合办公楼第七层主体结构Ⅲ、Ⅳ段柱、剪力墙混凝土浇筑，第八层主体结构Ⅰ、Ⅱ段梁、板钢筋、模板安装，地下室外墙部分防水层施工和肥槽回填土施工。加强施工质量管理，强化质量意识，确保施工质量符合有关标准和要求。

3. 项目监理机构对本阶段工作进行总结，并提出相关要求

（1）进度情况：工程实际进度与阶段计划进度相一致，但也出现一些问题。如农忙季节对劳动力不足未采取预控措施,混凝土供应出现不及时现象等。要求施工单位加强阶段进度计划与材料供应计划的管理,采取措施保证劳动力满足施工进度要求,确保混凝土供应符合施工要求。

(2)质量情况:施工质量始终处于受控状态,但也存在一些质量通病。如混凝土构件浇筑有时漏捣出现蜂窝麻面现象;漏放钢筋的现象还时有发生。要求施工单位加强施工质量管理,强化质量意识,严格按施工技术标准和操作规程进行施工,避免发生类似质量通病和漏放钢筋等现象。

(3)造价情况:项目监理机构已签认工程款支付报审资料,并已报建设单位审批。在审查工程款支付报审资料时,发现施工单位存在工程量重复计量现象。要求施工单位加强工程计量的准确性,严格执行施工合同约定的工程量计算规则和工程款支付方法。

(4)安全管理情况:安全生产管理仍是重点工作,巡视检查发现个别施工人员安全帽佩戴不规范、高空作业不系安全带等现象。要求施工单位加强安全生产管理,强化安全意识,加大安全生产检查力度,预防和避免安全事故的发生。

4. 建设单位根据本阶段施工情况,提出相关要求

(1)目前施工进度较快,设计变更较多,要求施工单位认真核对新图,避免新旧图纸混用,出现差错。

(2)施工单位应加强现场检查和管理,避免发生质量通病和漏放钢筋等现象。

(3)针对安全生产检查中发现的问题,施工单位要给予高度关注,对发现的问题及时整改。对违规操作的人员,施工单位要有管理手段,避免再次发生同类问题。

5. 本次例会议定事项

针对近日混凝土供应不及时现象,施工单位应与搅拌站及时交涉,2日内将此事处理好,确保混凝土供应符合施工要求。

6. 解决需要协调的有关事项

希望建设单位与设计单位尽快沟通,解决工程变更不及时而影响工程施工进度的问题。

会签:

建设单位:李××   日期:××××年××月××日

总监理工程师:李××   日期:××××年××月××日

施工单位项目经理:姜××   日期:××××年××月××日

北京××监理公司

(北京××工程项目监理机构)(盖章)

日期:××××年××月××日

北京××监理公司
北京××工程项目监理机构

18.6 监理交底记录（示例）

根据建设工程监理合同约定，项目监理机构承担该工程施工阶段的监理任务。为圆满完成该工程的建设任务，实现施工合同约定的质量、工期、造价等目标，要求施工单位严格按照工程施工合同约定，认真组织施工，确保工程建设目标完成。监理交底主要内容如下：

（1）工程开工前，施工单位应向项目监理机构报送施工现场质量安全管理组织机构、专职质量安全管理人员和特种作业人员的资格证书复印件，包括关键岗位人员信息（姓名、年龄、职称、相关证书复印件及联系方式）等。

（2）工程开工前，施工单位应将施工组织设计报送项目监理机构审查，无施工组织设计或施工组织设计未经总监理工程师审查的工程不得开工。

（3）施工单位应按施工合同约定的时间开工，并在开工前向项目监理机构报送工程开工报审表及有关资料，经总监理工程师审核签认，报建设单位批准后方可开工。有困难时，应提前7天以书面形式向总监理工程师提出申请，经批准后方可延期开工。

（4）设计交底与施工图纸会审前，施工单位应组织有关技术人员熟悉施工图纸，并汇总施工图纸中存在的问题，做好设计交底与图纸会审的准备工作。

（5）施工单位如使用专业分包单位时，应向项目监理机构报送专业分包单位资格报审表及有关资料，包括分包单位营业执照、资质等级证书、安全生产许可文件、类似工程业绩、专职管理人员和特种作业人员的资格证书、施工单位对分包单位的管理制度等，经项目监理机构审查签认后，方可与专业分包单位签订分包合同。

（6）施工单位应将施工控制测量成果及保护措施报验表及有关资料报送项目监理机构。经项目监理机构检查、复核，符合要求后予以签认。

（7）施工单位应将为工程提供服务的试验室报审表及有关资料报送项目监理机构，经项目监理机构检查，符合要求后方可使用。

（8）施工单位应向项目监理机构报送进场材料、构配件和设备的质量证明文件，质量证明文件包括出厂合格证、质量检验报告、性能检测报告以及施工单位的质量抽检报告。经项目监理机构审查合格后，方可用于工程。

（9）施工单位应按有关规定编制施工检测试验计划，对进场的主要材料、构配件和设备应进行检验。凡涉及安全、节能、环境保护和主要使用功能的重要材料，应按各专业工程施工规范、验收标准和设计文件等规定进行见证取样检验，并应经项目监理机构签认合格后方可用于工程。

（10）施工单位在每道工序施工前应进行质量技术交底，各施工工序应按施工技术标准进行质量控制，每道施工工序完成后，应经施工单位自检，符合要求后，才能进行下道工序施工。各专业工种之间的相关工序应进行交接检验，并应做好交接记录。

（11）对于项目监理机构提出检查要求的重要工序，应经项目监理机构检查认可，才能进行下道工序施工。施工单位在施工到该工序时应通知项目监理机构进行检查。

（12）对需要实施旁站的关键部位、关键工序，施工单位在施工到该部位、工序时应书面通知项目监理机构，项目监理机构安排监理人员实施旁站。

（13）施工单位在收到监理通知单后，应根据监理通知单要求及时整改，整改完毕并自检合格后，向项目监理机构报送监理通知回复单。项目监理机构对整改情况进行复查，并提出复查意见。监理通知单应交圈闭合。

（14）施工单位在收到工程暂停令后，应根据工程暂停令要求及时停工整改。暂停施工原因消失、具备复工条件时，施工单位应提出工程复工申请。经项目监理机构审查，符合要求后，总监理工程师签发工程复工令，方可恢复施工。

（15）施工过程的工程变更，施工单位应在施工前向项目监理机构报送工程变更申请及有关资料，按工程变更程序各参建单位签字盖章后方可实施，否则项目监理机构不予工程计量和工程款支付。

（16）施工单位应向项目监理机构报送用于工程的新材料、新工艺、新技术、新设备的质量认证材料和相关验收标准，必要时，施工单位应组织专题论证，经项目监理机构审查合格后方可使用。

（17）隐蔽工程、检验批、分项工程和分部工程完成后，施工单位应在自检合格的基础上，填写隐蔽工程、检验批、分项工程和分部工程报验表，并将报验表及相关验收资料报送项目监理机构申请验收。验收合格后，方可进行下道工序施工。

（18）施工单位应按施工合同约定、工程计量和付款签证程序，向项目监理机构报送月完成工程量及工程款支付报审资料。逾期不报审的，项目监理机构不再受理。

（19）施工单位应建立健全安全生产管理规章制度，包括安全生产管理责任制度、安全生产检查制度、应急响应制度和事故报告制度。每周应组织施工现场安全防护、临时用电、消防设施等安全检查。按有关规定在施工现场设置各种安全警示标志。对作业人员进行安全技术交底和安全教育培训。

（20）对危险性较大的分部分项工程，施工单位应在危大工程施工前组织工程技术人员编制专项施工方案。专项施工方案应由施工单位技术负责人审核签字、加盖单位公章。危大工程实行分包并由分包单位编制专项施工方案的，专项施工方案应由总承包单位技术负责人及分包单位技术负责人共同审核签字并加盖单位公章。

（21）对超过一定规模的危大工程，施工单位应组织召开专家论证会对专项施工方案进行论证。实行施工总承包的，由施工总承包单位组织召开专家论证会。专家论证前专项施工方案应当通过施工单位审核和总监理工程师审查。

（22）施工出现工程质量缺陷或工程质量事故的，施工单位应立即报告项目监理机构，并严格按照工程质量缺陷或工程质量事故处理程序进行处理。任何工程质量缺陷或工程质量事故均不得隐瞒自行处理。

（23）对需要返工处理或加固补强的质量缺陷，施工单位应向项目监理机构报送经设计等相关单位认可的处理方案。对需要返工处理或加固补强的质量事故，施工单位应向项目监理机构报送质量事故调查报告和经设计等相关单位认可的处理方案。

（24）施工现场发生安全生产事故后，施工单位应立即报告项目监理机构和建设单位，并迅速按事故类别、等级、报告程序向主管部门报告。同时，应采取措施，防止事故扩大并保护好事故现场。

（25）单位工程中的分包工程完工后，分包单位应对所承包的工程进行自检，并应按规定的程序进行验收。验收时，施工单位应派人参加，验收合格后，分包单位应将所分包工程的质量控制资料整理完整，并移交给施工单位。

（26）单位工程完工后，施工单位应依据验收标准、设计图纸等组织相关人员进行自检，自检合格后填写单位工程竣工验收报审表，并将单位工程竣工验收报审表及竣工资料报送项目监理机构，申请工程竣工预验收。

项目监理机构组织相关人员进行竣工预验收，预验收合格后，总监理工程师签认单位工程竣工验收报审表及竣工资料。施工单位向建设单位提交工程竣工报告，申请工程竣工验收。

（27）施工单位应建立健全文件资料管理制度，设专人负责，并应及时、准确、完整地收集、整理、编制、传递施工过程的有关文件资料。文件资料应为原件，若为复印件，应加盖报送单位印章，并注明原件存放处、经办人及经办时间。

注：项目监理机构应根据工程实际情况，向施工单位进行监理交底。

北京××监理公司
（北京××工程项目监理机构）（盖章）

> 北京××监理公司
> 北京××工程项目监理机构

总监理工程师（签名）：李××

日　期：××××年××月××日

第19章 建设工程监理月报

监理月报是项目监理机构定期编制向监理单位和建设单位提交的重要监理资料，是记录、分析总结项目监理机构监理工作及工程建设实施情况的资料。监理单位和建设单位可通过监理月报及时掌握项目监理机构监理工作及工程建设实施情况。

19.1 监理月报编制要求

（1）监理月报内容应全面真实反映工程现状和监理工作情况，文字简练，数据准确，重点突出，内容完整，结论明确。

（2）监理月报中应有分析、有比较、有措施，并附必要的图表和照片。

（3）监理月报中提出的问题，应做到交圈闭合，具有可追溯性。

（4）每月均应编制监理月报，内容统计周期一般为上月 26 日至本月 25 日，在下月 5 日前报送监理单位和建设单位。

（5）监理月报由总监理工程师签字，并加盖项目监理机构印章。

（6）监理月报一式三份，项目监理机构、监理单位、建设单位各一份。

19.2 监理月报编制依据

（1）工程建设法律法规。

（2）工程建设相关标准。

（3）工程勘察设计文件。

（4）工程监理合同及其他合同文件。

（5）监理规划、监理实施细则。

（6）施工组织设计、（专项）施工方案。

（7）施工现场信息（包括图片资料）。

19.3 监理月报编审程序

（1）总监理工程师组织专业监理工程师编写

总监理工程师组织专业监理工程师按要求进行编写，并指定专人汇总成册。

（2）总监理工程师签字

监理月报编写完成后，由总监理工程师签字，并加盖项目监理机构印章。

19.4　监理月报主要内容

1. 监理月报应包括的主要内容

（1）本月工程实施情况。

（2）本月监理工作情况。

（3）本月施工过程中存在的问题及处理情况。

（4）下月监理工作重点。

2. 监理月报编写的具体内容

（1）工程概况。

（2）工程参建单位。

（3）本月工程实施情况：

1）工程进展情况，实际进度与计划进度的比较，施工单位人、机、料进场及使用情况，本月在施部位的工程照片。

2）工程质量情况，工程材料、构配件和设备进场检验情况，主要施工检测试验情况，分项分部工程验收情况。

3）工程计量与工程款支付情况。

4）安全生产管理工作评述。

（4）本月监理工作情况：

1）工程进度控制。

2）工程质量控制。

3）工程计量与工程款支付。

4）安全生产管理。

5）合同管理。

6）监理工作统计及工作照片。

（5）本月施工中存在的问题及处理情况：

1）工程进度控制。

2）工程质量控制。

3）工程计量与工程款支付。

4）安全生产管理。

5）合同管理。

（6）天气对施工影响的情况。

（7）下月监理工作重点。

（8）建议。

19.5　监理月报（示例）

编号：

北京××工程

监 理 月 报

第××期
(××××年××月份)

总监理工程师：_____

编　制　人：_____

北京××监理公司
(北京××工程项目监理机构)
××××年××月编制

北京××监理公司
北京××工程项目监理机构
(盖章)

目　　录

1. 工程概况

1.1 工程基本情况

工程基本情况,如表 19-1 所示。

工程基本情况 表 19-1

工程名称	北京××工程			
工程地点	北京市海淀区西三环北路×号			
建设单位	北京××房地产开发公司			
实际开工日期	××××年××月××日	计划竣工日期	××××年××月××日	
总工期(天)	×××	质量等级	合格	合同价款	××××万元
建筑面积(m²)	××××	总高度(m)	××	总层数	××
地上层数	××	地下层数	×	结构类型	框架-剪力墙

1.2 工程特点

(第一期月报应根据工程实际情况,简要描述相关工程特点,如工程概况未发生变化,以后月报中可不再作描述)

2. 工程参建单位情况

(1) 工程参建单位

工程参建单位,如表 19-2 所示。

工程参建单位 表 19-2

参建单位	单位名称	现场负责人	职务	联系方式
建设单位	北京×××房地产开发公司	×××	驻现场负责人	×××
勘察单位	北京×××勘察设计院	×××	项目负责人	×××
设计单位	北京××设计院	×××	项目负责人	×××
监理单位	北京××监理公司	×××	总监理工程师	×××
施工单位	北京××建筑工程公司	×××	项目经理	×××
……	……	……	……	……

(2) 施工单位项目经理部主要负责人员

施工单位项目经理部主要负责人员,如表 19-3 所示。

施工单位项目经理部主要负责人员 表 19-3

姓 名	年龄	职务	职称	联系方式	备注
×××	××	项目经理	×××	×××	
×××	××	生产副经理	×××	×××	
×××	××	项目技术负责人	×××	×××	
×××	××	专业技术负责人	×××	×××	

续表

姓 名	年龄	职 务	职称	联系方式	备注
×××	××	安全管理负责人	×××	×××	
×××	××	合同管理负责人	×××	×××	
×××	××	物资采购负责人	×××	×××	
×××	××	专业质量检查员	×××	×××	
×××	××	资料员	×××	.×××	
×××	××	试验员	×××	×××	
×××	××	测量工长	×××	×××	
×××	××	架子工长	×××	×××	
×××	××	木工工长	×××	×××	
×××	××	钢筋工长	×××	×××	
×××	××	混凝土工长	×××	×××	
……	……	……	……	……	

（3）主要分包单位承担工程情况

主要分包单位承担工程情况，如表 19-4 所示。

主要分包单位承担工程情况　　　　　　　　　　　　　　表 19-4

分包单位名称	负责人	分包工程内容	分包合同价款	进场时间
北京×××勘察院	×××	地基处理	×××	××××年××月××日
北京×××防水工程公司	×××	地下室外墙防水	×××	××××年××月××日
……	……	……	……	……

3. 本月工程实施情况

本月工程施工自××××年××月××日至××××年××月××日。

3.1　工程进展情况

（1）本月完成形象部位及在施情况

1）本月完成形象部位：完成第六、七、八层主体结构施工，同时进行了少量地下室二次结构砌筑、地下室外墙防水层施工和室外肥槽回填。

2）在施部位及施工项目：第六、七、八层剪力墙、柱、梁、板钢筋绑扎、模板安装和混凝土浇筑，地下室外墙防水层施工，室外肥槽回填土施工，地下室填充墙砌筑。地下室水、暖、电各专业管道安装、电线、电缆敷设以及配合土建专业进行管道、穿线管等预埋预留。

（2）本月实际进度与计划进度比较

本月实际完成情况与进度计划相一致。（如未完成进度计划应说明原因，并注明应采取的补救措施。可采用横道图比较，也可采用文字说明比较）

（3）施工单位人、机、料进场及使用情况

施工单位人、机、料进场及使用情况，如表 19-5 所示。

施工单位人、机、料进场及使用情况 表 19-5

	工　种	混凝土工	钢筋工	木工	焊工	水电工	信号工	其他	合计
人工	人　数	×××	×××	×××	××	××	××	××	×××
	持证人数	×××	×××	×××	××	××	××	××	×××
主要材料	名称	单位	上月库存量		本月进场量		本月消耗量		本月库存量
	钢筋	t	××××		××××		××××		××××
	商品混凝土	m³			××××		××××		
	……	……	……		……		……		
主要施工机械	名　　称		生产厂家			规格型号		数　量	
	塔吊		山东××建筑机械厂			QTZ800		×台	
	混凝土输送泵		江苏××混凝土机械厂			HTB60A		×台	
	镦粗机/套丝机		北京××设备有限公司					×套/×套	
	施工外用电梯		北京××机械制造厂			SAJ 30-1.2		×台	
	……		……			……		……	

（4）本期在施部位工程照片

（工程照片应反映本月施工部位的全貌，重要的检验批或分项工程施工场景，关键部位、关键工序的施工质量情况，特别是隐蔽工程在隐蔽前的质量情况）

1）第六、七、八层主体结构剪力墙、柱、梁、板施工照片。

2）地下室二次结构砌筑照片。

3）地下室外墙防水层施工和室外肥槽回填土施工照片。

4）水、暖、电各专业管道安装照片。

3.2　工程质量情况

（1）工程材料、构配件和设备进场检验情况

工程材料、构配件和设备进场检验情况，如表 19-6 所示。

工程材料、构配件和设备进场检验情况 表 19-6

序号	名称	规格	单位	数量	生产厂家	进场日期	产品合格证	出厂检验报告	准用证	进场抽样复验	签认人
1	钢筋	φ10 φ16	t	×××	唐钢、首钢	××××年××月××日	有	有	有	合格	××
2	轻集料混凝土小型空心砌块	390×190 ×190	块	×××	天津××	××××年××月××日	有	有	有	合格	××
3	改性沥青防水卷材	SBSⅡ PY PE3	卷	×××	北京×××	××××年××月××日	有	有	有	合格	××
4	……	……	……	……	……	……	……	……	……	……	……

（2）主要检测试验情况

主要检测试验情况，如表 19-7 所示。

主要检测试验情况　　　　　　　　　　　　　　　　　　表 19-7

序号	试验编号	试验内容	施工部位	是否见证	试验结论	监理结论
1	××××～××	钢筋焊接接头拉伸试验	××～××层	是	合格	合格
2	××××～××	混凝土抗压强度试件	××～××层	是	合格	合格
3	……	……	……	……	……	……

（3）工程材料、构配件和设备供应厂家考察情况

工程材料、构配件和设备供应厂家考察情况，如表 19-8 所示。

工程材料、构配件和设备供应厂家考察情况　　　　　　　　　　表 19-8

供应厂家	名称	数量	资质证明资料	考察日期	考察意见
北京××电梯有限公司	客梯	××部	电梯样本、电梯报价书及厂家资质	××××年××月××日	同意选用
……	……	……	……	……	……

（4）检验批/分项工程验收情况

检验批/分项工程验收情况，如表 19-9 所示。

检验批/分项工程验收情况　　　　　　　　　　　　　　　　表 19-9

序号	分部分项工程名称			部位/检验批验收次数	验收情况	
	分部工程	子分部工程	分项工程		施工单位自检	项目监理机构检查
1	地基与基础	土方	土方回填	肥槽/共×次	合格	合格
2	主体结构	混凝土结构	模板	××层/共××次	合格	合格
			钢筋	××层/共××次	合格	合格
			混凝土	××层/共××次	合格	合格
		砌体结构	填充墙砌体	××层/共××次	合格	合格
3	建筑给水排水及供暖	室内给水系统	给水管道及配件安装	××层/共××次	合格	合格
		室内排水系统	排水管道及配件安装	××层/共××次	合格	合格
4	通风与空调	送风系统	风管系统安装	××层/共××次	合格	合格
		防排烟系统	风管系统安装	××层/共××次	合格	合格
5	建筑电气	电气照明	电缆导管敷设	××层/共××次	合格	合格
		防雷及接地	接地装置安装	××层/共××次	合格	合格
6	智能建筑	综合布线系统	导管安装	××层/共××次	合格	合格
			线缆敷设	××层/共××次	合格	合格
7	……	……	……	……	……	……

说明：如建设工程为群体工程包括多栋单位工程时，应按楼栋予以说明。

(5) 分部（子分部）工程验收情况

分部（子分部）工程验收情况，如表 19-10 所示。

分部（子分部）工程验收情况　　　　　表 19-10

序号	分部（子分部）工程名称	验收时间	本月验收情况		累计	
			合格项数	合格率（%）	合格项数	合格率（%）
1	地基与基础	××月××日	××	100	××	100
2	混凝土结构	××月××日	××	100	××	100
3	建筑给水排水及供暖	××月××日	××	100	××	100
4	通风与空调	××月××日	××	100	××	100
5	建筑电气	××月××日	××	100	××	100
6	智能建筑	××月××日	××	100	××	100
7	……	……	……	……	……	……

说明：如建设工程为群体工程包括多栋单位工程时，应按楼栋予以说明。

3.3 工程计量与工程款支付情况

(1) 工程量复核情况

工程量复核情况，如表 19-11 所示。

工程量复核情况　　　　　表 19-11

序号	项目名称	单位	施工单位申报数			项目监理机构复核数		
			数量	单价（元）	合计（元）	数量	单价（元）	合计（元）
1	混凝土 C30	m³	××××	××××	××××	××××	××××	××××
2	钢筋绑扎 φ10 以内	t	××××	××××	××××	××××	××××	××××
3	钢筋绑扎 φ10 以外	t	××××	××××	××××	××××	××××	××××
4	……		……	……	……	……	……	……
合计					×××××			××××××

(2) 工程款审核及支付

工程款审核及支付，如表 19-12 所示。

工程款审核及支付汇总表　　　　　表 19-12

序号	项目内容	至上月累计（万元）		本月完成（万元）		至本月累计（万元）	
		申报数	审核数	申报数	审核数	申报数	审核数
1	工程进度款	×××××	××××	×××	×××	×××××	×××××
2	工程变更费用	××××	××××	0	0	××××	××××
3	费用索赔	0	0	0	0	0	0
4	……	……	……	……	……	……	……
	合计	×××××	××××	××××	××××	×××××	×××××
	实际支付工程款		××××		××××		×××××

3.4　安全生产管理工作评述

针对上月出现的安全事故隐患，本月施工单位加强了安全生产管理及安全生产检查力度，进一步明确安全生产管理人员的职责，加强安全教育培训，提高员工安全意识，对新进场施工人员进行了安全培训和考核，并逐级进行了安全技术交底。本月施工单位安全生产管理工作有了进一步的提高。未发现安全事故隐患，且荣获"北京市绿色安全工地"。

4. 本月监理工作情况

4.1　工程进度控制

（1）审查施工单位报送的××月工程施工进度计划表，发现××月工程施工进度计划滞后于施工总进度计划。通过专业监理工程师的调查、分析比较，本月施工进度计划滞后的主要原因是用于工程的主要材料（钢筋）进场滞后，农忙季节农民工返乡务农导致劳动力减少等。专业监理工程师将××月工程施工进度计划表予以退回要求修改后再报。

（2）针对目前存在的问题向施工单位签发了监理通知单，要求施工单位及时整改。施工单位收到监理通知单后，及时采取了有效措施，重新调整了××月工程施工进度计划。

（3）通过监理例会督促施工单位按施工进度计划实施，使施工进度满足工期要求。

4.2　工程质量控制

本月工程施工质量始终处于受控状态。

（1）为确保工程质量，项目监理机构依据设计图纸和施工验收规范，对进场材料进行认真检查验收。其中见证取样××次，包括混凝土强度试件××次，钢筋检验××次，钢筋连接接头检验××次。各专业监理工程师对钢筋绑扎、混凝土浇筑的关键部位、关键工序进行旁站××次。对钢筋绑扎位置、混凝土坍落度及浇筑质量进行严格把控，使施工质量符合相关标准要求。

（2）对检验批、分项工程、分部工程进行验收。主体结构的检验批验收××项、分项工程验收××项；建筑给水排水及供暖工程的检验批验收××项、分项工程验收××项；通风与空调工程的检验批验收××项、分项工程验收××项；建筑电气工程的检验批验收××项、分项工程验收××项。对施工出现的工程质量缺陷，及时向施工单位签发监理通知单要求及时整改，确保工程质量符合相关标准要求。

（3）本月项目监理机构加强了巡视检查力度，防止抢进度而忽视工程质量的行为，发现施工质量缺陷，责成施工单位及时整改到位。

（4）本月施工过程中，未发生严重的工程质量缺陷，施工质量处于受控状态。但仍存在一些质量通病。项目监理机构在巡视检查过程中，对发现的质量通病均要求施工单位及时进行了整改。

4.3　工程计量与工程款支付

（1）工程款到位情况分析

建设单位已按总监理工程师签发的编号×××工程款支付证书向施工单位进行了工程款支付。

（2）采取的措施及效果

1）项目监理机构根据施工合同约定、施工图纸，对工程造价目标控制进行风险分析，找出工程造价最易突破的部位和易发生费用索赔的因素，并制定防范性对策。

2）严格审查工程变更，控制不合理的工程变更费用发生。对工程合同价中政策允许调整的工程材料、构配件和设备等价格进行主动控制。

3）专业监理工程师逐项对施工单位报送的工程款支付报审表及有关资料进行认真复核，剔除了验收不合格项目的计量，严格按照工程计量及工程款支付程序进行审核，使工程造价处于受控状态。

4.4 安全生产管理

本月无安全生产事故发生。

本月项目监理机构与施工单位对施工现场的安全防护、临时用电、消防等设施共进行了××次检查。项目监理机构组织建设单位、施工单位对模板工程、脚手架工程进行了专项检查×次。针对施工存在的安全事故隐患，项目监理机构签发监理通知单×次。

4.5 合同管理

本期工程变更较多，项目监理机构共处理工程变更单×次，未发生索赔事项。针对工程变更，项目监理机构采取了以下措施：

（1）严格按工程变更程序进行处理。

（2）审查工程变更单，变更内容符合有关要求，且表述准确。

（3）对工程变更费用及工期影响作出评估，并组织建设单位、施工单位共同协商确定工程变更费用及工期变化，会签工程变更单。

（4）监督施工单位严格按会签的工程变更单实施。

4.6 监理工作统计及工作照片

（1）监理人员情况

监理人员情况，如表19-13所示。

监理人员情况 表 19-13

序号	姓名	专业	岗位	职称	资格	进退场计划
1	李××	土建	总监理工程师	高级	注册监理工程师	常驻现场
2	刘××	土建	总监理工程师代表	高级	注册监理工程师	常驻现场
3	张××	土建	专业工程师	中级	监理培训合格	常驻现场
4	李××	水暖	专业工程师	中级	监理培训合格	常驻现场
5	姜××	电气	专业工程师	高级	监理培训合格	常驻现场
6	冯××	造价	专业工程师	中级	注册造价工程师	常驻现场
7	左××	安全	专业工程师	中级	监理培训合格	常驻现场
8	冯××	信息	监理员	初级	监理培训合格	常驻现场
9	……	……	……	……	……	……

（2）监理工作统计

监理工作统计，如表19-14所示。

监理工作统计　　　　　　　　　　　　　　表 19-14

序号	项 目 名 称	单位	工作统计		
			本月	上个月累计	合计
1	组织召开监理例会	次	×	××	××
2	审查施工组织设计/（专项）施工方案	次	0	×	×
3	审查施工进度计划	次	×	×	×
4	审核工程变更单	次	×	××	××
5	签发监理通知单	次	×	××	××
6	审核分包单位资格	次	×	×	×
7	工程材料、构配件和设备进场检验	次	××	××	××
8	检验批、分项工程验收	项	××	××	××
9	分部工程验收	项	××	××	××
10	见证取样和送检	次	××	××	××
11	旁站	次	××	××	××
12	考察施工单位为工程提供服务的试验室	次	×	×	×
13	考察工程材料、构配件和设备的供应商	次	×	×	×
14	签发工程暂停令	次	0	0	0
15	提出合理化建议和意见	条	0	×	×
16	其他事项				

（3）监理人员工作照片

（监理人员工作照片应能反映监理人员日常工作的照片，如巡视检查，见证取样和送检，旁站，验收，组织监理例会、专题会议等）

5. 本月施工中存在的问题及处理情况

5.1　工程进度控制

本月工程实际进度与计划进度相一致。但仍出现一些影响进度的问题，如混凝土供应不及时，已影响到下道工序的施工；农忙季节对劳动力不足未采取预控措施；建设单位设计方案调整，设计变更单滞后，使二次结构砌筑不能全面展开，目前二次结构砌筑只能在地下室部位进行，已影响到正常工序施工。

针对以上问题，项目监理机构采取了相应措施，如表 19-15 所示。

采取的措施及效果　　　　　　　　　　　　　表 19-15

序号	日　　期	问题简述	措　　施	效　　果
1	××××年××月××日	混凝土供应不及时，已严重影响到下道工序的施工	责令施工单位及时更换搅拌站，对选定的搅拌站进行考察	已落实
2	××××年××月××日	农忙季节农民工需返乡务农，劳动力减少	签发监理通知单，要求施工单位加强事前预控，采取措施保证劳动力满足施工进度要求	劳动力已满足施工进度要求
3	××××年××月××日	建设单位设计方案调整，设计变更单滞后，已影响到正常施工	召开专题会议，建设单位要求设计单位尽快编制设计变更文件，施工单位调整施工内容，合理安排工程施工进度	施工进度处于受控状态

5.2 工程质量控制

(1) 本月施工过程中存在的问题

本月施工过程中无重大质量缺陷发生,但在混凝土浇筑方面有振捣不密实、出现漏捣现象。第六层 B/9 轴柱子根部漏浆引起蜂窝现象,混凝土接茬部位出现错台现象等。在回填土施工时,回填土个别部位分层厚度过大,灰土拌和不均匀。在地下室外墙防水层施工时,个别部位阴阳角搭接方法不符合相关标准要求。

(2) 问题分析

由于时间紧,任务重,为满足进度计划的要求,施工管理人员质量管理意识薄弱。主要表现在施工管理人员现场管理不到位、巡视检查力度不够,没有做到及时跟踪检查、督促和指导,各工序、工种之间互检流于形式等现象。如在混凝土浇筑时,操作人员未按操作规程施工,质量意识差。在地下室外墙防水层施工及回填土施工时,操作人员未按工艺流程施工。

(3) 处理情况

项目监理机构加强了巡视检查力度,通过监理例会、签发监理通知单等要求施工单位加强施工质量管理,强化质量意识。发现问题后,及时签发了监理通知单,要求施工单位及时整改,施工单位对监理通知单进行了回复,通过重新验收符合规范要求。对地下室外墙防水层阴阳角搭接存在问题部位、回填土分层厚度过大部位以及灰土拌和不均匀等均进行了整改和返工处理,经专业监理工程师对返工部位重新复查,验收合格后方可进行下道工序施工。

5.3 工程计量与工程款支付

(1) 存在的主要问题

1) 本月工程计量包含了验收不合格的项目。

2) 存在重复计量的现象。

(2) 问题分析

本月工程变更较多,施工单位管理不规范,施工单位工程计量工作不认真。

(3) 处理情况

专业监理工程师逐项对施工单位报送的工程款支付报审表及有关资料进行认真复核。剔除了验收不合格项目的计量,坚持凡验收不合格的项目,项目监理机构均不得进行工程计量。核减了重复计量的项目,对施工单位工程计量工作不认真现象提出了批评。专业监理工程师严格按照工程计量及工程款支付程序进行审查并签署审查意见,经总监理工程师审核签认后报建设单位审批,总监理工程师根据建设单位的审批意见,签发工程款支付证书。

5.4 安全生产管理

(1) 安全生产管理方面存在的主要问题

1) 临时用电个别开关箱不符合要求,箱体无门、无锁情况较多,且存在一闸多用及临电私拉乱接现象。

2) 楼内各施工区域存在电焊作业时与涂料、油漆、氧气瓶及乙炔瓶等易燃易爆物品距离较近,容易发生火灾及爆炸危险。

3) 各楼层在管道井、电梯井等区域内施工完毕后,个别地方未将防护栏杆及时恢复。

（2）问题分析

本月施工现场安全生产管理有了明显的提高，但由于工期紧，任务重等原因，个别施工人员对安全生产管理不够重视，对安全管理意识产生了麻痹和侥幸心理。

（3）处理情况

针对施工现场存在的安全事故隐患，项目监理机构及时签发监理通知单，责成施工单位限期整改，确保施工安全。在每次监理例会上强调安全生产管理的重要性，加强日常监督检查。同时签发工作联系单、监理通知单等要求施工单位加强安全教育培训，加大安全生产监督检查力度，均收到了良好效果。

5.5　合同管理

（1）工程变更情况

工程变更情况，如表 19-16 所示。

工程变更情况　　　　　　　　　　　表 19-16

序号	编号	变更日期	变更部位及概述	变更理由	是否签认
1	××-×-××	××××年××月××日	自行车坡道基础标高以下回填土问题。将自行车坡道基槽在基础设计标高处下挖 500mm 深，回填 3：7 灰土，分两步回填夯实	施工洽商	是
2	××-×-××	××××年××月××日	汽车库及坡道、冷冻机房、热力站、柴油发电机房、报警阀室、空调机房等专业机房地面改为自流平面层（5mm 厚）	施工洽商	是
……	……	……	……	……	……

（2）工程延期情况

工程延期情况，如表 19-17 所示。

工程延期情况　　　　　　　　　　　表 19-17

申请日期	工程延期内容	审核日期	审核意见	签认
	本期无延期申请			

（3）费用索赔情况

费用索赔情况，如表 19-18 所示。

费用索赔情况　　　　　　　　　　　表 19-18

索赔日期	索赔金额	审核日期	审核意见	签认
	本期无费用索赔			

6. 天气对施工影响的情况

天气对施工影响的情况，如表 19-19 所示。

天气情况统计表　　　　　　　　　　　　　　　表 19-19

日　期	星期	天气情况			天气对施工的影响
		气温（℃）	风力（级）	天气	
××××-××-××	×	8～18	2～3	晴	不影响
××××-××-××	×	7～15	1～2	阴有小雨	不影响
××××-××-××	×	10～23	2～3	多云转晴	不影响
……	……	……	……	……	……

7. 下月监理工作重点

（1）各专业监理工程师应依据设计图纸和图纸会审纪要等内容，对轴线位置，钢筋规格及安装位置、模板、混凝土及砌筑工程的施工质量进行巡视检查、旁站、见证取样、验收，并检查施工方案的实施情况。

（2）针对目前工期紧，任务重的特点，项目监理机构人员继续做好事前预控和施工过程质量控制。对施工过程中出现的一般质量缺陷，应及时督促施工单位整改，确保施工质量验收合格。

（3）施工现场安全生产管理的监理工作仍为项目监理机构的重点，应加强安全管理，特别是临时用电，安全防护，高空作业等应给予高度关注和巡查。

8. 建议

（1）建议建设单位尽快督促设计单位完善二次结构和设备安装部分的设计图纸，确保工程项目能够按进度计划实施。

（2）在进度安排上对已具备施工条件，采用交叉作业的应尽量安排施工，确保工程按计划工期完成。

第 20 章　建设工程质量评估报告

工程质量评估报告是项目监理机构对工程施工质量进行检查验收,对其是否达到施工合同约定的工程质量标准进行评估的重要监理资料。工程质量竣工预验收合格后,项目监理机构应编写工程质量评估报告,在工程竣工验收前报送建设单位。

20.1　工程质量评估报告编制要求

(1) 工程质量评估报告内容应完整,重点突出,文字简练,数据准确,结论明确。

(2) 工程质量评估报告应全面反映工程质量验收情况、质量事故及处理情况、竣工资料审查情况等,质量评估结论应明确。

(3) 工程质量评估报告由总监理工程师签字,监理单位技术负责人审批,并加盖监理单位公章。

(4) 工程质量评估报告一式三份,监理单位、建设单位、档案管理部门各一份。

20.2　工程质量评估报告编审程序

(1) 总监理工程师组织专业监理工程师编写

工程质量竣工预验收合格后,由总监理工程师组织专业监理工程师按要求进行编写。

(2) 总监理工程师签字后由监理单位技术负责人审批

工程质量评估报告编写完成后,由总监理工程师签字;监理单位技术负责人审批签字,并加盖监理单位公章。

20.3　工程质量评估报告主要内容

工程质量评估报告应包括下列主要内容:
(1) 工程概况。
(2) 工程参建单位。
(3) 工程质量验收情况。
(4) 工程质量事故及其处理情况。
(5) 竣工资料审查情况。
(6) 工程质量评估结论。

20.4　工程质量评估报告(示例)

北京××工程

工程质量评估报告

监理合同号：×××××××

公司技术负责人：＿＿＿＿＿＿＿＿＿＿＿＿

总 监 理 工 程 师：＿＿＿＿＿＿＿＿＿＿＿＿

编 制 人：＿＿＿＿＿＿＿＿＿＿＿＿

北京××监理公司（盖章）

（北京××工程项目监理机构）

××××年××月××日编制

目　录

工程质量评估报告

北京××监理公司受北京×××房地产开发公司委托，对位于北京市海淀区西三环北路×号，北京××××工程进行施工阶段监理服务。项目监理机构于××××年××月××日进驻施工现场开展监理工作，在建设单位、设计单位、施工单位和监理单位的共同努力下，该工程于××××年××月××日达到竣工验收条件。

1. 工程概况

1.1 工程基本情况

工程基本情况，如表 20-1 所示。

工程基本情况 表 20-1

工程名称		北京××工程		
工程地点		北京市海淀区西三环北路×号		
建设单位		北京××房地产开发公司		
计划开工日期	××××年××月××日	实际开工日期		××××年××月××日
计划竣工日期	××××年××月××日	竣工预验收日期		××××年××月××日
总工期（天）	×××	质量等级	合格	合同价款	××××万元
建筑面积（m²）	××××	总高度（m）	×××	总层数	××
地上层数	××	地下层数	××	结构类型	框架-剪力墙

1.2 工程地质与环境情况

场地土及承载力、地下水情况，场地周边交通情况和场区水、电、气、通信等情况。

1.3 建筑与结构工程特点

（1）建筑特点

工程为××楼、设计使用年限、防火等级、人防等级、主要使用功能、屋面作法、外装修（含保温）作法、±0.000 高程和室内外高差等。

（2）结构工程特点

基础形式、埋置深度、底板厚度、主体结构形式及特点、混凝土强度等级、钢筋种类、抗震设防烈度等。

1.4 建筑电气工程特点

变配电室、供电干线、电气照明和防雷及接地装置等。

1.5 建筑给水排水及供暖工程特点

室内给水与排水系统、室内采暖系统、室外给水与排水管网等。

1.6 通风与空调工程特点

送风与排风系统、防排烟系统、空调（冷热）水系统、水源热泵换热系统等。

1.7 智能建筑工程特点

信息网络系统、综合布线系统、建筑设备监控系统、火灾自动报警系统等。

1.8 建筑节能工程特点

围护结构节能、供暖空调节能、配电照明节能和监测控制节能等。

1.9　电梯工程特点

电梯类型、台数和规格等。

2. 工程参建单位

工程参建单位，如表 20-2 所示。

工程参建单位　　　　　　　　　　　　　　　　　　　　　　表 20-2

参建单位	单位名称	联系人	联系方式
建设单位	北京××房地产开发公司	×××	×××
勘察单位	北京××勘察设计院	×××	×××
设计单位	北京××设计研究院	×××	×××
监理单位	北京××监理公司	×××	×××
施工单位	北京××建筑工程公司	×××	×××
……	……	……	……

3. 工程质量验收情况

3.1　工程质量验收依据

工程质量验收依据包括：工程建设有关法律法规、工程设计文件、施工质量验收标准/规范、施工标准图集、设计交底及变更记录等，如表 20-3 所示。

施工质量验收标准/规范　　　　　　　　　　　　　　　　　表 20-3

序号	标准及规范名称	标准编号	备注
1	建筑工程施工质量验收统一标准	GB 50300—××××	
2	建筑地基基础工程施工质量验收标准	GB 50202—××××	
3	砌体结构工程施工质量验收规范	GB 50203—××××	
4	混凝土结构工程施工质量验收规范	GB 50204—××××	
5	钢结构工程施工质量验收标准	GB 50205—××××	
6	木结构工程施工质量验收规范	GB 50206—××××	
7	屋面工程质量验收规范	GB 50207—××××	
8	地下防水工程质量验收规范	GB 50208—××××	
9	建筑地面工程施工质量验收规范	GB 50209—××××	
10	建筑装饰装修工程质量验收标准	GB 50210—××××	
11	建筑给排水采暖工程质量验收规范	GB 50242—××××	
12	通风与空调工程施工质量验收规范	GB 50243—××××	
13	建筑电气工程施工质量验收规范	GB 50303—××××	
14	电梯工程施工质量验收规范	GB 50310—××××	
15	建筑节能工程施工质量验收标准	GB 50411—××××	
16	智能建筑工程质量验收规范	GB 50339—××××	
17	建筑工程资料管理规程	DB11/T695—××××	北京市地标
18	……	……	

注：施工质量验收标准/规范应采用与本工程相关的现行有效版本。

3.2 工程施工基本情况

该工程于××××年××月××日正式开工,地基与基础工程于××××年××月××日施工完成;主体结构于××××年××月××日封顶;建筑装饰装修工程、设备单机试运转于××××年××月××日完成。工程完工后,施工单位组织相关人员进行自检合格后,于××××年××月××日将单位工程竣工验收报审表及竣工资料报送项目监理机构,申请工程竣工预验收。

总监理工程师于××××年××月××日组织各专业监理工程师审查施工单位报送的单位工程竣工验收报审表及竣工资料,并组织专业监理工程师及施工单位项目经理、项目技术负责人等对工程质量进行了竣工预验收。对存在的施工质量问题,均要求施工单位及时进行了整改。整改完毕且复验合格后,总监理工程师于××××年××月××日签署预验收合格意见。

在工程施工过程中,施工单位管理人员配备齐全,人员资格均符合相关要求,特种作业人员岗位证书齐全有效。劳务人员数量满足施工工期要求,施工机械设备规格、型号、数量满足施工要求。工程材料、构配件和设备能按使用计划落实,质量证明文件等资料齐全有效,且符合有关要求。

3.3 各分部工程质量验收情况

(1)地基与基础工程质量验收

××××年××月××日由建设单位、项目监理机构、勘察设计单位、施工单位共同对地基基槽进行验收,符合设计要求。专业监理工程师在施工单位自检合格的基础上,组织相关人员对检验批、分项工程进行了检查验收,共验收××次检验批、××项分项工程,全部合格。地基与基础分部工程,总监理工程师组织相关人员于××××年××月××日,在施工单位自检合格的基础上验收合格。

(2)主体结构工程质量验收

主体结构工程为钢筋混凝土框架-剪力墙结构。在施工过程中,专业监理工程师在施工单位自检合格的基础上,组织相关人员对检验批、分项工程进行了检查验收,共验收××次检验批、××项分项工程,全部合格。主体结构分部工程,总监理工程师组织相关人员于××××年××月××日,在施工单位自检合格的基础上验收合格。

(3)建筑装饰装修工程质量验收

建筑装饰装修工程,包括××个分项工程,共进行××次检验批验收,全部合格。该分部工程,总监理工程师组织相关人员于××××年××月××日,在施工单位自检合格的基础上验收合格。

(4)屋面工程质量验收

屋面工程,包括××个分项工程,共进行××次检验批验收,全部合格。该分部工程,总监理工程师组织相关人员于××××年××月××日,在施工单位自检合格的基础上验收合格。

(5)建筑给水排水及供暖工程质量验收

建筑给水排水及供暖工程,包括××个分项工程,共进行××次检验批验收,全部合格。该分部工程,总监理工程师组织相关人员于××××年××月××日,在施工单位自检合格的基础上验收合格。

（6）通风与空调工程质量验收

通风与空调工程，包括××个分项工程，共进行××次检验批验收，全部合格。该分部工程，总监理工程师组织相关人员于××××年××月××日，在施工单位自检合格的基础上验收合格。

（7）建筑电气工程质量验收

建筑电气工程，包括××个分项工程，共进行××次检验批验收，全部合格。该分部工程，总监理工程师组织相关人员于××××年××月××日，在施工单位自检合格的基础上验收合格。

（8）智能建筑工程质量验收

智能建筑工程，包括××个分项工程，共进行×× 次检验批验收，全部合格。该分部工程，总监理工程师组织相关人员于××××年××月××日，在施工单位自检合格的基础上验收合格。

（9）建筑节能工程质量验收

建筑节能工程，包括××个分项工程，共进行×× 次检验批验收，全部合格。该分部工程，总监理工程师组织相关人员于××××年××月××日，在施工单位自检合格的基础上验收合格。

（10）电梯工程质量验收

电梯工程，总监理工程师组织相关单位人员于××××年××月××日，核查相关资料，验收合格。

3.4　单位工程有关安全、节能、环境保护和主要使用功能检查情况

单位工程所含分部工程中涉及安全、节能、环境保护和主要使用功能的地基与基础、主体结构和设备安装等，有关见证检验或抽样检验均符合相关规定，相关检验资料齐全有效。

3.5　单位工程观感质量检查情况

单位工程所含分部工程的观感质量，经各方验收人协商确定，综合给出了"好"的质量评价结果。

3.6　单位工程质量验收情况

单位工程施工完后，施工单位依据验收标准、设计图纸等组织相关人员进行自检合格后，总监理工程师于××××年××月××日组织相关人员审查有关竣工验收资料，并对工程质量进行竣工预验收。对存在的施工质量问题，均要求施工单位及时进行了整改。整改完毕且复验合格后，总监理工程师于××××年××月××日签署预验收合格意见。

3.7　甩项或未完项目

此项如无，可取消，如有应说明原因及处理意见。

因供暖工程的验收有季节性要求，不能在夏季进行验收。因此可约定具体的时间另行验收。

4. 工程质量事故及其处理情况

在施工过程中未发生工程质量事故，但一般性的质量通病时有发生。如：混凝土浇筑有振捣不密实、出现漏捣漏浆引起蜂窝现象。混凝土接茬部位出现错台及漏浆现象。回填土施工时，个别部位分层厚度过大，灰土拌和不均匀。卫生间防水施工，在管道根部及阴阳角处未进行加强处理等。针对以上一般性的质量缺陷,项目监理机构加大巡视检查力度,通过监理例会、签发监理通知单等要求施工单位强化质量意识,先后签发监理通知单××次,督促施工单位落实整改并自检合格,经项目监理机构复验,这些质量缺陷均已整改并达到合格标准。

5. 竣工资料的审查情况

项目监理机构对单位工程质量控制资料进行了认真审查,包括对地基与基础、主体结构、建筑装饰装修、屋面、建筑给水排水与供暖、通风与空调、建筑电气、智能建筑、建筑节能以及电梯等相关工程质量控制资料的审查。共××项,符合规范要求××项,质量控制资料完整。

6. 工程质量评估结论

该工程施工合同约定的质量等级为合格。项目监理机构依据工程建设有关法律法规和规章、工程设计文件、施工质量验收标准/规范、设计交底及变更记录等,对检验批、分项工程、分部工程、单位工程进行了检查验收,认为该工程达到了施工合同约定及相关专业验收标准/规范的工程质量合格标准,工程质量控制资料完整,单位工程预验收合格。

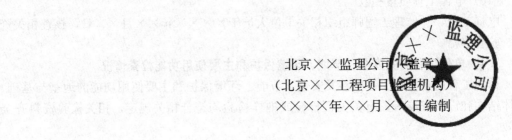

北京××监理公司(盖章)
(北京××工程项目监理机构)
××××年××月××日编制

第 21 章　建设工程监理工作总结

监理工作总结是全面反映项目监理机构工作成效以及监理合同履行情况的重要资料。监理工作结束时，项目监理机构应向监理单位、建设单位提交监理工作总结。

21.1　监理工作总结编制要求

（1）监理工作总结内容应完整，重点突出，文字简练，数据准确，结论明确。

（2）监理工作总结应全面反映监理合同履行情况及监理工作的成效，并针对监理工作中遗留问题作出说明，提出建议。

（3）监理工作总结由总监理工程师签字，并加盖项目监理机构印章。

（4）监理工作总结一式二份，监理单位、建设单位各一份。

21.2　监理工作总结编审程序

（1）总监理工程师组织专业监理工程师编写

总监理工程师组织专业监理工程师按要求进行编写，并指定专人汇总成册。

（2）总监理工程师签字

监理工作总结编写完成后，由总监理工程师签字，并加盖项目监理机构印章。

21.3　监理工作总结主要内容

监理工作总结应包括下列主要内容：

（1）工程概况。

（2）项目监理机构。

（3）建设工程监理合同履行情况。

（4）监理工作成效。

（5）监理工作中发现的问题及其处理情况。

（6）说明和建议。

21.4　监理工作总结（示例）

北京××工程

监理工作总结

（××××年××月～××××年××月）

总监理工程师：_____

编　制　人：_____

北京××监理公司

（北京××工程项目监理机构）（盖章）

××××年××月编制

目　　录

监 理 工 作 总 结

北京××监理公司受北京××房地产开发公司委托,对北京××工程进行施工阶段的监理服务。项目监理机构于××××年××月××日进驻施工现场开展监理工作。在建设单位、设计单位、施工单位和监理单位的共同努力下,该工程于××××年××月××日达到工程竣工条件。总监理工程师于××××年××月××日组织相关人员进行工程预验收且验收合格。建设单位于××××年××月××日组织相关单位共同对北京××工程进行竣工验收,达到施工合同约定的质量标准。项目监理机构本着公平、独立、诚信、科学地开展监理工作,圆满地完成了建设工程监理合同约定的服务内容。

1. 工程概况

1.1 工程基本情况

工程基本情况,如表 21-1 所示。

工程基本情况   表 21-1

工程名称	北京××工程			
工程地点	北京市海淀区西三环北路×号			
建设单位	北京××房地产开发公司			
计划开工日期	××××年××月××日	实际开工日期		××××年××月××日
计划竣工日期	××××年××月××日	实际竣工日期		××××年××月××日
总工期(天)	×××	质量等级	合格	合同价款	××××万元
建筑面积(m²)	××××	总高度(m)	×××	总层数	××
地上层数	××	地下层数	××	结构类型	框架-剪力墙

1.2 工程地质与环境情况

场地土及承载力、地下水情况,场地周边交通情况和场区水、电、气、通信等情况。

1.3 建筑与结构工程特点

(1)建筑特点

工程为××综合楼、设计使用年限、防火等级、人防等级、主要使用功能、屋面作法、外装修(含保温)作法、±0.000 高程和室内外高差等。

(2)结构工程特点

基础形式、埋置深度、底板厚度、主体结构形式及特点、混凝土强度等级、钢筋种类、抗震设防烈度等。

1.4 建筑电气工程特点

变配电室、供电干线、电气照明和防雷及接地装置等。

1.5 建筑给水排水及供暖工程特点

室内给水与排水系统、室内采暖系统、室外给水与排水管网等。

1.6 通风与空调工程特点

送风与排风系统、防排烟系统、空调(冷热)水系统、水源热泵换热系统等。

1.7　智能建筑工程特点

信息网络系统、综合布线系统、建筑设备监控系统、火灾自动报警系统等。

1.8　建筑节能工程特点

围护结构节能、供暖空调节能、配电照明节能和监测控制节能等。

1.9　电梯工程特点

电梯类型、台数和规格等。

2. 工程参建单位

工程参建单位，如表 21-2 所示。

工程参建单位　　　　　　　　　　　　　　　　　　　　　　　表 21-2

参建单位	单位名称	联系人	联系方式
建设单位	北京××房地产开发公司	×××	×××
勘察单位	北京××勘察设计院	×××	×××
设计单位	北京××设计研究院	×××	×××
监理单位	北京×× 监理公司	×××	×××
施工单位	北京××建筑工程公司	×××	×××
……	……	……	……

3. 项目监理机构

3.1　项目监理机构组织结构

（参见本书第 2 章内容）

3.2　项目监理机构人员

项目监理机构人员，如表 21-3 所示。

项目监理机构人员　　　　　　　　　　　　　　　　　　　　　表 21-3

序号	姓名	专业	职务	职称	资格	进退场计划
1	李××	土建	总监理工程师	高级	注册监理工程师	常驻现场
2	刘××	土建	总监理工程师代表	高级	注册监理工程师	常驻现场
3	张××	土建	专业工程师	中级	监理培训合格	常驻现场
4	李××	水暖	专业工程师	中级	监理培训合格	常驻现场
5	姜××	电气	专业工程师	高级	监理培训合格	常驻现场
6	冯××	造价	专业工程师	中级	注册造价工程师	常驻现场
7	左××	安全	专业工程师	中级	监理培训合格	常驻现场
8	冯××	信息	监理员	初级	监理培训合格	常驻现场
9	……	……	……	……	……	……

3.3 监理设施

项目监理机构监理设施，如表 21-4 所示。

项目监理机构监理设施 表 21-4

序号	名 称	规格型号	数量	使用时间	备注
1	办公桌、椅	×××	××套	××××	项目监理机构专用
2	文件资料柜	×××	×个	××××	项目监理机构专用
3	台式计算机	×××	×台	××××	项目监理机构专用
4	笔记本电脑	×××	×个	××××	项目监理机构专用
5	复印机	×××	×台	××××	项目监理机构专用
6	打印机	×××	×台	××××	项目监理机构专用
7	传真机	×××	×台	××××	项目监理机构专用
8	数码照相机	×××	×个	××××	项目监理机构专用
9	望远镜	×××	×个	××××	项目监理机构专用
10	多功能检测尺	×××	×套	××××	项目监理机构专用
11	钢卷尺	×××	×个	××××	项目监理机构专用
12	靠尺	×××	×个	××××	项目监理机构专用
13	游标卡尺	×××	×个	××××	项目监理机构专用
14	百格网	×××	×个	××××	项目监理机构专用
15	温度计	×××	×个	××××	项目监理机构专用
16	测绳	×××	×个	××××	项目监理机构专用
17	混凝土回弹仪	×××	×个	××××	项目监理机构专用
18	全站仪	×××	×个	××××	监理单位管理
19	经纬仪	×××	×个	××××	监理单位管理
20	水准仪	×××	×个	××××	监理单位管理
21	钢筋保护层厚度测定仪	×××	×个	××××	监理单位管理
22	楼板厚度测定仪	×××	×个	××××	监理单位管理
23	钢筋位置测定	×××	×个	××××	监理单位管理
24	裂缝观测仪	×××	×个	××××	监理单位管理
25	焊缝检测仪	×××	×个	××××	监理单位管理
26	万用电表	×××	×个	××××	监理单位管理
27	激光测距仪	×××	×个	××××	监理单位管理
28	涂层厚度仪	×××	×个	××××	监理单位管理
29	电阻测试仪	×××	×个	××××	监理单位管理
30	……	……	……	……	……

4. 监理合同履行情况

4.1 监理工作范围

依据监理合同约定，监理工作范围为施工阶段的工程监理及保修阶段的服务，包括地基与基础，主体结构，建筑装饰装修，屋面，建筑给水排水及供暖，通风与空调，建筑电

气，智能建筑，建筑节能，电梯等工程，室外工程以及建筑红线以内的市政管网配套工程。（应根据监理合同中监理工作范围编写）

4.2　监理合同目标完成情况

（1）质量目标：达到施工合同约定的质量标准即合格标准，且荣获"北京市建筑（结构）长城杯金质奖"，实现了预定的质量目标。

（2）造价目标：合同总造价××××万元，实际工程总造价：××××万元，实现了预定的造价目标。

（3）工期目标：工程计划开工日期为××××年××月××日，计划竣工日期为××××年××月××日，总工期为×××天。实际开工日期为××××年××月××日，实际竣工日期为××××年××月××日，实际总工期为×××天，实现了预定的工期目标。

（4）安全生产管理：工程实施过程中未发生安全事故，且荣获"北京市绿色安全工地"。

（5）合同管理：工程实施过程中未发生索赔、合同争议等事宜，实现合同履约率100％。

4.3　监理服务期内完成的主要工作

监理合同约定的服务期为×××天，项目监理机构全体人员在总监理工程师的带领下，完成了监理合同约定的全部工作内容，取得了良好的效果。在实施过程中，主要完成的监理工作内容如下：（监理工作内容应与监理合同一致，参见本书第 1 章内容）

5. 监理工作成效

5.1　工程进度控制

（1）进度控制情况

在进度控制中，通过下列五个阶段的目标控制，实现了施工总进度控制目标。

1）地基与基础工程，自××××年××月××日至××××年××月××日完成。

2）主体结构工程，自××××年××月××日至××××年××月××日完成。

3）设备安装工程，自××××年××月××日至××××年××月××日完成。

4）建筑装饰装修工程，自××××年××月××日至××××年××月××日完成。

5）工程竣工验收，自××××年××月××日至××××年××月××日完成。

（2）进度控制主要措施

项目监理机构以施工合同约定的总工期，通过跟踪检查、分析比较和调整等方法，对工程进度实施动态控制。

根据本工程特点，采取的主要控制措施：（参见本书第 7 章内容及实际情况编写）

由于项目监理机构人员配备合理、针对性强，处理问题及时，从而保证了工程总工期目标的实现。

5.2　工程质量控制

在工程实施过程中，项目监理机构对工程施工质量进行严格控制，施工质量符合合同约定的质量标准，且荣获"北京市建筑（结构）长城杯金质奖"，实现了预定的质量目标。

（1）质量控制主要措施

项目监理机构遵循质量控制基本原理，坚持预防为主的原则，制定监理工作制度，实施有效的监理措施，采取审查、巡视、旁站、验收、见证取样和平行检验等方法对工程质量实施主动控制。

根据本工程特点，采取的主要控制措施：（参见本书第5章内容及实际情况编写）

（2）各分部工程质量验收情况

（参见工程质量评估报告内容编写）

（3）单位工程有关安全、节能、环境保护和主要使用功能检查情况

（参见工程质量评估报告内容编写）

（4）单位工程观感质量检查情况

（参见工程质量评估报告内容编写）

（5）单位工程质量验收情况

（参见工程质量评估报告内容编写）

5.3 工程造价控制

项目监理机构以施工合同约定的合同价款、单价、工程量计算规则和工程款支付方法，通过跟踪检查、分析比较、纠偏，控制工程变更，进行工程计量和付款签证等，对工程造价实施动态控制。

造价控制的主要工作是进行工程计量和付款签证，在工程实施过程中，项目监理机构依据合同约定对施工单位提交的已完工程量和支付金额进行认真复核，计量实际完成的工程量，审核到期应支付给施工单位的金额，签发工程款支付证书，确保了工程造价控制目标的实现。

（1）工程款支付情况

工程款支付情况，如表21-5所示。

工程款支付情况表 表21-5

序号	日 期	申报金额（元）	审核金额（元）	差额（元）
1	××××年××月××日	×××	×××	×××
2	××××年××月××日	×××	×××	×××
3	××××年××月××日	×××	×××	×××
4	……	……	……	……
	合计	××××××	××××××	××××××

（2）竣工结算款审核情况

竣工结算款审核情况，如表21-6所示。

竣工结算款审核情况 表21-6

序号	施工单位竣工结算款	项目监理机构审核额	建设单位审批意见
1	×××	×××	×××
2	……	……	……

（3）费用索赔情况

在工程实施过程中未发生费用索赔情况。

（4）造价控制主要措施

根据本工程特点，采取的主要控制措施：（参见本书第 6 章内容编写）

5.4　安全生产管理的监理工作

（1）安全生产管理的监理工作内容

项目监理机构根据工程建设有关法律法规、工程建设强制性标准，履行建设工程安全生产管理的监理职责，通过巡视检查，发现施工存在安全事故隐患的，采用监理例会、专题会议，签发监理指令等，及时消除安全事故隐患。（参见本书第 8 章内容编写）。

（2）安全生产管理的监理工作成效

通过工程各参建单位的共同努力，本工程安全生产管理的监理工作取得了良好的效果，未发生安全生产事故，且荣获"北京市绿色安全工地"。

5.5　合同管理

（1）合同管理主要内容

项目监理机构依据监理合同约定，对建设单位与施工单位、材料设备供应单位等签订的合同进行管理。处理工程暂停及复工、工程变更、索赔、施工合同争议与解除等事宜。（参见本书第 4 章内容编写）

（2）合同管理成效

通过项目监理机构努力工作，工程实施过程中未发生索赔、合同争议等事宜，实现合同履约率 100%。对发生的工程变更，项目监理机构采取有效措施，严格按照工程变更程序进行处理，并监督施工单位实施工程变更。

6. 监理工作中发现的问题及其处理情况

6.1　发现的问题

（1）回填土施工中，回填土分层厚度超过规范要求和灰土搅拌不均匀。

（2）防水卷材在阴阳角处的粘铺方法不符合规范要求。

（3）大模板拆模过早，部分混凝土表面有麻面现象。

6.2　处理情况

（1）回填土质量问题处理：项目监理机构签发监理通知单，要求施工单位对其质量问题的部位进行返工重做。

（2）防水卷材质量问题处理：项目监理机构签发监理通知单，要求施工单位对其质量问题的部位进行返工重做。

（3）大模板拆模过早问题处理：项目监理机构签发监理通知单，要求施工单位严格按规定的拆模时间实施。

以上问题在施工过程中均及时得到了处理，施工单位整改完毕，项目监理机构重新验收，均符合相关标准和要求。

7. 说明和建议

7.1　说明

本工程监理合同约定的监理工作范围和内容包含有工程保修阶段的监理服务。在工程保修期内，仍由总监理工程师负责工程保修期的监理服务工作。

总监理工程师指派专业监理工程师进行定期回访，收集反馈信息，并做好回访记录。回访工作采取的方式：

（1）定期回访：根据年度回访计划安排，采用电话询问、会议座谈、半年或一年走访等形式。

（2）季节性回访：夏季重点回访屋面防水工程，空调、门窗及墙面防水；冬季重点回访供暖工程等。

（3）技术性回访：对施工过程中采用的新材料、新技术、新工艺、新设备工程，回访使用效果及设备技术状态。

7.2　建议

（略）

北京××监理公司
北京××监理公司××工程项目监理机构
（北京××工程项目监理机构）（盖章）
××××年××月××日编制

第22章 建设工程监理文件资料管理

建设工程监理文件资料管理是指项目监理机构对在履行建设工程监理合同过程中形成或获取的，以一定形式记录、保存的文件资料进行整理、传递、组卷、归档，并向建设单位移交有关监理文件资料。

22.1 监理文件资料管理要求

（1）项目监理机构应建立健全监理文件资料管理制度和报告制度，宜设熟悉工程监理业务、经过监理文件资料培训的人员负责管理监理文件资料，落实监理文件资料管理职责。

（2）总监理工程师在监理交底时应强调及时收集、整理文件资料的重要性，并明确参建各方的管理职责。文件资料应真实、准确、有效和完整，具有可追溯性；严禁对文件资料伪造、涂改或故意撤换、损坏和丢失。

（3）项目监理机构应随工程进度及时、准确、完整地收集、整理、组卷、归档监理文件资料，资料管理人员应做到及时整理、分类有序、存放整齐。

（4）监理文件资料应字迹清晰，内容完整，数据准确，结论明确，并有相关人员签字，需要加盖印章的，应加盖相关印章。相关证明文件资料应为原件，若为复印件，应加盖报送单位的印章，并注明原件存放处、经办人及经办时间。

（5）监理单位应根据工程特点和有关规定，保存监理档案，合理确定监理文件资料的保存期限。

22.2 监理文件资料管理主要内容

（1）项目监理机构建立健全建设工程监理文件资料的管理制度和报告制度。

（2）项目监理机构应运用计算机信息技术进行监理文件资料管理，实现监理文件资料管理的科学化、标准化、程序化和规范化。

（3）项目监理机构应每月向建设单位、监理单位递交监理工作月报。

（4）专业监理工程师应及时签认进场工程材料、构配件和设备的质量报审资料，以及隐蔽工程、检验批、分项工程和分部工程的质量验收资料。

（5）项目监理机构应及时、准确、完整地收集、整理、编制、传递监理文件资料，并应按规定组卷、形成监理文件档案。

（6）监理单位应按监理合同约定和有关资料管理规定，及时向建设单位移交需要归档的监理文件资料，并办理移交手续。

22.3 监理文件资料管理程序

监理文件资料管理程序，如图 22-1 所示。

（1）签收文件资料。资料管理人员应对参建单位报送文件资料的完整性进行确认，若文件资料不完整，应拒绝签收，待报送单位补充完整后再进行签收。

所有收文应在收文登记簿上进行登记，登记内容包括：文件编号、文件名称、内容摘要、发文单位、收文日期（必要时应注明具体时间）、收文人员签字。

（2）处理文件资料。文件资料签收后，资料管理人员应附上文件资料处理签，报送总监理工程师或专业监理工程师确定文件资料的承办人、是否需传阅、传阅范围。总监理工程师或专业监理工程师应在文件资料处理单上签署意见，承办人员进行处理并签署意见。

（3）归档文件资料。文件资料处理完后，文件资料原件应及时交还资料管理人员进行归档。

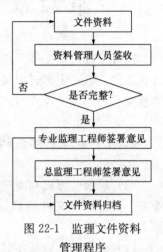

图 22-1   监理文件资料
管理程序

（4）项目监理机构需要发文时，由专业监理工程师或总监理工程师签批，然后由资料管理人员承办，并归档。发出的文件资料应加盖项目监理机构印章，并对盖章事项进行登记。所有发文应在发文登记簿上进行登记，登记内容包括：文件编号、文件名称、内容摘要、接收文件单位、发文日期（必要时应注明具体时间）、接收文件人员签字。

22.4 监理文件资料主要内容

监理文件资料应包括下列主要内容：

（1）勘察设计文件、建设工程监理合同及其他合同文件。

（2）监理规划、监理实施细则。

（3）设计交底和图纸会审会议纪要。

（4）施工组织设计、（专项）施工方案、施工进度计划报审文件资料。

（5）分包单位资格报审文件资料。

（6）施工控制测量成果报验文件资料。

（7）总监理工程师任命书，工程开工令、暂停令、复工令，工程开工、复工报审文件资料。

（8）工程材料、构配件和设备报验文件资料。

（9）见证取样和平行检验文件资料。

（10）工程质量检查报验资料及工程有关验收资料。

（11）工程变更、费用索赔及工程延期文件资料。

（12）工程计量、工程款支付文件资料。

（13）监理通知单、工作联系单与监理报告。

（14）第一次工地会议、监理例会、专题会议等会议纪要。

（15）监理月报、监理日志、旁站记录。

（16）工程质量、生产安全事故处理文件资料。

（17）工程质量评估报告及竣工验收监理文件资料。

（18）监理工作总结。

22.5　监理文件资料归档与移交

监理文件资料归档内容、组卷方法以及监理档案的验收、移交和管理，应根据有关规定，并参照工程所在地建设行政主管部门、地方城市建设档案管理部门的规定执行。

1. 监理文件资料归档

（1）监理文件资料归档要求

1）项目监理机构应及时整理、分类汇总监理文件资料，按规定组卷，形成监理档案。

2）项目监理机构收集归档的监理文件资料应为原件，若为复印件，应加盖报送单位印章，并注明原件存放处、经办人及经办时间。

3）监理单位应根据工程特点和有关规定，保存监理档案。保存期限应符合有关规定和建设工程资料管理的要求。

（2）监理文件资料归档范围

依据《建设工程文件归档规范》GB/T 50328—2014（2019 年版）规定，监理文件资料归档范围，分为必须归档保存和选择性归档保存。其中，建筑工程文件归档范围如表 22-1 所示，表中符号"▲"表示必须归档保存，"△"表示选择性归档保存。

建筑工程文件归档范围　　　　　　　　　　　　　　　　　表 22-1

类别		序号	归档文件	保存单位		
				建设单位	监理单位	城建档案馆
工程准备阶段文件	招投标文件	1	工程监理招投标文件	▲	▲	
		2	监理合同	▲	▲	▲
	开工审批文件	1	建设工程施工许可证	▲	▲	▲
	工程建设基本信息	1	监理单位工程项目总监及监理人员名册	▲	▲	▲
监理文件	监理管理文件	1	监理规划	▲	▲	▲
		2	监理实施细则	▲	▲	▲
		3	监理月报	△	▲	
		4	监理会议纪要	▲	▲	
		5	监理工作日志		▲	
		6	监理工作总结		▲	▲
		7	工程复工报审表	▲	▲	▲

类别		序号	归档文件	保存单位		
				建设单位	监理单位	城建档案馆
监理文件	进度控制文件	1	工程开工报审表	▲	▲	▲
	质量控制文件	1	质量事故报告及处理资料	▲	▲	▲
		2	旁站监理记录	△	▲	
		3	见证取样和送检人员备案表	▲	▲	
		4	见证记录	▲	▲	
	工期管理文件	1	工程延期申请表	▲	▲	▲
		2	工程延期审批表	▲	▲	▲
	监理验收文件	1	竣工移交证书	▲	▲	▲
		2	监理资料移交书	▲	▲	
施工文件	施工管理文件	1	工程概况表	▲	▲	△
		2	分包单位资格报审表	▲	▲	
		3	建设单位质量事故勘查记录	▲	▲	▲
		4	建设工程质量事故报告书	▲	▲	▲
		5	见证试验检测汇总表	▲	▲	▲
	施工技术文件	1	图纸会审记录	▲	▲	▲
		2	设计变更通知单	▲	▲	▲
		3	工程洽商记录（技术核定单）	▲	▲	▲
	进度造价文件	1	工程开工报审表	▲	▲	▲
		2	工程复工报审表	▲	▲	▲
		3	工程延期申请表	▲	▲	▲
	施工物资出厂质量证明及进场检测文件	1	砂、石、砖、水泥、钢筋、隔热保温、防腐材料、轻骨料出厂证明文件	▲	▲	△
		2	涉及消防、安全、卫生、环保、节能的材料、设备的检测报告或法定机构出具的有效证明文件	▲	▲	△
		3	钢材试验报告	▲	▲	▲
		4	水泥试验报告	▲	▲	▲
		5	砂试验报告	▲	▲	▲
		6	碎（卵）石试验报告	▲	▲	▲
		7	外加剂试验报告	△	▲	▲
		8	砖（砌块）试验报告	▲	▲	▲
		9	预应力筋复试报告	▲	▲	▲
		10	预应力锚具、夹具和连接器复试报告	▲	▲	▲
		11	钢结构用钢材复试报告	▲	▲	▲

续表

类别		序号	归档文件	保存单位		
				建设单位	监理单位	城建档案馆
施工文件	施工物资出厂质量证明及进场检测文件	12	钢结构用防火涂料复试报告	▲	▲	▲
		13	钢结构用焊接材料复试报告	▲	▲	▲
		14	钢结构用高强度大六角头螺栓连接副复试报告	▲	▲	▲
		15	钢结构用扭剪型高强螺栓连接副复试报告	▲	▲	▲
		16	幕墙用铝塑板、石材、玻璃、结构胶复试报告	▲	▲	▲
		17	散热器、供暖系统保温材料、通风与空调工程绝热材料、风机盘管机组、低压配电系统电缆的见证取样复试报告	▲	▲	▲
		18	节能工程材料复试报告	▲	▲	▲
	施工记录文件	1	隐蔽工程验收记录	▲	▲	▲
		2	工程定位测量记录	▲	▲	▲
		3	基槽验线记录	▲	▲	▲
		4	地基验槽记录	▲	▲	▲
	施工质量验收文件	1	分项工程质量验收记录	▲	▲	▲
		2	分部（子分部）工程质量验收记录	▲	▲	▲
		3	建筑节能分部工程质量验收记录	▲	▲	▲
工程竣工验收文件	竣工验收与备案文件	1	监理单位工程质量评估报告	▲	▲	▲
		2	工程竣工验收报告	▲	▲	▲
		3	工程竣工验收会议纪要	▲	▲	▲
		4	专家组竣工验收意见	▲	▲	▲
		5	工程竣工验收证书	▲	▲	▲
		6	规划、消防、环保、民防、防雷、档案等部门出具的验收文件或意见	▲	▲	▲
		7	建设工程竣工验收备案表	▲	▲	▲
	竣工决算文件	1	监理决算文件	▲	▲	△

注：建筑工程文件归档范围中所列城建档案管理机构接收范围，各城市可根据本地情况适当拓宽和缩减。

（3）监理文件资料保管期限

依据《建设工程文件归档规范》GB/T 50328—2014（2019 年版），工程档案保管期限分为永久保管、长期保管和短期保管。

1）永久保管是指工程档案无限期地、尽可能长远地保存下去。

2）长期保管是指工程档案保存到该工程被彻底拆除。

3）短期保管是指工程档案保存 10 年以下。

保管期限的长短应根据卷内文件的保存价值确定。

2. 监理文件资料移交

（1）监理单位应按监理合同约定和有关资料管理规定，对项目归档文件的完整性、移交情况和案卷质量进行审查，审查合格后方可向建设单位移交，办理移交手续。

（2）项目监理机构应按有关资料管理规定，将形成的监理档案移交监理单位保存，办理移交手续。

（3）建设单位向城建档案管理部门移交工程档案（监理文件资料），应提交移交案卷目录，办理移交手续，双方签字、盖章后方可交接。

第 23 章　建设工程施工组织设计

施工组织设计是指导施工项目科学管理的重要手段，是施工单位进行工程施工的实施性文件。施工单位在工程施工前，应按合同约定的工作内容，结合工程特点编制施工组织设计。

23.1　施工组织设计编制

1. 施工组织设计编制原则

单位工程施工组织设计编制应遵循工程建设程序，并应符合下列原则：

（1）符合施工合同有关工程质量、安全、进度、造价及绿色施工等方面的要求。

（2）结合工程特点积极推广应用新技术、新工艺、新材料和新设备。

（3）科学安排施工顺序，考虑季节性施工特点，采用流水施工和网络计划等方法，合理配置资源，优化现场布置，实现均衡施工，达到合理的经济技术指标。

（4）推广应用绿色施工技术，实现节能、节地、节水、节材和环境保护。

（5）与质量、环境和职业健康安全管理体系有效结合。

2. 施工组织设计编审程序

（1）施工组织设计应在工程开工前完成编制和审批；由施工单位项目负责人主持编制，项目技术负责人组织编写；编写完成后，由项目负责人签字，报送施工单位技术部门审查。

（2）施工单位技术部门应组织本单位施工技术、质量、安全等部门的专业技术人员进行审查，审查合格后由施工单位技术部门负责人签字；施工单位技术负责人审批签字，并加盖施工单位公章后报送监理单位。

（3）总监理工程师组织专业监理工程师进行审查并签署意见。

23.2　施工组织设计主要内容

单位工程施工组织设计应包括下列主要内容：

（1）编制依据。

（2）工程概况。

（3）施工部署。

（4）施工进度计划。

（5）施工准备与资源配置计划。

（6）主要施工方法。

(7) 季节性施工措施。

(8) 主要管理措施。

(9) 应急救援预案。

(10) 施工现场平面布置。

(11) 附图和附表。

23.3 施工组织设计审查与管理

1. 施工组织设计审查

单位工程施工组织设计审查的主要内容包括：编审程序、编写内容、施工部署与施工现场平面布置、施工进度计划、主要施工方法、相关质量安全等保证措施以及资源配置计划等内容。

(1) 编审程序的审查

重点审查：编审程序是否符合相关规定，审批人是否为施工单位技术负责人，施工单位名称是否与施工合同中的名称一致，加盖的印章是否为施工单位公章。

(2) 编写内容的审查

重点审查：编写内容是否全面，有无遗漏；是否有安全技术措施和施工现场临时用电方案；是否有应急救援预案；是否正确识别危大工程并按规定制定专项施工方案编制计划。

(3) 施工部署与施工现场平面布置的审查

重点审查：施工部署与施工现场平面布置是否科学合理，施工流水段划分与施工顺序是否具有可行性；空间利用及堆料场、材料周转、临时道路等安排是否科学合理，是否满足工程施工要求；安全、消防、节能、环保等方面是否满足相关规定。

(4) 施工进度计划及相关措施的审查

重点审查：施工进度计划是否符合施工合同中对工期的要求，是否真实反映施工单位按进度计划组织施工的可行性和合理性；相关保证措施是否具有针对性和可操作性。

(5) 主要施工方法及相关措施的审查。

重点审查：主要施工方法（包括施工工艺流程、施工方法、措施与验收）是否具有可实施性，是否符合施工合同要求；质量保证措施是否具有针对性和可靠性，安全技术措施是否符合工程建设强制性标准。

(6) 资源配置计划的审查

重点审查：资源配置计划是否与施工进度计划相协调，是否满足工程施工要求，能否保证按施工进度计划的顺利实施；主要材料的规格、型号、性能技术参数及质量标准是否满足工程施工要求。

2. 施工组织设计管理

单位工程施工组织设计应实行动态管理，并符合下列规定：

(1) 工程施工过程中，发生以下情况时，应对施工组织设计进行修改或补充：

1) 工程设计有重大修改。

2）有关法律、法规、规章、规范性文件和标准有重大修订和废止。

3）主要施工方法有重大调整。

4）主要施工资源配置有重大调整。

5）施工环境有重大改变。

（2）经修改或补充的施工组织设计应重新审批后方可实施。

（3）工程施工前，应进行施工组织设计逐级交底；工程施工过程中，应对施工组织设计的实施情况进行监督检查。

（4）施工组织设计应在工程竣工验收后按相关规定归档。

23.4　施工组织设计（示例）

北京××工程

施工组织设计

审批人：<u>(公司技术负责人)</u>
审核人：<u>(公司技术部门负责人)</u>
编制人：<u>(项目经理)</u>

北京××建筑工程公司(盖章)
(北京××工程施工项目部)
××××年××月××日

目　　录

×××工程施工组织设计

1. 编制依据

编制依据主要包括：工程建设法律法规、规章及规范性文件，工程建设相关标准、规范、图集，工程勘察设计文件，招标文件、合同文件，施工单位相关标准、作业文件，其他相关方合理需求。

1.1 合同文件
1.2 设计图纸
1.3 主要标准/规范
1.4 主要图集
1.5 主要法律、法规、规章和规范性文件
1.6 施工单位质量管理手册、作业文件等
1.7 其他

2. 工程概况

工程概况主要包括工程基本情况，水文地质条件，各专业工程设计情况，场地及周边环境，工程典型平面图与剖面图，工程特点与施工重点、难点分析及对策等。

（可采用图表形式表述，按各单位公章填写单位全称，且工程名称应和工程前期报批手续中填写的保持一致）。

2.1 工程基本情况

工程基本情况应包括工程名称、工程地址、参建单位、质量监督机构、资金来源、合同承包及分包工程范围、合同工期、合同质量目标、建筑面积、总高度、总层数等。如表 23-1所示。

工程基本情况　　　　　　　　　　表 23-1

工程名称			
工程地址			
建设单位			
工程咨询单位			
勘察单位			
设计单位			
监理单位			
总承包单位			
主要分包单位			
质量监督机构			
资金来源			
合同承包及分包范围			
合同工期			
合同质量目标			
建筑面积（m²）		总高度（m）	
总层数		地下/地上层数	×/××

2.2 水文地质条件

简要描述拟建工程的地理位置、地貌、水文及地质条件、风力、主导风向、气温、地震烈度等。

2.3 建筑设计

依据设计文件简要描述，主要包括建筑规模（面积、层数、高度）、建筑功能、建筑特点、防火等级、防水、节能以及主要装修做法。可用文字描述或如表 23-2 所示。

建 筑 设 计

表 23-2

序号	项 目	内 容		
1	建筑功能	住宅、办公、综合、体育场馆、公寓、业务楼等		
2	建筑特点	建筑物外形特点、外立面特征、结构特点等		
3	建筑面积	占地面积	总建筑面积	
		地下建筑面积	地上建筑面积	
		首层建筑面积	标准层建筑面积	
4	建筑层数	地 下	地 上	
5	建筑层高	地下部分层高	地下 1 层	
			地下 2 层	
			……	
		地上部分层高	1 层	
			2～×层	
			……	
6	建筑高度	±0.00 绝对标高	室内外高差	
		基底标高	建筑总高	
7	建筑平面	横轴编号	横轴轴线距离	
		纵轴编号	纵轴轴线距离	
8	防火等级			
9	外墙保温			
10	外装修	檐口		
		外墙		
		屋面		
		门窗		
11	室内装修	隔墙		
		内墙		
		顶棚		
		地面		
		门窗	门	
			窗	
		楼梯		
		公用部分		
12	防水	屋面防水		
		厕浴间防水		
		地下室外防水		
13	……			

2.4 结构设计

依据设计文件简要描述，主要包括结构形式、人防等级、抗震设计、主要结构构件技术参数及要求等。可用文字描述或如表 23-3 所示。

结 构 设 计 表 23-3

序号	项 目	内 容	
1	结构形式	基础结构形式	
		主体结构形式	
2	土质、水位	基底土质	
		地下水位	
3	地基承载力（kPa）		
4	人防等级		
5	抗震设计	设防烈度	
		抗震等级	
6	混凝土强度等级	垫层	
		底板	
		墙体	
		柱、梁、板	
		……	
7	钢筋类别	非预应力钢筋等级	
		预应力筋类别及张拉方式	
8	钢筋连接	机械（焊接）	
		搭接绑扎	
9	钢筋保护层	底板（mm）	
		柱（墙）（mm）	
		梁（mm）	
		板（mm）	
10	结构断面尺寸	基础底板厚度（mm）	
		主要墙体厚度（mm）	
		主要柱截面尺寸（mm）	
		主要梁断面尺寸（mm）	
		楼板厚度（mm）	
11	楼梯结构形式		
12	后浇带		
13	二次结构		
14	钢结构	部位	
		跨度	
		构件连接方式	
		构件主要断面尺寸（mm）	

2.5　设备安装工程专业设计

依据设计文件简要描述，主要包括给水排水与供暖工程、通风与空调工程、建筑电气工程、智能建筑工程、电梯等各专业设计要求及系统做法等。可用文字描述或采用表格形式表示。

2.6　建筑节能设计

依据设计文件简要描述建筑节能设计及要求。用文字描述或采用表格形式表示。

2.7　室外工程设计

依据设计文件简要描述室外工程设计及要求。用文字描述或采用表格形式表示。

2.8　场地及周边环境

简要描述场地及周边环境，主要包括场地现状、周边环境，道路交通情况、现场水、电、通讯、热力等。可用文字描述或采用表格形式表示。

2.9　工程典型平面图与剖面图

工程典型平面图与剖面图主要包括地下室平面图，裙房平面图，标准层平面图，典型正、侧立面图，典型剖面图等。

2.10　工程特点与施工重点、难点分析及对策

（1）工程特点

工程特点可用文字简要描述或采用表格形式表示。

（2）施工重点、难点分析及对策

从工程设计特点、周边环境、施工现场情况、季节影响、施工管理等方面进行分析，并简要描述工程施工重点、难点及对策（应注明后续详述章节与之对应）。可用文字描述或采用表格形式表示。

3. 施工部署

施工部署是施工组织设计的核心内容，主要包括确定项目管理目标、施工部署原则、任务界面划分、施工区域与流水段划分、施工顺序、项目经理部组织机构、主要工程量及组织协调。施工部署是项目经理部在工程实施之前，对工程涉及的任务、人力、资源、时间、空间等总体部署的构思。

3.1　管理目标

根据施工合同约定和有关要求，制定包括工期目标、质量目标、安全目标、成本目标、绿色施工目标等。

（1）工期目标

依据施工合同约定的工期，本工程于××××年××月××日开工，××××年××月××日竣工，总工期为×××天。节点工期目标如表 23-4 所示。

节点工期目标　　　　　　　　　　　　　　表 23-4

序号	施工内容	工期目标（开始时间～完成时间）	工期（天）
1	土方开挖与基坑支护	××××年××月××日～××××年××月××日	×××
2	基础工程	××××年××月××日～××××年××月××日	×××
3	主体结构	××××年××月××日～××××年××月××日	×××
4	二次围护结构	××××年××月××日～××××年××月××日	×××

续表

序号	施工内容	工期目标（开始时间～完成时间）	工期（天）
5	屋面工程	××××年××月××日～××××年××月××日	×××
6	建筑装饰装修	××××年××月××日～××××年××月××日	×××
7	设备安装工程	××××年××月××日～××××年××月××日	×××
8	竣工验收	××××年××月××日～××××年××月××日	××
9	……	……	……

（2）质量目标

依据施工合同约定的质量目标为合格，并争创"省（部）级工程奖项"、"国家优质工程奖项"。各分部工程质量目标如表 23-5 所示。

各分部工程质量目标   表 23-5

序号	分部工程	质量目标	目标要求
1	地基与基础	合格	符合相关验收标准要求
2	主体结构	合格	符合相关验收标准要求
3	建筑装饰装修	合格	符合相关验收标准要求
4	屋面工程	合格	符合相关验收标准要求
5	建筑给水排水及供暖	合格	符合相关验收标准要求
6	通风与空调	合格	符合相关验收标准要求
7	建筑电气	合格	符合相关验收标准要求
8	智能建筑	合格	符合相关验收标准要求
9	建筑节能	合格	符合相关验收标准要求
10	电梯	合格	符合相关验收标准要求

注：此分部工程划分，是以建筑工程为例。对于其他工程应根据工程特点和相关标准要求进行划分。

（3）成本目标

依据施工合同约定的合同价款，即×××××万元为工程成本目标，在保证质量、进度、安全的前提下降低工程成本，满足成本目标要求。成本目标分解如表 23-6 所示。

成本目标分解   表 23-6

序号	项目名称	金额（万元）
1	地基与基础工程	×××
2	主体结构工程	×××
3	建筑装饰装修工程	×××
4	设备安装工程	×××
5	室外工程	×××
6	……	……

（4）安全目标

杜绝死亡和重大伤亡事故；一般事故率控制在千分之×以内；无火灾事故、爆炸事故、环境污染事故、重大交通事故发生。

（5）绿色施工目标

高标准、高质量开展绿色施工，严格执行×××市有关现场绿色施工管理规定，确保获得×××"绿色安全工地"。

3.2　施工部署原则

施工部署原则是项目经理部实现各项管理目标的主导思想。应结合工程特点，简要描述项目经理部将用什么样的组织手段和技术手段来完成合同要求。在内容上应体现施工顺序、时间安排、交叉施工、季节施工和资源配置的部署。

例：本工程以现场主体结构施工为主线，专业分包和设备采购管理为辅线，进行全面的施工管理。施工中应按照"全面展开、重点突出、立体交叉、有序推进"进行施工部署。

（1）划分区域、明确思路

根据本工程整体分布，地下结构施工时，将现场分为两大区域组织施工，有地上结构的区域为一区，无地上结构的区域为二区，每个区又划分为若干施工段。

（2）立体交叉、及时跟进

主体结构施工至×层时穿插砌体工程施工；设备安装工程随土建施工进度及时穿插跟进；在砌体工程完成后立即进行幕墙龙骨施工。

（3）有序推进、顺利完工

各专业分包提前进行招标、定标、深化设计、材料进场及加工等前期准备工作，使幕墙、装饰装修等工程能够按总体计划顺利施工，确保工程按时完成。

3.3　合同任务界面划分

简要描述合同任务界面划分及合同范围，并对主要分包项目施工单位的资质和能力提出明确要求。合同任务界面划分包括施工总承包单位、专业分包单位的施工内容，建设单位直接发包的施工内容。（略）

3.4　施工区域与流水段划分

根据工程特点和施工部署原则，合理划分施工区域与流水段。

（1）施工区域与流水段划分原则

施工区域与流水段划分将直接影响流水施工的效果，为合理划分施工区域与流水段，应遵循下列原则：

1）有利于保持结构的整体性。尽量与结构的自然界线（如沉降缝、伸缩缝、施工缝）相一致，或设在对结构整体性影响较小的门窗洞口等部位。

2）各施工段的劳动量相等或大致相等。尽量按各段工程量和面积均衡原则划分，使资源投入量均匀连续，并进行等节奏流水施工。

3）有足够的工作面。可保证施工人员有足够的工作面，以充分发挥施工人员和机械设备的生产效益。

例：为保证本工程均衡连续施工，发挥劳动效率，减少周转材料投入，根据本工程整体分布，地下结构施工时，施工现场分为两大施工区域，有地上结构的区域为一区，无地上结构的区域为二区,每个区域又划分为若干施工段。地上结构部分自下而上每楼层划分为×个施工段组织流水施工。

地下、地上流水段划分应充分利用施工缝(后浇带)进行划分,在施工缝符合规范要求和施工面积均衡的情况下,地下、地上分别分为×、×个流水段,如表23-7所示。

施工流水段划分   表 23-7

部位		流水段	轴线范围	施工面积	备注
地下部分	Ⅰ区	1 段			
		2 段			
		......			
	Ⅱ区	1 段			
		2 段			
		......			
地上部分	第Ⅰ层	1 段			
		2 段			
		......			
	标准层	1 段			
		2 段			
		......			

(2)施工区域与流水段划分平面布置图

可用图来表示施工区域与流水段划分(包括土方开挖与基坑支护、基础工程、主体结构、设备安装工程、装饰装修等阶段)。(略)

3.5 施工顺序

施工顺序合理与否,将直接影响各工种之间的配合、工程质量安全、工程成本和施工进度。应综合考虑施工工艺、施工方法和施工组织要求,合理确定施工顺序。

(1)总体施工顺序

总体施工顺序应体现工序逻辑关系,要遵循先地下后地上,先结构后围护,先主体后装修,先土建后设备的规律。

例:总体施工顺序:先地下后地上,先结构后围护,先主体后装修,先土建后安装;结构施工阶段,穿插专业管线的预留、预埋,有足够工作面可插入其他专业工程施工;装修施工阶段与设备安装工程同步进行。(具体施工顺序略)

(2)施工顺序情况说明

1)有针对性的描述每个区域或单体之间的工序先后穿插情况。(略)

2)有针对性的描述关键路线上的工序情况。(略)

3.6 项目经理部组织机构

根据工程特点和任务量大小,设置管理部门、确定岗位职责、配备管理人员,组建项目经理部。通常以组织结构框图表示。

(1)组织结构形式

项目经理部组织结构形式可用项目组织结构框图表示。(略)

（2）管理部门及主要管理人员岗位职责

1）管理部门岗位职责

简要描述各管理部门岗位职责（可参考相关标准要求编写）。

① 技术质量部：（略）

② 施工管理部：（略）

③ 采购合约部：（略）

④ 安全管理部：（略）

⑤ 综合管理部：（略）

2）主要管理人员岗位职责

项目经理部主要管理人员包括项目经理、项目技术负责人、生产副经理、商务副经理、安全总监、质量总监。简要描述主要管理人员岗位职责如表23-8所示。

主要管理人员岗位职责　　　　　表23-8

序号	岗位名称	职　责
1	项目经理	……
2	项目技术负责人	……
3	生产副经理	……
4	商务副经理	……
5	安全总监	……
6	质量总监	……
7	……	……

（3）项目组织机构管理人员配备

项目组织机构管理人员配备及进场计划，如表23-9所示。

项目组织机构管理人员配备及进场计划　　　　　表23-9

序号	姓名	年龄	岗位	职称	专业/证书	进场计划
1	李××	××	项目经理	高级	××/××	××××年××月××日进场
2	王××	××	项目技术负责人	高级	××/××	××××年××月××日进场
3	张××	××	生产副经理	高级	××/××	××××年××月××日进场
4	冯××	××	商务副经理	中级	××/××	××××年××月××日进场
5	刘××	××	安全总监	中级	××/××	××××年××月××日进场
6	赵××	××	质量总监	高级	××/××	××××年××月××日进场
7	张××	××	技术质量部经理	高级	××/××	××××年××月××日进场
8	黄××	××	施工管理部经理	中级	××/××	××××年××月××日进场
9	王××	××	采购合约部经理	中级	××/××	××××年××月××日进场
10	田××	××	安全管理部经理	中级	××/××	××××年××月××日进场
11	刘××	××	综合管理部经理	中级	××/××	××××年××月××日进场
12	……	……	……	……	……	……

注：项目组织机构中至少管理部门负责人以上岗位应明确具体人员。

3.7 主要工程量

主要工程量是按施工图计算的主要分部分项工程的工程量,结合施工组织要求,分区、分层、分段计算工程量。根据此编制施工进度计划,进行施工准备、编制资源配置计划等。主要工程量可用表格形式表示。(略)

3.8 组织协调

组织协调是施工管理的基本职能,也是实现管理目标必不可少的工作方法和手段。施工管理人员通过与内部人与人之间,与各参建单位之间以及与外部环境组织之间的工作协调与沟通,从而使工程参建各方相互理解、步调一致,以促进工程建设目标的实现。

组织协调应明确项目经理部与建设单位、设计单位、监理单位、政府主管部门等相关单位之间需要配合、协调的范围和方式。

(1) 项目经理部内部的协调。(略)

(2) 与建设单位的协调。(略)

(3) 与设计单位的协调。(略)

(4) 与监理单位的协调。(略)

(5) 与政府主管部门的协调。(略)

(6) 与工程周边居民的协调。(略)

4. 施工进度计划

施工进度计划是施工部署在时间上的具体体现。要贯彻空间占满、时间连续、均衡协调、有节奏、力所能及、留有余地的原则,应根据工程施工总承包合同、施工部署、主要工程量、投入的资金和劳动力,确定施工进度计划。通过计算各类技术参数,找出关键线路,选择最佳方案。施工进度计划宜采用横道图或网络图表示。

4.1 进度计划编制原则

例:为保证合同约定任务的顺利完成,需合理压缩工期,处理好季节性施工,并遵循空间占满、时间连续、均衡协调、留有余地的原则进行施工进度安排。

(1) 统筹安排:大型机械的进出场时间应满足地基与基础、主体结构、装饰装修三大分部工程的施工进度安排。

(2) 密切协作:相关专业与土建应密切协作,充分利用时间、空间,实现工期目标。

(3) 逻辑关系:进度计划应遵循先地下后地上,先结构后围护,先主体后装修,先土建后设备的进度安排规律;贯彻空间占满、时间连续、均衡协调、留有余地的原则。

(4) 季节施工:雨季来临之前,加大人力、物力,完成室内外回填土工作,做好排水设施;合理安排工期,在冬施前完成主体结构施工。

4.2 关键节点工期控制目标

关键节点工期控制目标。(略)

4.3 施工进度计划编制

编制说明及施工进度计划。施工进度计划采用横道图或网络图(略)

4.4 关键线路分析说明

关键线路分析说明。(略)

5. 施工准备与资源配置计划

施工准备与资源配置计划主要包括技术准备、施工现场准备、主要资源配置计划等。

5.1 技术准备

技术准备应包括施工所需的技术资料准备，设计交底与图纸会审，深化设计计划，施工方案编制计划，检测试验计划，样板制作计划，新技术推广应用与创新计划、设备调试工作计划等。

（1）技术资料准备

包括本工程需要的图集、规程、规范、标准、法律、法规等。（略）

（2）设计交底与图纸会审。是工程开工前实施质量控制的重要工作。（略）

（3）深化设计计划。根据工程实际，确定深化设计部位及深化内容。（略）

（4）施工方案编制计划

根据施工图纸要求并结合本工程实际，确定分部分项工程施工方案编制计划。

施工方案编制计划（专项施工方案、主要分部分项施工方案），如表23-10-1、表23-10-2所示。

专项施工方案（危大工程）编制计划　　　　　表 23-10-1

序号	专项施工方案名称	编制人	编制完成时间	审核人	备注
1	深基坑工程专项施工方案	×××	××××年××月××日	×××	专家论证
2	脚手架工程专项施工方案	×××	××××年××月××日	×××	专家论证
3	幕墙工程专项施工方案	×××	××××年××月××日	×××	
4	……	……	……	……	

施工方案编制计划　　　　　表 23-10-2

序号	施工方案名称	编制人	编制完成时间	审核人	备注
1	××××工程施工方案	×××	××××年××月××日	×××	
2	××××工程施工方案	×××	××××年××月××日	×××	
3	……	……	……	……	

（5）检测试验计划

根据有关规定并结合本工程实际，确定检测试验项目，编制检测试验计划。（略）

（6）样板制作计划

根据工程实际，坚持样板先行原则，对主要分部分项工程应先确定样板，然后再展开大面积施工。确定工程实体、实物样板，编制样板制作计划。（略）

（7）新技术推广应用与创新计划

本工程新技术推广应用与创新计划可用表格形式表示。（略）

（8）科技质量创优计划

本工程科技质量创优计划（应与管理目标对应）。（略）

（9）质量验收计划

依据质量目标，明确相关分部分项工程验收标准；结合施工内容、明确重要节点和主要施工项目（基础、主体、节能及主要专业分包项目）的验收责任单位、时间。（略）

(10) 设备调试工作计划

本工程设备调试分两阶段进行。第一阶段为各系统调试，分别在施工过程中根据各系统施工工艺进行安排；第二阶段为全系统联合调试。(略)

(11) 标准、规范、图集学习计划

标准、规范、图集学习计划。(略)

(12) 高程引测与定位

简要描述定位坐标点的位置和高程。进场后复核建筑物控制桩、高程控制水准点，并做好控制桩和水准点的测设和保护工作。(略)

5.2 施工现场准备

施工现场准备应根据现场施工条件和工程实际需要，准备施工现场生产、生活等临时设施。如施工水源、电源、热源、通信、生产、办公、生活临时设施；雨、污水排放，工程材料、材料堆放场地、施工道路及临时围挡等。

(1) 施工现场交接准备。(略)

(2) 临水、临电、热源等准备。(略)

(3) 临时设施布置及准备

简要描述施工现场围挡、大门、临时道路、生产加工区、材料堆放区、办公区、生活区等，并完成临时道路、场地硬化、围挡、大门、现场图牌及临时用房的施工。(略)

5.3 资源配置计划

资源配置计划包括主要劳动力配置计划、主要物资配置计划、主要机械设备配置计划等，应根据施工部署原则、主要工程量及施工进度计划进行合理配置(可用表格形式表示)。

(1) 主要劳动力配置计划

根据工程特点和工期目标，结合施工部署、主要工程量、施工进度计划确定各施工阶段需要的劳动力数量，编制主要劳动力配置计划。(略)

(2) 主要工程材料及设备配置计划

根据工程特点，结合施工部署、主要工程量、施工进度计划，确定各施工阶段需要主要工程材料及设备的种类和数量，编制主要工程材料及设备配置计划。(略)

(3) 主要施工机械设备配置及进场计划

根据工程特点，结合施工部署、主要工程量、施工进度计划，合理选择施工机具，按照施工机具的类型、数量、进场时间等，编制主要施工机械设备配置及进场计划。(略)

(4) 主要检测试验仪器设备配置计划

根据工程特点，结合检测试验计划，合理确定主要检测试验仪器设备，编制主要检测试验仪器设备配置计划。(略)

6. 主要施工方法

结合工程实际及各专业施工工艺标准，对主要分部分项工程的施工方法进行简要描述，并与相关工程施工方案内容衔接。

6.1 测量工程

简要描述本工程平面控制网、高程控制网、沉降观测的建立与应用。详细内容见"工程测量方案"。

（1）平面控制网：描述平面控制网布设、工程平面位置测定方法、精度要求及首层、各楼层轴线的定位放线方法和轴线控制要求，并说明控制措施。

（2）高程控制网：描述高程控制网布设、工程垂直度控制方法，包括外围垂直度和内部各层垂直度的控制方法，并说明控制措施。

（3）沉降观测：根据设计要求，描述沉降观测的布设、观测方法和要求。

6.2 土方开挖与回填

简要描述土方开挖与回填的工艺流程、施工方法、措施与验收等。详细内容见"土方开挖专项施工方案"。

（1）土方开挖：描述土方开挖工艺流程、施工方法、措施与验收。

（2）土方回填：描述土方回填工艺流程、施工方法、措施与验收。

6.3 降水与基坑支护

简要描述降水与基坑支护的工艺流程、施工方法、措施与验收等。详细内容见"降水与基坑支护专项施工方案"。

（1）降水：描述施工现场地下水条件、降水井的布置及数量、降水深度、降水工艺流程、降水方法、降水对相邻建筑物的影响及采取的相应措施。

（2）基坑支护：描述施工现场施工条件、基坑支护工艺流程、施工方法、措施、基坑变形观测。

6.4 基础工程

简要描述基础施工工艺流程、施工方法、措施与验收等，变形缝、沉降缝、施工缝的留设。详细内容见"基础工程施工方案"。

（1）基础施工：描述基础形式、基础施工工艺流程、施工方法、措施与验收。

（2）变形缝、沉降缝、施工缝：描述变形缝、沉降缝、施工缝的留设位置、工艺流程、施工方法、措施及注意事项。

6.5 防水工程

简要描述地下防水、卫生间防水、屋面防水的施工工艺流程、施工方法、措施与验收等。详细内容见"防水工程施工方案"。

（1）地下防水：描述地下防水施工工艺流程、施工方法、措施与验收，变形缝、后浇带、施工缝、管道穿墙处等细部防水做法要点。

（2）卫生间防水：描述卫生间防水施工工艺流程、施工方法、措施与验收，管道处细部防水做法要点。

（3）屋面防水：描述屋面防水施工工艺流程、施工方法、措施与验收，细部防水做法要点。

6.6 钢筋工程

简要描述钢筋基本情况、进场检验、施工工艺流程、施工方法、措施与验收等。详细内容见"钢筋工程施工方案"。

（1）钢筋基本情况：描述用于工程的钢筋种类、接头类别、保护层及锚固要求。

（2）钢筋进场检验：描述钢筋材质要求，按有关规定进行进场检验。

（3）钢筋加工：描述钢筋加工工艺流程、加工方法、措施与验收。

（4）钢筋堆放：描述钢筋堆放场地要求，钢筋原材、成型钢筋的堆放与标识。

(5) 钢筋连接：描述钢筋连接工艺流程、连接方法、措施与验收。

(6) 钢筋绑扎：描述钢筋绑扎工艺流程、绑扎方法、措施与验收（按基础底板、梁、楼板、柱墙分别编写）。

(7) 钢筋验收：描述钢筋验收要求。

6.7 模板工程

简要描述模板选型与配置、模板加工、安装、拆除的工艺流程、方法、措施与验收、维护等。详细内容见"模板工程施工方案"。

(1) 模板选型与配置：根据工程实际情况，选用模板支撑体系。

(2) 模板加工：描述各类模板的加工方式、主要技术要求和参数。

(3) 模板安装：描述模板安装工艺流程、安装方法、验收及安全防护措施。

(4) 模板拆除：描述模板拆除工艺流程、拆除方法、安全防护措施。

(5) 模板维护：描述模板维护内容及存放要求。

6.8 混凝土工程

简要描述混凝土选用、运输要点，混凝土浇筑工艺流程、浇筑方法、措施与验收等。详细内容见"混凝土工程施工方案"。

(1) 混凝土选用：描述用于工程的混凝土主要技术参数。

(2) 混凝土运输：描述混凝土运输方式、措施及要求。

(3) 混凝土浇筑与振捣：描述混凝土浇筑与振捣的工艺流程、浇筑与振捣方法、措施与验收。

(4) 混凝土试件制作：按照有关规定进行混凝土强度试件检验。重点描述混凝土坍落度、强度试件检验及留置要求。

(5) 混凝土养护：描述混凝土养护方法、养护时间、措施及要求。

(6) 特殊部位混凝土浇筑：

1) 结构梁板柱节点浇筑，描述节点混凝土浇筑方法、措施及要求。

2) 后浇带及施工缝浇筑，描述后浇带及施工缝浇筑方法、措施及要求。

3) 大体积混凝土浇筑，描述大体积混凝土浇筑方法、措施及要求。

6.9 钢结构工程

简要描述钢结构工程材料进场检验，制作、运输、安装、防腐及防火涂料等施工工艺流程、施工方法、措施、检测与验收等。详细内容见"钢结构工程施工方案"。

(1) 进场检验与堆放：描述钢结构工程材料进场检验、材料堆放要求。

(2) 钢结构制作、运输、安装：描述钢结构制作、运输、安装等工艺流程、施工方法、措施、检测与验收。

(3) 防腐与防火涂料：描述防腐与防火涂料工艺流程、施工方法、措施与验收。

(4) 验收：描述钢结构工程验收。

6.10 砌体结构工程

简要描述砌体结构进场检验、施工工艺流程、施工方法、措施与验收等。详细内容见"砌体工程施工方案"。

(1) 砌体材料选用：描述用于工程的砌体材料种类、砂浆使用要求和使用部位。

(2) 进场材料检验：描述砌体材料进场检验。

（3）砌体施工：描述砌体施工工艺流程、施工方法、措施与验收。

6.11　脚手架工程

简要描述脚手架选型、材质与构造要求，搭设、拆除的工艺流程、方法、措施与验收、安全防护等。详细内容见"脚手架工程专项施工方案"。

（1）选型：描述脚手架选型、材质与构造要求。

（2）搭设：描述脚手架搭设工艺流程、方法、措施与验收、安全防护。

（3）拆除：描述脚手架拆除工艺流程、方法以及安全防护措施。

6.12　屋面工程

简要描述屋面工程所用材料及检验，施工工艺流程、施工方法、措施与验收等。详细内容见"屋面工程施工方案"。

（1）材料及检验：描述所用材料的品种、规格、性能、进场检验。

（2）施工：描述屋面工程施工工艺流程、施工方法、措施与验收。

6.13　建筑装饰装修工程

简要描述建筑装饰装修工程所用材料、品种、进场检验，施工工艺流程、施工方法、措施与验收、成品保护等。详细内容见"建筑装饰装修工程施工方案"。

6.14　建筑给水排水及供暖工程

简要描述建筑给水排水及供暖工程所涉及的主要材料、设备的进场验收，主要工程施工工艺流程、施工方法、措施与验收等。详细内容见"建筑给水排水及供暖工程施工方案"。

（1）进场检验：描述主要材料、设备进场检验。

（2）施工：描述主要工程施工工艺流程、施工方法、措施与验收。

（3）调试：描述主要设备调试方法、措施及要求。

6.15　通风与空调工程

简要描述通风与空调工程所涉及的主要材料、设备的进场验收，主要工程施工工艺流程、施工方法、措施与验收等。详细内容见"通风与空调工程施工方案"。

（1）进场检验：描述主要材料、设备进场检验。

（2）施工：描述主要工程施工工艺流程、施工方法、措施与验收。

（3）调试：描述主要设备调试方法、措施及要求。

6.16　建筑电气工程

简要描述建筑电气工程所涉及的主要材料、设备的进场验收，主要工程施工工艺流程、施工方法、措施与验收等。详细内容见"建筑电气工程施工方案"。

（1）进场检验：描述主要材料、设备进场检验。

（2）施工：描述主要工程施工工艺流程、施工方法、措施与验收。

（3）调试：描述主要设备调试方法、措施及要求。

6.17　智能建筑工程

简要描述智能建筑工程所涉及的主要子分部工程的施工工艺流程、施工方法、措施与验收等。详细内容见"智能建筑工程施工方案"。

如：信息网络系统、综合布线系统、公共广播系统、会议系统、建筑设备监控系统、火灾自动报警系统、应急响应系统、机房、防雷与接地等子分部工程。

6.18　建筑节能工程

简要描述建筑节能工程所涉及的主要分项工程的施工工艺流程、施工方法、措施与验收等。详细内容见"建筑节能工程施工方案"。

如：墙体、门窗、幕墙、屋面、地面、供暖、通风与空气调、冷热源及管网、配电与照明、节能工程现场检验等。

6.19　电梯工程

简要描述本工程所选用电梯的型号、数量，电梯安装工艺流程、安装方法、技术措施、调试与试运行、验收等。详细内容见"电梯工程施工方案"。

6.20　垂直运输

简要描述垂直运输设备（塔吊、外用电梯）布置方案、安全防护措施、使用要求及注意事项。详细内容见"垂直运输设备施工方案"。

（1）布置方案：描述垂直运输设备（塔吊、外用电梯）布置方案。

（2）安全防护：描述垂直运输设备安全防护措施。

（3）使用要求：描述垂直运输设备使用要求及注意事项。

7. 季节性施工措施

简要描述季节性施工措施，包括冬季、雨季、炎热及台风季节。（略）

8. 主要管理措施

主要管理措施包括进度管理、质量管理、安全生产管理、成本管理、技术管理、成品保护、绿色施工管理、消防管理与保卫、文明施工管理、BIM 技术应用、总承包管理、工程回访与保修、创优等。

8.1　进度管理措施

简要描述进度管理的组织机构、职责分工，进度管理制度及主要措施。

例：（1）组织机构

1）建立进度管理小组

建立以项目经理（李××）为组长，项目技术负责人（王××）、生产副经理（张××）为副组长，质量总监（赵××）、施工管理部经理（黄××）、采购合约部经理（王××）为组员的现场进度管理小组，负责现场日常进度管理工作。

2）主要进度管理人员职责分工

主要进度管理人员职责分工（可用表格形式表示）。（略）

（2）进度管理制度

1）例会制度

① 每周×召开各专业分包单位参加的工地例会，检查各专业分包单位施工进度计划的实施情况，发现实际进度滞后于计划进度的，分析原因，采取纠偏措施加快施工进度。

② 每天下班前召开各部门负责人参加的施工碰头会，总结当天的工作情况，布置第二天工作任务，将进度计划落实到每一天。

③ 参加由建设、监理主持召开的工地例会，协调各专业工种之间的工作，及时解决施工中出现的各类问题，确保日、周、月进度计划的完成。

④ ……

2）进度计划审查、检查制度

① 严格审查各专业分包单位的周、月、季度、年度施工进度计划，掌握关键线路上施工项目的资源配置，确保施工进度计划的实施。

② 定期检查进度计划的实施情况，发现实际进度偏离进度计划，分析产生偏离原因，采取相应纠偏措施加快施工进度。

③……

3）……

（3）进度管理程序

进度管理程序。（略）

（4）主要进度管理措施

1）认真做好开工前的施工准备工作，包括技术准备、物资准备及作业条件准备等。

2）根据施工总进度计划，分解总进度计划，确定年、季、月、周、日进度计划；针对工程实际及时调整进度计划，对工程进度进行动态管理。

3）每天下班前召开各部门负责人参加的施工碰头会，总结当天的工作情况，布置第二天工作任务，将进度计划落实到每一天。

4）按时参加由建设、监理主持召开的工地例会，协调各专业工种之间的工作，及时解决施工过程中出现的各类问题，确保日、周、月、季、年进度计划的完成。

5）加强施工现场管理，对进场的"人、机、料"进行有效使用，充分利用空间、时间，建立文明施工秩序，全面落实施工各阶段"人、机、料"的充分供应。

6）对各生产班组实行产值考核制度，落实分工责任制，对按计划完成、提前或延误者实行奖罚制度，确保进度按计划完工。

7）定期检查进度计划的实施情况，发现实际进度偏离进度计划，分析产生偏离原因，果断地进行调整，确保关键工序按计划进行。

8）严把工序施工质量关，坚持自检、互检制度，确保工序验收一次合格，杜绝返工，达到缩短工期的效果。

9）积极推广应用新技术、新材料、新工艺、新设备，缩短施工工期。

10）选择合理的施工方案，安排切实可行的施工顺序，及时优化施工方案，妥善处理多工种立体交叉作业的协调工作。

11）履行施工总承包单位的管理职能，切实做好施工过程中总、分包协调配合工作。

12）……

（5）基于 BIM 的进度管理平台

通过 BIM 平台在进度管理中的应用，提升进度管理信息化和精细化水平。（略）

8.2　质量管理措施

简要描述质量管理的组织机构、职责分工，质量管理制度，施工过程质量控制措施（包括材料进场检验，坚持"样板"引路，实行班组自检、交接检验，质量控制点，测量与检验、质量验收、不合格工序处理、质量通病预防等）。

例：（1）组织机构

1）建立质量管理小组

建立以项目经理（李××）为组长，项目技术负责人（王××）、生产副经理（张×

×)为副组长,质量总监(赵××)、技术质量部经理(张××)、施工管理部经理(黄××)为组员的现场质量管理小组,负责现场日常质量管理工作。

2)主要质量管理人员职责分工

主要质量管理人员职责分工(可用表格形式表示)。(略)

(2)质量管理制度

1)技术交底制度

① 设计交底:建设单位主持设计交底会议,设计单位就施工图设计文件的内容、工程特点、关键工程部位的质量要求、质量标准做出详细说明。

② 技术交底:由项目技术负责人向专业工长进行技术交底,专业工长向施工班组进行技术交底,施工班组向操作工人进行技术交底,并应形成交底记录。

③ ……

2)材料检验制度

① 凡进场的材料、构配件和设备应检查其质量证明文件,并会同有关单位对进场的材料、构配件和设备进行外观质量检查,确认合格后,按规定进行见证取样检验。

② 对于材料、构配件和设备的质量证明文件,不足以说明进场的材料、构配件和设备的质量合格时,应对其进行复检或见证取样检测,确认质量合格后方可用于工程。

③ 凡检验不合格的材料、构配件和设备均不得用于工程。对已进场经检验不合格的材料、构配件和设备,应限期将其撤出施工现场,并留存相关影像资料。

④ ……

3)"样板"引路制度

① 坚持预先定标准、定样板、定材料、定作法的原则。在每道工序开始时,坚持"样板"引路,首先进行样板施工,邀请建设单位、监理单位、项目经理部相关人员一起进行检查和验收,检查该工序所用材料、施工工艺是否满足要求,验收合格后,以样板为标准,开展大面积施工。

② 严格样板工序质量控制,每道工序完工后,应严格自检,并经项目技术质量部门验收合格后,方可进行质量报验。

③ ……

4)质量验收制度

① 施工质量报验时,各专业分包单位应检查相关验收资料,资料内容应完整、真实。

② 各专业分包单位在施工质量报验前,应严格自检,自检合格后方可按验收程序向项目经理部报验,由项目经理部组织验收。

③ 检验批、分项、分部、单位工程验收,应严格按验收程序和要求进行。

④ ……

5)变更管理制度

① 项目经理部收到设计变更通知单后,应及时核对,发现问题及时与设计、监理、建设单位协调解决。

② 工程治商记录由提出单位填写,逐条注明所修改图纸的编号,经设计、监理、建设、项目经理签认后,方能用于施工。

③ 设计变更与工程治商内容应翔实正确、会签齐全,及时编码登记,分发有关专业

管理人员并应在技术交底后执行。

④ ……

6）质量事故报告与处理制度

① 发生质量事故后，事故现场管理人员应立即向项目经理报告，项目经理应按质量事故等级及报告程序向主管部门报告。

② 项目经理应根据事故发展情况，及时向建设单位、监理单位通报事故情况。

③ 项目经理应积极配合工程质量事故调查，并做好由于事故对工程产生的结构安全及主要使用功能等方面质量缺陷的处理工作。

④ ……

（3）施工过程质量控制

1）进场材料检验

① 工程所用材料、构配件和设备的采购应认真执行施工总承包单位采购控制程序，按规定的数量、品种、规格、型号、外观质量进行查验，检查所用材料、构配件和设备的质量证明文件。无质量证明文件、外观检查不合格或质量不符合设计、建设单位封样要求及国家强制性标准的，均不得进入施工现场。

② 对所有进场的工程材料、构配件和设备应建立台账。严格执行材料进场检验制度，凡涉及安全、节能、环境保护和主要使用功能的重要材料，按规定进行见证取样和送检制度，检验合格后方可用于工程。

③ 凡检验不合格的材料、构配件和设备均不得用于工程。对已进场经检验不合格的材料、构配件和设备，应限期将其撤出施工现场，并进行记录，留存相关影像资料。

④ 凡进场的工程材料、构配件和设备必须进行标识，按已经检验合格、未经检验、经检验不合格三种状态进行分类堆放，严格保管，避免使用不合格材料。对不合格材料的处理，应建立台账，并注明处理结果和去向。

⑤ 严格控制材料代用。材料代用必须由设计单位出具材料代用通知书。

⑥ 工程材料、构配件和设备质量控制程序。（略）

2）坚持"样板"引路

① 坚持预先定标准、定样板、定材料、定作法的原则。

② 以审批的施工方案、大样图为技术交底和质量控制的依据，凡无施工方案或书面技术交底的项目，施工人员可拒绝施工。

③ 每道工序开始施工时，坚持"样板"引路，首先进行样板施工，邀请建设单位、监理单位、项目经理部相关人员一起进行检查和验收，检查该工序所用材料、施工工艺是否满足要求，验收合格后，以样板为标准，开展大面积施工。

④ 严格样板工序质量控制，每道工序施工完后，应严格自检，并经项目技术质量部门验收合格后，方可进行质量报验。

3）实行班组自检

各施工工序严格按施工技术标准进行质量控制，每道工序施工结束后，各班组长应进行自检，自检不合格的，不得进行下道工序施工。班组长完成本班组任务后，应提供自检结果报送项目经理部，施工过程中，对每道工序施工的自检应记录存档。

……

4) 实行交接检验

各专业工种之间的相关工序应进行交接检验,并应形成记录。对于监理单位提出检查要求的重要工序,施工完成并自检合格,经监理单位检查认可后,才能进行下道工序施工。

……

5) 质量控制点

根据工程特点、施工难点,质量控制点如表 23-11 所示。

质量控制点 表 23-11

序号	所属分部	所属分项	控制点
1	地基与基础	土方开挖	基底标高及平整度控制
2		桩基施工	桩头处理
3	主体结构	模板工程	顶板水平度控制
4		钢筋工程	钢筋弯折平直段长度
5		混凝土工程	混凝土二次振捣施工
6	建筑装饰装修	……	……
7	建筑节能	……	……
8	……	……	……

6) 测量与检验

① 设专职测量工程师对测量工作实行统一管理,负责建设单位定位桩的交接,协助技术质量人员进行复验。妥善保护好各标准桩,定期巡视标准桩的保护情况。

② 墙体轴线、楼层标高、留洞尺寸等应有专人管理,发现有误应及时纠正。

③ 测量复核应按不同人员、不同仪器、不同方式进行,所有测量资料必须经两人复核。

④ 工程中使用的计量器具设专人管理,严格按使用说明书和操作规定进行操作。

⑤ 用于工程的材料、构配件和设备应严格执行材料进场检验制度,凡涉及安全、节能、环境保护和主要使用功能的重要材料,按规定进行见证取样和送检制度,检验合格后方可用于工程。

⑥ ……

7) 质量验收

质量验收是工程质量控制的重要环节。以《建筑工程施工质量验收统一标准》GB 50300—2013、各专业验收规范、设计图纸等为依据,组织相关人员对检验批、分项工程、分部工程、单位工程进行质量验收。

① 严格执行施工质量验收基本规定,施工质量验收均应在自检合格的基础上进行。

② 参加工程施工质量验收的各方人员应具备相应的资格。

③ 检验批、分项、分部、单位工程验收,应严格按验收程序和要求进行。

④ 单位工程中的分包工程完工后,分包单位应对所承包的工程项目进行自检,并应按规定程序进行验收。验收时,总包单位应派人参加,验收合格后,分包单位应将所分包工程的质量控制资料整理完整,并移交给总包单位。

⑤ 检验批、分项工程验收、分部工程验收、单位工程验收程序。(略)

⑥……

8）不合格工序处理

① 施工过程中出现施工部位质量不合格时，不得擅自进行处理，应及时上报项目经理部，由项目经理部按规定程序制定处理方案，处理方案应经设计单位、监理单位审查签认。

② 按照审查同意的处理方案进行返修，经复查合格后，方可进行下道工序施工。

③……

9）质量通病防治

本工程质量通病防治，如表23-12所示。

质量通病防治

表23-12

序号	所属分部	所属分项	质量通病内容	质量通病控制手段
1		土方开挖	……	……
2	地基与基础	桩基施工	……	……
3		……	……	……
4		模板工程	……	……
5	主体结构	钢筋工程	……	……
6		混凝土工程	……	……
7	建筑装饰装修	……	……	……
8	建筑节能	……	……	……
9	……	……	……	……

8.3 安全生产管理措施

简要描述安全生产管理的组织机构，职责分工，安全生产管理制度，本工程重大危险源，并针对重大危险源制定相应对策和安全防护措施（包括"四口、五临边"防护，现场临时用电，脚手架搭拆，起重吊装，深基坑作业，模板搭拆，高空作业等）。

例：（1）组织机构

1）建立安全生产管理小组

建立以项目经理（李××）为组长，项目技术负责人（王××）、安全总监（刘××）为副组长，技术质量部经理（张××）、安全管理部经理（田××）为组员的安全生产管理小组，负责现场日常安全生产管理工作。

……

2）主要安全生产管理人员职责分工

主要安全生产管理人员职责分工。（略）

（2）安全生产管理制度

1）安全技术交底制度

严格执行有关安全技术交底规定，项目技术负责人应向施工现场管理人员进行安全技术交底,施工现场管理人员应向作业人员进行安全技术交底,并由双方和项目专职安全生产管理人员共同签字确认。

......

2) 安全教育制度

对新进场的作业人员必须进行"三级安全教育"。特种作业人员应按照国家有关规定进行安全生产作业培训,每天应对特种作业人员进行班前班后安全教育,及时对特种作业人员进行新标准的补充性教育。

......

3) 安全检查制度

定期、不定期进行安全巡视检查,项目经理部每周应组织一次安全检查,并应有检查记录,发现问题隐患及时整改。对未按要求整改的单位或当事人应进行经济处罚。

4) 安全验收制度

对按照规定需要验收的危大工程,应组织相关人员进行验收。验收合格的,经项目技术负责人及总监理工程师签字确认后,方可进入下一道工序。危大工程验收合格后,应当在施工现场明显位置设置验收标识牌,公示验收时间及责任人员。

......

5) 安全生产奖罚制度

将安全生产和经济挂钩,实行安全生产奖罚制度,有针对性地制定奖罚措施,奖励安全生产管理工作做得好的单位和人员,处罚安全生产管理工作疏忽的单位和人员,以促进安全生产管理的有效开展。

......

6) 事故处理"四不放过"制度

发生安全事故,现场人员应立即进行自救互救,并及时向项目经理报告,保护好事故现场,配合有关人员进行事故调查和事故处理。同时认真执行"四不放过"原则,即事故原因没有查清楚不放过;事故责任者没有受到处理不放过;防范措施没有落实不放过;群众没有受到教育不放过。

......

7) ......

(3) 安全生产管理要求

1) 建立安全生产管理责任制,项目经理部应与各专业分包单位负责人签订安全生产管理责任书,使安全生产管理工作层层落实到人。专职安全生产管理人员应对安全生产进行现场监督检查,发现安全事故隐患,应当及时向安全生产管理负责人报告。

2) 加强安全生产管理,通过组织落实、责任到人、定期检查、认真整改,做到施工过程杜绝死亡事故,确保无重大工伤事故,严格控制轻伤事故,实现安全生产管理目标。

3) 严格执行有关安全技术交底规定,项目技术负责人应向施工现场管理人员进行安全技术交底,施工现场管理人员应向作业人员进行安全技术交底,并由双方和项目专职安全生产管理人员共同签字确认。

4) 定期进行安全检查,项目经理部每周×应组织一次安全检查,发现问题隐患及时处理。每天上班前,班组负责人召集所属人员,针对当天任务,结合安全技术交底内容和作业环境、设备状况、人员技术素质、安全意识、自我保护意识等，有针对性地进行班前安全技术交底活动，提出注意事项，跟踪落实，并做好记录。

5）进场作业人员应接受安全生产教育培训。未经安全生产教育培训或者教育培训考核不合格的人员，不得上岗作业。垂直运输机械作业人员、安装拆卸工、爆破作业人员、起重信号工、电工、电焊工、登高架设作业人员等特种作业人员，应按照国家有关规定经安全生产作业培训，取得特种作业操作资格证书后，方可上岗作业。

6）对交叉作业应制定好切实可行的安全防护措施。各种起重设备均应防雷接地。各种施工机械均应安装漏电保护。

7）在施工现场入口处、施工起重机械、临时用电设施、脚手架、出入通道口、楼梯口、电梯井口、孔洞口、基坑边沿、爆破物及有害危险气体和液体存放处等危险部位，应设置明显的安全警示标志。安全警示标志必须符合国家标准。

8）发生安全事故，现场人员应立即进行自救互救，并及时向项目经理报告，保护好事故现场，配合有关人员进行事故调查和事故处理。同时对相关作业班组进行停工安全教育，认真执行事故处理"四不放过"制度。

9）……

（4）本工程重大危险源

本工程确定的重大危险源，如表23-13所示，并针对重大危险源制定相应对策。

本工程确定的重大危险源 表 23-13

序号	作业活动	危险因素描述	可能导致的事故类别	相应对策
1	基坑支护	支护失稳	坍塌	……
2	临边防护	楼层边未封严	高处坠落	……
3	模板支撑	杆件间距不符合规定	坍塌	……
4	……	……	……	……

（5）安全防护要求

1）划分安全区域，正确使用安全标志，布置适当的安全标语。夜间操作要有足够的照明设备。坑、洞、沟、槽等处除做好防护外，应设红色警示标志。

2）做好"三宝、四口、五临边"防护。现场施工人员坚持使用三宝（安全帽、安全带、安全网），进入施工现场必须戴安全帽，穿胶底鞋。高空作业必须系安全带。

3）按规定挂设安全网，严禁使用损坏和腐朽的安全网，并做好巡视检查。由于生产条件所限，不能挂设安全网的，应根据要求制定专项安全防护措施。

4）施工现场所有安全防护设施，严禁拆改，应经专职安全生产管理人员检查合格后，方可使用。如对施工确有妨碍时，应经专职安全生产管理人员处理后再进行施工。

5）临边和洞口处浇筑混凝土时，必须有接漏措施和详细的安全交底。浇筑柱混凝土或进行2m以上的作业时，应设操作平台，特殊情况下如无可靠的安全设施，操作工人必须系好安全带并扣好保险钩。

6）对按照规定需要验收的危大工程，应组织相关人员进行验收。验收合格的，经项目技术负责人及总监理工程师签字确认后，方可进入下一道工序。危大工程验收合格后，施工单位应当在施工现场明显位置设置验收标识牌，公示验收时间及责任人员。

（6）"四口"防护

重点检查洞口、楼梯口、电梯井口、通道口。"四口"防护应严格执行国家、地方有关安全防护规定及相关标准的要求。建议按照《住房和城乡建设部办公厅关于推广使用房屋市政工程安全生产标准化指导图册的通知》(建办质函〔2019〕90号),做好安全防护。

1) ……

2) ……

(7)"五临边"防护

重点检查阳台周边、屋面周边、楼层周边、基坑边沿、斜道两侧边、卸料平台外侧边。"五临边"防护应严格执行国家、地方有关安全防护规定及相关标准的要求。建议按照《住房和城乡建设部办公厅关于推广使用房屋市政工程安全生产标准化指导图册的通知》(建办质函〔2019〕90号),做好安全防护。

1) ……

2) ……

(8)现场临时用电

严格执行国家、地方有关施工现场临时用电规定及相关标准的要求。建议按照《住房和城乡建设部办公厅关于推广使用房屋市政工程安全生产标准化指导图册的通知》(建办质函〔2019〕90号),做好现场临时用电安全防护,确保施工现场安全用电无事故。

1) 建立现场临时用电检查制度,对现场的各种线路和设施进行定期检查和不定期抽查,并将检查、抽查记录存档。

2) 编制现场临时用电施工组织设计,施工现场临时用电必须采用"三级配电两级保护"的三相五线制"TN-S"供电系统,达到"一机、一闸、一箱、一漏电"的要求,漏电保护装置必须符合规定,且灵敏可靠。

3) 临时配电线路必须规范架设,架空线必须采用绝缘导线,严禁使用绝缘老化或失去绝缘性能的导线,严禁在电气线路上悬挂物品。破损、烧焦的插座、插头应及时更换。主体结构施工时,电缆线应通过管道井送入各楼层的分配电箱内。

4) 全部配电箱及开关均采用金属外壳,并安装漏电保护器,且有门、有锁、有防雨措施,统一编号。箱内电器必须可靠、完好,其选型、定值要符合有关规定,开关电器应标明用途。箱内禁放任何杂物和易燃物品。

5) 电气设备与可燃、易燃、易爆危险品和腐蚀性物品应保持一定的安全距离。有爆炸和火灾危险的场所,应按危险场所等级选用相应的电气设备。

6) 现场用电应安排电工专人管理,随时检查纠正用电班组违规操作,每天检查线路及电气设备使用情况。检查重点:导线及设备绝缘有无损坏,是否存在裸露部分;保护接地是否可靠;手持电动工具是否有漏电保护装置,保护装置动作是否可靠;电焊机是否上有防雨罩,下有防潮垫;地下潮湿场所灯具是否采用安全电源等。

7) 施工用电动机械设备均应有可靠接地,绝不允许使用破损的电缆,严防设备漏电。施工用设备和机械的电缆须集中在一起,并随楼层逐节升高。每层楼面须分别配置配电箱,供每层楼面施工用电需要。

8) 电气设备不应超负荷运行或带故障使用。

9) ……

(9)脚手架搭拆

严格执行国家、地方有关脚手架搭拆规定及相关标准的要求。建议按照《住房和城乡建设部办公厅关于推广使用房屋市政工程安全生产标准化指导图册的通知》（建办质函〔2019〕90 号），做好脚手架搭拆安全防护。

1）搭设脚手架时，现场应设专人监护，禁止靠近现场通行。脚手架所有扣件必须逐个用测力扳手测定，检查合格后方可使用。

2）脚手架搭设应符合规范要求，脚手板应铺严、铺牢，钉防滑条，转弯处设平台，坡道及平台必须绑两道护身栏杆和安全挡脚板，内侧挂设安全网。施工班组上架施工前，应进行架子验收交接手续。

3）脚手架为危大工程，搭设完后应组织相关人员进行验收。验收合格后，应在施工现场明显位置设置验收标识牌，公示验收时间及责任人员。

4）……

（10）模板搭拆

严格执行国家、地方有关模板搭拆规定及相关标准的要求。建议按照《住房和城乡建设部办公厅关于推广使用房屋市政工程安全生产标准化指导图册的通知》（建办质函〔2019〕90 号），做好模板搭拆安全防护。

1）模板及支撑所用材料技术指标应符合国家现行有关标准的规定。进场时应抽样检查模板和支撑材料的外观、规格和尺寸。

2）模板及支撑搭设和拆除中，地面应设置围栏和警戒标志，并派专人看守，严禁非操作人员进入作业范围。

3）模板及支撑搭设的构造应当符合相关技术规范要求，支撑系统应设置扫地杆、纵横向支撑及水平垂直剪刀撑，并与主体结构的墙、柱牢固拉接。

4）模板吊装前，应检查吊环的焊接情况，有开焊、脱焊等以及钢丝绳有断股、打弯等情况严禁吊装。模板吊运时，起重吊点必须垂直，防止倾倒伤人。吊装物下严禁站人。

5）遇有五级及以上的大风应停止大模板吊装作业。

6）大模板落地要对面堆放，两模板间距不小于 600mm，堆放坡度 70°～80°并临时拴牢。在楼层堆放时，应随时采取防风、防碰撞措施。

7）混凝土未达到拆模强度前，严禁拆除模板及支撑。模板及支撑拆除应符合标准和设计要求，并履行拆模审批签字手续。

8）模板拆除应制定具体的安全防护措施。在拆模过程中，应按拆除方案规定的顺序逐段进行，不得违章作业，严禁上下层同时拆除作业，严禁将拆卸的杆件向地面抛掷。高空拆模时，不得大面积同时撬落。

9）……

（11）起重吊装

严格执行国家、地方有关起重吊装设备安装、使用、拆卸规定及相关标准的要求。建议按照《住房和城乡建设部办公厅关于推广使用房屋市政工程安全生产标准化指导图册的通知》（建办质函〔2019〕90 号），做好起重吊装设备安装、拆卸安全防护。

1）塔吊、井架等起重设备，在安装、拆卸前应有安装、拆卸方案，经有关部门审批后方可实施安装、拆卸工作。塔吊的重量限制器、变幅限位器、力矩限制器、行走限位器、高度限位器等安全保护装置不得随意调整和拆除。

2)起重机械司机应持证上岗,起重机指挥人员应站位正确,指令要简单、明确,按照有关规定进行指挥,严禁高空和地面直接喊话。严禁起重机械超载作业。

3)构件起吊、运输和堆放时,其支点、吊点均应符合施工方案规定。构件吊装就位时,应经标高校正和可靠临时固定后,方准摘钩。

4)塔吊遇有风速在12m/s及以上的大风或大雨、大雪、大雾等恶劣天气时,应停止作业。雨雪过后,应先经过试吊,确认制动器灵敏可靠后方可进行作业。

5)群体塔吊施工中,要保证安全合理使用。塔吊运行原则是:

① 低塔让高塔,一般高塔均安装在主要位置,工作繁忙;低塔运转之前应先观察高塔的运行情况后,再运行作业。

② 动塔让静塔,塔吊在重叠覆盖区作业时,运行塔吊应避让该区停止塔吊。

③ 轻车让重车,在两塔同时运行时,无荷载塔吊应避让有荷载塔吊。

6)……

(12)深基坑作业

严格执行国家、地方有关深基坑作业规定及相关标准的要求。建议按照《住房和城乡建设部办公厅关于推广使用房屋市政工程安全生产标准化指导图册的通知》(建办质函〔2019〕90号),做好深基坑作业安全防护。

1)深基坑作业应划出禁区,基坑边沿设防护栏杆,基坑作业人员必须按规定路线行走,禁止在没有防护设施的情况下,沿脚手架等处攀登或行走。

2)基坑周边施工材料、设施或车辆荷载严禁超过设计要求的地面荷载限值。当施工机械在基坑边行驶时,应加强边坡稳定性检查,防止发生倾翻、坍塌等事故。

3)基坑工程变形监测数据超过报警值,或出现基坑、周边建(构)筑、管线失稳破坏征兆时,应立即停止施工作业,撤离人员,待险情排除后方可恢复施工。

4)……

(13)高空作业

严格执行国家、地方有关高空作业规定及相关标准的要求。建议按照《住房和城乡建设部办公厅关于推广使用房屋市政工程安全生产标准化指导图册的通知》(建办质函〔2019〕90号),做好高空作业安全防护。

1)高空作业施工前,应对作业人员进行安全技术交底,并应记录。

2)高空作业应划出禁区,禁止行人、闲人通行,进出口处应搭设防护棚通道。

3)高空作业人员应做定期体检,作业时按规定正确佩戴和使用相应的安全防护用品、用具。高空作业人员应从规定的通道和走道上下来往,不得在非规定的通道爬攀或上下。

4)高空作业所用的料具、设备等,应根据施工进度随用随运,禁止超负荷。悬挑结构处,不得堆放料具和杂物。楼层垃圾做到工完场清,集中堆放,及时清理。

5)高空作业的料具应堆放平稳,手动工具、螺栓、螺母、焊条、切割块等应放在完好的工具袋内,并将袋系好固定,不得放在影响通行的地方。严禁高空往下随意抛扔杂物,以防伤人。

6)在雨、霜、雾、雪等天气进行高空作业时,应采取防雷、防滑和防冻措施,并应及时清除作业面上的水、冰、霜、雪。当遇有6级及以上强风、浓雾、沙尘暴等恶劣气候，不得进行露天攀登与悬空高处作业。

7）……

（14）专项方案编制、实施与检查

1）在危大工程施工前应组织工程技术人员按专项施工方案编制计划编制专项施工方案。对超过一定规模的危大工程，应当组织专家论证会对专项施工方案进行论证。

2）专项施工方案实施前，编制人员或者项目技术负责人应当向施工现场管理人员进行安全技术交底。施工现场管理人员应当向作业人员进行安全技术交底，并由双方和项目专职安全生产管理人员共同签字确认。

3）严格按照专项施工方案组织施工，不得擅自修改专项施工方案；因规划调整、设计变更等原因确需调整的，修改后的专项施工方案应当按照相关规定重新审核和论证。

4）对危大工程施工的作业人员应进行登记，项目负责人应当在施工现场履职。项目专职安全生产管理人员应当对专项施工方案实施情况进行现场监督，对未按照专项施工方案施工的，应要求立即整改，并及时报告项目负责人，项目负责人应及时组织限期整改。

5）按照规定对危大工程进行施工监测和安全巡视，发现危及人身安全的紧急情况，应当立即组织作业人员撤离危险区域。

6）对按照规定需要验收的危大工程，应组织相关人员进行验收。验收合格的，经项目技术负责人及总监理工程师签字确认后，方可进入下一道工序。危大工程验收合格后，应当在施工现场明显位置设置验收标识牌，公示验收时间及责任人员。

7）专项施工方案及审核、专家论证、交底、现场检查、验收、整改等相关资料应纳入档案管理。

8）……

8.4　成本管理措施

简要描述成本管理的组织机构、职责分工、成本管理的工作流程、工作制度等主要管理措施，以及新工艺、新技术、新材料、新设备等应用的降本增效措施。

例：（1）组织机构

建立以项目经理（李××）为组长，商务副经理（冯××）为副组长，采购合约部经理（王××）、施工管理部（黄××）为组员的现场成本管理小组，负责现场日常成本管理工作。

主要成本管理人员职责分工。（略）

（2）管理工作制度

1）例会制度

① 每周×召开各专业分包单位参加的成本分析会，检查各专业分包单位成本计划的实施情况，发现实际成本偏离计划成本，应分析原因，采取纠偏措施。

② 参加由建设、监理主持召开的工地例会，及时沟通、解决施工过程中工程量核定及工程款结算问题。

③ ……

2）成本审核、检查制度

① 按有关规定对施工项目成本进行认真审核，严格控制成本支出。

② 定期检查成本计划的实施情况，发现实际成本偏离计划，分析产生偏离原因，采取相应纠偏措施，使实际成本不超过成本计划值。

③ ……

3) 变更管理制度

① 坚持"先批准、后变更，先变更、后施工"的原则，严格按变更程序执行，对各方会签认可的变更通知单及时进行成本分析，办理工程量增减手续，调整成本计划。

② 对施工过程中出现的涉及成本支出的各种问题，及时与设计、监理、建设单位协调解决，并做好记录。

③ ……

(3) 成本管理程序

成本管理程序。（略）

(4) 成本管理措施

1) 认真做好开工前的施工准备工作，包括技术准备、物资准备及作业条件准备。在图纸会审前，积极组织相关人员进行图纸预审，以"方便施工，有利于加快进度和保证工程质量，又能降低工程成本"等综合考虑，提出合理化意见。临时设施尽量利用场地现有的各项设施，以节约临时设施成本。

2) 选择科学合理的施工方案，安排切实可行的施工顺序，及时优化施工方案，做好多工种立体交叉作业的协调工作。以合同工期为依据，结合本工程规模、复杂程度、现场条件、人员素质等因素综合考虑，尽量采用新工艺、新材料，保证工程质量，加快施工进度，降低工程成本。

3) 在成本管理目标分解的基础上，依据施工合同、施工进度计划等，编制成本计划，并针对工程实际情况及时调整，对工程成本实施动态控制。

4) 建立工程成本管理流程、成本签证制度、成本考核制度，用好用活激励机制，进行奖罚兑现，调动员工增产节支的积极性。

5) 参加现场工地例会，及时沟通、解决施工过程中工程量核定及工程款结算问题。

6) 降低材料成本，选择运费低、质量好、价格低的供应商，节约材料采购成本。合理设置现场储备量及堆放，减少仓储、损耗及搬运，以节省材料保管成本。严格执行限额领料制，正确核算材料消耗水平，余料及时回收、分类堆放。

7) 及时收集行业价格信息，定期进行汇总分析，对预期涨价的材料及时组织资金采购，增加库存；对预期跌价的材料及时采取措施，限制购进，减少库存。

8) 对每道工序事先进行有针对性的技术、质量和安全交底。严把工序施工质量关，坚持自检、互检制度，确保工序验收一次合格，降低返工、停工损失，降低工程成本。

9) 定期检查成本计划的执行情况，当实际值偏离计划值时，应分析产生偏离原因，采取有效纠偏措施，以确保成本管理目标的实现。

10) 履行施工总承包单位的管理职能，切实做好施工过程中总、分包协调配合工作。

(5) 新技术、新材料、新工艺、新设备应用计划

新技术、新材料、新工艺、新设备应用计划。（略）

8.5　技术管理措施

简要描述技术管理组织机构、职责分工，技术管理制度，以及采取的相应措施。（略）

8.6　成品保护措施

简要描述成品保护的组织机构、职责分工、确定成品保护项目（测量定位、钢筋、模板、混凝土、装饰装修工程以及设备安装等保护）以及相应成品的主要保护措施。（略）

8.7　绿色施工管理措施

绿色施工是指在保证工程质量、施工安全等基本要求的前提下，以人为本，因地制宜，通过科学管理和技术进步，最大限度地节约资源，减少对环境负面影响的施工及生产活动。

简要描述绿色施工组织机构，职责分工，施工现场、分部分项工程施工时实施绿色施工的管理制度和主要措施，落实绿色施工管理责任。（略）

8.8　消防管理与保卫措施

简要描述消防管理组织机构，职责分工，消防管理措施（施工现场，办公区、生活区，易燃易爆化学物品，电气焊及用火用电，临时设施搭设及料库，电气等防火管理）和施工现场平面布置与保卫措施，落实消防管理与保卫责任制。（略）

8.9　文明施工管理措施

简要描述现场文明施工管理组织机构，职责分工，施工现场围挡设置，施工现场封闭管理，施工现场材料器具管理、现场办公与住宿管理，生活设施管理等措施，全面落实文明施工管理措施。（略）

8.10　BIM 技术应用

简要描述 BIM 综合管理平台应用、复杂节点深化、异型结构施工模拟等。（略）

8.11　总承包管理措施

简要描述总承包管理组织机构、职责分工，管理制度以及对专业分包单位的有效管理措施。（略）

8.12　工程回访与保修

简要描述工程回访与保修组织机构、制度、措施及流程等。（略）

8.13　创优策划

创优策划方案。（略）

9.　应急救援预案

简要描述生产安全事故应急救援预案的内容，主要包括应急救援组织机构、职责分工、应急响应与措施、培训和演练等内容。

（1）应急救援组织机构

应急救援组织机构由项目经理（李××）、安全总监（刘××）、项目技术负责人（王××）组成应急救援领导小组，负责事故现场应急救援指挥工作，有效利用各种资源，在最短时间内实施应急救援。领导小组下设应急抢险组、救护安置组、警戒疏散组、通信联络组、后勤保障组，各组组员为其组长所分管部门内的全体人员。应急救援组织结构图（略）。

（2）应急救援职责分工

应急救援领导小组与各应急救援组职责分工，如表 23-14 所示。

应急救援领导小组与各应急救援组职责分工   表 23-14

序号	应急机构	职务	姓名	岗位	职责分工
1	应急领导小组	组长	李××	项目经理	指挥事故现场应急救援
		副组长	刘××	安全总监	协助组长指挥,组长不在时代组长履行指挥职责
		副组长	王××	项目技术负责人	协助组长,应急救援技术支持
2	应急抢险组	组长	张××	技术质量部经理	现场抢险救援,排除险情、抢救伤员及被困人员
3	救护安置组	组长	黄××	施工管理部经理	对抢救出的伤员,视情况进行简单急救,并尽快送医院救治。对相关人员进行妥善安置
4	警戒疏散组	组长	田××	安全管理部经理	维护事故现场秩序,疏散现场围观人员,并清点相关人员
5	通信联络组	组长	刘××	综合管理部经理	事故情况通报、联络相关信息
6	后勤保障组	组长	王××	采购合约部经理	应急物资后勤保障,抢险人员生活物资供给
7	……	……	……	……	……

（3）应急救援响应

1）事故报告

发生事故后,事故现场人员应立即报告项目经理（应急救援领导小组组长）,项目经理依据事故情况立即启动应急救援预案,保护事故现场,采取有效措施,进行抢救和应急处置,防止事故扩大。同时按事故等级及报告程序、时限立即向施工总承包单位及政府主管部门报告。情况紧急时,事故现场有关人员可直接向事故发生地政府主管部门报告。

2）通信联络

现场应急救援办公室设在项目施工现场综合管理部,值班电话××××,如发生突发事件,立即拨打值班电话报警,值班人员接警后立即按应急救援程序报告。如发生火灾,立即使用现场灭火器材进行灭火;如火势不能控制,立即拨打 119 报警。如发生人员伤亡、中毒、传染性疾病等,现场应采取必要的救护措施,并立即拨打 120 急救电话,尽快送医院救治。任何人对事故不得迟报、漏报、谎报或瞒报。

3）应急救援启动

应急救援启动后,各应急救援组应根据应急救援程序、规定职责和要求,服从应急救援领导小组统一指挥,立即到达规定岗位,采取相应救援措施,履行救援职责。

4）救援器材配备

应急救援器材配备如下:

医疗器材:担架、氧气袋、小药箱。

抢救工具:施工现场常备工具,满足使用要求。

通信器材:电话、手机、对讲机、报警器。

照明器材:手电筒、应急灯、灯具。

交通工具:施工现场常备一辆面包车。

灭火器材:灭火器材日常按要求就位,紧急情况下集中使用。

（4）应急救援措施

1）发生事故后，作业人员应立即停止作业，有序向安全区域撤离。

① 抢险救援：排除险情，进行人员和物资抢救，迅速控制事故发展。

② 救护安置：对抢救出的伤员，视情况进行简单急救，并尽快送医院救治。对事故相关人员进行妥善安置。

③ 警戒疏散：维护事故现场秩序，劝退或疏散现场围观人员，并清点相关人员。

④ 通信联络：负责事故报警和事故情况上报以及现场救援联络，接应外部专业救援单位施救；清点、联络各类人员。

2）要有正确的抢险意识，紧急救援响应者必须是应急救援组成员，其他人员应疏散至安全区域，并服从应急救援组成员的指挥。

3）突发事件发生时，要做到临危不乱，按应急救援程序采取正确合理的应对措施。针对工程施工过程中出现的突发事件，应急救援措施如表 23-15 所示。

应急救援措施 表 23-15

序号	类别	救援措施	备注
1	坍塌事故	（1）发生坍塌事故后，立即启动应急救援预案，按应急救援程序，各负其责，针对事故情况，立即组织落实相关应急救援措施。 （2）及时进行现场应急救援，迅速控制事故发展。 （3）及时联络救援人员，疏散现场人员，正确快速地引导救援、救护车辆。对抢救出的伤员，视情况进行急救，并及时拨打 120 急救电话，尽快送医院救治。 （4）清查人数，检查是否有人员失踪，统计受伤、死亡人数。 （5）处理事故现场，留存资料，配合调查组进行事故调查 （6）……	
2	坠落事故	（1）发生坠落事故后，立即启动应急救援预案，按应急救援程序，各负其责，针对事故情况，立即组织落实相关应急救援措施。 （2）及时进行现场应急抢救，联络救援人员，疏散现场人员，视情况进行急救，并及时拨打 120 急救电话，尽快送医院救治。 （3）统计受伤、死亡人数。 （4）处理事故现场，留存资料，配合调查组进行事故调查 （5）……	
3	火灾事故	（1）发生火灾后，立即启动应急救援预案，紧急疏散现场人员。 （2）按照火灾种类，使用现场灭火器材进行抢险灭火；如火势不能控制，立即拨打 119 报警。如有人员受伤，视情况进行急救，并及时拨打 120 急救电话，尽快送医院救治。 （3）公安消防部门到达后，服从公安消防统一指挥，执行灭火命令。 （4）灭火完毕后，应保护好火灾现场，协助公安消防部门调查事故原因，核实火灾损失，查明事故责任，防止事故再次发生 （5）……	
4	触电事故	（1）发现人员触电，立即切断电源，并启动应急救援预案。 （2）根据现场情况及时对触电人员进行急救，并及时拨打 120 急救电话，尽快送医院救治。 （3）处理触电事故现场，留存资料，配合调查组进行事故调查 （4）……	
5	食物中毒	（1）发现人员食物中毒，立即向项目经理报告，启动应急救援预案。 （2）根据患者情况及时拨打 120 急救电话，尽快送医院救治。 （3）停止就餐，协助卫生部门查明中毒原因，判明中毒性质，采取相应措施，对现场进行必要的保护。 （4）进行教育培训，防止事故再次发生 （5）……	
6	……	……	

(5) 培训和演练

1) 培训

① 年初制定应急救援预案培训计划。

② 培训方式：应急救援知识辅导、救援设备现场操作、自救常识等。

③ 要求所有现场人员具备自我保护意识，掌握突发事件自救常识，会正确使用灭火器等一般应急器材。

④ 每次培训应形成培训记录。

⑤ ……

2) 演练

① 制定演练计划，每年至少组织一次综合模拟突发事件应急演练，检验现场抢救、疏散、快速响应能力，增强应急救援意识，提高应急救援能力。

② 应急救援组成员必须熟悉各自的岗位职责，做到动作快、技术精、作风硬。根据实际演练情况，查找不足，总结经验，不断完善应急救援预案。

③ 演练结束后，对演练进行评估与总结，及时修正和弥补突发事件应急救援预案制定的缺陷。

10. 施工现场平面布置

施工现场平面布置应根据施工部署，绘制现场不同施工阶段的总平面布置图，使平面布置科学合理，保证平面布置的各类设施满足环保、节能、安全、消防、文明施工等要求。（略）

10.1 平面布置原则与依据

10.2 办公与生活区设施布置

10.3 生产设施与机械设备布置

10.4 临时用电

10.5 临时用水

10.6 施工现场平面布置图

根据施工部署绘制不同施工阶段（地基与基础、主体结构、装饰装修）的施工现场平面布置图。平面布置图绘制应符合国家相关标准要求并附必要的说明。

11. 附图和附表

主要包括劳动力计划表、施工区域与流水段划分、施工进度计划（横道图或网络图）、施工现场总平面布置图、地基与基础施工阶段平面布置图、主体结构施工阶段平面布置、装饰装修施工阶段平面布置等。

第24章 建设工程监理相关法律法规和规章

建设工程监理相关法律、行政法规、地方性法规、部门规章、地方政府规章及规范性文件是建设工程监理的法律依据和工作指南。

目前，与建设工程监理密切相关的法律有：《中华人民共和国建筑法》（2019 修正）、《中华人民共和国民法典》（第三编合同）、《中华人民共和国招标投标法》（2017 修正）、《中华人民共和国安全生产法》（2014 修正）、《中华人民共和国消防法》（2019 修正）、《中华人民共和国刑法》等。

与建设工程监理密切相关的行政法规有：《建设工程质量管理条例》（国务院令第 279号）（2019 修正）、《建设工程安全生产管理条例》（国务院令第 393 号）、《中华人民共和国招标投标法实施条例》（国务院令第 613 号）（2019 修正）、《生产安全事故报告和调查处理条例》（国务院令第 493 号）、《民用建筑节能条例》（国务院令第 530 号）等。

与建设工程监理密切相关的部门规章有：《必须招标的工程项目规定》（国家发展和改革委员会令第 16 号）、《实施工程建设强制性标准监督规定》（建设部令第 81 号）（2015 修正）、《建设工程监理范围和规模标准规定》（建设部令第 86 号）、《注册监理工程师管理规定》（建设部令第 147 号）（2016 修正）、《工程监理企业资质管理规定》（建设部令第 158 号）（2018 修正）、《建筑起重机械安全监督管理规定》（建设部令第166 号）、《危险性较大的分部分项工程安全管理规定》（住房和城乡建设部令第 37 号）（2019 修正）和《建设工程消防设计审查验收管理暂行规定》（住房和城乡建设部令第51 号）等。

24.1 建设工程监理相关法律法规体系

建设工程监理相关法律法规体系通常由法律、行政法规、地方性法规、部门规章、地方政府规章及规范性文件构成。如图 24-1 所示。

（1）法律

法律是指由全国人民代表大会及其常务委员会通过，由国家主席签署主席令予以公布的法律规范。如《中华人民共和国建筑法》（2019 修正）。

（2）行政法规

行政法规是指国务院根据宪法和法律制定，由国务院总理签署国务院令予以公布的法律规范。如《建设工程安全生产管理条例》（国务院令第 393 号）。

（3）地方性法规

地方性法规是指在不同宪法、法律、行政法规相抵触的前提下，由省、自治区、直辖市人民代表大会及其常务委员会通过并发布的地方性法律规范。如《北京市建设工程质量条例》。

（4）部门规章

部门规章是指国务院各部门及具有行政管理职能的直属机构根据法律和行政法规制定，由部门首长签署命令予以公布的各项规章，或由国务院主管部门与国务院其他有关部门联合发布的各项规章。如《危险性较大的分部分项工程安全管理规定》（住房和城乡建设部令第 37 号）（2019 修正）。

（5）地方政府规章

地方政府规章是指省、自治区、直辖市和设区的市、自治州的人民政府根据法律、行政法规和本省、自治区、直辖市的地方性法规制定并发布的各项规章。如《北京市生产安全事故报告和调查处理办法》（北京市人民政府令第 217 号）。

（6）规范性文件

规范性文件是指除法律范畴（即宪法、法律、行政法规、地方性法规、自治条例、单

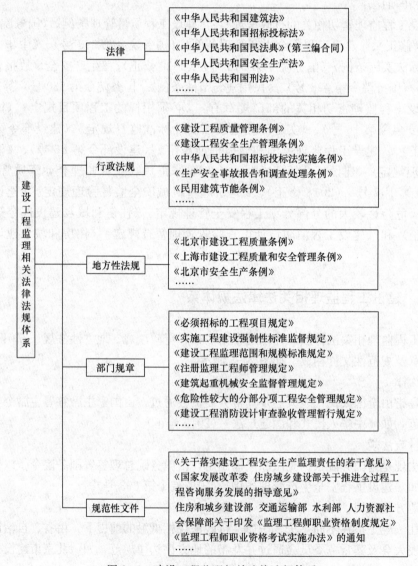

图 24-1　建设工程监理相关法律法规体系

行条例、国务院部门规章和地方政府规章）的立法性文件之外，由各级行政机关或者经法律、法规授权的具有管理公共事务职能的组织，在法定职权范围内依照法定程序制定并公开发布，在一定期限和范围内适用的行政文件。如《关于落实建设工程安全生产监理责任的若干意见》（建市（［2006］248 号）、住房和城乡建设部　交通运输部　水利部　人力资源社会保障部关于印发《监理工程师职业资格制度规定》《监理工程师职业资格考试实施办法》的通知（建人规［2020］3 号）等。

24.2　建设工程监理相关法律

建设工程监理相关法律明确规定了监理单位、监理人员的职责和法律责任。目前，主要有《中华人民共和国建筑法》（2019 修正）、《中华人民共和国消防法》（2019 修正）、《中华人民共和国刑法》。

1. 《中华人民共和国建筑法》相关规定

《中华人民共和国建筑法》，1997 年 11 月 1 日第八届全国人民代表大会常务委员会第二十八次会议通过，1997 年 11 月 1 日中华人民共和国主席令第九十一号公布，自 1998年 3 月 1 日起施行。根据 2011 年 4 月 22 日第十一届全国人民代表大会常务委员会第二十次会议《关于修改〈中华人民共和国建筑法〉的决定》、2019 年 4 月 23 日第十三届全国人民代表大会常务委员会第十次会议《关于修改〈中华人民共和国建筑法〉等八部法律的决定》修正。

【监理单位及人员的职责】

第三十二条规定：建筑工程监理应当依照法律、行政法规及有关的技术标准、设计文件和建筑工程承包合同，对承包单位在施工质量、建设工期和建设资金使用等方面，代表建设单位实施监督。

工程监理人员认为工程施工不符合工程设计要求、施工技术标准和合同约定的，有权要求建筑施工企业改正。

工程监理人员发现工程设计不符合建筑工程质量标准或者合同约定的质量要求的，应当报告建设单位要求设计单位改正。

第三十四条规定：工程监理单位应当在其资质等级许可的监理范围内，承担工程监理业务。

工程监理单位应当根据建设单位的委托，客观、公正地执行监理任务。

工程监理单位与被监理工程的承包单位以及建筑材料、建筑构配件和设备供应单位不得有隶属关系或者其他利害关系。

工程监理单位不得转让工程监理业务。

【监理单位的法律责任】

第三十五条规定：工程监理单位不按照委托监理合同的约定履行监理义务，对应当监督检查的项目不检查或者不按照规定检查，给建设单位造成损失的，应当承担相应的赔偿责任。

工程监理单位与承包单位串通，为承包单位谋取非法利益，给建设单位造成损失的，应当与承包单位承担连带赔偿责任。

第六十九条规定：工程监理单位与建设单位或者建筑施工企业串通，弄虚作假、降低工程质量的，责令改正，处以罚款，降低资质等级或者吊销资质证书；有违法所得的，予以没收；造成损失的，承担连带赔偿责任；构成犯罪的，依法追究刑事责任。

工程监理单位转让监理业务的，责令改正，没收违法所得，可以责令停业整顿，降低资质等级；情节严重的，吊销资质证书。

2.《中华人民共和国消防法》相关规定

《中华人民共和国消防法》，1998年4月29日第九届全国人民代表大会常务委员会第二次会议通过，1998年4月29日中华人民共和国主席令第四号公布，自1998年9月1日起施行。根据2008年10月28日第十一届全国人民代表大会常务委员会第五次会议修订通过、2019年4月23日第十三届全国人民代表大会常务委员会第十次会议《关于修改〈中华人民共和国建筑法〉等八部法律的决定》修正。

【监理单位的职责】

第九条规定：建设工程的消防设计、施工必须符合国家工程建设消防技术标准。工程监理单位依法对建设工程的消防设计、施工质量负责。

【监理单位的法律责任】

第五十九条规定：有下列行为之一的，由住房和城乡建设主管部门责令改正或者停止施工，并处一万元以上十万元以下罚款：

（1）建设单位要求建筑设计单位或者建筑施工企业降低消防技术标准设计、施工的；

（2）建筑设计单位不按照消防技术标准强制性要求进行消防设计的；

（3）建筑施工企业不按照消防设计文件和消防技术标准施工，降低消防施工质量的；

（4）工程监理单位与建设单位或者建筑施工企业串通，弄虚作假，降低消防施工质量的。

3.《中华人民共和国刑法》相关规定

《中华人民共和国刑法》，1979年7月1日第五届全国人民代表大会第二次会议通过，1979年7月6日全国人民代表大会常务委员会委员长令第五号公布，自1980年1月1日起施行。2020年12月26日第十三届全国人民代表大会常务委员会第二十四次会议通过，中华人民共和国主席令第六十六号公布中华人民共和国刑法修正案（十一）。

【监理单位及人员的法律责任】

第一百三十四条规定：在生产、作业中违反有关安全管理的规定，因而发生重大伤亡事故或者造成其他严重后果的，处三年以下有期徒刑或者拘役；情节特别恶劣的，处三年以上七年以下有期徒刑。

强令他人违章冒险作业，或者明知存在重大事故隐患而不排除，仍冒险组织作业，因而发生重大伤亡事故或者造成其他严重后果的，处五年以下有期徒刑或者拘役；情节特别恶劣的，处五年以上有期徒刑。

在生产、作业中违反有关安全管理的规定，有下列情形之一，具有发生重大伤亡事故或者其他严重后果的现实危险的，处一年以下有期徒刑、拘役或者管制：

（1）关闭、破坏直接关系生产安全的监控、报警、防护、救生设备、设施，或者篡改、隐瞒、销毁其相关数据、信息的；

（2）因存在重大事故隐患被依法责令停产停业、停止施工、停止使用有关设备、设施、场所或者立即采取排除危险的整改措施，而拒不执行的；

（3）涉及安全生产的事项未经依法批准或者许可，擅自从事矿山开采、金属冶炼、建筑施工，以及危险物品生产、经营、储存等高度危险的生产作业活动的。

第一百三十七条规定：工程监理单位违反国家规定，降低工程质量标准，造成重大安全事故的，对直接责任人员，处五年以下有期徒刑或者拘役，并处罚金；后果特别严重的，处五年以上十年以下有期徒刑，并处罚金。

24.3 建设工程监理相关行政法规

建设工程监理相关行政法规明确规定了监理单位、监理人员的职责和法律责任。目前，主要有《建设工程质量管理条例》（国务院令第 279 号）（2019 修正）、《建设工程安全生产管理条例》（国务院令第 393 号）、《民用建筑节能条例》（国务院令第 530 号）。

1.《建设工程质量管理条例》相关规定

《建设工程质量管理条例》（国务院令第 279 号），2000 年 1 月 10 日国务院第 25 次常务会议通过，2000 年 1 月 30 日中华人民共和国国务院令第 279 号公布，自公布之日起施行。根据 2017 年 10 月 7 日国务院令第 687 号《国务院关于修改部分行政法规的决定》、2019 年 4 月 23 日国务院令第 714 号《国务院关于修改部分行政法规的决定》修正。

【监理单位及人员的职责】

第三条规定：工程监理单位依法对建设工程质量负责。

第三十四条规定：工程监理单位应当依法取得相应等级的资质证书，并在其资质等级许可的范围内承担工程监理业务。

禁止工程监理单位超越本单位资质等级许可的范围或者以其他工程监理单位的名义承担工程监理业务。禁止工程监理单位允许其他单位或者个人以本单位的名义承担工程监理业务。

工程监理单位不得转让工程监理业务。

第三十五条规定：工程监理单位与被监理工程的施工承包单位以及建筑材料、建筑构配件和设备供应单位有隶属关系或者其他利害关系的，不得承担该项建设工程的监理业务。

第三十六条规定：工程监理单位应当依照法律、法规以及有关技术标准、设计文件和建设工程承包合同，代表建设单位对施工质量实施监理，并对施工质量承担监理责任。

第三十七条规定：工程监理单位应当选派具备相应资格的总监理工程师和监理工程师进驻施工现场。

未经监理工程师签字，建筑材料、建筑构配件和设备不得在工程上使用或者安装，施工单位不得进行下一道工序的施工。未经总监理工程师签字，建设单位不拨付工程款，不进行竣工验收。

第三十八条规定：监理工程师应当按照工程监理规范的要求，采取旁站、巡视和平行检验等形式，对建设工程实施监理。

【监理单位及人员的法律责任】

第六十条规定：工程监理单位超越本单位资质等级承揽工程的，责令停止违法行为，对工程监理单位处合同约定的监理酬金 1 倍以上 2 倍以下的罚款；可以责令停业整顿，降低资质等级；情节严重的，吊销资质证书；有违法所得的，予以没收。

未取得资质证书承揽工程的，予以取缔，依照前款规定处以罚款；有违法所得的，予以没收。

以欺骗手段取得资质证书承揽工程的，吊销资质证书，依照本条第一款规定处以罚款；有违法所得的，予以没收。

第六十一条规定：工程监理单位允许其他单位或者个人以本单位名义承揽工程的，责令改正，没收违法所得，对工程监理单位处合同约定的监理酬金 1 倍以上 2 倍以下的罚款；可以责令停业整顿，降低资质等级；情节严重的，吊销资质证书。

第六十二条规定：工程监理单位转让工程监理业务的，责令改正，没收违法所得，处合同约定的监理酬金百分之二十五以上百分之五十以下的罚款；可以责令停业整顿，降低资质等级；情节严重的，吊销资质证书。

第六十七条规定：工程监理单位有下列行为之一的，责令改正，处 50 万元以上 100 万元以下的罚款，降低资质等级或者吊销资质证书；有违法所得的，予以没收；造成损失的，承担连带赔偿责任：

(1) 与建设单位或者施工单位串通，弄虚作假、降低工程质量的。

(2) 将不合格的建设工程、建筑材料、建筑构配件和设备按照合格签字的。

第六十八条：工程监理单位与被监理工程的施工承包单位以及建筑材料、建筑构配件和设备供应单位有隶属关系或者其他利害关系承担该项建设工程的监理业务的，责令改正，处 5 万元以上 10 万元以下的罚款，降低资质等级或者吊销资质证书；有违法所得的，予以没收。

第七十二条规定：注册监理工程师因过错造成质量事故的，责令停止执业 1 年；造成重大质量事故的，吊销执业资格证书，5 年以内不予注册；情节特别恶劣的，终身不予注册。

第七十四条规定：工程监理单位违反国家规定，降低工程质量标准，造成重大安全事故，构成犯罪的，对直接责任人员依法追究刑事责任。

第七十七条 工程监理单位的工作人员因调动工作、退休等原因离开该单位后，被发现在该单位工作期间违反国家有关建设工程质量管理规定，造成重大工程质量事故的，仍应当依法追究法律责任。

2.《建设工程安全生产管理条例》相关规定

《建设工程安全生产管理条例》(国务院令第 393 号)，2003 年 11 月 12 日国务院第 28 次常务会议通过，2003 年 11 月 24 日中华人民共和国国务院令第 393 号公布，自 2004 年 2 月 1 日起施行。

【监理单位及人员的职责】

第四条规定：工程监理单位必须遵守安全生产法律、法规的规定，保证建设工程安全生产，依法承担建设工程安全生产责任。

第十四条规定：工程监理单位应当审查施工组织设计中的安全技术措施或者专项施工方案是否符合工程建设强制性标准。

工程监理单位在实施监理过程中，发现存在安全事故隐患的，应当要求施工单位整改；情况严重的，应当要求施工单位暂时停止施工，并及时报告建设单位。施工单位拒不整改或者不停止施工的，工程监理单位应当及时向有关主管部门报告。

工程监理单位和监理工程师应当按照法律、法规和工程建设强制性标准实施监理，并对建设工程安全生产承担监理责任。

【监理单位及人员的法律责任】

第五十七条规定：工程监理单位有下列行为之一的，责令限期改正；逾期未改正的，责令停业整顿，并处10万元以上30万元以下的罚款；情节严重的，降低资质等级，直至吊销资质证书；造成重大安全事故，构成犯罪的，对直接责任人员，依照刑法有关规定追究刑事责任；造成损失的，依法承担赔偿责任：

（1）未对施工组织设计中的安全技术措施或者专项施工方案进行审查的。

（2）发现安全事故隐患未及时要求施工单位整改或者暂时停止施工的。

（3）施工单位拒不整改或者不停止施工，未及时向有关主管部门报告的。

（4）未依照法律、法规和工程建设强制性标准实施监理的。

第五十八条规定：注册执业人员未执行法律、法规和工程建设强制性标准的，责令停止执业3个月以上1年以下；情节严重的，吊销执业资格证书，5年内不予注册；造成重大安全事故的，终身不予注册；构成犯罪的，依照刑法有关规定追究刑事责任。

3.《民用建筑节能条例》相关规定

《民用建筑节能条例》（国务院令第530号），2008年7月23日国务院第18次常务会议通过，2008年8月1日中华人民共和国国务院令第530号公布，自2008年10月1日起施行。

【监理单位及人员的职责】

第十五条规定：工程监理单位及其注册执业人员，应当按照民用建筑节能强制性标准进行监理。

第十六条规定：工程监理单位发现施工单位不按照民用建筑节能强制性标准施工的，应当要求施工单位改正；施工单位拒不改正的，工程监理单位应当及时报告建设单位，并向有关主管部门报告。

墙体、屋面的保温工程施工时，监理工程师应当按照工程监理规范的要求，采取旁站、巡视和平行检验等形式实施监理。

未经监理工程师签字，墙体材料、保温材料、门窗、采暖制冷系统和照明设备不得在建筑上使用或者安装，施工单位不得进行下一道工序的施工。

【监理单位及人员的法律责任】

第四十二条规定：工程监理单位有下列行为之一的，由县级以上地方人民政府建设主管部门责令限期改正；逾期未改正的，处 10 万元以上 30 万元以下的罚款；情节严重的，由颁发资质证书的部门责令停业整顿，降低资质等级或者吊销资质证书；造成损失的，依法承担赔偿责任：

（1）未按照民用建筑节能强制性标准实施监理的。

（2）墙体、屋面的保温工程施工时，未采取旁站、巡视和平行检验等形式实施监理的。

对不符合施工图设计文件要求的墙体材料、保温材料、门窗、采暖制冷系统和照明设备，按照符合施工图设计文件要求签字的，依照《建设工程质量管理条例》第六十七条的规定处罚。

第四十四条规定：注册执业人员未执行民用建筑节能强制性标准的，由县级以上人民政府建设主管部门责令停止执业 3 个月以上 1 年以下；情节严重的，由颁发资格证书的部门吊销执业资格证书，5 年内不予注册。

24.4 建设工程监理相关部门规章

建设工程监理相关部门规章明确规定了监理单位、监理人员的职责和法律责任。目前，主要有：《危险性较大的分部分项工程安全管理规定》（住房和城乡建设部令第 37 号）（2019 修正）、《建筑起重机械安全监督管理规定》（建设部令第 166 号）、《实施工程建设强制性标准监督规定》（建设部令第 81 号）（2015 修正）、《建设工程消防设计审查验收管理暂行规定》（住房和城乡建设部令第 51 号）、《注册监理工程师管理规定》（建设部令第 147 号）（2016 修正）。

1. 《危险性较大的分部分项工程安全管理规定》相关规定

《危险性较大的分部分项工程安全管理规定》（住房和城乡建设部令第 37 号），2018 年 2 月 12 日经第 37 次部常务会议审议通过，2018 年 3 月 8 日住房和城乡建设部令第 37 号发布，自 2018 年 6 月 1 日起施行。根据 2019 年 3 月 13 日住房和城乡建设部令第 47 号《住房和城乡建设部关于修改部分部门规章的决定》修正。

【监理单位及人员的职责】

第十八条规定：监理单位应当结合危大工程专项施工方案编制监理实施细则，并对危大工程施工实施专项巡视检查。

第十九条规定：监理单位发现施工单位未按照专项施工方案施工的，应当要求其进行整改；情节严重的，应当要求其暂停施工，并及时报告建设单位。施工单位拒不整改或者不停止施工的，监理单位应当及时报告建设单位和工程所在地住房城乡建设主管部门。

第二十一条规定：对于按照规定需要验收的危大工程，施工单位、监理单位应当组织相关人员进行验收。验收合格的，经施工单位项目技术负责人及总监理工程师签字确认后，方可进入下一道工序。

危大工程验收合格后，施工单位应当在施工现场明显位置设置验收标识牌，公示验收时间及责任人员。

第二十四条规定：监理单位应当建立危大工程安全管理档案。

监理单位应当将监理实施细则、专项施工方案审查、专项巡视检查、验收及整改等相关资料纳入档案管理。

第十一条规定：专项施工方案应当由施工单位技术负责人审核签字、加盖单位公章，并由总监理工程师审查签字、加盖执业印章后方可实施。

第十二条规定：对于超过一定规模的危大工程，施工单位应当组织召开专家论证会对专项施工方案进行论证。实行施工总承包的，由施工总承包单位组织召开专家论证会。专家论证前专项施工方案应当通过施工单位审核和总监理工程师审查。

【监理单位及人员的法律责任】

第三十六条规定：监理单位有下列行为之一的，依照《中华人民共和国安全生产法》、《建设工程安全生产管理条例》对单位进行处罚；对直接负责的主管人员和其他直接责任人员处 1000 元以上 5000 元以下的罚款：

（1）总监理工程师未按照本规定审查危大工程专项施工方案的。

（2）发现施工单位未按照专项施工方案实施，未要求其整改或者停工的。

（3）施工单位拒不整改或者不停止施工时，未向建设单位和工程所在地住房城乡建设主管部门报告的。

第三十七条规定：监理单位有下列行为之一的，责令限期改正，并处 1 万元以上 3 万元以下的罚款；对直接负责的主管人员和其他直接责任人员处 1000 元以上 5000 元以下的罚款：

（1）未按照本规定编制监理实施细则的。

（2）未对危大工程施工实施专项巡视检查的。

（3）未按照本规定参与组织危大工程验收的。

（4）未按照本规定建立危大工程安全管理档案的。

2.《建筑起重机械安全监督管理规定》相关规定

《建筑起重机械安全监督管理规定》（建设部令第 166 号），2008 年 1 月 8 日经建设部第 145 次常务会议讨论通过，2008 年 1 月 28 日建设部令第 166 号发布，自 2008 年 6 月 1 日起施行。

【监理单位的职责】

第二十二条规定：监理单位应当履行下列安全职责：

（1）审核建筑起重机械特种设备制造许可证、产品合格证、制造监督检验证明、备案证明等文件。

（2）审核建筑起重机械安装单位、使用单位的资质证书、安全生产许可证和特种作业人员的特种作业操作资格证书。

（3）审核建筑起重机械安装、拆卸工程专项施工方案。

（4）监督安装单位执行建筑起重机械安装、拆卸工程专项施工方案情况。

（5）监督检查建筑起重机械的使用情况。

（6）发现存在生产安全事故隐患的，应当要求安装单位、使用单位限期整改，对安装单位、使用单位拒不整改的，及时向建设单位报告。

【监理单位的法律责任】

第三十二条规定：监理单位未履行下列四项安全职责的，由县级以上地方人民政府建设主管部门责令限期改正，予以警告，并处以 5000 元以上 3 万元以下罚款。

（1）审核建筑起重机械特种设备制造许可证、产品合格证、制造监督检验证明、备案证明等文件。

（2）审核建筑起重机械安装单位、使用单位的资质证书、安全生产许可证和特种作业人员的特种作业操作资格证书。

（3）监督安装单位执行建筑起重机械安装、拆卸工程专项施工方案情况。

（4）监督检查建筑起重机械的使用情况。

3. 《实施工程建设强制性标准监督规定》相关规定

《实施工程建设强制性标准监督规定》（建设部令第 81 号），2000 年 8 月 21 日经第 27 次部常务会议通过，2000 年 8 月 25 日建设部令第 81 号发布，自发布之日起施行。根据 2015 年 1 月 22 日住房和城乡建设部令第 23 号《关于修改〈市政公用设施抗灾设防管理规定〉等部门规章的决定》修正。

【监理单位的法律责任】

第十九条规定：工程监理单位违反强制性标准规定，将不合格的建设工程以及建筑材料、建筑构配件和设备按照合格签字的，责令改正，处 50 万元以上 100 万元以下的罚款，降低资质等级或者吊销资质证书；有违法所得的，予以没收；造成损失的，承担连带赔偿责任。

第二十条规定：违反工程建设强制性标准造成工程质量、安全隐患或者工程质量安全事故的，按照《建设工程质量管理条例》《建设工程勘察设计管理条例》和《建设工程安全生产管理条例》的有关规定进行处罚。

4. 《建设工程消防设计审查验收管理暂行规定》相关规定

《建设工程消防设计审查验收管理暂行规定》（住房和城乡建设部令第 51 号），2020 年 1 月 19 日经第 15 次部务会议审议通过，2020 年 4 月 1 日住房和城乡建设部令第 51 号公布，自 2020 年 6 月 1 日起施行。

【监理单位及人员的职责】

第八条规定：工程监理单位依法对建设工程消防设计、施工质量负主体责任。工程监理单位的从业人员依法对建设工程消防设计、施工质量承担相应的个人责任。

第十二条规定：工程监理单位应当履行下列消防设计、施工质量责任和义务：

（1）按照建设工程法律法规、国家工程建设消防技术标准，以及经消防设计审查合格或者满足工程需要的消防设计文件实施工程监理。

（2）在消防产品和具有防火性能要求的建筑材料、建筑构配件和设备使用、安装前，核查产品质量证明文件，不得同意使用或者安装不合格的消防产品和防火性能不符合要求的建筑材料、建筑构配件和设备。

（3）参加建设单位组织的建设工程竣工验收，对建设工程消防施工质量签章确认，并对建设工程消防施工质量承担监理责任。

【监理单位及人员的法律责任】

第三十八条规定：违反本规定的行为，依照《中华人民共和国建筑法》《中华人民共和国消防法》《建设工程质量管理条例》等法律法规给予处罚；构成犯罪的，依法追究刑事责任。

工程监理单位及其从业人员违反有关建设工程法律法规和国家工程建设消防技术标准，除依法给予处罚或者追究刑事责任外，还应当依法承担相应的民事责任。

5.《注册监理工程师管理规定》相关规定

《注册监理工程师管理规定》（建设部令第 147 号），2005 年 12 月 31 日经建设部第 83 次常务会议讨论通过，2006 年 1 月 26 日建设部令第 147 号发布，自 2006 年 4 月 1 日起施行。根据 2016 年 9 月 13 日住房和城乡建设部令第 32 号《住房城乡建设部关于修改〈勘察设计注册工程师管理规定〉等 11 个部门规章的决定》修正。

【注册监理工程师权利】

第二十五条规定：注册监理工程师享有下列权利：

（1）使用注册监理工程师称谓。

（2）在规定范围内从事执业活动。

（3）依据本人能力从事相应的执业活动。

（4）保管和使用本人的注册证书和执业印章。

（5）对本人执业活动进行解释和辩护。

（6）接受继续教育。

（7）获得相应的劳动报酬。

（8）对侵犯本人权利的行为进行申诉。

【注册监理工程师义务】

第二十六条规定：注册监理工程师应当履行下列义务：

（1）遵守法律、法规和有关管理规定。

（2）履行管理职责，执行技术标准、规范和规程。

（3）保证执业活动成果的质量，并承担相应责任。

（4）接受继续教育，努力提高执业水准。

（5）在本人执业活动所形成的工程监理文件上签字、加盖执业印章。

（6）保守在执业中知悉的国家秘密和他人的商业、技术秘密。

（7）不得涂改、倒卖、出租、出借或者以其他形式非法转让注册证书或者执业印章。

（8）不得同时在两个或者两个以上单位受聘或者执业。

（9）在规定的执业范围和聘用单位业务范围内从事执业活动。

（10）协助注册管理机构完成相关工作。

【注册监理工程师的法律责任】

第三十一条规定：注册监理工程师在执业活动中有下列行为之一的，由县级以上地方人民政府住房城乡建设主管部门给予警告，责令其改正，没有违法所得的，处以 1 万元以下罚款，有违法所得的，处以违法所得 3 倍以下且不超过 3 万元的罚款；造成损失的，依法承担赔偿责任；构成犯罪的，依法追究刑事责任：

（1）以个人名义承接业务的。

（2）涂改、倒卖、出租、出借或者以其他形式非法转让注册证书或者执业印章的。

（3）泄露执业中应当保守的秘密并造成严重后果的。

（4）超出规定执业范围或者聘用单位业务范围从事执业活动的。

（5）弄虚作假提供执业活动成果的。

（6）同时受聘于两个或者两个以上的单位，从事执业活动的。

（7）其他违反法律、法规、规章的行为。

需要说明的是：建设工程监理相关的地方性法规、地方政府规章及规范性文件也是建设工程监理的法律依据和工作指南。监理单位应根据工程所在地的实际，组织监理人员及时学习地方性法规、地方政府规章及规范性文件并掌握相关内容，避免监理人员在工作中违规而承担相应的法律责任。

第 25 章　建设工程监理表格（示例）

根据《建设工程监理规范》GB/T 50319—2013，建设工程监理表格分 A、B、C 三类。A 类表为工程监理单位报告、指令用表，由工程监理单位或项目监理机构签发；B 类表为施工单位报审、报验用表，由施工单位或施工项目经理部填写后报送工程建设相关方；C 类表为通用表，是工程建设相关方工作联系的通用表。

25.1　应用说明

1. 工程监理单位用表（A 类表）

（1）总监理工程师任命书（表 A.0.1）

1）本表用于在建设工程监理合同签订后，工程监理单位对总监理工程师的任命以及相应的授权范围书面通知建设单位。

2）工程监理单位法定代表人应根据建设工程监理合同约定，任命有类似工程监理经验的注册监理工程师担任项目总监理工程师，并明确总监理工程师的授权范围。

3）本表应由工程监理单位法定代表人签字，并加盖工程监理单位公章。

（2）工程开工令（表 A.0.2）

1）本表用于项目监理机构按《建设工程监理规范》GB/T 50319—2013 要求，审查施工单位报送的工程开工报审表及相关资料，核查开工条件，符合要求时，总监理工程师签署意见，并报建设单位批准后，总监理工程师签发工程开工令，指示施工单位开工。

2）工程开工令中的开工日期应作为施工单位计算工期的起始日期。

3）本表应由总监理工程师签字，并加盖执业印章。

（3）监理通知单（表 A.0.3）

1）本表用于项目监理机构针对施工现场出现的各种问题，对施工单位发出书面通知、提出整改要求。

2）监理通知单是项目监理机构在监理工作中常用的指令文件。施工单位发生下列情况之一时，项目监理机构应签发监理通知单：

① 施工不符合设计要求、工程建设标准和合同约定的。

② 未按专项施工方案施工的。

③ 工程存在安全事故隐患的。

④ 使用不合格的工程材料、构配件和设备的。

⑤ 施工存在质量问题或采用不适当的施工工艺，或施工不当造成工程质量不合格的。

⑥ 实际进度严重滞后于计划进度且影响合同工期的。

⑦ 工程质量、造价、进度等方面存在违法违规行为的。

3）本表可由总监理工程师或专业监理工程师签发。对于一般问题可由专业监理工程师签发，对于重要问题应由总监理工程师或经其同意后签发。

(4) 监理报告（表 A.0.4）

1) 本表用于项目监理机构发现工程存在安全事故隐患，发出监理通知单或工程暂停令后，施工单位拒不整改或者不停止施工的，项目监理机构应及时向政府有关主管部门报送监理报告，同时应附相应监理通知单或工程暂停令等证明监理人员履行安全生产管理职责的相关文件资料。

2) 情况紧急时，项目监理机构通过电话、微信、传真或电子邮件方式向政府有关主管部门报告的，事后应以书面形式（监理报告）送达政府有关主管部门，同时抄送建设单位和监理单位。

(5) 工程暂停令（表 A.0.5）

1) 本表用于总监理工程师签发监理指令要求施工单位停工处理的事件。

2) 总监理工程师应根据暂停工程的影响范围和程度，确定停工范围，并按合同约定、监理规范要求等签发工程暂停令。

3) 签发工程暂停令时，应注明暂停工程的部位、范围以及整改要求等。

4) 总监理工程师签发工程暂停令应征得建设单位同意，在紧急情况下未能事先报告时，应在事后及时向建设单位作出书面报告。

5) 本表应由总监理工程师签字，并加盖执业印章。

(6) 旁站记录（表 A.0.6）

1) 本表用于监理人员对关键部位、关键工序的施工质量实施现场跟踪监督活动的实时记录。

2) 旁站记录中的"关键部位、关键工序施工情况"应记录所旁站部位（工序）的施工作业内容，主要施工机械、材料、人员和完成的工程数量等内容以及监理人员检查旁站部位施工质量的情况。

3) 旁站记录中"发现的问题及处理情况"应说明旁站所发现的问题及其采取的处置措施。

(7) 工程复工令（表 A.0.7）

1) 本表用于工程暂停施工原因消失、具备复工条件时，施工单位提出工程复工申请及有关资料，经项目监理机构审查，符合要求后，总监理工程师及时签署意见，并应报建设单位批准后签发工程复工令。

2) 因非施工单位原因引起工程暂停施工的，具备复工条件时，总监理工程师应根据工程实际情况指令施工单位提交工程复工申请，并签发工程复工令恢复施工。

3) 工程复工令必须注明复工的部位和范围、复工日期等。

4) 本表应由总监理工程师签字，并加盖执业印章。

(8) 工程款支付证书（表 A.0.8）

1) 本表用于项目监理机构收到建设单位签署审批意见的工程款支付报审表后，根据建设单位的审批意见，总监理工程师向施工单位签发工程款支付证书。

2) 工程款支付证书应附工程款支付报审表及附件，并报送建设单位。

3) 本表应由总监理工程师签字，并加盖执业印章。

2. 施工单位报审、报验用表（B 类表）

（1）施工组织设计/（专项）施工方案报审表（表 B.0.1）

1）本表用于施工组织设计/（专项）施工方案的报审。

2）有分包单位的，分包单位编制的施工组织设计/（专项）施工方案均应由施工单位按规定完成相关审批手续后，报送项目监理机构审查。

3）施工组织设计应由施工单位技术负责人审核签字并加盖施工单位公章。

4）项目监理机构对施工组织设计/（专项）施工方案进行审查并签署意见。当需要施工单位修改时，应由总监理工程师签署书面意见要求施工单位修改后重新报审。

5）对超过一定规模的危险性较大的分部分项工程专项施工方案还需报送建设单位审批并签署意见。

6）本表应由总监理工程师签字，并加盖执业印章。

（2）工程开工报审表（表 B.0.2）

1）本表用于工程开工的报审，应由施工单位项目经理签字并加盖施工单位公章。

2）施工单位按施工合同约定，已完成工程开工的相关准备工作，具备开工条件时，向项目监理机构提出工程开工申请。

3）施工合同中同时开工的单位工程可填报一次。

4）总监理工程师审核开工条件，签署审核意见，并报建设单位审批。

5）本表应由总监理工程师签字，并加盖执业印章。

（3）工程复工报审表（表 B.0.3）

1）本表用于工程暂停施工原因消失，具备复工条件时，施工单位向项目监理机构提出工程复工申请。

2）工程复工报审时，应附有能够证明已具备复工条件的相关文件资料，包括相关检查记录、有针对性的整改措施及其落实情况、会议纪要、影像资料等。

3）总监理工程师对施工单位提出的工程复工证明文件资料进行审核，签署意见后报建设单位审批。

（4）分包单位资格报审表（表 B.0.4）

1）本表用于分包单位的资格报审，包括劳务分包和专业分包。

2）分包单位的名称应按企业营业执照全称填写；分包单位资格材料包括：营业执照、企业资质等级证书、安全生产许可文件、类似工程业绩、专职管理人员和特种作业人员的资格证书、施工单位对分包单位的管理制度等；分包单位资格材料应注意资质年审合格情况，防止越级分包；分包单位业绩材料是指分包单位近三年完成的与分包工程内容类似的工程业绩材料。

3）本表由专业监理工程师提出审查意见后，由总监理工程师审核签认。

（5）施工控制测量成果报验表（表 B.0.5）

1）本表用于施工单位施工控制测量完成并自检合格后，向项目监理机构报验。

2）检查、复核的内容：施工单位测量人员的资格证书及测量设备检定证书，施工平面、高程控制网和临时水准点的测量成果及控制桩的保护措施。

3）专业监理工程师应按相关规范、技术标准的要求，对施工单位报送的施工控制测量成果及保护措施进行检查、复核，符合要求后签署意见。

（6）工程材料、构配件和设备报审表（表 B.0.6）

1）本表用于施工单位对工程材料、构配件和设备自检合格后，向项目监理机构报审。

2）表中应注明工程材料、构配件和设备的名称、进场时间、拟使用的工程部位等。

3）质量证明文件：包括出厂合格证、质量检验报告、性能检测报告以及施工单位的质量抽检报告。进口材料、构配件和设备应有进口商检证明文件和中文质量证明文件；新产品、新材料、新设备应有相应资质机构的鉴定文件。如无证明文件原件，需提供复印件，并应在复印件上加盖证明文件提供单位的公章。

4）自检结果：是指施工单位查验用于工程的材料、构配件和设备清单，质量证明文件以及对工程材料、构配件和设备实物的外观质量核查结果。

5）建设单位采购的设备应由建设单位、施工单位和项目监理机构共同进行开箱检查，并由三方在开箱检查记录上签署意见。

6）对进口材料、构配件和设备应按照合同约定，由建设单位、施工单位、供货单位、项目监理机构等进行联合检查，形成记录，并由各方代表签字确认。

（7）_____报审、报验表（表 B.0.7）

1）本表用于隐蔽工程、检验批、分项工程的报验以及施工单位为本工程提供服务试验室的报审。

2）分包单位的报验资料应由施工单位按要求验收合格后，向项目监理机构报验。表中施工单位签名应由施工单位相应人员签署。

3）隐蔽工程、检验批、分项工程施工完成后，施工单位自检合格并附有相关验收资料，向项目监理机构报验。

4）本表由专业监理工程师审查合格后予以签认。

（8）分部工程报验表（表 B.0.8）

1）本表用于分部工程的报验。分部工程所包含的分项工程全部自检合格后，施工单位向项目监理机构报验。

2）总监理工程师应组织相关人员对分部工程进行验收。专业监理工程师签署验收意见后，由总监理工程师签署意见。

3）工程质量资料：包括分部工程质量验收记录表及工程质量验收规范、标准要求的质量控制资料核查记录；有关安全、节能、环境保护和主要使用功能的抽样检验资料核查记录；观感质量检查记录。

（9）监理通知回复单（表 B.0.9）

1）本表用于施工单位在收到监理通知单后，根据监理通知单要求进行整改，自检合格后，向项目监理机构报送监理通知单回复意见。

2）根据监理通知单的要求，简要说明落实整改的过程、结果及自检情况，必要时应附整改相关证明资料，包括检查记录、对应部位的影像资料等。

3）收到施工单位报送的监理通知回复单后，一般可由原签发监理通知单的专业监理工程师或总监理工程师对现场整改情况和附件资料进行复查，整改结果合格后，由专业监理工程师或总监理工程师予以签认。

（10）单位工程竣工验收报审表（表 B.0.10）

1) 本表用于单位（子单位）工程施工完成后，施工单位自检合格，符合工程竣工验收条件的，向项目监理机构申请竣工预验收。本表应由项目经理签字并加盖施工单位公章。

2) 施工单位按施工合同约定完成设计文件所要求的施工内容，并组织有关人员对工程质量进行全面自检，符合设计文件及合同要求后，向项目监理机构报送单位工程竣工验收报审表。每个单位工程应单独填报。

3) 项目监理机构在收到单位工程竣工验收报审表后应及时组织工程竣工预验收，并签署预验收意见。

4) 本表应由总监理工程师签字，并加盖执业印章。

（11）工程款支付报审表（表 B.0.11）

1) 本表用于施工单位工程预付款、工程进度款和工程竣工结算款等的支付申请。

2) 施工单位提交工程款支付报审表时，应同时提交与支付款申请有关的资料，如已完成合格工程的工程量清单、价款计算及其他与支付款有关的证明文件和资料。

3) 项目监理机构对其进行审查，提出审查意见，并报建设单位审批。经建设单位审批后方可作为总监理工程师签发工程款支付证书的依据。

4) 本表应由总监理工程师签字，并加盖执业印章。

（12）施工进度计划报审表（表 B.0.12）

1) 本表用于工程施工进度计划的报审。施工进度计划的种类有总进度计划、年、季、月、周阶段性进度计划及关键工程进度计划等，报审时均可使用此表。

2) 施工单位应按施工合同约定，将工程施工进度计划提交项目监理机构。施工进度计划在专业监理工程师审查的基础上，由总监理工程师审核签认。

3) 群体工程中单位工程分期进行施工的，施工单位应按照建设单位提供图纸及有关资料的时间，分别编制各单位工程的施工进度计划，并向项目监理机构报审。

（13）费用索赔报审表（表 B.0.13）

1) 本表用于施工单位在费用索赔事件结束后的规定时间内，向项目监理机构进行费用索赔报审。

2) 索赔报审表应详细说明索赔事件的经过、索赔理由、索赔金额的计算，并附上证明材料。证明材料包括：索赔意向书、索赔事项的相关证明材料。

3) 项目监理机构应根据相关标准、规范及合同文件的要求，对施工单位的申请事项进行审核并签署意见，经建设单位批准后方可作为支付费用索赔的依据。

4) 审核费用索赔时应掌握以下原则：索赔申请报告的程序、时限符合合同要求；索赔申请报告的内容符合相关规定；索赔申请资料真实有效、齐全、手续完备；索赔申请的合同依据、理由正确充分；索赔金额的计算原则与方法合理、合法。

5) 本表应由总监理工程师签字，并加盖执业印章。

（14）工程临时/最终延期报审表（表 B.0.14）

1) 本表用于工程延期事件发生后，施工单位在施工合同约定的时限内，向项目监理机构进行工程临时/最终延期报审。工程延期事件结束，施工单位向项目监理机构申请工程最终延期的日历天数及延迟后的竣工日期。

2) 施工单位应详细说明工程延期依据、工期计算、申请延迟后的竣工日期，并附上证明材料。

3）项目监理机构应根据相关标准、规范及合同文件的要求，对施工单位的申请事项进行审核并签署意见，经建设单位批准后方可作为延长合同工期的依据。

4）本表应由总监理工程师签字，并加盖执业印章。

3. C类表（通用表）

（1）工作联系单（表C.0.1）

1）本表用于项目监理机构与工程建设有关方（包括建设、施工、勘察、设计等单位和上级主管部门）之间的日常书面工作联系，包括告知、督促、建议等事项。

2）工作联系内容：施工过程中，与监理有关的某一方需向另一方或多方告知某事项或督促某项工作、提出某项建议等。

（2）工程变更单（表C.0.2）

1）本表用于依据合同和工程实际情况对工程提出变更。在变更单位提出变更要求后，由建设单位、设计单位、项目监理机构和施工单位共同签认。

2）工程变更单应由提出方填写，写明工程变更原因、工程变更内容，并附必要的附件，包括：工程变更的依据、内容、图纸；对工程造价、工期的影响程度分析，以及对功能、安全影响的分析报告。

3）对涉及工程设计文件修改的工程变更，应由建设单位转交原设计单位修改工程设计文件。

（3）索赔意向通知书（表C.0.3）

1）本表用于工程施工过程中发生索赔事件后，受影响的单位依据法律法规和合同约定，向相关单位声明/告知拟进行相关索赔的意向。

2）本表应报送项目监理机构和拟进行相关索赔的对象。附件的索赔事件资料是指索赔事项的相关证明材料。

3）索赔意向通知书应明确下列内容：

① 事件发生时间和情况的简单描述。

② 合同依据的条款和理由。

③ 有关后续资料的提供，包括及时记录和提供事件发展的动态。

④ 对工程成本和工期产生的不利影响及其严重程度的初步评估。

⑤ 声明/告知拟进行相关索赔的意向。

25.2 填表示例

1. 填表注意事项

（1）各类表格的签发、报送或回复应当按照有关合同文件、法律法规、技术标准等规定的程序和时限进行。

（2）填表时应使用规范语言，法定计量单位，公历年、月、日。表中相关人员的签字栏均须由本人签署，不得代签。由施工单位提供的附件，应在附件上加盖骑缝章。

（3）按有关规定应采用碳素墨水、蓝黑墨水书写或黑色碳素印墨打印各类表，不得使用易褪色的书写材料。

（4）各类表在实际使用中，应分类建立统一的编码体系。各类表式编号应连续，不得重号、跳号。表中"□"表示可选择项，以"√"表示被选中项。

（5）各类表中施工项目经理部用章样式应在项目监理机构和建设单位备案，项目监理机构用章样式应在建设单位和施工单位备案。

（6）由总监理工程师签字并加盖执业印章的表式

下列表式应由总监理工程师签字并加盖执业印章：

1）A 类表

① 表 A.0.2　工程开工令。

② 表 A.0.5　工程暂停令。

③ 表 A.0.7　工程复工令。

④ 表 A.0.8　工程款支付证书。

2）B 类表

①表 B.0.1　施工组织设计/（专项）施工方案报审表。

②表 B.0.2　工程开工报审表。

③表 B.0.10　单位工程竣工验收报审表。

④表 B.0.11　工程款支付报审表。

⑤表 B.0.13　费用索赔报审表。

⑥表 B.0.14　工程临时/最终延期报审表。

（7）需要建设单位审批的表式

下列表式需要建设单位审批：

1）表 B.0.1　施工组织设计/（专项）施工方案报审表（仅对超过一定规模的危险性较大的分部分项工程专项施工方案）。

2）表 B.0.2　工程开工报审表。

3）表 B.0.3　工程复工报审表。

4）表 B.0.11　工程款支付报审表。

5）表 B.0.13　费用索赔报审表。

6）表 B.0.14　工程临时/最终延期报审表。

7）表 C.0.2　工程变更单。

（8）需要监理单位法定代表人签字并加盖监理单位公章的表式

"表 A.0.1 总监理工程师任命书"需要由监理单位法定代表人签字并加盖监理单位公章。

（9）需要施工项目经理签字并加盖施工单位公章的表式

下列表式需要由施工项目经理签字并加盖施工单位公章：

1）表 B.0.2　工程开工报审表。

2）表 B.0.10　单位工程竣工验收报审表。

（10）其他说明

对于涉及有关工程质量方面的基本表式，由于各行业、各部门的专业要求不同，各类工程的质量验收应按相关专业验收规范/标准及相应表式的要求使用。如果没有相应的表式，工程开工前，项目监理机构应根据工程特点、质量要求、竣工及归档组卷要求，与建设单位、施工单位进行协商，定制工程质量验收相应表式。项目监理机构采用定制的表式应事先告知建设单位、施工单位，使其明确表格的使用要求。

2. A 类表（工程监理单位用表）

表 A.0.1　总监理工程师任命书

工程名称：北京××工程　　　　　　　　　　　　　　编号：×××

致：北京××房地产开发公司(建设单位)

　　兹任命李××（注册监理工程师注册号：××××）为我单位北京××工程项目总监理工程师。负责履行建设工程监理合同，主持项目监理机构工作。

工程监理单位（盖章）

法定代表人（签字）×××

××××年××月××日

注：本表一式四份，项目监理机构、监理单位、建设单位、施工单位各一份。

表 A.0.2　工程开工令

工程名称：北京××工程　　　　　　　　　　　　　编号：×××

致：北京××建筑工程公司（施工单位）

　　经审查，本工程已具备施工合同约定的开工条件，现同意你方开始施工，开工日期为：
×××年××月××日。

　　附件：工程开工报审表

　　　　　　　　　　　　　　　　　　　北京××监理公司
　　　　　　　　　　　　　　　　　北京××工程项目监理机构

　　　　　　　　　　　项目监理机构（盖章）

　　　　　　　　　　　总监理工程师（签字，加盖执业印章）×××

　　　　　　　　　　　　　　　×××年××月××日

注：本表一式三份，项目监理机构、建设单位、施工单位各一份。

表 A.0.3 监理通知单

工程名称：北京××工程   编号：×××

致：<u>北京××建筑工程公司施工项目经理部</u>（施工项目经理部）

    事由：关于综合办公楼第 10 层 A～D/5～9 轴区间梁、板钢筋质量事宜

    内容：<u>××××年××月××日上午 10 点监理人员现场巡视检查发现：综合办公楼第 10 层 A～D/5～9 轴区间梁、板钢筋安装过程，梁端箍筋加密间距及板支座上层钢筋间距、长度不符合设计图纸要求，监理人员已口头要求整改，但在 16 点巡视检查发现仍未整改，继续施工。</u>

    <u>现要求你部对该区间梁端箍筋及板支座上层钢筋间距、长度按设计图纸要求进行整改，并检查其他施工部位，制定整改措施，避免此类问题发生。限你部××××年××月××日整改完毕，自检合格后报我项目监理机构复查。</u>

    附件：施工部位照片

北京××监理公司
北京××工程项目监理机构

项目监理机构（盖章）

总监理工程师/专业监理工程师（签字）<u>×××</u>

××××年××月××日

注：本表一式三份，项目监理机构、建设单位、施工单位各一份。

表 A.0.4　监理报告

工程名称：北京××工程　　　　　　　　　　　　　编号：×××

致：<u>北京××质量监督站</u>（主管部门）

　　由<u>北京××建筑工程公司</u>（施工单位）施工的<u>北京××工程综合办公楼</u>在<u>土方开挖与基坑支护Ⅰ段工程施工过程中</u>（工程部位），存在安全事故隐患。我方已于××××年××月××日发出编号为：<u>×××</u>的《监理通知单》/<u>×××</u>的《工程暂停令》，但施工单位未整改/停工。

　　特此报告。

　　附件：☑监理通知单

　　　　　☑工程暂停令

　　　　　☑其他：<u>施工部位照片</u>

　　　　　　　　　　　　　　　　　　　　　　北京××监理公司

　　　　　　　　　　　　项目监理机构<u>北京××工程</u>项目监理机构（盖章）

　　　　　　　　　　　　总监理工程师（签字）<u>×××</u>

　　　　　　　　　　　　××××年××月××日

注：本表一式四份，主管部门、建设单位、工程监理单位、项目监理机构各一份。

表 A.0.5 工程暂停令

工程名称：北京××工程 编号：×××

致：北京××建筑工程公司施工项目经理部(施工项目经理部)

　　由于建设单位对综合办公楼第8层使用功能进行调整，增加计算机设备用房，设计单位提出对综合办公楼第8层 A～B/6～9 轴区间梁、板顶面标高进行调整的原因，现通知你方于××××年××月××日××时起，暂停综合办公楼第8层 A～B/6～9 轴区间梁、板的部位（工序）施工，并按下述要求做好后续工作。

　　要求：

　　1. 专业监理工程师会同你方人员共同对综合办公楼第8层 A～B/6～9 轴区间梁、板施工形象进度及工程量进行详细记录、计量，望予以配合。

　　2. 你方应做好现场保护工作，待设计变更单会签完成，按工程复工令恢复施工。

项目监理机构（盖章）

北京××监理公司
北京××工程项目监理机构

总监理工程师（签字、加盖执业印章）×××
××××年××月××日

注：本表一式三份，项目监理机构、建设单位、施工单位各一份。

表 A.0.6　旁站记录

工程名称：北京××工程　　　　　　　　　　　　　　　编号：×××

旁站的关键 部位、关键工序	3 层Ⅰ施工段 梁、板混凝土浇筑	施工单位	北京××建筑工程公司
旁站开始时间	××××年××月 ××日××时××分	旁站结束时间	××××年××月 ××日××时××分

旁站的关键部位、关键工序施工情况：

1. 商品混凝土供应单位为北京××公司。本次浇筑混凝土总量×××m³，强度等级 C40、C30，混凝土坍落度设计值×××mm，混凝土初凝时间×、终凝时间××。混凝土相关资料齐全，并符合设计及标准要求。

2. 现场混凝土试块留置共××组（C40 为×组，×标养，×同条件；C30 为×组，× 标养，×同条件）。

3. 现场抽检混凝土坍落度，柱 C40 为×××mm、×××mm……梁板 C30 为××× mm、×××mm……均符合要求。

4. 现场有 4 根振动棒振捣，混凝土布料机 1 台；专业质量检查员 1 名，钢筋、混凝土 工长均到岗履职，施工作业人员××名；实际浇筑混凝土总量×××m³（其中柱 C40 为× × m³，梁、板 C30 为×××m³）。

5. 现场混凝土浇筑正常，梁、柱节点处不同强度等级混凝土交接处理得当。混凝土开始浇筑时间××时××分；混凝土浇筑结束时间××时××分。

6. 施工单位现场管理人员均到岗履职，施工单位能按照已批准的施工方案施工。

发现的问题及处理情况：

存在问题：在混凝土浇筑过程中板上层钢筋个别处存在移位现象。

处理结果：随即责令施工人员调整板上层钢筋，并采用马凳等钢筋定位。

旁站监理人员（签字）：×××

××××年××月××日

注：本表一式一份，项目监理机构留存。

表 A.0.7　工程复工令

工程名称：北京××工程　　　　　　　　　　　　　　　　编号：×××

致：北京××建筑工程公司施工项目经理部（施工项目经理部） 　　我方发出的编号为×××《工程暂停令》，要求暂停施工的综合办公楼第 8 层 A～B/6～9 轴区间梁、板部位（工序），经查已具备复工条件。经建设单位同意，现通知你方于××××年××月××日××时起恢复施工。 　　附件：工程复工报审表   　　　　　　　　　　　　　　　　　　　　　　项目监理机构（盖章） 　　　　　　　　　　　　　　　　　　总监理工程师（签字、加盖执业印章）××× 　　　　　　　　　　　　　　　　　　　　××××年××月××日

注：本表一式三份，项目监理机构、建设单位、施工单位各一份。

表 A.0.8　工程款支付证书

工程名称：北京××工程　　　　　　　　　　　　　　　编号：×××

致：北京××建筑工程公司（施工单位）

　　根据施工合同约定，经审核编号为×××工程款支付报审表，扣除有关款项后，同意支付工程款共计（大写）人民币××××万元整（小写：￥××××万元）。

　　其中：

1. 施工单位申报款为：××××万元
2. 经审核施工单位应得款为：××××万元
3. 本期应扣款为：××××万元
4. 本期应付款为：××××万元

　　附件：

工程款支付报审表（编号×××）及附件

项目监理机构（盖章）

北京××监理公司
北京××工程项目监理机构

总监理工程师（签字，加盖执业印章）×××

××××年××月××日

注：本表一式三份，项目监理机构、建设单位、施工单位各一份。

3. B类表（施工单位报审、报验用表）

表 B.0.1 施工组织设计/（专项）施工方案报审表

工程名称：北京××工程 　　　　　　　　　　　　　　　　编号：×××

致：北京××监理公司北京××工程项目监理机构（项目监理机构）
我方已完成北京××工程施工组织设计/（专项）施工方案的编制和审批，请予以审查。 　　附件：☑ 施工组织设计 　　　　　☐ 专项施工方案 　　　　　☐ 施工方案 　　　　　　　　　　　　　　　　　　北京××建筑工程公司 　　　　　　　　　　　　　　北京××工程施工项目经理部 　　　　　　　　施工项目经理部（盖章） 　　　　　　　　项目经理（签字）××× 　　　　　　　　××××年 ××月××日
审查意见： 　　1. 编审程序符合相关规定； 　　2. 内容符合相关标准、合同约定及设计要求，具有可操作性，满足本工程施工要求； 　　3. 应补充钢筋安装过程中的质量控制措施； 　　4. 应补充高大支撑模板搭设的安全技术措施。 　　请补充完善本施工组织设计，并重新报审。 　　　　　　　　　　　　　　　专业监理工程师（签字）××× 　　　　　　　　　　　　　　　××××年 ××月××日
审核意见： 　　同意专业监理工程师意见，修改后应重新报审。 　　　　　　　　　　　　　　北京××监理公司 　　　　　　项目监理机构（盖章） 　　　　　　　　　北京××工程项目监理机构  　　　　　　　　总监理工程师（签字、加盖执业印章）××× 　　　　　　　　××××年××月××日
审批意见（仅对超过一定规模的危险性较大的分部分项工程专项施工方案）： 　　　　　　　　　　　　　建设单位（盖章） 　　　　　　　　　　　　　建设单位代表（签字） 　　　　　　　　　　　　　××××年 ××月××日

注：本表一式三份，项目监理机构、建设单位、施工单位各一份。

表 B.0.2　工程开工报审表

工程名称：北京××工程　　　　　　　　　　　　编号：×××

致：<u>北京××房地产开发公司</u>（建设单位）
<u>北京××监理公司北京××工程项目监理机构</u>（项目监理机构）
　　我方承担的北京××工程，已完成相关准备工作，具备开工条件，申请于<u>××××</u>年<u>××</u>月<u>××</u>日开工，请予以审批。

　　附件：证明文件资料：施工现场质量管理检查记录

　　　　　　　　　　　　　　施工单位（盖章）
　　　　　　　　　　　　　　项目经理（签字）　×××
　　　　　　　　　　　　　　××××年××月××日

审核意见：
　　1. 设计交底与图纸会审已完成。
　　2. 施工组织设计已由总监理工程师签认。
　　3. 施工单位现场质量、安全生产管理体系已建立，管理及施工人员已到位，施工机械已具备使用条件，主要工程材料已落实。
　　4. 进场施工道路、水、电、通信及临时设施等已满足开工要求。
　　经审核，施工单位提交的相关资料及施工现场准备工作已满足开工要求，同意开工申请，请建设单位审批。

　　　　　　　项目监理机构（盖章）

|北京××监理公司|
|北京××工程项目监理机构|

　　　　　　　总监理工程师（签字、注册监理工程师执业印章）　×××
　　　　　　　××××年××月××日

审批意见：

　　同意开工。

　　　　　　　　　　　　　　建设单位（盖章）
　　　　　　　　　　　　　　建设单位代表（基建办公室）×××
　　　　　　　　　　　　　　××××年××月××日

注：本表一式三份，项目监理机构、建设单位、施工单位各一份。

表 B.0.3　工程复工报审表

工程名称：北京××工程　　　　　　　　　　　　　　　　编号：×××

致：北京<u>××监理公司北京××工程项目监理机构</u>（项目监理机构） 　　编号为×××《工程暂停令》所停工的综合办公楼第 8 层 A～B/6～9 轴区间梁、板部位（工序）已满足复工条件，我方申请于<u>××××</u>年 <u>××</u>月<u>××</u>日复工，请予以审批。 　　附件：证明文件资料：工程变更单（编号×××）   　　　　　　　　　　　　　　　　　　　　　　┌─────────────────┐ 　　　　　　　　　　　　　　　　　　　　　　│ 北京××建筑工程公司 │ 　　　　　　　　　　　　　　　　　　　　　　│ 北京××工程施工项目经理部 │ 　　　　　　　　　　　　　　　　　　　　　　└─────────────────┘ 　　　　　　　　　　　　　施工项目经理部（盖章） 　　　　　　　　　　　　　项目经理（签字）<u>×××</u> 　　　　　　　　　　　　　××××年 ××月××日
审核意见： 　　经审核，停工部位已具备复工条件，同意复工，请建设单位审批。   　　　　　　　　　　　　　　　　　　　　　　┌─────────────────┐ 　　　　　　　　　　　　　　　　　　　　　　│ 北京××监理公司 │ 　　　　　　　　　　　　　　　　　　　　　　│ 北京××工程项目监理机构 │ 　　　　　　　　　　　　　　　　　　　　　　└─────────────────┘ 　　　　　　　　　　　　　项目监理机构（盖章） 　　　　　　　　　　　　　总监理工程师（签字）<u>×××</u> 　　　　　　　　　　　　　××××年×× 月×× 日
审批意见： 　　已具备复工条件，同意复工。    　　　　　　　　　　　　　建设单位（盖章） 　　　　　　　　　　　　　建设单位代表（签字）<u>×××</u> 　　　　　　　　　　　　　××××年××月××日

注：本表一式三份，项目监理机构、建设单位、施工单位各一份。

表 B.0.4　分包单位资格报审表

工程名称：北京××工程　　　　　　　　　　　　　　　编号：×××

致：北京××监理公司北京××工程项目监理机构（项目监理机构）

经考察，我方认为拟选择的北京××防水工程公司（分包单位）具有承担下列工程的施工/安装资质和能力，可以保证本工程按施工合同专用合同第××条条款的约定进行施工/安装，请予以审查。

分包工程名称（部位）	分包工程量	分包工程合同额
北京××工程防水工程	××	×××万元
合计		×××万元

附件：

1. 分包单位资质材料：营业执照、资质等级证书、安全生产许可文件复印件

2. 分包单位业绩材料：近 3 年类似工程业绩。

3. 分包单位专职管理人员和特种作业人员的资格证书：各类人员资格证书复印件××份。

4. 施工单位对分包单位的管理制度：管理制度复印件×份。

北京××建筑工程公司
北京××工程施工项目经理部

施工项目经理部（盖章）
项目经理（签字）×××
××××年 ××月××日

审查意见：

经审查，北京××防水工程公司具有承担此项工程的专业施工资质，安全生产许可文件在有效期内；各类人员资格均符合要求且真实有效，人员配置满足工程施工要求；具有同类工程业绩，无不良记录；施工单位对分包单位的管理制度齐全有效。请总监理工程师审核。

专业监理工程师（签字）×××
××××年××月××日

审核意见：

同意北京××防水工程公司进场施工。

北京××监理公司
北京××工程项目监理机构

项目监理机构（盖章）
总监理工程师（签字）×××
××××年×× 月×× 日

注：本表一式三份，项目监理机构、建设单位、施工单位各一份。

表 B.0.5 施工控制测量成果报验表

工程名称：北京××工程 编号：×××

致：北京××监理公司北京××工程项目监理机构（项目监理机构）

我方已完成北京××工程定位放线的施工控制测量，经自检合格，请予以查验。

附件：1. 施工控制测量依据资料：规划红线、基准点或基准线、引进水准点标高，总平面
布置图。
2. 施工控制测量成果表：施工控制测量定位放线成果及保护措施。
3. 施工单位测量人员的资格证书及测量设备检定证书。

北京××建筑工程公司
北京××工程施工项目经理部

施工项目经理部（盖章）
项目技术负责人（签字）×××
××××年××月××日

审查意见：
1. 测量依据资料齐全有效；
2. 测量定位放线结果正确。

符合施工图设计和相关规范要求，查验合格。应对工程基准点、基准线，主轴线控制
点实施有效保护。

北京××监理公司
北京××工程项目监理机构

项目监理机构（盖章）
专业监理工程师（签字）×××
××××年××月××日

注：本表一式三份，项目监理机构、建设单位、施工单位各一份。

表 B.0.6 工程材料、构配件、设备报审表

工程名称：北京××工程 　　　　　　　　　　　　　编号：×××

致：北京××监理公司北京××工程项目监理机构（项目监理机构）

　　于××××年××月××日进场的拟用于工程综合办公楼第 6 层剪力墙、柱部位的 HRB400 Φ 28 钢筋经我方检验合格，现将相关资料报上，请予以审查。

　　附件：1. 工程材料、构配件或设备清单：本次钢筋进场清单。
　　　　　2. 质量证明文件：
　　　　　　　（1）钢筋合格证、出厂检验报告；
　　　　　　　（2）钢筋见证取样复试报告。
　　　　　3. 自检结果
　　　　　　　外观、尺寸符合要求。

北京××建筑工程公司
北京××工程施工项目经理部

施工项目经理部（盖章）

项目经理（签字）×××

××××年××月××日

审查意见：

　　经审查，上述钢筋清单明细准确，质量证明文件齐全、有效，钢筋复试结果合格，符合设计文件和验收标准要求，同意进场并用于本工程指定部位。

北京××监理公司
北京××工程项目监理机构

项目监理机构（盖章）

专业监理工程师（签字）×××

××××年××月××日

注：本表一式二份，项目监理机构、施工单位各一份。

表 B.0.7 第7层Ⅰ施工段梁、板钢筋安装检验批 **报审、报验表**

工程名称：北京××工程   编号：×××

致：北京××监理公司北京××工程项目监理机构（项目监理机构）

我方已完成综合办公楼第7层Ⅰ施工段梁、板钢筋安装工作，经自检合格，请予以审查或验收。

附件：☐隐蔽工程质量检验资料

      ☑检验批质量检验资料：钢筋安装检验批质量验收记录

      ☐分项工程质量检验资料

      ☐施工试验室证明资料

      ☐其他

北京××建筑工程公司
北京××工程施工项目经理部（盖章）

施工项目经理部（盖章）

项目经理或项目技术负责人（签字）×××

××××年××月××日

审查或验收意见：

经现场检查验收，钢筋安装质量符合设计和验收标准要求，同意进行下一道工序。

北京××监理公司
北京××工程项目监理机构

项目监理机构（盖章）

专业监理工程师（签字）×××

××××年××月××日

注：本表一式二份，项目监理机构、施工单位各一份。

表 B.0.8　分部工程报验表

工程名称：北京××工程　　　　　　　　　　　　　　　编号：×××

致：北京××监理公司北京××工程项目监理机构（项目监理机构）

我方已完成综合办公楼主体结构工程施工（分部工程），经自检合格，请予以验收。

附件：分部工程质量资料：
1. 分部工程质量验收记录；
2. 分部工程质量控制资料核查记录；
3. 分部工程有关安全、节能、环境保护和主要使用功能的抽样检验资料核查记录；
4. 分部工程观感质量检查记录。

北京××建筑工程公司
北京××工程施工项目经理部

施工项目经理部（盖章）
项目技术负责人（签字）×××
××××年××月××日

验收意见：
1. 所含分项工程质量验收记录齐全，并符合要求；
2. 质量控制资料核查记录完整；
3. 有关安全、节能、环境保护和主要使用功能的抽样检验资料核查记录完整并符合要求；
4. 观感质量符合设计和标准要求。

同意验收

专业监理工程师（签字）×××
××××年××月××日

验收意见：

符合分部工程质量验收合格规定，同意验收。

北京××监理公司
北京××工程项目监理机构

项目监理机构（盖章）
总监理工程师（签字）×××
××××年××月××日

注：本表一式三份，项目监理机构、建设单位、施工单位各一份。

表 B.0.9 监理通知回复单

工程名称：北京××工程 　　　　　　　　　　　　　　　编号：×××

致：北京××监理公司北京××工程项目监理机构（项目监理机构）

我方接到编号为××-×的监理通知单后，已按要求完成相关工作，请予以复查。

附件：需要说明的情况

我司在接到编号××-×监理通知单后，立即组织施工人员对监理通知单中所提钢筋安装过程出现的问题进行了全面整改，并对施工班组进行技术交底。

以上内容已按要求整改完毕，并自检合格，请专业监理工程师复查。

附整改后图片 4 张。

北京××建筑工程公司
北京××工程施工项目经理部

施工项目经理部（盖章）

项目经理（签字）×××

××××年××月××日

复查意见：

经复查，施工单位对监理通知单中所提钢筋安装问题已进行了全面整改，并符合设计和验收标准要求。同时，要求你部在今后的施工过程中应引起高度重视，避免此类问题的再次发生。

北京××监理公司
北京××工程项目监理机构

项目监理机构（盖章）

总监理工程师/专业监理工程师（签字）×××

××××年××月××日

注：本表一式三份，项目监理机构、建设单位、施工单位各一份。

表 B.0.10　单位工程竣工验收报审表

工程名称：北京××工程　　　　　　　　　　　　　编号：×××

<blockquote>
致：北京××监理公司北京××工程项目监理机构（项目监理机构）

我方已按施工合同要求完成北京××工程，经自检合格，现将有关资料报上，请予以验收。

附件：1. 工程质量验收报告：工程竣工报告
　　　2. 工程功能检验资料：
（1）单位工程质量竣工验收记录；
（2）单位工程质量控制资料核查记录；
（3）单位工程安全和功能检验资料核查记录及主要功能抽查记录；
（4）单位工程观感质量检查记录。

施工单位（盖章）
项目经理（签字）×××
××××年××月××日
</blockquote>

预验收意见：
　　经预验收，该工程合格/不合格，可以/不可以组织正式验收。

项目监理机构（盖章）北京××监理公司北京××工程项目监理机构

总监理工程师（签字加盖执业印章）×××
××××年××月××日

注：本表一式三份，项目监理机构、建设单位、施工单位各一份。

表 B. 0. 11 工程款支付报审表

工程名称：北京××工程 编号：×××

致：北京××监理公司北京××工程项目监理机构（项目监理机构）

致：北京××监理公司北京××工程项目监理机构（项目监理机构）

　　根据施工合同约定，我方已完成综合办公楼地基与基础分部工程的验收工作，建设单位应在××××年××月××日前支付工程款共计（大写）人民币××××元整（小写：¥×××××元），请予以审核。

附件：

☑ 已完成工程量报表：见附件

☐ 工程竣工结算证明材料

☑ 相应支持性证明文件：见附件

施工项目经理部（盖章）

项目经理（签字）

××××年××月××日

审查意见：

　　1. 施工单位应得款为：×××××元

　　2. 本期应扣款为：××××元

　　3. 本期应付款为：×××××元

附件：相应支持性材料

专业监理工程师（签字）×××

××××年××月××日

审核意见：

　　经审核，专业监理工程师审查结果正确，同意支付工程款共计人民币×××××元整，请建设单位审批。

项目监理机构（盖章）

总监理工程师（签字、加盖执业印章）×××

××××年××月××日

审批意见：

　　同意总监理工程师审核意见，本次应支付工程款共计人民币×××元整。

建设单位（盖章）

建设单位代表（签字）×××

××××年××月××日

注：本表一式三份，项目监理机构、建设单位、施工单位各一份；工程竣工结算报审时本表一式四份，项目监理机构、建设单位各一份、施工单位二份。

表 B.0.12　施工进度计划报审表

工程名称：北京××工程　　　　　　　　　　　　　　编号：×××

致：北京××监理公司北京××工程项目监理机构（项目监理机构）

　　根据施工合同约定，我方已完成北京××工程施工进度计划的编制和批准，请予以审查。

　　附件：☑施工总进度计划：工程总进度计划
　　　　　☐阶段性进度计划

北京××建筑工程公司
北京××工程施工项目经理部

施工项目经理部（盖章）
项目经理（签字）×××
××××年××月××日

审查意见：

　　经审查，工程总进度计划施工内容完整，总工期满足合同要求，符合国家相关工期规定，具有合理性和可实施性，同意按此总进度计划组织施工，并报总监理工程师审核。

专业监理工程师（签字）×××
××××年××月××日

审核意见：
同意按此总进度计划组织施工。

北京××监理公司
北京××工程项目监理机构

项目监理机构（盖章）
总监理工程师（签字）×××
××××年××月××日

注：本表一式三份，项目监理机构、建设单位、施工单位各一份。

表 B. 0. 13　费用索赔报审表

工程名称：北京××工程　　　　　　　　　　　　　编号：×××

致：北京××监理公司北京××工程项目监理机构 （项目监理机构）

致：北京××监理公司北京××工程项目监理机构 （项目监理机构）

　　根据施工合同专用合同第××条条款，由于建设单位供应的材料未及时进场，致使工程工期延期，且造成我司现场施工人员停工的原因，我方申请索赔金额（大写）人民币叁万贰仟伍佰元整，请予批准。

　　索赔理由：因建设单位供应的进口大理石石材，未按时到货，造成我司现场施工人员窝工，及其他后续工序无法进行。

　　附件：☑索赔金额计算
　　　　　□证明材料

北京××建筑工程公司
北京××工程施工项目经理部

施工项目经理部（盖章）×××
项目经理（签字）×××
××××年××月××日

审核意见：

　　□不同意此项索赔。

　　☑同意此项索赔，索赔金额为（大写）人民币壹万肆仟元整。

　　同意/不同意索赔的理由：由于停工10天中有3天为施工单位应承担的责任，另有2天虽为建设单位应承担的责任，但不影响机械使用及人员可另作安排别的工种工作，此2天只需赔付人工降效费，只有5天须赔付机械租赁费及人员窝工费。

　　5×（1000+15×100）+2×15×50=14000元

　　注：根据协议机械租赁费每天按1000元、人员窝工费每天按100元、人工降效费每天按50元计算。

　　附件：□索赔审查报告

北京××监理公司
北京××工程项目监理机构

项目监理机构（盖章）

总监理工程师（签字，加盖执业印章）×××
××××年××月××日

审批意见：
同意总监理工程师审核意见。

建设单位（盖章）
建设单位代表（签字）×××
××××年××月××日

注：本表一式三份，项目监理机构、建设单位、施工单位各一份。

表 B.0.14　工程临时/最终延期报审表

工程名称：北京××工程　　　　　　　　　　　　　　　　　编号：×××

致：<u>北京××监理公司北京××工程项目监理机构</u>（项目监理机构）

　　根据施工合同专用合同第<u>××</u>条条款，由于<u>设计单位提出综合办公楼编号×××工程</u>
<u>变更单的要求，项目监理机构为此签发了编号×××工程暂停令，影响了施工关键线路，</u>
<u>造成了下道工序延期</u>的原因，我方申请工程临时/最终延期<u>×</u>（日历天），请予批准。

附件：
1. 工程延期依据及工期计算：
　　工程变更单（编号×××）；施工进度计划；工程暂停令（编号×××）
2. 证明材料：工程暂停令（编号×××）；工程变更单（编号×××）

北京××建筑工程公司
施工项目经理部（盖章）北京××工程施工项目经理部
项目经理（签字）×××
××××年××月××日

审核意见：
　　☑同意工程临时/最终延期<u>×</u>（日历天）。工程竣工日期从施工合同约定的<u>××××</u>年
<u>××</u>月<u>××</u>日延迟到<u>××××</u>年<u>××</u>月<u>××</u>日。
　　☐不同意延期，请按约定竣工日期组织施工
　　由于设计单位提出综合办公楼编号×××工程变更单的要求，项目监理机构为此签发
了编号×××工程暂停令，影响了施工关键线路，造成了下道工序延期×（日历天）。情况
属实，同意工程最终延期×（日历天）。

项目监理机构（盖章）北京××监理公司北京××工程项目监理机构

总监理工程师（签字，加盖执业印章）×××
××××年××月××日

审批意见：
　　同意项目监理机构审核意见，工程最终延期×（日历天）。

建设单位（盖章）
建设单位代表（签字）×××
××××年××月××日

　　注：本表一式三份，项目监理机构、建设单位、施工单位各一份。

4. C类表（通用表）

表 C.0.1　工作联系单

工程名称：北京××工程　　　　　　　　　　　　　　　编号：×××

致：北京××房地产开发公司

　　事由：关于支付监理费用事宜

　　内容：根据工程监理合同专用合同第××条款规定，建设单位应在综合办公楼主体结构施工部位达到±0.00时，支付工程监理服务费（大写）人民币××万元整，目前施工部位已超出上述范围，请建设单位按工程监理合同约定支付工程监理服务费用。

北京××监理公司
北京××工程项目监理机构

发文单位

负责人（签字）：×××

××××年××月××日

表 C.0.2　工程变更单

工程名称：北京××工程　　　　　　　　　　　　　　　编号：×××

<table>
<tr>
<td colspan="2">
致：北京××房地产开发公司
　　北京××监理公司北京××工程项目监理机构
　　北京××建筑工程公司施工项目经理部

　　由于建设单位对综合办公楼第 8 层使用功能进行调整，增加计算机设备用房的原因，兹提出对第 8 层 A～B/6～9 轴区间梁、板顶面标高进行调整的工程变更，请予以审批。
　　附件：
☑变更内容
☑变更设计图
☑相关会议纪要
☐其他

　　　　　　　　　　　　　　变更提出单位：
　　　　　　　　　　　　　　负责人：×××
　　　　　　　　　　　　　　××××年××月××日

</td>
</tr>
<tr>
<td>工程量增/减</td>
<td>无</td>
</tr>
<tr>
<td>费用增/减</td>
<td>××万元</td>
</tr>
<tr>
<td>工期变化</td>
<td>×天</td>
</tr>
</table>

<table>
<tr>
<td>
同意

【北京××建筑工程公司
北京××工程施工项目经理部】
施工项目经理部（盖章）
项目经理（签字）×××
</td>
<td>
同意

设计单位（盖章）
设计负责人（签字）×××
</td>
</tr>
<tr>
<td>
同意

【北京××监理公司
北京××工程项目监理机构】
项目监理机构（盖章）
总监理工程师（签字）×××
</td>
<td>
同意

建设单位（盖章）
负责人（签字）基建办公室×××
</td>
</tr>
</table>

注：本表一式四份，建设单位、项目监理机构、设计单位、施工单位各一份。

表C.0.3 索赔意向通知书

工程名称：北京××工程　　　　　　　　　　　　　　　　编号：×××

致：北京××房地产开发公司
北京××监理公司北京××工程项目监理机构

　　根据施工合同专用合同第××条（条款）约定，由于发生了建设单位供应的材料未及时进场，致使工程工期延期，并造成我司现场施工人员窝工的事件，且该事件的发生非我方原因所致。为此，我方向北京××房地产开发公司（单位）提出索赔要求。

　　附件：索赔事件资料

　　　　　　　　　　　　　　　　　　　　　　　　北京××建筑工程公司
　　　　　　　　　　　　　　提出单位　北京××工程施工项目经理部
　　　　　　　　　　　　　　负责人（签字）　×××
　　　　　　　　　　　　　　××××年××月××日

附录 1　建设工程监理规范

建设工程监理规范（GB/T 50319—2013）

中华人民共和国住房和城乡建设部公告

第 35 号

住房城乡建设部关于发布国家标准《建设工程监理规范》的公告

现批准《建设工程监理规范》为国家标准，编号为 GB/T 50319—2013，自 2014 年 3 月 1 日起实施。原国家标准《建设工程监理规范》GB 50319—2000 同时废止。

本规范由我部标准定额研究所组织中国建筑工业出版社出版发行。

中华人民共和国住房和城乡建设部

2013 年 5 月 13 日

目　次

1 总 则

1.0.1 为规范建设工程监理与相关服务行为,提高建设工程监理与相关服务水平,制定本规范。

1.0.2 本规范适用于新建、扩建、改建建设工程监理与相关服务活动。

1.0.3 实施建设工程监理前,建设单位应委托具有相应资质的工程监理单位,并以书面形式与工程监理单位订立建设工程监理合同,合同中应包括监理工作的范围、内容、服务期限和酬金,以及双方的义务、违约责任等相关条款。

在订立建设工程监理合同时,建设单位将勘察、设计、保修阶段等相关服务一并委托的,应在合同中明确相关服务的工作范围、内容、服务期限和酬金等相关条款。

1.0.4 工程开工前,建设单位应将工程监理单位的名称,监理的范围、内容和权限及总监理工程师的姓名书面通知施工单位。

1.0.5 在建设工程监理工作范围内,建设单位与施工单位之间涉及施工合同的联系活动,应通过工程监理单位进行。

1.0.6 实施建设工程监理应遵循下列主要依据:

1 法律法规及工程建设标准。

2 建设工程勘察设计文件。

3 建设工程监理合同及其他合同文件。

1.0.7 建设工程监理应实行总监理工程师负责制。

1.0.8 建设工程监理宜实施信息化管理。

1.0.9 工程监理单位应公平、独立、诚信、科学地开展建设工程监理与相关服务活动。

1.0.10 建设工程监理与相关服务活动,除应符合本规范外,尚应符合国家现行有关标准的规定。

2 术 语

2.0.1 工程监理单位 construction project management enterprise

依法成立并取得建设主管部门颁发的工程监理企业资质证书,从事建设工程监理与相关服务活动的服务机构。

2.0.2 建设工程监理 construction project management

工程监理单位受建设单位委托,根据法律法规、工程建设标准、勘察设计文件及合同,在施工阶段对建设工程质量、造价、进度进行控制,对合同、信息进行管理,对工程建设相关方的关系进行协调,并履行建设工程安全生产管理法定职责的服务活动。

2.0.3 相关服务 related services

工程监理单位受建设单位委托,按照建设工程监理合同约定,在建设工程勘察、设计、保修等阶段提供的服务活动。

2.0.4 项目监理机构 project management department

工程监理单位派驻工程负责履行建设工程监理合同的组织机构。

2.0.5 注册监理工程师 registered project management engineer

取得国务院建设主管部门颁发的《中华人民共和国注册监理工程师注册执业证书》和执业印章,从事建设工程监理与相关服务等活动的人员。

2.0.6 总监理工程师 chief project management engineer

由工程监理单位法定代表人书面任命,负责履行建设工程监理合同、主持项目监理机构工作的注册监理工程师。

2.0.7 总监理工程师代表 representative of chief project management engineer

经工程监理单位法定代表人同意,由总监理工程师书面授权,代表总监理工程师行使其部分职责和权力,具有工程类注册执业资格或具有中级及以上专业技术职称、3年及以上工程实践经验并经监理业务培训的人员。

2.0.8 专业监理工程师 specialty project management engineer

由总监理工程师授权,负责实施某一专业或某一岗位的监理工作,有相应监理文件签发权,具有工程类注册执业资格或具有中级及以上专业技术职称、2年及以上工程实践经验并经监理业务培训的人员。

2.0.9 监理员 site supervisor

从事具体监理工作,具有中专及以上学历并经过监理业务培训的人员。

2.0.10 监理规划 project management planning

项目监理机构全面开展建设工程监理工作的指导性文件。

2.0.11 监理实施细则 detailed rules for project management

针对某一专业或某一方面建设工程监理工作的操作性文件。

2.0.12 工程计量 engineering measuring

根据工程设计文件及施工合同约定,项目监理机构对施工单位申报的合格工程的工程量进行的核验。

2.0.13 旁站 key works supervising

项目监理机构对工程的关键部位或关键工序的施工质量进行的监督活动。

2.0.14 巡视 patrol inspecting

项目监理机构对施工现场进行的定期或不定期的检查活动。

2.0.15 平行检验 parallel testing

项目监理机构在施工单位自检的同时,按有关规定、建设工程监理合同约定对同一检验项目进行的检测试验活动。

2.0.16 见证取样 sampling witness

项目监理机构对施工单位进行的涉及结构安全的试块、试件及工程材料现场取样、封样、送检工作的监督活动。

2.0.17 工程延期 construction duration extension

由于非施工单位原因造成合同工期延长的时间。

2.0.18 工期延误 delay of construction period

由于施工单位自身原因造成施工期延长的时间。

2.0.19 工程临时延期批准 approval of construction duration temporary extension

发生非施工单位原因造成的持续性影响工期事件时所作出的临时延长合同工期的批准。

2.0.20 工程最终延期批准 approval of construction duration final extension

发生非施工单位原因造成的持续性影响工期事件时所作出的最终延长合同工期的批准。

2.0.21 监理日志 daily record of project management

项目监理机构每日对建设工程监理工作及施工进展情况所做的记录。

2.0.22 监理月报 monthly report of project management

项目监理机构每月向建设单位提交的建设工程监理工作及建设工程实施情况等分析总结报告。

2.0.23 设备监造 supervision of equipment manufacturing

项目监理机构按照建设工程监理合同和设备采购合同约定,对设备制造过程进行的监督检查活动。

2.0.24 监理文件资料 project document & data

工程监理单位在履行建设工程监理合同过程中形成或获取的,以一定形式记录、保存的文件资料。

3 项目监理机构及其设施

3.1 一 般 规 定

3.1.1 工程监理单位实施监理时,应在施工现场派驻项目监理机构。项目监理机构的组织形式和规模,可根据建设工程监理合同约定的服务内容、服务期限,以及工程特点、规模、技术复杂程度、环境等因素确定。

3.1.2 项目监理机构的监理人员应由总监理工程师、专业监理工程师和监理员组成,且专业配套、数量应满足建设工程监理工作需要,必要时可设总监理工程师代表。

3.1.3 工程监理单位在建设工程监理合同签订后,应及时将项目监理机构的组织形式、人员构成及对总监理工程师的任命书面通知建设单位。

总监理工程师任命书应按本规范表 A.0.1 的要求填写。

3.1.4 工程监理单位调换总监理工程师时,应征得建设单位书面同意;调换专业监理工程师时,总监理工程师应书面通知建设单位。

3.1.5 一名注册监理工程师可担任一项建设工程监理合同的总监理工程师。当需要同时担任多项建设工程监理合同的总监理工程师时,应经建设单位书面同意,且最多不得超过三项。

3.1.6 施工现场监理工作全部完成或建设工程监理合同终止时,项目监理机构可撤离施工现场。

3.2 监 理 人 员 职 责

3.2.1 总监理工程师应履行下列职责:

1 确定项目监理机构人员及其岗位职责。

2 组织编制监理规划，审批监理实施细则。

3 根据工程进展及监理工作情况调配监理人员，检查监理人员工作。

4 组织召开监理例会。

5 组织审核分包单位资格。

6 组织审查施工组织设计、（专项）施工方案。

7 审查工程开复工报审表，签发工程开工令、暂停令和复工令。

8 组织检查施工单位现场质量、安全生产管理体系的建立及运行情况。

9 组织审核施工单位的付款申请，签发工程款支付证书，组织审核竣工结算。

10 组织审查和处理工程变更。

11 调解建设单位与施工单位的合同争议，处理工程索赔。

12 组织验收分部工程，组织审查单位工程质量检验资料。

13 审查施工单位的竣工申请，组织工程竣工预验收，组织编写工程质量评估报告，参与工程竣工验收。

14 参与或配合工程质量安全事故的调查和处理。

15 组织编写监理月报、监理工作总结，组织整理监理文件资料。

3.2.2 总监理工程师不得将下列工作委托给总监理工程师代表：

1 组织编制监理规划，审批监理实施细则。

2 根据工程进展及监理工作情况调配监理人员。

3 组织审查施工组织设计、（专项）施工方案。

4 签发工程开工令、暂停令和复工令。

5 签发工程款支付证书，组织审核竣工结算。

6 调解建设单位与施工单位的合同争议，处理工程索赔。

7 审查施工单位的竣工申请，组织工程竣工预验收，组织编写工程质量评估报告，参与工程竣工验收。

8 参与或配合工程质量安全事故的调查和处理。

3.2.3 专业监理工程师应履行下列职责：

1 参与编制监理规划，负责编制监理实施细则。

2 审查施工单位提交的涉及本专业的报审文件，并向总监理工程师报告。

3 参与审核分包单位资格。

4 指导、检查监理员工作，定期向总监理工程师报告本专业监理工作实施情况。

5 检查进场的工程材料、构配件、设备的质量。

6 验收检验批、隐蔽工程、分项工程，参与验收分部工程。

7 处置发现的质量问题和安全事故隐患。

8 进行工程计量。

9 参与工程变更的审查和处理。

10 组织编写监理日志，参与编写监理月报。

11 收集、汇总、参与整理监理文件资料。

12 参与工程竣工预验收和竣工验收。

3.2.4 监理员应履行下列职责：

1 检查施工单位投入工程的人力、主要设备的使用及运行状况。

2 进行见证取样。

3 复核工程计量有关数据。

4 检查工序施工结果。

5 发现施工作业中的问题，及时指出并向专业监理工程师报告。

3.3 监 理 设 施

3.3.1 建设单位应按建设工程监理合同约定，提供监理工作需要的办公、交通、通信、生活等设施。

项目监理机构宜妥善使用和保管建设单位提供的设施，并应按建设工程监理合同约定的时间移交建设单位。

3.3.2 工程监理单位宜按建设工程监理合同约定，配备满足监理工作需要的检测设备和工器具。

4 监理规划及监理实施细则

4.1 一 般 规 定

4.1.1 监理规划应结合工程实际情况，明确项目监理机构的工作目标，确定具体的监理工作制度、内容、程序、方法和措施。

4.1.2 监理实施细则应符合监理规划的要求，并应具有可操作性。

4.2 监 理 规 划

4.2.1 监理规划可在签订建设工程监理合同及收到工程设计文件后由总监理工程师组织编制，并应在召开第一次工地会议前报送建设单位。

4.2.2 监理规划编审应遵循下列程序：

1 总监理工程师组织专业监理工程师编制。

2 总监理工程师签字后由工程监理单位技术负责人审批。

4.2.3 监理规划应包括下列主要内容：

1 工程概况。

2 监理工作的范围、内容、目标。

3 监理工作依据。

4 监理组织形式、人员配备及进退场计划、监理人员岗位职责。

5 监理工作制度。

6 工程质量控制。

7 工程造价控制。

8 工程进度控制。

9 安全生产管理的监理工作。

10 合同与信息管理。

11　组织协调。

12　监理工作设施。

4.2.4　在实施建设工程监理过程中，实际情况或条件发生变化而需要调整监理规划时，应由总监理工程师组织专业监理工程师修改，并应经工程监理单位技术负责人批准后报建设单位。

4.3　监 理 实 施 细 则

4.3.1　对专业性较强、危险性较大的分部分项工程，项目监理机构应编制监理实施细则。

4.3.2　监理实施细则应在相应工程施工开始前由专业监理工程师编制，并应报总监理工程师审批。

4.3.3　监理实施细则的编制应依据下列资料：

1　监理规划。

2　工程建设标准、工程设计文件。

3　施工组织设计、（专项）施工方案。

4.3.4　监理实施细则应包括下列主要内容：

1　专业工程特点。

2　监理工作流程。

3　监理工作要点。

4　监理工作方法及措施。

4.3.5　在实施建设工程监理过程中，监理实施细则可根据实际情况进行补充、修改，并应经总监理工程师批准后实施。

5　工程质量、造价、进度控制及安全生产管理的监理工作

5.1　一 般 规 定

5.1.1　项目监理机构应根据建设工程监理合同约定，遵循动态控制原理，坚持预防为主的原则，制定和实施相应的监理措施，采用旁站、巡视和平行检验等方式对建设工程实施监理。

5.1.2　监理人员应熟悉工程设计文件，并应参加建设单位主持的图纸会审和设计交底会议，会议纪要应由总监理工程师签认。

5.1.3　工程开工前，监理人员应参加由建设单位主持召开的第一次工地会议，会议纪要应由项目监理机构负责整理，与会各方代表应会签。

5.1.4　项目监理机构应定期召开监理例会，并组织有关单位研究解决与监理相关的问题。项目监理机构可根据工程需要，主持或参加专题会议，解决监理工作范围内工程专项问题。

监理例会以及由项目监理机构主持召开的专题会议的会议纪要，应由项目监理机构负责整理，与会各方代表应会签。

5.1.5　项目监理机构应协调工程建设相关方的关系。项目监理机构与工程建设相关

方之间的工作联系，除另有规定外宜采用工作联系单形式进行。

工作联系单应按本规范表 C.0.1 的要求填写。

5.1.6 项目监理机构应审查施工单位报审的施工组织设计，符合要求时，应由总监理工程师签认后报建设单位。项目监理机构应要求施工单位按已批准的施工组织设计组织施工。施工组织设计需要调整时，项目监理机构应按程序重新审查。

施工组织设计审查应包括下列基本内容：

  1 编审程序应符合相关规定。

  2 施工进度、施工方案及工程质量保证措施应符合施工合同要求。

  3 资金、劳动力、材料、设备等资源供应计划应满足工程施工需要。

  4 安全技术措施应符合工程建设强制性标准。

  5 施工总平面布置应科学合理。

5.1.7 施工组织设计或（专项）施工方案报审表，应按本规范表 B.0.1 的要求填写。

5.1.8 总监理工程师应组织专业监理工程师审查施工单位报送的工程开工报审表及相关资料；同时具备下列条件时，应由总监理工程师签署审核意见，并应报建设单位批准后，总监理工程师签发工程开工令：

  1 设计交底和图纸会审已完成。

  2 施工组织设计已由总监理工程师签认。

  3 施工单位现场质量、安全生产管理体系已建立，管理及施工人员已到位，施工机械具备使用条件，主要工程材料已落实。

  4 进场道路及水、电、通信等已满足开工要求。

5.1.9 工程开工报审表应按本规范表 B.0.2 的要求填写。工程开工令应按本规范表 A.0.2 的要求填写。

5.1.10 分包工程开工前，项目监理机构应审核施工单位报送的分包单位资格报审表，专业监理工程师提出审查意见后，应由总监理工程师审核签认。

分包单位资格审核应包括下列基本内容：

  1 营业执照、企业资质等级证书。

  2 安全生产许可文件。

  3 类似工程业绩。

  4 专职管理人员和特种作业人员的资格。

5.1.11 分包单位资格报审表应按本规范表 B.0.4 的要求填写。

5.1.12 项目监理机构宜根据工程特点、施工合同、工程设计文件及经过批准的施工组织设计对工程风险进行分析，并宜提出工程质量、造价、进度目标控制及安全生产管理的防范性对策。

5.2 工 程 质 量 控 制

5.2.1 工程开工前，项目监理机构应审查施工单位现场的质量管理组织机构、管理制度及专职管理人员和特种作业人员的资格。

5.2.2 总监理工程师应组织专业监理工程师审查施工单位报审的施工方案，符合要求后应予以签认。

施工方案审查应包括下列基本内容：

    1 编审程序应符合相关规定。

    2 工程质量保证措施应符合有关标准。

5.2.3 施工方案报审表应按本规范表 B.0.1 的要求填写。

5.2.4 专业监理工程师应审查施工单位报送的新材料、新工艺、新技术、新设备的质量认证材料和相关验收标准的适用性，必要时，应要求施工单位组织专题论证，审查合格后报总监理工程师签认。

5.2.5 专业监理工程师应检查、复核施工单位报送的施工控制测量成果及保护措施，签署意见。专业监理工程师应对施工单位在施工过程中报送的施工测量放线成果进行查验。

施工控制测量成果及保护措施的检查、复核应包括下列内容：

    1 施工单位测量人员的资格证书及测量设备检定证书。

    2 施工平面控制网、高程控制网和临时水准点的测量成果及控制桩的保护措施。

5.2.6 施工控制测量成果报验表应按本规范表 B.0.5 的要求填写。

5.2.7 专业监理工程师应检查施工单位为工程提供服务的试验室。

试验室的检查应包括下列内容：

    1 试验室的资质等级及试验范围。

    2 法定计量部门对试验设备出具的计量检定证明。

    3 试验室管理制度。

    4 试验人员资格证书。

5.2.8 施工单位的试验室报审表应按本规范表 B.0.7 的要求填写。

5.2.9 项目监理机构应审查施工单位报送的用于工程的材料、构配件、设备的质量证明文件，并应按有关规定、建设工程监理合同约定，对用于工程的材料进行见证取样、平行检验。

项目监理机构对已进场经检验不合格的工程材料、构配件、设备，应要求施工单位限期将其撤出施工现场。

工程材料、构配件和设备报审表应按本规范表 B.0.6 的要求填写。

5.2.10 专业监理工程师应审查施工单位定期提交影响工程质量的计量设备的检查和检定报告。

5.2.11 项目监理机构应根据工程特点和施工单位报送的施工组织设计，确定旁站的关键部位、关键工序，安排监理人员进行旁站，并应及时记录旁站情况。

旁站记录应按本规范表 A.0.6 的要求填写。

5.2.12 项目监理机构应安排监理人员对工程施工质量进行巡视。巡视应包括下列主要内容：

    1 施工单位是否按工程设计文件、工程建设标准和批准的施工组织设计、（专项）施工方案施工。

    2 使用的工程材料、构配件和设备是否合格。

　　3　施工现场管理人员，特别是施工质量管理人员是否到位。

　　4　特种作业人员是否持证上岗。

5.2.13　项目监理机构应根据工程特点、专业要求，以及建设工程监理合同约定，对施工质量进行平行检验。

5.2.14　项目监理机构应对施工单位报验的隐蔽工程、检验批、分项工程和分部工程进行验收，对验收合格的应给予签认；对验收不合格的应拒绝签认，同时应要求施工单位在指定的时间内整改并重新报验。

对已同意覆盖的工程隐蔽部位质量有疑问的，或发现施工单位私自覆盖工程隐蔽部位的，项目监理机构应要求施工单位对该隐蔽部位进行钻孔探测、剥离或其他方法进行重新检验。

隐蔽工程、检验批、分项工程报验表应按本规范表 B.0.7 的要求填写。分部工程报验表应按本规范表 B.0.8 的要求填写。

5.2.15　项目监理机构发现施工存在质量问题的，或施工单位采用不适当的施工工艺，或施工不当，造成工程质量不合格的，应及时签发监理通知单，要求施工单位整改。整改完毕后，项目监理机构应根据施工单位报送的监理通知回复单对整改情况进行复查，提出复查意见。

监理通知单应按本规范表 A.0.3 的要求填写，监理通知回复单应按本规范表 B.0.9 的要求填写。

5.2.16　对需要返工处理或加固补强的质量缺陷，项目监理机构应要求施工单位报送经设计等相关单位认可的处理方案，并应对质量缺陷的处理过程进行跟踪检查，同时应对处理结果进行验收。

5.2.17　对需要返工处理或加固补强的质量事故，项目监理机构应要求施工单位报送质量事故调查报告和经设计等相关单位认可的处理方案，并应对质量事故的处理过程进行跟踪检查，同时应对处理结果进行验收。

项目监理机构应及时向建设单位提交质量事故书面报告，并应将完整的质量事故处理记录整理归档。

5.2.18　项目监理机构应审查施工单位提交的单位工程竣工验收报审表及竣工资料，组织工程竣工预验收。存在问题的，应要求施工单位及时整改；合格的，总监理工程师应签认单位工程竣工验收报审表。

单位工程竣工验收报审表应按本规范表 B.0.10 的要求填写。

5.2.19　工程竣工预验收合格后，项目监理机构应编写工程质量评估报告，并应经总监理工程师和工程监理单位技术负责人审核签字后报建设单位。

5.2.20　项目监理机构应参加由建设单位组织的竣工验收，对验收中提出的整改问题，应督促施工单位及时整改。工程质量符合要求的，总监理工程师应在工程竣工验收报告中签署意见。

5.3　工　程　造　价　控　制

5.3.1　项目监理机构应按下列程序进行工程计量和付款签证：

　　1　专业监理工程师对施工单位在工程款支付报审表中提交的工程量和支付金额

进行复核，确定实际完成的工程量，提出到期应支付给施工单位的金额，并提出相应的支持性材料。

  2 总监理工程师对专业监理工程师的审查意见进行审核，签认后报建设单位审批。

  3 总监理工程师根据建设单位的审批意见，向施工单位签发工程款支付证书。

5.3.2 工程款支付报审表应按本规范表 B.0.11 的要求填写，工程款支付证书应按本规范表 A.0.8 的要求填写。

5.3.3 项目监理机构应编制月完成工程量统计表，对实际完成量与计划完成量进行比较分析，发现偏差的，应提出调整建议，并应在监理月报中向建设单位报告。

5.3.4 项目监理机构应按下列程序进行竣工结算款审核：

  1 专业监理工程师审查施工单位提交的竣工结算款支付申请，提出审查意见。

  2 总监理工程师对专业监理工程师的审查意见进行审核，签认后报建设单位审批，同时抄送施工单位，并就工程竣工结算事宜与建设单位、施工单位协商；达成一致意见的，根据建设单位审批意见向施工单位签发竣工结算款支付证书；不能达成一致意见的，应按施工合同约定处理。

5.3.5 工程竣工结算款支付报审表应按本规范表 B.0.11 的要求填写，竣工结算款支付证书应按本规范表 A.0.8 的要求填写。

5.4 工 程 进 度 控 制

5.4.1 项目监理机构应审查施工单位报审的施工总进度计划和阶段性施工进度计划，提出审查意见，并应由总监理工程师审核后报建设单位。

施工进度计划审查应包括下列基本内容：

  1 施工进度计划应符合施工合同中工期的约定。

  2 施工进度计划中主要工程项目无遗漏，应满足分批投入试运、分批动用的需要，阶段性施工进度计划应满足总进度控制目标的要求。

  3 施工顺序的安排应符合施工工艺要求。

  4 施工人员、工程材料、施工机械等资源供应计划应满足施工进度计划的需要。

  5 施工进度计划应符合建设单位提供的资金、施工图纸、施工场地、物资等施工条件。

5.4.2 施工进度计划报审表应按本规范表 B.0.12 的要求填写。

5.4.3 项目监理机构应检查施工进度计划的实施情况，发现实际进度严重滞后于计划进度且影响合同工期时，应签发监理通知单，要求施工单位采取调整措施加快施工进度。总监理工程师应向建设单位报告工期延误风险。

5.4.4 项目监理机构应比较分析工程施工实际进度与计划进度，预测实际进度对工程总工期的影响，并应在监理月报中向建设单位报告工程实际进展情况。

5.5 安全生产管理的监理工作

5.5.1 项目监理机构应根据法律法规、工程建设强制性标准，履行建设工程安全生产管理的监理职责，并应将安全生产管理的监理工作内容、方法和措施纳入监理规划及监理实施细则。

5.5.2　项目监理机构应审查施工单位现场安全生产规章制度的建立和实施情况，并应审查施工单位安全生产许可证及施工单位项目经理、专职安全生产管理人员和特种作业人员的资格，同时应核查施工机械和设施的安全许可验收手续。

5.5.3　项目监理机构应审查施工单位报审的专项施工方案，符合要求的，应由总监理工程师签认后报建设单位。超过一定规模的危险性较大的分部分项工程的专项施工方案，应检查施工单位组织专家进行论证、审查的情况，以及是否附具安全验算结果。项目监理机构应要求施工单位按已批准的专项施工方案组织施工。专项施工方案需要调整时，施工单位应按程序重新提交项目监理机构审查。

专项施工方案审查应包括下列基本内容：

　　1　编审程序应符合相关规定。
　　2　安全技术措施应符合工程建设强制性标准。

5.5.4　专项施工方案报审表应按本规范表 B.0.1 的要求填写。

5.5.5　项目监理机构应巡视检查危险性较大的分部分项工程专项施工方案实施情况。发现未按专项施工方案实施时，应签发监理通知单，要求施工单位按专项施工方案实施。

5.5.6　项目监理机构在实施监理过程中，发现工程存在安全事故隐患时，应签发监理通知单，要求施工单位整改；情况严重时，应签发工程暂停令，并应及时报告建设单位。施工单位拒不整改或不停止施工时，项目监理机构应及时向有关主管部门报送监理报告。

监理报告应按本规范表 A.0.4 的要求填写。

6　工程变更、索赔及施工合同争议处理

6.1　一　般　规　定

6.1.1　项目监理机构应依据建设工程监理合同约定进行施工合同管理，处理工程暂停及复工、工程变更、索赔及施工合同争议、解除等事宜。

6.1.2　施工合同终止时，项目监理机构应协助建设单位按施工合同约定处理施工合同终止的有关事宜。

6.2　工程暂停及复工

6.2.1　总监理工程师在签发工程暂停令时，可根据停工原因的影响范围和影响程度，确定停工范围，并应按施工合同和建设工程监理合同的约定签发工程暂停令。

6.2.2　项目监理机构发现下列情况之一时，总监理工程师应及时签发工程暂停令：

　　1　建设单位要求暂停施工且工程需要暂停施工的。
　　2　施工单位未经批准擅自施工或拒绝项目监理机构管理的。
　　3　施工单位未按审查通过的工程设计文件施工的。
　　4　施工单位违反工程建设强制性标准的。
　　5　施工存在重大质量、安全事故隐患或发生质量、安全事故的。

6.2.3　总监理工程师签发工程暂停令应事先征得建设单位同意，在紧急情况下未能事先报告时，应在事后及时向建设单位作出书面报告。

工程暂停令应按本规范表 A.0.5 的要求填写。

6.2.4　暂停施工事件发生时，项目监理机构应如实记录所发生的情况。

6.2.5　总监理工程师应会同有关各方按施工合同约定，处理因工程暂停引起的与工期、费用有关的问题。

6.2.6　因施工单位原因暂停施工时，项目监理机构应检查、验收施工单位的停工整改过程、结果。

6.2.7　当暂停施工原因消失、具备复工条件时，施工单位提出复工申请的，项目监理机构应审查施工单位报送的工程复工报审表及有关材料，符合要求后，总监理工程师应及时签署审查意见，并应报建设单位批准后签发工程复工令；施工单位未提出复工申请的，总监理工程师应根据工程实际情况指令施工单位恢复施工。

工程复工报审表应按本规范表 B.0.3 的要求填写，工程复工令应按本规范表 A.0.7 的要求填写。

6.3　工　程　变　更

6.3.1　项目监理机构可按下列程序处理施工单位提出的工程变更：

1　总监理工程师组织专业监理工程师审查施工单位提出的工程变更申请，提出审查意见。对涉及工程设计文件修改的工程变更，应由建设单位转交原设计单位修改工程设计文件。必要时，项目监理机构应建议建设单位组织设计、施工等单位召开论证工程设计文件修改方案的专题会议。

2　总监理工程师组织专业监理工程师对工程变更费用及工期影响作出评估。

3　总监理工程师组织建设单位、施工单位等共同协商确定工程变更费用及工期变化，会签工程变更单。

4　项目监理机构根据批准的工程变更文件监督施工单位实施工程变更。

6.3.2　工程变更单应按本规范表 C.0.2 的要求填写。

6.3.3　项目监理机构可在工程变更实施前与建设单位、施工单位等协商确定工程变更的计价原则、计价方法或价款。

6.3.4　建设单位与施工单位未能就工程变更费用达成协议时，项目监理机构可提出一个暂定价格并经建设单位同意，作为临时支付工程款的依据。工程变更款项最终结算时，应以建设单位与施工单位达成的协议为依据。

6.3.5　项目监理机构可对建设单位要求的工程变更提出评估意见，并应督促施工单位按会签后的工程变更单组织施工。

6.4　费　用　索　赔

6.4.1　项目监理机构应及时收集、整理有关工程费用的原始资料，为处理费用索赔提供证据。

6.4.2　项目监理机构处理费用索赔的主要依据应包括下列内容：

1　法律法规。

2 勘察设计文件、施工合同文件。

3 工程建设标准。

4 索赔事件的证据。

6.4.3 项目监理机构可按下列程序处理施工单位提出的费用索赔:

1 受理施工单位在施工合同约定的期限内提交的费用索赔意向通知书。

2 收集与索赔有关的资料。

3 受理施工单位在施工合同约定的期限内提交的费用索赔报审表。

4 审查费用索赔报审表。需要施工单位进一步提交详细资料时,应在施工合同约定的期限内发出通知。

5 与建设单位和施工单位协商一致后,在施工合同约定的期限内签发费用索赔报审表,并报建设单位。

6.4.4 费用索赔意向通知书应按本规范表C.0.3的要求填写;费用索赔报审表应按本规范表B.0.13的要求填写。

6.4.5 项目监理机构批准施工单位费用索赔应同时满足下列条件:

1 施工单位在施工合同约定的期限内提出费用索赔。

2 索赔事件是因非施工单位原因造成,且符合施工合同约定。

3 索赔事件造成施工单位直接经济损失。

6.4.6 当施工单位的费用索赔要求与工程延期要求相关联时,项目监理机构可提出费用索赔和工程延期的综合处理意见,并应与建设单位和施工单位协商。

6.4.7 因施工单位原因造成建设单位损失,建设单位提出索赔时,项目监理机构应与建设单位和施工单位协商处理。

6.5 工程延期及工期延误

6.5.1 施工单位提出工程延期要求符合施工合同约定时,项目监理机构应予以受理。

6.5.2 当影响工期事件具有持续性时,项目监理机构应对施工单位提交的阶段性工程临时延期报审表进行审查,并应签署工程临时延期审核意见后报建设单位。

当影响工期事件结束后,项目监理机构应对施工单位提交的工程最终延期报审表进行审查,并应签署工程最终延期审核意见后报建设单位。

工程临时延期报审表和工程最终延期报审表应按本规范表B.0.14的要求填写。

6.5.3 项目监理机构在批准工程临时延期、工程最终延期前,均应与建设单位和施工单位协商。

6.5.4 项目监理机构批准工程延期应同时满足下列条件:

1 施工单位在施工合同约定的期限内提出工程延期。

2 因非施工单位原因造成施工进度滞后。

3 施工进度滞后影响到施工合同约定的工期。

6.5.5 施工单位因工程延期提出费用索赔时,项目监理机构可按施工合同约定进行处理。

6.5.6 发生工期延误时,项目监理机构应按施工合同约定进行处理。

6.6　施工合同争议

6.6.1　项目监理机构处理施工合同争议时应进行下列工作：

1　了解合同争议情况。

2　及时与合同争议双方进行磋商。

3　提出处理方案后，由总监理工程师进行协调。

4　当双方未能达成一致时，总监理工程师应提出处理合同争议的意见。

6.6.2　项目监理机构在施工合同争议处理过程中，对未达到施工合同约定的暂停履行合同条件的，应要求施工合同双方继续履行合同。

6.6.3　在施工合同争议的仲裁或诉讼过程中，项目监理机构应按仲裁机关或法院要求提供与争议有关的证据。

6.7　施 工 合 同 解 除

6.7.1　因建设单位原因导致施工合同解除时，项目监理机构应按施工合同约定与建设单位和施工单位按下列款项协商确定施工单位应得款项，并应签发工程款支付证书：

1　施工单位按施工合同约定已完成的工作应得款项。

2　施工单位按批准的采购计划订购工程材料、构配件、设备的款项。

3　施工单位撤离施工设备至原基地或其他目的地的合理费用。

4　施工单位人员的合理遣返费用。

5　施工单位合理的利润补偿。

6　施工合同约定的建设单位应支付的违约金。

6.7.2　因施工单位原因导致施工合同解除时，项目监理机构应按施工合同约定，从下列款项中确定施工单位应得款项或偿还建设单位的款项，并应与建设单位和施工单位协商后，书面提交施工单位应得款项或偿还建设单位款项的证明：

1　施工单位已按施工合同约定实际完成的工作应得款项和已给付的款项。

2　施工单位已提供的材料、构配件、设备和临时工程等的价值。

3　对已完工程进行检查和验收、移交工程资料、修复已完工程质量缺陷等所需的费用。

4　施工合同约定的施工单位应支付的违约金。

6.7.3　因非建设单位、施工单位原因导致施工合同解除时，项目监理机构应按施工合同约定处理合同解除后的有关事宜。

7　监理文件资料管理

7.1　一 般 规 定

7.1.1　项目监理机构应建立完善监理文件资料管理制度，宜设专人管理监理文件资料。

7.1.2　项目监理机构应及时、准确、完整地收集、整理、编制、传递监理文件资料。

7.1.3　项目监理机构宜采用信息技术进行监理文件资料管理。

7.2 监理文件资料内容

7.2.1 监理文件资料应包括下列主要内容：

1 勘察设计文件、建设工程监理合同及其他合同文件。

2 监理规划、监理实施细则。

3 设计交底和图纸会审会议纪要。

4 施工组织设计、(专项)施工方案、施工进度计划报审文件资料。

5 分包单位资格报审文件资料。

6 施工控制测量成果报验文件资料。

7 总监理工程师任命书，工程开工令、暂停令、复工令，工程开工或复工报审文件资料。

8 工程材料、构配件、设备报验文件资料。

9 见证取样和平行检验文件资料。

10 工程质量检查报验资料及工程有关验收资料。

11 工程变更、费用索赔及工程延期文件资料。

12 工程计量、工程款支付文件资料。

13 监理通知单、工作联系单与监理报告。

14 第一次工地会议、监理例会、专题会议等会议纪要。

15 监理月报、监理日志、旁站记录。

16 工程质量或生产安全事故处理文件资料。

17 工程质量评估报告及竣工验收监理文件资料。

18 监理工作总结。

7.2.2 监理日志应包括下列主要内容：

1 天气和施工环境情况。

2 当日施工进展情况。

3 当日监理工作情况，包括旁站、巡视、见证取样、平行检验等情况。

4 当日存在的问题及处理情况。

5 其他有关事项。

7.2.3 监理月报应包括下列主要内容：

1 本月工程实施情况。

2 本月监理工作情况。

3 本月施工中存在的问题及处理情况。

4 下月监理工作重点。

7.2.4 监理工作总结应包括下列主要内容：

1 工程概况。

2 项目监理机构。

3 建设工程监理合同履行情况。

4 监理工作成效。

5 监理工作中发现的问题及其处理情况。

6　说明和建议。

7.3　监理文件资料归档

7.3.1　项目监理机构应及时整理、分类汇总监理文件资料，并应按规定组卷，形成监理档案。

7.3.2　工程监理单位应根据工程特点和有关规定，保存监理档案，并应向有关单位、部门移交需要存档的监理文件资料。

8　设备采购与设备监造

8.1　一　般　规　定

8.1.1　项目监理机构应根据建设工程监理合同约定的设备采购与设备监造工作内容配备监理人员，并明确岗位职责。

8.1.2　项目监理机构应编制设备采购与设备监造工作计划，并应协助建设单位编制设备采购与设备监造方案。

8.2　设　备　采　购

8.2.1　采用招标方式进行设备采购时，项目监理机构应协助建设单位按有关规定组织设备采购招标。采用其他方式进行设备采购时，项目监理机构应协助建设单位进行询价。

8.2.2　项目监理机构应协助建设单位进行设备采购合同谈判，并应协助签订设备采购合同。

8.2.3　设备采购文件资料应包括下列主要内容：

1　建设工程监理合同及设备采购合同。

2　设备采购招投标文件。

3　工程设计文件和图纸。

4　市场调查、考察报告。

5　设备采购方案。

6　设备采购工作总结。

8.3　设　备　监　造

8.3.1　项目监理机构应检查设备制造单位的质量管理体系，并应审查设备制造单位报送的设备制造生产计划和工艺方案。

8.3.2　项目监理机构应审查设备制造的检验计划和检验要求，并应确认各阶段的检验时间、内容、方法、标准，以及检测手段、检测设备和仪器。

8.3.3　专业监理工程师应审查设备制造的原材料、外购配套件、元器件、标准件，以及坯料的质量证明文件及检验报告，并应审查设备制造单位提交的报验资料，符合规定时应予以签认。

8.3.4　项目监理机构应对设备制造过程进行监督和检查，对主要及关键零部件的制造工序应进行抽检。

8.3.5 项目监理机构应要求设备制造单位按批准的检验计划和检验要求进行设备制造过程的检验工作，并应做好检验记录。项目监理机构应对检验结果进行审核，认为不符合质量要求时，应要求设备制造单位进行整改、返修或返工。当发生质量失控或重大质量事故时，应由总监理工程师签发暂停令，提出处理意见，并应及时报告建设单位。

8.3.6 项目监理机构应检查和监督设备的装配过程。

8.3.7 在设备制造过程中如需要对设备的原设计进行变更时，项目监理机构应审查设计变更，并应协调处理因变更引起的费用和工期调整，同时应报建设单位批准。

8.3.8 项目监理机构应参加设备整机性能检测、调试和出厂验收，符合要求后应予以签认。

8.3.9 在设备运往现场前，项目监理机构应检查设备制造单位对待运设备采取的防护和包装措施，并应检查是否符合运输、装卸、储存、安装的要求，以及随机文件、装箱单和附件是否齐全。

8.3.10 设备运到现场后，项目监理机构应参加设备制造单位按合同约定与接收单位的交接工作。

8.3.11 专业监理工程师应按设备制造合同的约定审查设备制造单位提交的付款申请，提出审查意见，并应由总监理工程师审核后签发支付证书。

8.3.12 专业监理工程师应审查设备制造单位提出的索赔文件，提出意见后报总监理工程师，并应由总监理工程师与建设单位、设备制造单位协商一致后签署意见。

8.3.13 专业监理工程师应审查设备制造单位报送的设备制造结算文件，提出审查意见，并应由总监理工程师签署意见后报建设单位。

8.3.14 设备监造文件资料应包括下列主要内容：

1 建设工程监理合同及设备采购合同。

2 设备监造工作计划。

3 设备制造工艺方案报审资料。

4 设备制造的检验计划和检验要求。

5 分包单位资格报审资料。

6 原材料、零配件的检验报告。

7 工程暂停令、开工或复工报审资料。

8 检验记录及试验报告。

9 变更资料。

10 会议纪要。

11 来往函件。

12 监理通知单与工作联系单。

13 监理日志。

14 监理月报。

15 质量事故处理文件。

16 索赔文件。

17 设备验收文件。

18 设备交接文件。

19 支付证书和设备制造结算审核文件。

20 设备监造工作总结。

9 相 关 服 务

9.1 一 般 规 定

9.1.1 工程监理单位应根据建设工程监理合同约定的相关服务范围，开展相关服务工作，编制相关服务工作计划。

9.1.2 工程监理单位应按规定汇总整理、分类归档相关服务工作的文件资料。

9.2 工程勘察设计阶段服务

9.2.1 工程监理单位应协助建设单位编制工程勘察设计任务书和选择工程勘察设计单位，并应协助签订工程勘察设计合同。

9.2.2 工程监理单位应审查勘察单位提交的勘察方案，提出审查意见，并应报建设单位。变更勘察方案时，应按原程序重新审查。

勘察方案报审表可按本规范表 B.0.1 的要求填写。

9.2.3 工程监理单位应检查勘察现场及室内试验主要岗位操作人员的资格，及所使用设备、仪器计量的检定情况。

9.2.4 工程监理单位应检查勘察进度计划执行情况、督促勘察单位完成勘察合同约定的工作内容、审核勘察单位提交的勘察费用支付申请表，以及签发勘察费用支付证书，并应报建设单位。

工程勘察阶段的监理通知单可按本规范表 A.0.3 的要求填写；监理通知回复单可按本规范表 B.0.9 的要求填写；勘察费用支付申请表可按本规范表 B.0.11 的要求填写；勘察费用支付证书可按本规范表 A.0.8 的要求填写。

9.2.5 工程监理单位应检查勘察单位执行勘察方案的情况，对重要点位的勘探与测试应进行现场检查。

9.2.6 工程监理单位应审查勘察单位提交的勘察成果报告，并应向建设单位提交勘察成果评估报告，同时应参与勘察成果验收。

勘察成果评估报告应包括下列内容：

1 勘察工作概况。

2 勘察报告编制深度与勘察标准的符合情况。

3 勘察任务书的完成情况。

4 存在问题及建议。

5 评估结论。

9.2.7 勘察成果报审表可按本规范表 B.0.7 的要求填写。

9.2.8 工程监理单位应依据设计合同及项目总体计划要求审查各专业、各阶段设计进度计划。

9.2.9 工程监理单位应检查设计进度计划执行情况、督促设计单位完成设计合同约定的工作内容、审核设计单位提交的设计费用支付申请表，以及签认设计费用支付证书，并应报建设单位。

工程设计阶段的监理通知单可按本规范表 A.0.3 的要求填写；监理通知回复单可按本规范表 B.0.9 的要求填写；设计费用支付申请表可按本规范表 B.0.11 的要求填写；设计费用支付证书可按本规范表 A.0.8 的要求填写。

9.2.10　工程监理单位应审查设计单位提交的设计成果，并应提出评估报告。评估报告应包括下列主要内容：

1　设计工作概况。

2　设计深度与设计标准的符合情况。

3　设计任务书的完成情况。

4　有关部门审查意见的落实情况。

5　存在的问题及建议。

9.2.11　设计阶段成果报审表可按本规范表 B.0.7 的要求填写。

9.2.12　工程监理单位应审查设计单位提出的新材料、新工艺、新技术、新设备在相关部门的备案情况。必要时应协助建设单位组织专家评审。

9.2.13　工程监理单位应审查设计单位提出的设计概算、施工图预算，提出审查意见，并应报建设单位。

9.2.14　工程监理单位应分析可能发生索赔的原因，并应制定防范对策。

9.2.15　工程监理单位应协助建设单位组织专家对设计成果进行评审。

9.2.16　工程监理单位可协助建设单位向政府有关部门报审有关工程设计文件，并应根据审批意见，督促设计单位予以完善。

9.2.17　工程监理单位应根据勘察设计合同，协调处理勘察设计延期、费用索赔等事宜。

勘察设计延期报审表可按本规范表 B.0.14 的要求填写；勘察设计费用索赔报审表可按本规范表 B.0.13 的要求填写。

9.3　工程保修阶段服务

9.3.1　承担工程保修阶段的服务工作时，工程监理单位应定期回访。

9.3.2　对建设单位或使用单位提出的工程质量缺陷，工程监理单位应安排监理人员进行检查和记录，并应要求施工单位予以修复，同时应监督实施，合格后应予以签认。

9.3.3　工程监理单位应对工程质量缺陷原因进行调查，并应与建设单位、施工单位协商确定责任归属。对非施工单位原因造成的工程质量缺陷，应核实施工单位申报的修复工程费用，并应签认工程款支付证书，同时应报建设单位。

附录 A 工程监理单位用表

A.0.1 总监理工程师任命书应按本规范表 A.0.1 的要求填写。

表 A.0.1 总监理工程师任命书

工程名称： 　　　　　　　　　　　　　　　　　　　　　　　　编号：

致：_____（建设单位） 　　兹任命 _____（注册监理工程师注册号：_____）为我单位_____项目总监理工程师。负责履行建设工程监理合同、主持项目监理机构工作。   　　　　　　　　　　　　　　　　　　　　　工程监理单位（盖章） 　　　　　　　　　　　　　　　　　　　　　法定代表人（签字） 　　　　　　　　　　　　　　　　　　　　　　　年　　月　　日

注：本表一式三份，项目监理机构、建设单位、施工单位各一份。

A.0.2　工程开工令应按本规范表 A.0.2 的要求填写。

表 A.0.2　工程开工令

工程名称：　　　　　　　　　　　　　　　　　　　　　　　　编号：

致：＿＿＿＿＿＿＿＿＿＿＿＿＿＿＿＿＿＿（施工单位） 　　经审查，本工程已具备施工合同约定的开工条件，现同意你方开始施工，开工日期为：＿＿＿＿年 ＿＿ 月 ＿ ＿ 日。 　　附件：工程开工报审表   项目监理机构（盖章） 总监理工程师（签字、加盖执业印章）
<div align="center">年　　月　　日</div>

注：本表一式三份，项目监理机构、建设单位、施工单位各一份。

A.0.3　监理通知单应按本规范表 A.0.3 的要求填写。

表 A.0.3　监理通知单

工程名称：　　　　　　　　　　　　　　　　　　　　　　　　　　　编号：

致：＿＿＿＿＿＿＿＿＿＿＿＿＿（施工项目经理部）

　　事由：＿＿＿＿＿＿＿＿＿＿＿＿＿＿＿＿＿＿＿＿＿＿＿＿＿＿＿＿＿＿＿

＿＿＿＿＿＿＿＿＿＿＿＿＿＿＿＿＿＿＿＿＿＿＿＿＿＿＿＿＿＿＿＿＿＿＿＿＿

＿＿＿＿＿＿＿＿＿＿＿＿＿＿＿＿＿＿＿＿＿＿＿＿＿＿＿＿＿＿＿＿＿＿＿＿＿

＿＿＿＿＿＿＿＿＿＿＿＿＿＿＿＿＿＿＿＿＿＿＿＿＿＿＿＿＿＿＿＿＿＿＿＿＿

　　内容：＿＿＿＿＿＿＿＿＿＿＿＿＿＿＿＿＿＿＿＿＿＿＿＿＿＿＿＿＿＿＿

＿＿＿＿＿＿＿＿＿＿＿＿＿＿＿＿＿＿＿＿＿＿＿＿＿＿＿＿＿＿＿＿＿＿＿＿＿

＿＿＿＿＿＿＿＿＿＿＿＿＿＿＿＿＿＿＿＿＿＿＿＿＿＿＿＿＿＿＿＿＿＿＿＿＿

＿＿＿＿＿＿＿＿＿＿＿＿＿＿＿＿＿＿＿＿＿＿＿＿＿＿＿＿＿＿＿＿＿＿＿＿＿

＿＿＿＿＿＿＿＿＿＿＿＿＿＿＿＿＿＿＿＿＿＿＿＿＿＿＿＿＿＿＿＿＿＿＿＿＿

　　　　　　　　　　　　　　　　　　　项目监理机构（盖章）

　　　　　　　　　　　　　　　　　　　总/专业监理工程师（签字）

　　　　　　　　　　　　　　　　　　　　　　　　年　　月　　日

注：本表一式三份，项目监理机构、建设单位、施工单位各一份。

A.0.4　监理报告应按本规范表 A.0.4 的要求填写。

表 A.0.4　监理报告

工程名称：　　　　　　　　　　　　　　　　　　　　　　编号：

致：_____（主管部门）

　　由_____（施工单位）施工的_____（工程部位），存在安全事故隐患。我方已于___年___月___日发出编号为_____的《监理通知单》/《工程暂停令》，但施工单位未整改/停工。

　　特此报告。

　　附件：□监理通知单

　　　　　□工程暂停令

　　　　　□其他

　　　　　　　　　　　　　　　　　　　　　　　　　项目监理机构（盖章）

　　　　　　　　　　　　　　　　　　　　　　　　　总监理工程师（签字）

　　　　　　　　　　　　　　　　　　　　　　年　　　月　　　日

注：本表一式四份，主管部门、建设单位、工程监理单位、项目监理机构各一份。

A.0.5 工程暂停令应按本规范表 A.0.5 的要求填写。

表 A.0.5 工程暂停令

工程名称：　　　　　　　　　　　　　　　　　　　　　　　　　　编号：

致：_____（施工项目经理部）

由于_____

_____原因，现通知你方于_____ 年__ 月___ 日___时

起，暂停_____部位（工序）施工，并按下述要求做好后续工作。

要求：

　　　　　　　　　　　　　　　　　　　　　　　　项目监理机构（盖章）

　　　　　　　　　　　　　　　　　　　　　　　　总监理工程师（签字、加盖执业印章）

　　　　　　　　　　　　　　　　　　　　　　　　　　　　年　　月　　日

注：本表一式三份，项目监理机构、建设单位、施工单位各一份。

A.0.6　旁站记录应按本规范表A.0.6的要求填写。

表 A.0.6　旁 站 记 录

工程名称：　　　　　　　　　　　　　　　　　　　　　　编号：

旁站的关键部位、关键工序		施工单位	
旁站开始时间	年 月 日 时 分	旁站结束时间	年　　月　　日　　时　　分

旁站的关键部位、关键工序施工情况：

发现的问题及处理情况：

旁站监理人员（签字）

年　　月　　日

注：本表一式一份，项目监理机构留存。

A.0.7 工程复工令应按本规范表 A.0.7 的要求填写。

表 A.0.7 工程复工令

工程名称： 　　　　　　　　　　　　　　　　　　　　　　　　编号：

致：_____（施工项目经理部）

我方发出的编号为 _____《工程暂停令》，要求暂停施工的 _____ 部位（工序），经查已具备复工条件。经建设单位同意，现通知你方于 ___ 年 ___ 月 _ 日 ___ 时起恢复施工。

附件：工程复工报审表

项目监理机构（盖章）

总监理工程师（签字、加盖执业印章）

年　　月　　日

注：本表一式三份，项目监理机构、建设单位、施工单位各一份。

A.0.8　工程款或竣工结算款支付证书应按本规范表 A.0.8 的要求填写。

表 A.0.8　工程款支付证书

工程名称：　　　　　　　　　　　　　　　　　　　　　　编号：

致：＿＿＿＿＿＿＿＿＿＿＿＿＿＿＿＿（施工单位）

　　根据施工合同约定，经审核编号为＿＿＿＿工程款支付报审表，扣除有关款项后，同意支付工程款共计（大写）

＿＿＿＿＿＿＿＿＿＿＿＿＿＿（小写：＿＿＿＿＿＿＿＿）。

其中：

1. 施工单位申报款为：

2. 经审核施工单位应得款为：

3. 本期应扣款为：

4. 本期应付款为：

附件：工程款支付报审表及附件

项目监理机构（盖章）

总监理工程师（签字、加盖执业印章）

年　　月　　日

注：本表一式三份，项目监理机构、建设单位、施工单位各一份。

附录 B 施工单位报审、报验用表

B.0.1 施工组织设计、(专项)施工方案报审表应按本规范表 B.0.1 的要求填写。

表 B.0.1 施工组织设计/(专项)施工方案报审表

工程名称： 　　　　　　　　　　　　　　　　　　　　　　　　　　编号：

致：_____ (项目监理机构) 　　我方已完成_____工程施工组织设计/(专项)施工方案的编制和审批，请予以审查。 　　附件：□施工组织设计 　　　　　□专项施工方案 　　　　　□施工方案   <div align="right">施工项目经理部 (盖章) 项目经理 (签字) 年　　月　　日</div>
审查意见：   <div align="right">专业监理工程师 (签字) 年　　月　　日</div>
审核意见：   <div align="right">项目监理机构 (盖章) 总监理工程师 (签字、加盖执业印章) 年　　月　　日</div>
审批意见 (仅对超过一定规模的危险性较大的分部分项工程专项施工方案)：   <div align="right">建设单位 (盖章) 建设单位代表 (签字) 年　　月　　日</div>

注：本表一式三份，项目监理机构、建设单位、施工单位各一份。

B.0.2 工程开工报审表应按本规范表 B.0.2 的要求填写。

表 B.0.2 工程开工报审表

工程名称：   编号：

致：＿＿＿＿＿＿＿＿＿＿＿＿＿＿＿（建设单位） 　　＿＿＿＿＿＿＿＿＿＿＿（项目监理机构） 我方承担的 ＿＿＿＿＿＿＿＿工程，已完成相关准备工作，具备开工条件，申请于＿＿＿年 ＿月＿＿日开工，请予以审批。 附件：证明文件资料   施工单位（盖章） 项目经理（签字） 年　　月　　日
审核意见：   项目监理机构（盖章） 总监理工程师（签字、加盖执业印章） 年　　月　　日
审批意见：   建设单位（盖章） 建设单位代表（签字） 年　　月　　日

注：本表一式三份，项目监理机构、建设单位、施工单位各一份。

B.0.3　工程复工报审表应按本规范表 B.0.3 的要求填写。

表 B.0.3　工程复工报审表

工程名称：　　　　　　　　　　　　　　　　　　　　　　　　　　编号：

致：＿＿＿＿＿＿＿＿＿＿（项目监理机构） 　　编号为＿＿＿＿＿＿＿《工程暂停令》所停工的＿＿＿＿＿部位（工序）已满足复工条件，我方申请于＿＿年＿＿月＿＿日复工，请予以审批。 　　附件：证明文件资料   　　　　　　　　　　　　　　　　　　　　　　　　施工项目经理部（盖章） 　　　　　　　　　　　　　　　　　　　　　　　　项目经理（签字） 　　　　　　　　　　　　　　　　　　　　　　　　　　　年　　月　　日
审核意见：   　　　　　　　　　　　　　　　　　　　　　　　　项目监理机构（盖章） 　　　　　　　　　　　　　　　　　　　　　　　　总监理工程师（签字） 　　　　　　　　　　　　　　　　　　　　　　　　　　　年　　月　　日
审批意见：   　　　　　　　　　　　　　　　　　　　　　　　　建设单位（盖章） 　　　　　　　　　　　　　　　　　　　　　　　　建设单位代表（签字） 　　　　　　　　　　　　　　　　　　　　　　　　　　　年　　月　　日

注：本表一式三份，项目监理机构、建设单位、施工单位各一份。

B.0.4 分包单位资格报审表应按本规范表 B.0.4 的要求填写。

表 B.0.4　分包单位资格报审表

工程名称：　　　　　　　　　　　　　　　　　　　　　　　　　　　　编号：

致：＿＿＿＿＿＿＿＿＿＿＿＿＿＿＿＿（项目监理机构）
经考察，我方认为拟选择的＿＿＿＿＿＿＿＿＿＿＿＿＿（分包单位）具有承担下列工程的施工或安装资质和能力，可以保证本工程按施工合同第＿＿＿＿＿条款的约定进行施工或安装。请予以审查。

分包工程名称（部位）	分包工程量	分包工程合同额
合　　　计	

附件：1. 分包单位资质材料
2. 分包单位业绩材料
3. 分包单位专职管理人员和特种作业人员的资格证书
4. 施工单位对分包单位的管理制度
<div align="right">施工项目经理部（盖章） 项目经理（签字） 年　　月　　日</div>
审查意见：<div align="right">专业监理工程师（签字） 年　　月　　日</div>
审核意见：<div align="right">项目监理机构（盖章） 总监理工程师（签字） 年　　月　　日</div>

注：本表一式三份，项目监理机构、建设单位、施工单位各一份。

B.0.5 施工控制测量成果报验表应按本规范表 B.0.5 的要求填写。

表 B.0.5 施工控制测量成果报验表

工程名称： 编号：

致：＿＿＿＿＿＿＿＿＿＿＿＿（项目监理机构） 　　我方已完成＿＿＿＿＿＿的施工控制测量，经自检合格，请予以查验。 　　附件：1. 施工控制测量依据资料 　　　　　2. 施工控制测量成果表   施工项目经理部（盖章） 项目技术负责人（签字） 年　　月　　日
审查意见：   项目监理机构（盖章） 专业监理工程师（签字） 年　　月　　日

注：本表一式三份，项目监理机构、建设单位、施工单位各一份。

B.0.6 工程材料、构配件、设备报审表应按本规范表 B.0.6 的要求填写。

表 B.0.6 工程材料、构配件、设备报审表

工程名称: 　　　　　　　　　　　　　　　　　　　　　　　　　编号:

致: _____（项目监理机构） 　　于___年___月__日进场的拟用于工程_____部位的_____，经我方检验合格，现将相关资料报上，请予以审查。 　　附件：1. 工程材料、构配件或设备清单 　　　　　2. 质量证明文件 　　　　　3. 自检结果   　　　　　　　　　　　　　　　　　　　　　　　施工项目经理部（盖章） 　　　　　　　　　　　　　　　　　　　　　　　项目经理（签字） 　　　　　　　　　　　　　　　　　　　　　　　　　　　年　　月　　日
审查意见：   　　　　　　　　　　　　　　　　　　　　　　　项目监理机构（盖章） 　　　　　　　　　　　　　　　　　　　　　　　专业监理工程师（签字） 　　　　　　　　　　　　　　　　　　　　　　　　　　　年　　月　　日

注：本表一式二份，项目监理机构、施工单位各一份。

B.0.7 隐蔽工程、检验批、分项工程报验表及施工试验室报审表应按本规范表 B.0.7 的要求填写。

表 B.0.7 _____报审、报验表

工程名称：   编号：

致：_____（项目监理机构）

我方已完成 _____工作，经自检合格，请予以审查或验收。

附件：□隐蔽工程质量检验资料

　　　□检验批质量检验资料

　　　□分项工程质量检验资料

　　　□施工试验室证明资料

　　　□其他

施工项目经理部（盖章）

项目经理或项目技术负责人（签字）

年　　月　　日

审查或验收意见：

项目监理机构（盖章）

专业监理工程师（签字）

年　　月　　日

注：本表一式二份，项目监理机构、施工单位各一份。

B.0.8 分部工程报验表应按本规范表 B.0.8 的要求填写。

表 B.0.8 分部工程报验表

工程名称：   编号：

致：＿＿＿＿＿＿＿＿＿＿＿＿（项目监理机构） 我方已完成＿＿＿＿＿＿＿＿（分部工程），经自检合格，请予以验收。   附件：分部工程质量资料   施工项目经理部（盖章） 项目技术负责人（签字） 年　月　日
验收意见：   专业监理工程师（签字） 年　月　日
验收意见：   项目监理机构（盖章） 总监理工程师（签字） 年　月　日

注：本表一式三份，项目监理机构、建设单位、施工单位各一份。

B.0.9 监理通知回复单应按本规范表 B.0.9 的要求填写。

表 B.0.9 监理通知回复单

工程名称： 　　　　　　　　　　　　　　　　　　　　　　　　　　　 编号：

致：＿＿＿＿＿＿＿＿＿＿＿＿＿＿（项目监理机构） 　　我方接到编号为＿＿＿＿＿的监理通知单后，已按要求完成相关工作，请予以复查。 　　附件：需要说明的情况   　　　　　　　　　　　　　　　　　　　　　　施工项目经理部（盖章） 　　　　　　　　　　　　　　　　　　　　　　项目经理（签字） 　　　　　　　　　　　　　　　　　　　　　　　　　年　　月　　日
复查意见：   　　　　　　　　　　　　　　　　　　　　　项目监理机构（盖章） 　　　　　　　　　　　　　　　　　　　　　总监理工程师/专业监理工程师（签字） 　　　　　　　　　　　　　　　　　　　　　　　　年　　月　　日

注：本表一式三份，项目监理机构、建设单位、施工单位各一份。

B.0.10 单位工程竣工验收报审表应按本规范表 B.0.10 的要求填写。

表 B.0.10　单位工程竣工验收报审表

工程名称：　　　　　　　　　　　　　　　　　　　　　　　　　　编号：

致：＿＿＿＿＿＿＿＿＿＿＿＿（项目监理机构）

　　我方已按施工合同要求完成＿＿＿＿＿＿工程，经自检合格，现将有关资料报上，请予以验收。

附件：1. 工程质量验收报告
　　　2. 工程功能检验资料

施工单位（盖章）

项目经理（签字）

年　　月　　日

预验收意见：

　　经预验收，该工程合格/不合格，可以/不可以组织正式验收。

项目监理机构（盖章）

总监理工程师（签字、加盖执业印章）

年　　月　　日

注：本表一式三份，项目监理机构、建设单位、施工单位各一份。

B.0.11　工程款和竣工结算款支付报审表应按本规范表 B.0.11 的要求填写。

表 B.0.11　工程款支付报审表

工程名称：　　　　　　　　　　　　　　　　　　　　　　　　　　　　编号：

致：＿＿＿＿＿＿＿＿＿＿＿＿＿＿＿（项目监理机构） 　　根据施工合同约定，我方已完成 ＿＿＿＿＿＿＿＿＿＿ 工作，建设单位应在 ＿＿ 年 ＿＿ 月 ＿＿ 日前支付工程款共计（大写）＿＿＿＿＿＿＿＿＿＿＿（小写：＿＿＿＿＿＿），请予以审核。 　　附件： 　　　　□已完成工程量报表 　　　　□工程竣工结算证明材料 　　　　□相应支持性证明文件 　　　　　　　　　　　　　　　　　　　施工项目经理部（盖章） 　　　　　　　　　　　　　　　　　　　项目经理（签字） 　　　　　　　　　　　　　　　　　　　　　年　　月　　日
审查意见： 　　1. 施工单位应得款为： 　　2. 本期应扣款为： 　　3. 本期应付款为： 　　附件：相应支持性材料   　　　　　　　　　　　　　　　　　　　专业监理工程师（签字） 　　　　　　　　　　　　　　　　　　　　　年　　月　　日
审核意见：   　　　　　　　　　　　　　　　　　　　项目监理机构（盖章） 　　　　　　　　　　　　　　　　　　　总监理工程师（签字、加盖执业印章） 　　　　　　　　　　　　　　　　　　　　　年　　月　　日
审批意见：   　　　　　　　　　　　　　　　　　　　建设单位（盖章） 　　　　　　　　　　　　　　　　　　　建设单位代表（签字） 　　　　　　　　　　　　　　　　　　　　　年　　月　　日

注：本表一式三份，项目监理机构、建设单位、施工单位各一份；工程竣工结算报审时本表一式四份，项目监理机构、建设单位各一份、施工单位二份。

B.0.12 施工进度计划报审表应按本规范表 B.0.12 的要求填写。

表 B.0.12 施工进度计划报审表

工程名称：   编号：

致：_____（项目监理机构） 　　根据施工合同约定，我方已完成 _____ 工程施工进度计划的编制和批准，请予以审查。 　　附件：□施工总进度计划 　　　　　□阶段性进度计划   　　　　　　　　　　　　　　　　　　　　　　　施工项目经理部（盖章） 　　　　　　　　　　　　　　　　　　　　　　　项目经理（签字） 　　　　　　　　　　　　　　　　　　　　　　　　　　年　　月　　日
审查意见：   　　　　　　　　　　　　　　　　　　　　　　　专业监理工程师（签字） 　　　　　　　　　　　　　　　　　　　　　　　　　　年　　月　　日
审核意见：   　　　　　　　　　　　　　　　　　　　　　　　项目监理机构（盖章） 　　　　　　　　　　　　　　　　　　　　　　　总监理工程师（签字） 　　　　　　　　　　　　　　　　　　　　　　　　　　年　　月　　日

注：本表一式三份，项目监理机构、建设单位、施工单位各一份。

B.0.13 费用索赔报审表应按本规范表 B.0.13 的要求填写。

表 B.0.13 费用索赔报审表

工程名称： 编号：

致：_____（项目监理机构）

　　根据施工合同_____条款，由于_____的原因，我方申请索赔金额（大写）_____
_____，请予批准。

　　索赔理由：_____

_____

_____

_____

　　附件：□索赔金额计算
　　　　　□证明材料

施工项目经理部（盖章）

项目经理（签字）

年　月　日

审核意见：

　　□不同意此项索赔。

　　□同意此项索赔，索赔金额为（大写）_____。

　　同意/不同意索赔的理由：_____

_____

_____

_____

　　附件：□索赔审查报告

项目监理机构（盖章）

总监理工程师（签字、加盖执业印章）

年　月　日

审批意见：

建设单位（盖章）

建设单位代表（签字）

年　月　日

注：本表一式三份，项目监理机构、建设单位、施工单位各一份。

B.0.14 工程临时延期报审表和工程最终延期报审表应按本规范表 B.0.14 的要求填写。

表 B.0.14 工程临时/最终延期报审表

工程名称：	编号：

致：_____(项目监理机构)

　　根据施工合同_____(条款)，由于_____原因，我方申请工程临时/最终延期___ (日历天)，请予批准。

　　附件：1. 工程延期依据及工期计算
　　　　　2. 证明材料

施工项目经理部（盖章）
项目经理（签字）
年　　月　　日

审核意见：

　　□ 同意工程临时/最终延期_____(日历天)。工程竣工日期从施工合同约定的___年___月___日延迟到_____年___月___日。

　　□ 不同意延期，请按约定竣工日期组织施工。

项目监理机构（盖章）
总监理工程师（签字、加盖执业印章）
年　　月　　日

审批意见：

建设单位（盖章）
建设单位代表（签字）
年　　月　　日

注：本表一式三份，项目监理机构、建设单位、施工单位各一份。

附录 C 通 用 表

C.0.1 工作联系单应按本规范表 C.0.1 的要求填写。

表 C.0.1 工作联系单

工程名称： 　　　　　　　　　　　　　　　　　　　　　　　　　　　编号：

致：＿＿＿＿＿＿＿＿＿＿＿＿＿＿

发文单位
负责人（签字）
年 月 日

C.0.2　工程变更单应按本规范表C.0.2的要求填写。

表 C.0.2　工程变更单

工程名称：　　　　　　　　　　　　　　　　　　　　　　　　　　　编号：

致：_____	
由于_____原因，兹提出_____工程变更，请予以审批。	
附件： 　　□ 变更内容 　　□ 变更设计图 　　□ 相关会议纪要 　　□ 其他 　　　　　　　　　　　　　　　　　　　　　变更提出单位： 　　　　　　　　　　　　　　　　　　　　　负责人： 　　　　　　　　　　　　　　　　　　　　　　年　月　　日	
工程量增/减	
费用增/减	
工期变化	
施工项目经理部（盖章） 项目经理（签字）	设计单位（盖章） 设计负责人（签字）
项目监理机构（盖章） 总监理工程师（签字）	建设单位（盖章） 负责人（签字）

注：本表一式四份，建设单位、项目监理机构、设计单位、施工单位各一份。

C.0.3　索赔意向通知书应按本规范表 C.0.3 的要求填写。

表 C.0.3　索赔意向通知书

工程名称：　　　　　　　　　　　　　　　　　　　　　　　　编号：

致：　　　　　　　　　　　　

　　根据施工合同　　　　　（条款）约定，由于发生了　　　　　事件，且该事件的发生非我方原因所致。为此，我方向　　　　　（单位）提出索赔要求。

　　附件：索赔事件资料

提出单位（盖章）

负责人（签字）

年　月　日

本规范用词说明

1　为了便于在执行本规范条文时区别对待，对要求严格程度不同的用词说明如下：

1）表示很严格，非这样做不可的用词：

正面词采用"必须"，反面词采用"严禁"；

2）表示严格，在正常情况均应这样做的用词：

正面词采用"应"，反面词采用"不应"或"不得"；

3）表示允许稍有选择，在条件许可时首先应这样做的用词：

正面词采用"宜"，反面词采用"不宜"；

4）表示有选择，在一定条件下可以这样做的用词，采用"可"。

2　条文中指明应按其他有关标准执行的写法为："应符合……的规定"或"应按……执行"。

附录 2 建设工程监理合同

建设工程监理合同（示范文本）（GF—2012—0202）

第一部分 协 议 书

委托人（全称）：＿＿＿＿＿＿＿＿＿＿＿＿＿＿＿＿＿＿＿＿＿＿＿＿

监理人（全称）：＿＿＿＿＿＿＿＿＿＿＿＿＿＿＿＿＿＿＿＿＿＿＿＿

根据《中华人民共和国合同法》《中华人民共和国建筑法》及其他有关法律、法规，遵循平等、自愿、公平和诚信的原则，双方就下述工程委托监理与相关服务事项协商一致，订立本合同。

一、工程概况

1. 工程名称：＿＿＿＿＿＿＿＿＿＿＿＿＿＿＿＿＿＿＿＿＿＿＿＿；

2. 工程地点：＿＿＿＿＿＿＿＿＿＿＿＿＿＿＿＿＿＿＿＿＿＿＿＿；

3. 工程规模：＿＿＿＿＿＿＿＿＿＿＿＿＿＿＿＿＿＿＿＿＿＿＿＿；

4. 工程概算投资额或建筑安装工程费：＿＿＿＿＿＿＿＿＿＿＿＿＿。

二、词语限定

协议书中相关词语的含义与通用条件中的定义与解释相同。

三、组成本合同的文件

1. 协议书；

2. 中标通知书（适用于招标工程）或委托书（适用于非招标工程）；

3. 投标文件（适用于招标工程）或监理与相关服务建议书（适用于非招标工程）；

4. 专用条件；

5. 通用条件；

6. 附录，即：

附录 A 相关服务的范围和内容

附录 B 委托人派遣的人员和提供的房屋、资料、设备

本合同签订后，双方依法签订的补充协议也是本合同文件的组成部分。

四、总监理工程师

总监理工程师姓名：＿＿＿＿＿，身份证号码：＿＿＿＿＿，注册号：＿＿＿＿＿＿。

五、签约酬金

签约酬金（大写）：＿＿＿＿＿＿（￥＿＿＿＿）。

包括：

1. 监理酬金：＿＿＿＿＿＿＿＿＿＿＿＿＿＿。

2. 相关服务酬金：＿＿＿＿＿＿＿＿＿＿＿＿。

其中：

（1）勘察阶段服务酬金：_____。

（2）设计阶段服务酬金：_____。

（3）保修阶段服务酬金：_____。

（4）其他相关服务酬金：_____。

六、期限

1. 监理期限：

自_____年____月____日始，至_____年____月____日止。

2. 相关服务期限：

（1）勘察阶段服务期限自_____年____月____日始，至_____年____月____日止。

（2）设计阶段服务期限自_____年____月____日始，至_____年____月____日止。

（3）保修阶段服务期限自_____年____月____日始，至_____年____月____日止。

（4）其他相关服务期限自_____年____月____日始，至_____年____月____日止。

七、双方承诺

1. 监理人向委托人承诺，按照本合同约定提供监理与相关服务。

2. 委托人向监理人承诺，按照本合同约定派遣相应的人员，提供房屋、资料、设备，并按本合同约定支付酬金。

八、合同订立

1. 订立时间：_____年____月____日。

2. 订立地点：_____。

3. 本合同一式____份，具有同等法律效力，双方各执____份。

委托人：___（盖章）_____　　　监理人：___（盖章）_____

住所：_____　　　住所：_____

邮政编码：_____　　　邮政编码：_____

法定代表人或其授权的代理人：（签字）___　　　法定代表人或其授权的代理人：（签字）___

开户银行：_____　　　开户银行：_____

账号：_____　　　账号：_____

电话：_____　　　电话：_____

传真：_____　　　传真：_____

电子邮箱：_____　　　电子邮箱：_____

第二部分 通 用 条 件

1. 定义与解释

1.1 定 义

除根据上下文另有其意义外，组成本合同的全部文件中的下列名词和用语应具有本款所赋予的含义：

1.1.1 "工程"是指按照本合同约定实施监理与相关服务的建设工程。

1.1.2 "委托人"是指本合同中委托监理与相关服务的一方，及其合法的继承人或受让人。

1.1.3 "监理人"是指本合同中提供监理与相关服务的一方，及其合法的继承人。

1.1.4 "承包人"是指在工程范围内与委托人签订勘察、设计、施工等有关合同的当事人，及其合法的继承人。

1.1.5 "监理"是指监理人受委托人的委托，依照法律法规、工程建设标准、勘察设计文件及合同，在施工阶段对建设工程质量、进度、造价进行控制，对合同、信息进行管理，对工程建设相关方的关系进行协调，并履行建设工程安全生产管理法定职责的服务活动。

1.1.6 "相关服务"是指监理人受委托人的委托，按照本合同约定，在勘察、设计、保修等阶段提供的服务活动。

1.1.7 "正常工作"指本合同订立时通用条件和专用条件中约定的监理人的工作。

1.1.8 "附加工作"是指本合同约定的正常工作以外监理人的工作。

1.1.9 "项目监理机构"是指监理人派驻工程负责履行本合同的组织机构。

1.1.10 "总监理工程师"是指由监理人的法定代表人书面授权，全面负责履行本合同、主持项目监理机构工作的注册监理工程师。

1.1.11 "酬金"是指监理人履行本合同义务，委托人按照本合同约定给付监理人的金额。

1.1.12 "正常工作酬金"是指监理人完成正常工作，委托人应给付监理人并在协议书中载明的签约酬金额。

1.1.13 "附加工作酬金"是指监理人完成附加工作，委托人应给付监理人的金额。

1.1.14 "一方"是指委托人或监理人；"双方"是指委托人和监理人；"第三方"是指除委托人和监理人以外的有关方。

1.1.15 "书面形式"是指合同书、信件和数据电文（包括电报、电传、传真、电子数据交换和电子邮件）等可以有形地表现所载内容的形式。

1.1.16 "天"是指第一天零时至第二天零时的时间。

1.1.17 "月"是指按公历从一个月中任何一天开始的一个公历月时间。

1.1.18 "不可抗力"是指委托人和监理人在订立本合同时不可预见，在工程施工过程中不可避免发生并不能克服的自然灾害和社会性突发事件，如地震、海啸、瘟疫、水灾、骚乱、暴动、战争和专用条件约定的其他情形。

1.2　解释

1.2.1　本合同使用中文书写、解释和说明。如专用条件约定使用两种及以上语言文字时，应以中文为准。

1.2.2　组成本合同的下列文件彼此应能相互解释、互为说明。除专用条件另有约定外，本合同文件的解释顺序如下：

（1）协议书；

（2）中标通知书（适用于招标工程）或委托书（适用于非招标工程）；

（3）专用条件及附录 A、附录 B；

（4）通用条件；

（5）投标文件（适用于招标工程）或监理与相关服务建议书（适用于非招标工程）。

双方签订的补充协议与其他文件发生矛盾或歧义时，属于同一类内容的文件，应以最新签署的为准。

2. 监理人的义务

2.1　监理的范围和工作内容

2.1.1　监理范围在专用条件中约定。

2.1.2　除专用条件另有约定外，监理工作内容包括：

（1）收到工程设计文件后编制监理规划，并在第一次工地会议 7 天前报委托人。根据有关规定和监理工作需要，编制监理实施细则；

（2）熟悉工程设计文件，并参加由委托人主持的图纸会审和设计交底会议；

（3）参加由委托人主持的第一次工地会议；主持监理例会并根据工程需要主持或参加专题会议；

（4）审查施工承包人提交的施工组织设计，重点审查其中的质量安全技术措施、专项施工方案与工程建设强制性标准的符合性；

（5）检查施工承包人工程质量、安全生产管理制度及组织机构和人员资格；

（6）检查施工承包人专职安全生产管理人员的配备情况；

（7）审查施工承包人提交的施工进度计划，核查承包人对施工进度计划的调整；

（8）检查施工承包人的试验室；

（9）审核施工分包人资质条件；

（10）查验施工承包人的施工测量放线成果；

（11）审查工程开工条件，对条件具备的签发开工令；

（12）审查施工承包人报送的工程材料、构配件、设备质量证明文件的有效性和符合性，并按规定对用于工程的材料采取平行检验或见证取样方式进行抽检；

（13）审核施工承包人提交的工程款支付申请，签发或出具工程款支付证书，并报委托人审核、批准；

（14）在巡视、旁站和检验过程中，发现工程质量、施工安全存在事故隐患的，要求施工承包人整改并报委托人；

（15）经委托人同意，签发工程暂停令和复工令；

（16）审查施工承包人提交的采用新材料、新工艺、新技术、新设备的论证材料及相关验收标准；

(17) 验收隐蔽工程、分部分项工程；

(18) 审查施工承包人提交的工程变更申请，协调处理施工进度调整、费用索赔、合同争议等事项；

(19) 审查施工承包人提交的竣工验收申请，编写工程质量评估报告；

(20) 参加工程竣工验收，签署竣工验收意见；

(21) 审查施工承包人提交的竣工结算申请并报委托人；

(22) 编制、整理工程监理归档文件并报委托人。

2.1.3　相关服务的范围和内容在附录 A 中约定。

2.2　监理与相关服务依据

2.2.1　监理依据包括：

(1) 适用的法律、行政法规及部门规章；

(2) 与工程有关的标准；

(3) 工程设计及有关文件；

(4) 本合同及委托人与第三方签订的与实施工程有关的其他合同。

双方根据工程的行业和地域特点，在专用条件中具体约定监理依据。

2.2.2　相关服务依据在专用条件中约定。

2.3　项目监理机构和人员

2.3.1　监理人应组建满足工作需要的项目监理机构，配备必要的检测设备。项目监理机构的主要人员应具有相应的资格条件。

2.3.2　本合同履行过程中，总监理工程师及重要岗位监理人员应保持相对稳定，以保证监理工作正常进行。

2.3.3　监理人可根据工程进展和工作需要调整项目监理机构人员。监理人更换总监理工程师时，应提前 7 天向委托人书面报告，经委托人同意后方可更换；监理人更换项目监理机构其他监理人员，应以相当资格与能力的人员替换，并通知委托人。

2.3.4　监理人应及时更换有下列情形之一的监理人员：

(1) 严重过失行为的；

(2) 有违法行为不能履行职责的；

(3) 涉嫌犯罪的；

(4) 不能胜任岗位职责的；

(5) 严重违反职业道德的；

(6) 专用条件约定的其他情形。

2.3.5　委托人可要求监理人更换不能胜任本职工作的项目监理机构人员。

2.4　履行职责

监理人应遵循职业道德准则和行为规范，严格按照法律法规、工程建设有关标准及本合同履行职责。

2.4.1　在监理与相关服务范围内，委托人和承包人提出的意见和要求，监理人应及时提出处置意见。当委托人与承包人之间发生合同争议时，监理人应协助委托人、承包人协商解决。

2.4.2　当委托人与承包人之间的合同争议提交仲裁机构仲裁或人民法院审理时，监理人应提供必要的证明资料。

2.4.3　监理人应在专用条件约定的授权范围内，处理委托人与承包人所签订合同的变更事宜。如果变更超过授权范围，应以书面形式报委托人批准。

在紧急情况下，为了保护财产和人身安全，监理人所发出的指令未能事先报委托人批准时，应在发出指令后的 24 小时内以书面形式报委托人。

2.4.4　除专用条件另有约定外，监理人发现承包人的人员不能胜任本职工作的，有权要求承包人予以调换。

2.5　提交报告

监理人应按专用条件约定的种类、时间和份数向委托人提交监理与相关服务的报告。

2.6　文件资料

在本合同履行期内，监理人应在现场保留工作所用的图纸、报告及记录监理工作的相关文件。工程竣工后，应当按照档案管理规定将监理有关文件归档。

2.7　使用委托人的财产

监理人无偿使用附录 B 中由委托人派遣的人员和提供的房屋、资料、设备。除专用条件另有约定外，委托人提供的房屋、设备属于委托人的财产，监理人应妥善使用和保管，在本合同终止时将这些房屋、设备的清单提交委托人，并按专用条件约定的时间和方式移交。

3. 委托人的义务

3.1　告知

委托人应在委托人与承包人签订的合同中明确监理人、总监理工程师和授予项目监理机构的权限。如有变更，应及时通知承包人。

3.2　提供资料

委托人应按照附录 B 约定，无偿向监理人提供工程有关的资料。在本合同履行过程中，委托人应及时向监理人提供最新的与工程有关的资料。

3.3　提供工作条件

委托人应为监理人完成监理与相关服务提供必要的条件。

3.3.1　委托人应按照附录 B 约定，派遣相应的人员，提供房屋、设备，供监理人无偿使用。

3.3.2　委托人应负责协调工程建设中所有外部关系，为监理人履行本合同提供必要的外部条件。

3.4　委托人代表

委托人应授权一名熟悉工程情况的代表，负责与监理人联系。委托人应在双方签订本合同后 7 天内，将委托人代表的姓名和职责书面告知监理人。当委托人更换委托人代表时，应提前 7 天通知监理人。

3.5　委托人意见或要求

在本合同约定的监理与相关服务工作范围内，委托人对承包人的任何意见或要求应通知监理人，由监理人向承包人发出相应指令。

3.6 答复

委托人应在专用条件约定的时间内，对监理人以书面形式提交并要求作出决定的事宜，给予书面答复。逾期未答复的，视为委托人认可。

3.7 支付

委托人应按本合同约定，向监理人支付酬金。

4. 违约责任

4.1 监理人的违约责任

监理人未履行本合同义务的，应承担相应的责任。

4.1.1 因监理人违反本合同约定给委托人造成损失的，监理人应当赔偿委托人损失。赔偿金额的确定方法在专用条件中约定。监理人承担部分赔偿责任的，其承担赔偿金额由双方协商确定。

4.1.2 监理人向委托人的索赔不成立时，监理人应赔偿委托人由此发生的费用。

4.2 委托人的违约责任

委托人未履行本合同义务的，应承担相应的责任。

4.2.1 委托人违反本合同约定造成监理人损失的，委托人应予以赔偿。

4.2.2 委托人向监理人的索赔不成立时，应赔偿监理人由此引起的费用。

4.2.3 委托人未能按期支付酬金超过 28 天，应按专用条件约定支付逾期付款利息。

4.3 除外责任

因非监理人的原因，且监理人无过错，发生工程质量事故、安全事故、工期延误等造成的损失，监理人不承担赔偿责任。

因不可抗力导致本合同全部或部分不能履行时，双方各自承担其因此而造成的损失、损害。

5. 支付

5.1 支付货币

除专用条件另有约定外，酬金均以人民币支付。涉及外币支付的，所采用的货币种类、比例和汇率在专用条件中约定。

5.2 支付申请

监理人应在本合同约定的每次应付款时间的 7 天前，向委托人提交支付申请书。支付申请书应当说明当期应付款总额，并列出当期应支付的款项及其金额。

5.3 支付酬金

支付的酬金包括正常工作酬金、附加工作酬金、合理化建议奖励金额及费用。

5.4 有争议部分的付款

委托人对监理人提交的支付申请书有异议时，应当在收到监理人提交的支付申请书后 7 天内，以书面形式向监理人发出异议通知。无异议部分的款项应按期支付，有异议部分的款项按第 7 条约定办理。

6. 合同生效、变更、暂停、解除与终止

6.1 生效

除法律另有规定或者专用条件另有约定外，委托人和监理人的法定代表人或其授权代

理人在协议书上签字并盖单位章后本合同生效。

6.2 变更

6.2.1 任何一方提出变更请求时，双方经协商一致后可进行变更。

6.2.2 除不可抗力外，因非监理人原因导致监理人履行合同期限延长、内容增加时，监理人应当将此情况与可能产生的影响及时通知委托人。增加的监理工作时间、工作内容应视为附加工作。附加工作酬金的确定方法在专用条件中约定。

6.2.3 合同生效后，如果实际情况发生变化使得监理人不能完成全部或部分工作时，监理人应立即通知委托人。除不可抗力外，其善后工作以及恢复服务的准备工作应为附加工作，附加工作酬金的确定方法在专用条件中约定。监理人用于恢复服务的准备时间不应超过 28 天。

6.2.4 合同签订后，遇有与工程相关的法律法规、标准颁布或修订的，双方应遵照执行。由此引起监理与相关服务的范围、时间、酬金变化的，双方应通过协商进行相应调整。

6.2.5 因非监理人原因造成工程概算投资额或建筑安装工程费增加时，正常工作酬金应作相应调整。调整方法在专用条件中约定。

6.2.6 因工程规模、监理范围的变化导致监理人的正常工作量减少时，正常工作酬金应作相应调整。调整方法在专用条件中约定。

6.3 暂停与解除

除双方协商一致可以解除本合同外，当一方无正当理由未履行本合同约定的义务时，另一方可以根据本合同约定暂停履行本合同直至解除本合同。

6.3.1 在本合同有效期内，由于双方无法预见和控制的原因导致本合同全部或部分无法继续履行或继续履行已无意义，经双方协商一致，可以解除本合同或监理人的部分义务。在解除之前，监理人应作出合理安排，使开支减至最小。

因解除本合同或解除监理人的部分义务导致监理人遭受的损失，除依法可以免除责任的情况外，应由委托人予以补偿，补偿金额由双方协商确定。

解除本合同的协议必须采取书面形式，协议未达成之前，本合同仍然有效。

6.3.2 在本合同有效期内，因非监理人的原因导致工程施工全部或部分暂停，委托人可通知监理人要求暂停全部或部分工作。监理人应立即安排停止工作，并将开支减至最小。除不可抗力外，由此导致监理人遭受的损失应由委托人予以补偿。

暂停部分监理与相关服务时间超过 182 天，监理人可发出解除本合同约定的该部分义务的通知；暂停全部工作时间超过 182 天，监理人可发出解除本合同的通知，本合同自通知到达委托人时解除。委托人应将监理与相关服务的酬金支付至本合同解除日，且应承担第 4.2 款约定的责任。

6.3.3 当监理人无正当理由未履行本合同约定的义务时，委托人应通知监理人限期改正。若委托人在监理人接到通知后的 7 天内未收到监理人书面形式的合理解释，则可在 7 天内发出解除本合同的通知，自通知到达监理人时本合同解除。委托人应将监理与相关服务的酬金支付至限期改正通知到达监理人之日，但监理人应承担第 4.1 款约定的责任。

6.3.4 监理人在专用条件 5.3 中约定的支付之日起 28 天后仍未收到委托人按本合同

约定应付的款项，可向委托人发出催付通知。委托人接到通知 14 天后仍未支付或未提出监理人可以接受的延期支付安排，监理人可向委托人发出暂停工作的通知并可自行暂停全部或部分工作。暂停工作后 14 天内监理人仍未获得委托人应付酬金或委托人的合理答复，监理人可向委托人发出解除本合同的通知，自通知到达委托人时本合同解除。委托人应承担第 4.2.3 款约定的责任。

6.3.5　因不可抗力致使本合同部分或全部不能履行时，一方应立即通知另一方，可暂停或解除本合同。

6.3.6　本合同解除后，本合同约定的有关结算、清理、争议解决方式的条件仍然有效。

6.4　终止

以下条件全部满足时，本合同即告终止：

（1）监理人完成本合同约定的全部工作；

（2）委托人与监理人结清并支付全部酬金。

7. 争议解决

7.1　协商

双方应本着诚信原则协商解决彼此间的争议。

7.2　调解

如果双方不能在 14 天内或双方商定的其他时间内解决本合同争议，可以将其提交给专用条件约定的或事后达成协议的调解人进行调解。

7.3　仲裁或诉讼

双方均有权不经调解直接向专用条件约定的仲裁机构申请仲裁或向有管辖权的人民法院提起诉讼。

8. 其他

8.1　外出考察费用

经委托人同意，监理人员外出考察发生的费用由委托人审核后支付。

8.2　检测费用

委托人要求监理人进行的材料和设备检测所发生的费用，由委托人支付，支付时间在专用条件中约定。

8.3　咨询费用

经委托人同意，根据工程需要由监理人组织的相关咨询论证会以及聘请相关专家等发生的费用由委托人支付，支付时间在专用条件中约定。

8.4　奖励

监理人在服务过程中提出的合理化建议，使委托人获得经济效益的，双方在专用条件中约定奖励金额的确定方法。奖励金额在合理化建议被采纳后，与最近一期的正常工作酬金同期支付。

8.5　守法诚信

监理人及其工作人员不得从与实施工程有关的第三方处获得任何经济利益。

8.6　保密

双方不得泄露对方申明的保密资料，亦不得泄露与实施工程有关的第三方所提供的保密资料，保密事项在专用条件中约定。

8.7　通知

本合同涉及的通知均应当采用书面形式，并在送达对方时生效，收件人应书面签收。

8.8　著作权

监理人对其编制的文件拥有著作权。

监理人可单独或与他人联合出版有关监理与相关服务的资料。除专用条件另有约定外，如果监理人在本合同履行期间及本合同终止后两年内出版涉及本工程的有关监理与相关服务的资料，应当征得委托人的同意。

第三部分 专 用 条 件

1. 定义与解释

1.2 解释

1.2.1 本合同文件除使用中文外，还可用＿＿＿＿＿＿＿＿＿＿。

1.2.2 约定本合同文件的解释顺序为：＿＿＿＿＿＿＿＿＿＿。

2. 监理人义务

2.1 监理的范围和内容

2.1.1 监理范围包括：＿＿＿＿＿＿＿＿＿＿。

2.1.2 监理工作内容还包括：＿＿＿＿＿＿＿＿＿＿。

2.2 监理与相关服务依据

2.2.1 监理依据包括：＿＿＿＿＿＿＿＿＿＿。

2.2.2 相关服务依据包括：＿＿＿＿＿＿＿＿＿＿。

2.3 项目监理机构和人员

2.3.4 更换监理人员的其他情形：＿＿＿＿＿＿＿＿＿＿。

2.4 履行职责

2.4.3 对监理人的授权范围：＿＿＿＿＿＿＿＿＿＿

在涉及工程延期＿＿＿＿天内和（或）金额＿＿＿＿万元内的变更，监理人不需请示委托人即可向承包人发布变更通知。

2.4.4 监理人有权要求承包人调换其人员的限制条件：＿＿＿＿＿＿＿＿＿＿。

2.5 提交报告

监理人应提交报告的种类（包括监理规划、监理月报及约定的专项报告）、时间和份数：＿＿＿＿＿＿＿＿＿＿。

2.7 使用委托人的财产

附录B中由委托人无偿提供的房屋、设备的所有权属于：＿＿＿＿＿＿＿＿＿＿。

监理人应在本合同终止后＿＿＿＿天内移交委托人无偿提供的房屋、设备，移交的时间和方式为：＿＿＿＿＿＿＿＿＿＿。

3. 委托人义务

3.4 委托人代表

委托人代表为：＿＿＿＿＿＿＿＿＿＿。

3.6 答复

委托人同意在＿＿＿＿＿天内，对监理人书面提交并要求做出决定的事宜给予书面答复。

4. 违约责任

4.1 监理人的违约责任

4.1.1 监理人赔偿金额按下列方法确定：

赔偿金＝直接经济损失×正常工作酬金÷工程概算投资额（或建筑安装工程费）

4.2　委托人的违约责任

4.2.3　委托人逾期付款利息按下列方法确定：

逾期付款利息＝当期应付款总额×银行同期贷款利率×拖延支付天数

5. 支付

5.1　支付货币

币种为：_____，比例为：_____，汇率为：_____。

5.3　支付酬金

正常工作酬金的支付：

支付次数	支付时间	支付比例	支付金额（万元）
首付款	本合同签订后 7 天内		
第二次付款			
第三次付款			
……			
最后付款	监理与相关服务期届满 14 天内		

6. 合同生效、变更、暂停、解除与终止

6.1　生效

本合同生效条件：_____。

6.2　变更

6.2.2　除不可抗力外，因非监理人原因导致本合同期限延长时，附加工作酬金按下列方法确定：

附加工作酬金＝本合同期限延长时间（天）×正常工作酬金÷协议书约定的监理与相关服务期限（天）

6.2.3　附加工作酬金按下列方法确定：

附加工作酬金＝善后工作及恢复服务的准备工作时间（天）×正常工作酬金÷协议书约定的监理与相关服务期限（天）

6.2.5　正常工作酬金增加额按下列方法确定：

正常工作酬金增加额＝工程投资额或建筑安装工程费增加额×正常工作酬金÷工程概算投资额（或建筑安装工程费）

6.2.6　因工程规模、监理范围的变化导致监理人的正常工作量减少时，按减少工作量的比例从协议书约定的正常工作酬金中扣减相同比例的酬金。

7. 争议解决

7.2　调解

本合同争议进行调解时，可提交_____进行调解。

7.3　仲裁或诉讼

合同争议的最终解决方式为下列第_____种方式：

（1）提请_____仲裁委员会进行仲裁。

（2）向＿＿＿＿＿＿＿＿人民法院提起诉讼。

8. 其他

8.2 检测费用

委托人应在检测工作完成后＿＿＿＿＿＿天内支付检测费用。

8.3 咨询费用

委托人应在咨询工作完成后＿＿＿＿＿＿天内支付咨询费用。

8.4 奖励

合理化建议的奖励金额按下列方法确定为：

奖励金额＝工程投资节省额×奖励金额的比率。

奖励金额的比率为＿＿＿＿＿＿％。

8.6 保密

委托人申明的保密事项和期限：＿＿＿＿＿＿＿＿＿＿＿。

监理人申明的保密事项和期限：＿＿＿＿＿＿＿＿＿＿＿。

第三方申明的保密事项和期限：＿＿＿＿＿＿＿＿＿＿＿。

8.8 著作权

监理人在本合同履行期间及本合同终止后两年内出版涉及本工程的有关监理与相关服务的资料的限制条件：＿＿＿＿＿＿＿＿＿＿＿＿＿＿＿＿＿＿＿＿＿＿＿＿＿。

9. 补充条款

＿＿＿＿＿＿＿＿＿＿＿＿＿＿＿＿＿＿＿＿＿＿＿＿＿＿＿＿＿＿＿＿。

附录 A　相关服务的范围和内容

A-1　勘察阶段：_____。

A-2　设计阶段：_____。

A-3　保修阶段：_____。

A-4　其他（专业技术咨询、外部协调工作等）：_____。

附录 B 委托人派遣的人员和提供的房屋、资料、设备

B-1 委托人派遣的人员

名称	数量	工作要求	提供时间
1. 工程技术人员			
2. 辅助工作人员			
3. 其他人员			

B-2 委托人提供的房屋

名称	数量	面积	提供时间
1. 办公用房			
2. 生活用房			
3. 试验用房			
4. 样品用房			
用餐及其他生活条件			

B-3 委托人提供的资料

名称	份数	提供时间	备注
1. 工程立项文件			
2. 工程勘察文件			
3. 工程设计及施工图纸			
4. 工程承包合同及其他相关合同			
5. 施工许可文件			
6. 其他文件			

B-4 委托人提供的设备

名称	数量	型号与规格	提供时间
1. 通信设备			
2. 办公设备			
3. 交通工具			
4. 检测和试验设备			

附录 3 建设工程施工合同

建设工程施工合同（示范文本）（GF—2017—0201）

说　明

　　为了指导建设工程施工合同当事人的签约行为，维护合同当事人的合法权益，依据《中华人民共和国合同法》《中华人民共和国建筑法》《中华人民共和国招标投标法》以及相关法律法规，住房城乡建设部、国家工商行政管理总局对《建设工程施工合同（示范文本）》GF—2013—0201 进行了修订，制定了《建设工程施工合同（示范文本）》GF—2017—0201（以下简称《示范文本》）。为了便于合同当事人使用《示范文本》，现就有关问题说明如下：

　　一、《示范文本》的组成

　　《示范文本》由合同协议书、通用合同条款和专用合同条款三部分组成。

　　（一）合同协议书

　　《示范文本》合同协议书共计 13 条，主要包括：工程概况、合同工期、质量标准、签约合同价和合同价格形式、项目经理、合同文件构成、承诺以及合同生效条件等重要内容，集中约定了合同当事人基本的合同权利义务。

　　（二）通用合同条款

　　通用合同条款是合同当事人根据《中华人民共和国建筑法》《中华人民共和国合同法》等法律法规的规定，就工程建设的实施及相关事项，对合同当事人的权利义务作出的原则性约定。

　　通用合同条款共计 20 条，具体条款分别为：一般约定、发包人、承包人、监理人、工程质量、安全文明施工与环境保护、工期和进度、材料与设备、试验与检验、变更、价格调整、合同价格、计量与支付、验收和工程试车、竣工结算、缺陷责任与保修、违约、不可抗力、保险、索赔和争议解决。前述条款安排既考虑了现行法律法规对工程建设的有关要求，也考虑了建设工程施工管理的特殊需要。

　　（三）专用合同条款

　　专用合同条款是对通用合同条款原则性约定的细化、完善、补充、修改或另行约定的条款。合同当事人可以根据不同建设工程的特点及具体情况，通过双方的谈判、协商对相应的专用合同条款进行修改补充。在使用专用合同条款时，应注意以下事项：

　　1. 专用合同条款的编号应与相应的通用合同条款的编号一致；

　　2. 合同当事人可以通过对专用合同条款的修改，满足具体建设工程的特殊要求，避免直接修改通用合同条款；

　　3. 在专用合同条款中有横道线的地方，合同当事人可针对相应的通用合同条款进行细化、完善、补充、修改或另行约定；如无细化、完善、补充、修改或另行约定，则填写

"无"或划"/"。

二、《示范文本》的性质和适用范围

《示范文本》为非强制性使用文本。《示范文本》适用于房屋建筑工程、土木工程、线路管道和设备安装工程、装修工程等建设工程的施工承发包活动，合同当事人可结合建设工程具体情况，根据《示范文本》订立合同，并按照法律法规规定和合同约定承担相应的法律责任及合同权利义务。

目　　录

第一部分 合 同 协 议 书

发包人(全称):_____。

承包人(全称):_____。

根据《中华人民共和国合同法》《中华人民共和国建筑法》及有关法律规定,遵循平等、自愿、公平和诚实信用的原则,双方就_____工程施工及有关事项协商一致,共同达成如下协议:

一、工程概况

1. 工程名称:_____。

2. 工程地点:_____。

3. 工程立项批准文号:_____。

4. 资金来源:_____。

5. 工程内容:_____。

群体工程应附《承包人承揽工程项目一览表》(附件1)。

6. 工程承包范围:_____。

二、合同工期

计划开工日期:_____年____月____日。

计划竣工日期:_____年____月____日。

工期总日历天数:_____天。工期总日历天数与根据前述计划开竣工日期计算的工期天数不一致的,以工期总日历天数为准。

三、质量标准

工程质量符合_____标准。

四、签约合同价与合同价格形式

1. 签约合同价为:人民币(大写)_____(¥____元);

其中:

(1) 安全文明施工费:

人民币(大写)_____(¥_____元);

(2) 材料和工程设备暂估价金额:

人民币(大写)_____(¥_____元);

(3) 专业工程暂估价金额:

人民币(大写)_____(¥_____元);

(4) 暂列金额:

人民币(大写)_____(¥_____元)。

2. 合同价格形式:_____。

五、项目经理

承包人项目经理:_____。

六、合同文件构成

本协议书与下列文件一起构成合同文件:

第二部分　通用合同条款

1. 一般约定

1.1　词语定义与解释

合同协议书、通用合同条款、专用合同条款中的下列词语具有本款所赋予的含义：

1.1.1　合同

1.1.1.1　合同：是指根据法律规定和合同当事人约定具有约束力的文件，构成合同的文件包括合同协议书、中标通知书（如果有）、投标函及其附录（如果有）、专用合同条款及其附件、通用合同条款、技术标准和要求、图纸、已标价工程量清单或预算书以及其他合同文件。

1.1.1.2　合同协议书：是指构成合同的由发包人和承包人共同签署的称为"合同协议书"的书面文件。

1.1.1.3　中标通知书：是指构成合同的由发包人通知承包人中标的书面文件。

1.1.1.4　投标函：是指构成合同的由承包人填写并签署的用于投标的称为"投标函"的文件。

1.1.1.5　投标函附录：是指构成合同的附在投标函后的称为"投标函附录"的文件。

1.1.1.6　技术标准和要求：是指构成合同的施工应当遵守的或指导施工的国家、行业或地方的技术标准和要求，以及合同约定的技术标准和要求。

1.1.1.7　图纸：是指构成合同的图纸，包括由发包人按照合同约定提供或经发包人批准的设计文件、施工图、鸟瞰图及模型等，以及在合同履行过程中形成的图纸文件。图纸应当按照法律规定审查合格。

1.1.1.8　已标价工程量清单：是指构成合同的由承包人按照规定的格式和要求填写并标明价格的工程量清单，包括说明和表格。

1.1.1.9　预算书：是指构成合同的由承包人按照发包人规定的格式和要求编制的工程预算文件。

1.1.1.10　其他合同文件：是指经合同当事人约定的与工程施工有关的具有合同约束力的文件或书面协议。合同当事人可以在专用合同条款中进行约定。

1.1.2　合同当事人及其他相关方

1.1.2.1　合同当事人：是指发包人和（或）承包人。

1.1.2.2　发包人：是指与承包人签订合同协议书的当事人及取得该当事人资格的合法继承人。

1.1.2.3　承包人：是指与发包人签订合同协议书的，具有相应工程施工承包资质的当事人及取得该当事人资格的合法继承人。

1.1.2.4　监理人：是指在专用合同条款中指明的，受发包人委托按照法律规定进行工程监督管理的法人或其他组织。

1.1.2.5　设计人：是指在专用合同条款中指明的，受发包人委托负责工程设计并具备相应工程设计资质的法人或其他组织。

1.1.2.6　分包人：是指按照法律规定和合同约定，分包部分工程或工作，并与承包人签订分包合同的具有相应资质的法人。

1.1.2.7　发包人代表：是指由发包人任命并派驻施工现场在发包人授权范围内行使发包人权利的人。

1.1.2.8　项目经理：是指由承包人任命并派驻施工现场，在承包人授权范围内负责合同履行，且按照法律规定具有相应资格的项目负责人。

1.1.2.9　总监理工程师：是指由监理人任命并派驻施工现场进行工程监理的总负责人。

1.1.3　工程和设备

1.1.3.1　工程：是指与合同协议书中工程承包范围对应的永久工程和（或）临时工程。

1.1.3.2　永久工程：是指按合同约定建造并移交给发包人的工程，包括工程设备。

1.1.3.3　临时工程：是指为完成合同约定的永久工程所修建的各类临时性工程，不包括施工设备。

1.1.3.4　单位工程：是指在合同协议书中指明的，具备独立施工条件并能形成独立使用功能的永久工程。

1.1.3.5　工程设备：是指构成永久工程的机电设备、金属结构设备、仪器及其他类似的设备和装置。

1.1.3.6　施工设备：是指为完成合同约定的各项工作所需的设备、器具和其他物品，但不包括工程设备、临时工程和材料。

1.1.3.7　施工现场：是指用于工程施工的场所，以及在专用合同条款中指明作为施工场所组成部分的其他场所，包括永久占地和临时占地。

1.1.3.8　临时设施：是指为完成合同约定的各项工作所服务的临时性生产和生活设施。

1.1.3.9　永久占地：是指专用合同条款中指明为实施工程需永久占用的土地。

1.1.3.10　临时占地：是指专用合同条款中指明为实施工程需要临时占用的土地。

1.1.4　日期和期限

1.1.4.1　开工日期：包括计划开工日期和实际开工日期。计划开工日期是指合同协议书约定的开工日期；实际开工日期是指监理人按照第7.3.2项〔开工通知〕约定发出的符合法律规定的开工通知中载明的开工日期。

1.1.4.2　竣工日期：包括计划竣工日期和实际竣工日期。计划竣工日期是指合同协议书约定的竣工日期；实际竣工日期按照第13.2.3项〔竣工日期〕的约定确定。

1.1.4.3　工期：是指在合同协议书约定的承包人完成工程所需的期限，包括按照合同约定所作的期限变更。

1.1.4.4　缺陷责任期：是指承包人按照合同约定承担缺陷修复义务，且发包人预留质量保证金（已缴纳履约保证金的除外）的期限，自工程实际竣工日期起计算。

1.1.4.5　保修期：是指承包人按照合同约定对工程承担保修责任的期限，从工程竣工验收合格之日起计算。

1.1.4.6　基准日期：招标发包的工程以投标截止日前28天的日期为基准日期，直接发包的工程以合同签订日前28天的日期为基准日期。

1.1.4.7　天：除特别指明外，均指日历天。合同中按天计算时间的，开始当天不计入，从次日开始计算，期限最后一天的截止时间为当天 24：00 时。

1.1.5　合同价格和费用

1.1.5.1　签约合同价：是指发包人和承包人在合同协议书中确定的总金额，包括安全文明施工费、暂估价及暂列金额等。

1.1.5.2　合同价格：是指发包人用于支付承包人按照合同约定完成承包范围内全部工作的金额，包括合同履行过程中按合同约定发生的价格变化。

1.1.5.3　费用：是指为履行合同所发生的或将要发生的所有必需的开支，包括管理费和应分摊的其他费用，但不包括利润。

1.1.5.4　暂估价：是指发包人在工程量清单或预算书中提供的用于支付必然发生但暂时不能确定价格的材料、工程设备的单价、专业工程以及服务工作的金额。

1.1.5.5　暂列金额：是指发包人在工程量清单或预算书中暂定并包括在合同价格中的一笔款项，用于工程合同签订时尚未确定或者不可预见的所需材料、工程设备、服务的采购，施工中可能发生的工程变更、合同约定调整因素出现时的合同价格调整以及发生的索赔、现场签证确认等的费用。

1.1.5.6　计日工：是指合同履行过程中，承包人完成发包人提出的零星工作或需要采用计日工计价的变更工作时，按合同中约定的单价计价的一种方式。

1.1.5.7　质量保证金：是指按照第 15.3 款〔质量保证金〕约定承包人用于保证其在缺陷责任期内履行缺陷修补义务的担保。

1.1.5.8　总价项目：是指在现行国家、行业以及地方的计量规则中无工程量计算规则，在已标价工程量清单或预算书中以总价或以费率形式计算的项目。

1.1.6　其他

1.1.6.1　书面形式：是指合同文件、信函、电报、传真等可以有形地表现所载内容的形式。

1.2　语言文字

合同以中国的汉语简体文字编写、解释和说明。合同当事人在专用合同条款中约定使用两种以上语言时，汉语为优先解释和说明合同的语言。

1.3　法律

合同所称法律是指中华人民共和国法律、行政法规、部门规章，以及工程所在地的地方性法规、自治条例、单行条例和地方政府规章等。

合同当事人可以在专用合同条款中约定合同适用的其他规范性文件。

1.4　标准和规范

1.4.1　适用于工程的国家标准、行业标准、工程所在地的地方性标准，以及相应的规范、规程等，合同当事人有特别要求的，应在专用合同条款中约定。

1.4.2　发包人要求使用国外标准、规范的，发包人负责提供原文版本和中文译本，并在专用合同条款中约定提供标准规范的名称、份数和时间。

1.4.3　发包人对工程的技术标准、功能要求高于或严于现行国家、行业或地方标准的，应当在专用合同条款中予以明确。除专用合同条款另有约定外，应视为承包人在签订合同前已充分预见前述技术标准和功能要求的复杂程度，签约合同价中已包含由此产生的费用。

1.5 合同文件的优先顺序

组成合同的各项文件应互相解释，互为说明。除专用合同条款另有约定外，解释合同文件的优先顺序如下：

（1）合同协议书；

（2）中标通知书（如果有）；

（3）投标函及其附录（如果有）；

（4）专用合同条款及其附件；

（5）通用合同条款；

（6）技术标准和要求；

（7）图纸；

（8）已标价工程量清单或预算书；

（9）其他合同文件。

上述各项合同文件包括合同当事人就该项合同文件所作出的补充和修改，属于同一类内容的文件，应以最新签署的为准。

在合同订立及履行过程中形成的与合同有关的文件均构成合同文件组成部分，并根据其性质确定优先解释顺序。

1.6 图纸和承包人文件

1.6.1 图纸的提供和交底

发包人应按照专用合同条款约定的期限、数量和内容向承包人免费提供图纸，并组织承包人、监理人和设计人进行图纸会审和设计交底。发包人至迟不得晚于第7.3.2项〔开工通知〕载明的开工日期前14天向承包人提供图纸。

因发包人未按合同约定提供图纸导致承包人费用增加和（或）工期延误的，按照第7.5.1项〔因发包人原因导致工期延误〕约定办理。

1.6.2 图纸的错误

承包人在收到发包人提供的图纸后，发现图纸存在差错、遗漏或缺陷的，应及时通知监理人。监理人接到该通知后，应附具相关意见并立即报送发包人，发包人应在收到监理人报送的通知后的合理时间内作出决定。合理时间是指发包人在收到监理人的报送通知后，尽其努力且不懈怠地完成图纸修改补充所需的时间。

1.6.3 图纸的修改和补充

图纸需要修改和补充的，应经图纸原设计人及审批部门同意，并由监理人在工程或工程相应部位施工前将修改后的图纸或补充图纸提交给承包人，承包人应按修改或补充后的图纸施工。

1.6.4 承包人文件

承包人应按照专用合同条款的约定提供应当由其编制的与工程施工有关的文件，并按照专用合同条款约定的期限、数量和形式提交监理人，并由监理人报送发包人。

除专用合同条款另有约定外，监理人应在收到承包人文件后7天内审查完毕，监理人对承包人文件有异议的，承包人应予以修改，并重新报送监理人。监理人的审查并不减轻或免除承包人根据合同约定应当承担的责任。

1.6.5　图纸和承包人文件的保管

除专用合同条款另有约定外，承包人应在施工现场另外保存一套完整的图纸和承包人文件，供发包人、监理人及有关人员进行工程检查时使用。

1.7　联络

1.7.1　与合同有关的通知、批准、证明、证书、指示、指令、要求、请求、同意、意见、确定和决定等，均应采用书面形式，并应在合同约定的期限内送达接收人和送达地点。

1.7.2　发包人和承包人应在专用合同条款中约定各自的送达接收人和送达地点。任何一方合同当事人指定的接收人或送达地点发生变动的，应提前 3 天以书面形式通知对方。

1.7.3　发包人和承包人应当及时签收另一方送达至送达地点和指定接收人的来往信函。拒不签收的，由此增加的费用和（或）延误的工期由拒绝接收一方承担。

1.8　严禁贿赂

合同当事人不得以贿赂或变相贿赂的方式，谋取非法利益或损害对方权益。因一方合同当事人的贿赂造成对方损失的，应赔偿损失，并承担相应的法律责任。

承包人不得与监理人或发包人聘请的第三方串通损害发包人利益。未经发包人书面同意，承包人不得为监理人提供合同约定以外的通信设备、交通工具及其他任何形式的利益，不得向监理人支付报酬。

1.9　化石、文物

在施工现场发掘的所有文物、古迹以及具有地质研究或考古价值的其他遗迹、化石、钱币或物品属于国家所有。一旦发现上述文物，承包人应采取合理有效的保护措施，防止任何人员移动或损坏上述物品，并立即报告有关政府行政管理部门，同时通知监理人。

发包人、监理人和承包人应按有关政府行政管理部门要求采取妥善的保护措施，由此增加的费用和（或）延误的工期由发包人承担。

承包人发现文物后不及时报告或隐瞒不报，致使文物丢失或损坏的，应赔偿损失，并承担相应的法律责任。

1.10　交通运输

1.10.1　出入现场的权利

除专用合同条款另有约定外，发包人应根据施工需要，负责取得出入施工现场所需的批准手续和全部权利，以及取得因施工所需修建道路、桥梁以及其他基础设施的权利，并承担相关手续费用和建设费用。承包人应协助发包人办理修建场内外道路、桥梁以及其他基础设施的手续。

承包人应在订立合同前查勘施工现场，并根据工程规模及技术参数合理预见工程施工所需的进出施工现场的方式、手段、路径等。因承包人未合理预见所增加的费用和（或）延误的工期由承包人承担。

1.10.2　场外交通

发包人应提供场外交通设施的技术参数和具体条件，承包人应遵守有关交通法规，严格按照道路和桥梁的限制荷载行驶，执行有关道路限速、限行、禁止超载的规定，并配合交通管理部门的监督和检查。场外交通设施无法满足工程施工需要的，由发包人负责完善并承担相关费用。

1.10.3 场内交通

发包人应提供场内交通设施的技术参数和具体条件，并应按照专用合同条款的约定向承包人免费提供满足工程施工所需的场内道路和交通设施。因承包人原因造成上述道路或交通设施损坏的，承包人负责修复并承担由此增加的费用。

除发包人按照合同约定提供的场内道路和交通设施外，承包人负责修建、维修、养护和管理施工所需的其他场内临时道路和交通设施。发包人和监理人可以为实现合同目的使用承包人修建的场内临时道路和交通设施。

场外交通和场内交通的边界由合同当事人在专用合同条款中约定。

1.10.4 超大件和超重件的运输

由承包人负责运输的超大件或超重件，应由承包人负责向交通管理部门办理申请手续，发包人给予协助。运输超大件或超重件所需的道路和桥梁临时加固改造费用和其他有关费用，由承包人承担，但专用合同条款另有约定除外。

1.10.5 道路和桥梁的损坏责任

因承包人运输造成施工场地内外公共道路和桥梁损坏的，由承包人承担修复损坏的全部费用和可能引起的赔偿。

1.10.6 水路和航空运输

本款前述各项的内容适用于水路运输和航空运输，其中"道路"一词的涵义包括河道、航线、船闸、机场、码头、堤防以及水路或航空运输中其他相似结构物；"车辆"一词的涵义包括船舶和飞机等。

1.11 知识产权

1.11.1 除专用合同条款另有约定外，发包人提供给承包人的图纸、发包人为实施工程自行编制或委托编制的技术规范以及反映发包人要求的或其他类似性质的文件的著作权属于发包人，承包人可以为实现合同目的而复制、使用此类文件，但不能用于与合同无关的其他事项。未经发包人书面同意，承包人不得为了合同以外的目的而复制、使用上述文件或将之提供给任何第三方。

1.11.2 除专用合同条款另有约定外，承包人为实施工程所编制的文件，除署名权以外的著作权属于发包人，承包人可因实施工程的运行、调试、维修、改造等目的而复制、使用此类文件，但不能用于与合同无关的其他事项。未经发包人书面同意，承包人不得为了合同以外的目的而复制、使用上述文件或将之提供给任何第三方。

1.11.3 合同当事人保证在履行合同过程中不侵犯对方及第三方的知识产权。承包人在使用材料、施工设备、工程设备或采用施工工艺时，因侵犯他人的专利权或其他知识产权所引起的责任，由承包人承担；因发包人提供的材料、施工设备、工程设备或施工工艺导致侵权的，由发包人承担责任。

1.11.4 除专用合同条款另有约定外，承包人在合同签订前和签订时已确定采用的专利、专有技术、技术秘密的使用费已包含在签约合同价中。

1.12 保密

除法律规定或合同另有约定外，未经发包人同意，承包人不得将发包人提供的图纸、文件以及声明需要保密的资料信息等商业秘密泄露给第三方。

除法律规定或合同另有约定外，未经承包人同意，发包人不得将承包人提供的技术秘密及声明需要保密的资料信息等商业秘密泄露给第三方。

1.13 工程量清单错误的修正

除专用合同条款另有约定外，发包人提供的工程量清单，应被认为是准确的和完整的。出现下列情形之一时，发包人应予以修正，并相应调整合同价格：

（1）工程量清单存在缺项、漏项的；

（2）工程量清单偏差超出专用合同条款约定的工程量偏差范围的；

（3）未按照国家现行计量规范强制性规定计量的。

2. 发包人

2.1 许可或批准

发包人应遵守法律，并办理法律规定由其办理的许可、批准或备案，包括但不限于建设用地规划许可证、建设工程规划许可证、建设工程施工许可证、施工所需临时用水、临时用电、中断道路交通、临时占用土地等许可和批准。发包人应协助承包人办理法律规定的有关施工证件和批件。

因发包人原因未能及时办理完毕前述许可、批准或备案，由发包人承担由此增加的费用和（或）延误的工期，并支付承包人合理的利润。

2.2 发包人代表

发包人应在专用合同条款中明确其派驻施工现场的发包人代表的姓名、职务、联系方式及授权范围等事项。发包人代表在发包人的授权范围内，负责处理合同履行过程中与发包人有关的具体事宜。发包人代表在授权范围内的行为由发包人承担法律责任。发包人更换发包人代表的，应提前 7 天书面通知承包人。

发包人代表不能按照合同约定履行其职责及义务，并导致合同无法继续正常履行的，承包人可以要求发包人撤换发包人代表。

不属于法定必须监理的工程，监理人的职权可以由发包人代表或发包人指定的其他人员行使。

2.3 发包人人员

发包人应要求在施工现场的发包人人员遵守法律及有关安全、质量、环境保护、文明施工等规定，并保障承包人免于承受因发包人人员未遵守上述要求给承包人造成的损失和责任。

发包人人员包括发包人代表及其他由发包人派驻施工现场的人员。

2.4 施工现场、施工条件和基础资料的提供

2.4.1 提供施工现场

除专用合同条款另有约定外，发包人应最迟于开工日期 7 天前向承包人移交施工现场。

2.4.2 提供施工条件

除专用合同条款另有约定外，发包人应负责提供施工所需要的条件，包括：

（1）将施工用水、电力、通信线路等施工所必需的条件接至施工现场内；

（2）保证向承包人提供正常施工所需要的进入施工现场的交通条件；

（3）协调处理施工现场周围地下管线和邻近建筑物、构筑物、古树名木的保护工作，

并承担相关费用;

(4) 按照专用合同条款约定应提供的其他设施和条件。

2.4.3 提供基础资料

发包人应当在移交施工现场前向承包人提供施工现场及工程施工所必需的毗邻区域内供水、排水、供电、供气、供热、通信、广播电视等地下管线资料,气象和水文观测资料,地质勘察资料,相邻建筑物、构筑物和地下工程等有关基础资料,并对所提供资料的真实性、准确性和完整性负责。

按照法律规定确需在开工后方能提供的基础资料,发包人应尽其努力及时地在相应工程施工前的合理期限内提供,合理期限应以不影响承包人的正常施工为限。

2.4.4 逾期提供的责任

因发包人原因未能按合同约定及时向承包人提供施工现场、施工条件、基础资料的,由发包人承担由此增加的费用和(或)延误的工期。

2.5 资金来源证明及支付担保

除专用合同条款另有约定外,发包人应在收到承包人要求提供资金来源证明的书面通知后 28 天内,向承包人提供能够按照合同约定支付合同价款的相应资金来源证明。

除专用合同条款另有约定外,发包人要求承包人提供履约担保的,发包人应当向承包人提供支付担保。支付担保可以采用银行保函或担保公司担保等形式,具体由合同当事人在专用合同条款中约定。

2.6 支付合同价款

发包人应按合同约定向承包人及时支付合同价款。

2.7 组织竣工验收

发包人应按合同约定及时组织竣工验收。

2.8 现场统一管理协议

发包人应与承包人、由发包人直接发包的专业工程的承包人签订施工现场统一管理协议,明确各方的权利义务。施工现场统一管理协议作为专用合同条款的附件。

3. 承包人

3.1 承包人的一般义务

承包人在履行合同过程中应遵守法律和工程建设标准规范,并履行以下义务:

(1) 办理法律规定应由承包人办理的许可和批准,并将办理结果书面报送发包人留存;

(2) 按法律规定和合同约定完成工程,并在保修期内承担保修义务;

(3) 按法律规定和合同约定采取施工安全和环境保护措施,办理工伤保险,确保工程及人员、材料、设备和设施的安全;

(4) 按合同约定的工作内容和施工进度要求,编制施工组织设计和施工措施计划,并对所有施工作业和施工方法的完备性和安全可靠性负责;

(5) 在进行合同约定的各项工作时,不得侵害发包人与他人使用公用道路、水源、市政管网等公共设施的权利,避免对邻近的公共设施产生干扰。承包人占用或使用他人的施工场地,影响他人作业或生活的,应承担相应责任;

(6) 按照第 6.3 款〔环境保护〕约定负责施工场地及其周边环境与生态的保护工作;

（7）按第 6.1 款〔安全文明施工〕约定采取施工安全措施，确保工程及其人员、材料、设备和设施的安全，防止因工程施工造成的人身伤害和财产损失；

（8）将发包人按合同约定支付的各项价款专用于合同工程，且应及时支付其雇用人员工资，并及时向分包人支付合同价款；

（9）按照法律规定和合同约定编制竣工资料，完成竣工资料立卷及归档，并按专用合同条款约定的竣工资料的套数、内容、时间等要求移交发包人；

（10）应履行的其他义务。

3.2　项目经理

3.2.1　项目经理应为合同当事人所确认的人选，并在专用合同条款中明确项目经理的姓名、职称、注册执业证书编号、联系方式及授权范围等事项，项目经理经承包人授权后代表承包人负责履行合同。项目经理应是承包人正式聘用的员工，承包人应向发包人提交项目经理与承包人之间的劳动合同，以及承包人为项目经理缴纳社会保险的有效证明。承包人不提交上述文件的，项目经理无权履行职责，发包人有权要求更换项目经理，由此增加的费用和（或）延误的工期由承包人承担。

项目经理应常驻施工现场，且每月在施工现场时间不得少于专用合同条款约定的天数。项目经理不得同时担任其他项目的项目经理。项目经理确需离开施工现场时，应事先通知监理人，并取得发包人的书面同意。项目经理的通知中应当载明临时代行其职责的人员的注册执业资格、管理经验等资料，该人员应具备履行相应职责的能力。

承包人违反上述约定的，应按照专用合同条款的约定，承担违约责任。

3.2.2　项目经理按合同约定组织工程实施。在紧急情况下为确保施工安全和人员安全，在无法与发包人代表和总监理工程师及时取得联系时，项目经理有权采取必要的措施保证与工程有关的人身、财产和工程的安全，但应在 48 小时内向发包人代表和总监理工程师提交书面报告。

3.2.3　承包人需要更换项目经理的，应提前 14 天书面通知发包人和监理人，并征得发包人书面同意。通知中应当载明继任项目经理的注册执业资格、管理经验等资料，继任项目经理继续履行第 3.2.1 项约定的职责。未经发包人书面同意，承包人不得擅自更换项目经理。承包人擅自更换项目经理的，应按照专用合同条款的约定承担违约责任。

3.2.4　发包人有权书面通知承包人更换其认为不称职的项目经理，通知中应当载明要求更换的理由。承包人应在接到更换通知后 14 天内向发包人提出书面的改进报告。发包人收到改进报告后仍要求更换的，承包人应在接到第二次更换通知的 28 天内进行更换，并将新任命的项目经理的注册执业资格、管理经验等资料书面通知发包人。继任项目经理继续履行第 3.2.1 项约定的职责。承包人无正当理由拒绝更换项目经理的，应按照专用合同条款的约定承担违约责任。

3.2.5　项目经理因特殊情况授权其下属人员履行其某项工作职责的，该下属人员应具备履行相应职责的能力，并应提前 7 天将上述人员的姓名和授权范围书面通知监理人，并征得发包人书面同意。

3.3　承包人人员

3.3.1　除专用合同条款另有约定外，承包人应在接到开工通知后 7 天内，向监理人提交承包人项目管理机构及施工现场人员安排的报告，其内容应包括合同管理、施工、技术、材料、质量、安全、财务等主要施工管理人员名单及其岗位、注册执业资格等，以及各工种技术工人的安排情况，并同时提交主要施工管理人员与承包人之间的劳动关系证明和缴纳社会保险的有效证明。

3.3.2 承包人派驻到施工现场的主要施工管理人员应相对稳定。施工过程中如有变动，承包人应及时向监理人提交施工现场人员变动情况的报告。承包人更换主要施工管理人员时，应提前7天书面通知监理人，并征得发包人书面同意。通知中应当载明继任人员的注册执业资格、管理经验等资料。

特殊工种作业人员均应持有相应的资格证明，监理人可以随时检查。

3.3.3 发包人对于承包人主要施工管理人员的资格或能力有异议的，承包人应提供资料证明被质疑人员有能力完成其岗位工作或不存在发包人所质疑的情形。发包人要求撤换不能按照合同约定履行职责及义务的主要施工管理人员的，承包人应当撤换。承包人无正当理由拒绝撤换的，应按照专用合同条款的约定承担违约责任。

3.3.4 除专用合同条款另有约定外，承包人的主要施工管理人员离开施工现场每月累计不超过5天的，应报监理人同意；离开施工现场每月累计超过5天的，应通知监理人，并征得发包人书面同意。主要施工管理人员离开施工现场前应指定一名有经验的人员临时代行其职责，该人员应具备履行相应职责的资格和能力，且应征得监理人或发包人的同意。

3.3.5 承包人擅自更换主要施工管理人员，或前述人员未经监理人或发包人同意擅自离开施工现场的，应按照专用合同条款约定承担违约责任。

3.4 承包人现场查勘

承包人应对基于发包人按照第2.4.3项〔提供基础资料〕提交的基础资料所做出的解释和推断负责，但因基础资料存在错误、遗漏导致承包人解释或推断失实的，由发包人承担责任。

承包人应对施工现场和施工条件进行查勘，并充分了解工程所在地的气象条件、交通条件、风俗习惯以及其他与完成合同工作有关的其他资料。因承包人未能充分查勘、了解前述情况或未能充分估计前述情况所可能产生后果的，承包人承担由此增加的费用和（或）延误的工期。

3.5 分包

3.5.1 分包的一般约定

承包人不得将其承包的全部工程转包给第三人，或将其承包的全部工程肢解后以分包的名义转包给第三人。承包人不得将工程主体结构、关键性工作及专用合同条款中禁止分包的专业工程分包给第三人，主体结构、关键性工作的范围由合同当事人按照法律规定在专用合同条款中予以明确。

承包人不得以劳务分包的名义转包或违法分包工程。

3.5.2 分包的确定

承包人应按专用合同条款的约定进行分包，确定分包人。已标价工程量清单或预算书中给定暂估价的专业工程，按照第10.7款〔暂估价〕确定分包人。按照合同约定进行分包的，承包人应确保分包人具有相应的资质和能力。工程分包不减轻或免除承包人的责任和义务，承包人和分包人就分包工程向发包人承担连带责任。除合同另有约定外，承包人应在分包合同签订后 7 天内向发包人和监理人提交分包合同副本。

3.5.3　分包管理

承包人应向监理人提交分包人的主要施工管理人员表，并对分包人的施工人员进行实名制管理，包括但不限于进出场管理、登记造册以及各种证照的办理。

3.5.4　分包合同价款

（1）除本项第（2）目约定的情况或专用合同条款另有约定外，分包合同价款由承包人与分包人结算，未经承包人同意，发包人不得向分包人支付分包工程价款；

（2）生效法律文书要求发包人向分包人支付分包合同价款的，发包人有权从应付承包人工程款中扣除该部分款项。

3.5.5　分包合同权益的转让

分包人在分包合同项下的义务持续到缺陷责任期届满以后的，发包人有权在缺陷责任期届满前，要求承包人将其在分包合同项下的权益转让给发包人，承包人应当转让。除转让合同另有约定外，转让合同生效后，由分包人向发包人履行义务。

3.6　工程照管与成品、半成品保护

（1）除专用合同条款另有约定外，自发包人向承包人移交施工现场之日起，承包人应负责照管工程及工程相关的材料、工程设备，直到颁发工程接收证书之日止。

（2）在承包人负责照管期间，因承包人原因造成工程、材料、工程设备损坏的，由承包人负责修复或更换，并承担由此增加的费用和（或）延误的工期。

（3）对合同内分期完成的成品和半成品，在工程接收证书颁发前，由承包人承担保护责任。因承包人原因造成成品或半成品损坏的，由承包人负责修复或更换，并承担由此增加的费用和（或）延误的工期。

3.7　履约担保

发包人需要承包人提供履约担保的，由合同当事人在专用合同条款中约定履约担保的方式、金额及期限等。履约担保可以采用银行保函或担保公司担保等形式，具体由合同当事人在专用合同条款中约定。

因承包人原因导致工期延长的，继续提供履约担保所增加的费用由承包人承担；非因承包人原因导致工期延长的，继续提供履约担保所增加的费用由发包人承担。

3.8　联合体

3.8.1　联合体各方应共同与发包人签订合同协议书。联合体各方应为履行合同向发包人承担连带责任。

3.8.2　联合体协议经发包人确认后作为合同附件。在履行合同过程中，未经发包人同意，不得修改联合体协议。

3.8.3　联合体牵头人负责与发包人和监理人联系，并接受指示，负责组织联合体各成员全面履行合同。

4.　监理人

4.1　监理人的一般规定

工程实行监理的，发包人和承包人应在专用合同条款中明确监理人的监理内容及监理权限等事项。监理人应当根据发包人授权及法律规定，代表发包人对工程施工相关事项进行检查、查验、审核、验收，并签发相关指示，但监理人无权修改合同，且无权减轻或免

除合同约定的承包人的任何责任与义务。

除专用合同条款另有约定外，监理人在施工现场的办公场所、生活场所由承包人提供，所发生的费用由发包人承担。

4.2 监理人员

发包人授予监理人对工程实施监理的权利由监理人派驻施工现场的监理人员行使，监理人员包括总监理工程师及监理工程师。监理人应将授权的总监理工程师和监理工程师的姓名及授权范围以书面形式提前通知承包人。更换总监理工程师的，监理人应提前7天书面通知承包人；更换其他监理人员，监理人应提前48小时书面通知承包人。

4.3 监理人的指示

监理人应按照发包人的授权发出监理指示。监理人的指示应采用书面形式，并经其授权的监理人员签字。紧急情况下，为了保证施工人员的安全或避免工程受损，监理人员可以口头形式发出指示，该指示与书面形式的指示具有同等法律效力，但必须在发出口头指示后24小时内补发书面监理指示，补发的书面监理指示应与口头指示一致。

监理人发出的指示应送达承包人项目经理或经项目经理授权接收的人员。因监理人未能按合同约定发出指示、指示延误或发出了错误指示而导致承包人费用增加和（或）工期延误的，由发包人承担相应责任。除专用合同条款另有约定外，总监理工程师不应将第4.4款〔商定或确定〕约定应由总监理工程师作出确定的权力授权或委托给其他监理人员。

承包人对监理人发出的指示有疑问的，应向监理人提出书面异议，监理人应在48小时内对该指示予以确认、更改或撤销，监理人逾期未回复的，承包人有权拒绝执行上述指示。

监理人对承包人的任何工作、工程或其采用的材料和工程设备未在约定的或合理期限内提出意见的，视为批准，但不免除或减轻承包人对该工作、工程、材料、工程设备等应承担的责任和义务。

4.4 商定或确定

合同当事人进行商定或确定时，总监理工程师应当会同合同当事人尽量通过协商达成一致，不能达成一致的，由总监理工程师按照合同约定审慎做出公正的确定。

总监理工程师应将确定以书面形式通知发包人和承包人，并附详细依据。合同当事人对总监理工程师的确定没有异议的，按照总监理工程师的确定执行。任何一方合同当事人有异议，按照第20条〔争议解决〕约定处理。争议解决前，合同当事人暂按总监理工程师的确定执行；争议解决后，争议解决的结果与总监理工程师的确定不一致的，按照争议解决的结果执行，由此造成的损失由责任人承担。

5. 工程质量

5.1 质量要求

5.1.1 工程质量标准必须符合现行国家有关工程施工质量验收规范和标准的要求。有关工程质量的特殊标准或要求由合同当事人在专用合同条款中约定。

5.1.2 因发包人原因造成工程质量未达到合同约定标准的，由发包人承担由此增加的费用和（或）延误的工期，并支付承包人合理的利润。

5.1.3 因承包人原因造成工程质量未达到合同约定标准的，发包人有权要求承包人返工直至工程质量达到合同约定的标准为止，并由承包人承担由此增加的费用和（或）延误的工期。

5.2　质量保证措施

5.2.1　发包人的质量管理

发包人应按照法律规定及合同约定完成与工程质量有关的各项工作。

5.2.2　承包人的质量管理

承包人按照第 7.1 款〔施工组织设计〕约定向发包人和监理人提交工程质量保证体系及措施文件，建立完善的质量检查制度，并提交相应的工程质量文件。对于发包人和监理人违反法律规定和合同约定的错误指示，承包人有权拒绝实施。

承包人应对施工人员进行质量教育和技术培训，定期考核施工人员的劳动技能，严格执行施工规范和操作规程。

承包人应按照法律规定和发包人的要求，对材料、工程设备以及工程的所有部位及其施工工艺进行全过程的质量检查和检验，并作详细记录，编制工程质量报表，报送监理人审查。此外，承包人还应按照法律规定和发包人的要求，进行施工现场取样试验、工程复核测量和设备性能检测，提供试验样品、提交试验报告和测量成果以及其他工作。

5.2.3　监理人的质量检查和检验

监理人按照法律规定和发包人授权对工程的所有部位及其施工工艺、材料和工程设备进行检查和检验。承包人应为监理人的检查和检验提供方便，包括监理人到施工现场，或制造、加工地点，或合同约定的其他地方进行察看和查阅施工原始记录。监理人为此进行的检查和检验，不免除或减轻承包人按照合同约定应当承担的责任。

监理人的检查和检验不应影响施工正常进行。监理人的检查和检验影响施工正常进行的，且经检查检验不合格的，影响正常施工的费用由承包人承担，工期不予顺延；经检查检验合格的，由此增加的费用和（或）延误的工期由发包人承担。

5.3　隐蔽工程检查

5.3.1　承包人自检

承包人应当对工程隐蔽部位进行自检，并经自检确认是否具备覆盖条件。

5.3.2　检查程序

除专用合同条款另有约定外，工程隐蔽部位经承包人自检确认具备覆盖条件的，承包人应在共同检查前 48 小时书面通知监理人检查，通知中应载明隐蔽检查的内容、时间和地点，并应附有自检记录和必要的检查资料。

监理人应按时到场并对隐蔽工程及其施工工艺、材料和工程设备进行检查。经监理人检查确认质量符合隐蔽要求，并在验收记录上签字后，承包人才能进行覆盖。经监理人检查质量不合格的，承包人应在监理人指示的时间内完成修复，并由监理人重新检查，由此增加的费用和（或）延误的工期由承包人承担。

除专用合同条款另有约定外，监理人不能按时进行检查的，应在检查前 24 小时向承包人提交书面延期要求，但延期不能超过 48 小时，由此导致工期延误的，工期应予以顺延。监理人未按时进行检查，也未提出延期要求的，视为隐蔽工程检查合格，承包人可自行完成覆盖工作，并作相应记录报送监理人，监理人应签字确认。监理人事后对检查记录有疑问的，可按第 5.3.3 项〔重新检查〕的约定重新检查。

5.3.3 重新检查

承包人覆盖工程隐蔽部位后，发包人或监理人对质量有疑问的，可要求承包人对已覆盖的部位进行钻孔探测或揭开重新检查，承包人应遵照执行，并在检查后重新覆盖恢复原状。经检查证明工程质量符合合同要求的，由发包人承担由此增加的费用和（或）延误的工期，并支付承包人合理的利润；经检查证明工程质量不符合合同要求的，由此增加的费用和（或）延误的工期由承包人承担。

5.3.4 承包人私自覆盖

承包人未通知监理人到场检查，私自将工程隐蔽部位覆盖的，监理人有权指示承包人钻孔探测或揭开检查，无论工程隐蔽部位质量是否合格，由此增加的费用和（或）延误的工期均由承包人承担。

5.4 不合格工程的处理

5.4.1 因承包人原因造成工程不合格的，发包人有权随时要求承包人采取补救措施，直至达到合同要求的质量标准，由此增加的费用和（或）延误的工期由承包人承担。无法补救的，按照第13.2.4项〔拒绝接收全部或部分工程〕约定执行。

5.4.2 因发包人原因造成工程不合格的，由此增加的费用和（或）延误的工期由发包人承担，并支付承包人合理的利润。

5.5 质量争议检测

合同当事人对工程质量有争议的，由双方协商确定的工程质量检测机构鉴定，由此产生的费用及因此造成的损失，由责任方承担。合同当事人均有责任的，由双方根据其责任分别承担。合同当事人无法达成一致的，按照第4.4款〔商定或确定〕执行。

6. 安全文明施工与环境保护

6.1 安全文明施工

6.1.1 安全生产要求

合同履行期间，合同当事人均应当遵守国家和工程所在地有关安全生产的要求，合同当事人有特别要求的，应在专用合同条款中明确施工项目安全生产标准化达标目标及相应事项。承包人有权拒绝发包人及监理人强令承包人违章作业、冒险施工的任何指示。

在施工过程中，如遇到突发的地质变动、事先未知的地下施工障碍等影响施工安全的紧急情况，承包人应及时报告监理人和发包人，发包人应当及时下令停工并报政府有关行政管理部门采取应急措施。

因安全生产需要暂停施工的，按照第7.8款〔暂停施工〕的约定执行。

6.1.2 安全生产保证措施

承包人应当按照有关规定编制安全技术措施或者专项施工方案，建立安全生产责任制度、治安保卫制度及安全生产教育培训制度，并按安全生产法律规定及合同约定履行安全职责，如实编制工程安全生产的有关记录，接受发包人、监理人及政府安全监督部门的检查与监督。

6.1.3 特别安全生产事项

承包人应按照法律规定进行施工，开工前做好安全技术交底工作，施工过程中做好各项安全防护措施。承包人为实施合同而雇用的特殊工种的人员应受过专门的培训并已取得政府有关管理机构颁发的上岗证书。

承包人在动力设备、输电线路、地下管道、密封防震车间、易燃易爆地段以及临街交通要道附近施工时，施工开始前应向发包人和监理人提出安全防护措施，经发包人认可后实施。

实施爆破作业，在放射、毒害性环境中施工（含储存、运输、使用）及使用毒害性、腐蚀性物品施工时，承包人应在施工前 7 天以书面通知发包人和监理人，并报送相应的安全防护措施，经发包人认可后实施。

需单独编制危险性较大分部分项专项工程施工方案的，及要求进行专家论证的超过一定规模的危险性较大的分部分项工程，承包人应及时编制和组织论证。

6.1.4　治安保卫

除专用合同条款另有约定外，发包人应与当地公安部门协商，在现场建立治安管理机构或联防组织，统一管理施工场地的治安保卫事项，履行合同工程的治安保卫职责。

发包人和承包人除应协助现场治安管理机构或联防组织维护施工场地的社会治安外，还应做好包括生活区在内的各自管辖区的治安保卫工作。

除专用合同条款另有约定外，发包人和承包人应在工程开工后 7 天内共同编制施工场地治安管理计划，并制定应对突发治安事件的紧急预案。在工程施工过程中，发生暴乱、爆炸等恐怖事件，以及群殴、械斗等群体性突发治安事件的，发包人和承包人应立即向当地政府报告。发包人和承包人应积极协助当地有关部门采取措施平息事态，防止事态扩大，尽量避免人员伤亡和财产损失。

6.1.5　文明施工

承包人在工程施工期间，应当采取措施保持施工现场平整，物料堆放整齐。工程所在地有关政府行政管理部门有特殊要求的，按照其要求执行。合同当事人对文明施工有其他要求的，可以在专用合同条款中明确。

在工程移交之前，承包人应当从施工现场清除承包人的全部工程设备、多余材料、垃圾和各种临时工程，并保持施工现场清洁整齐。经发包人书面同意，承包人可在发包人指定的地点保留承包人履行保修期内的各项义务所需要的材料、施工设备和临时工程。

6.1.6　安全文明施工费

安全文明施工费由发包人承担，发包人不得以任何形式扣减该部分费用。因基准日期后合同所适用的法律或政府有关规定发生变化，增加的安全文明施工费由发包人承担。

承包人经发包人同意采取合同约定以外的安全措施所产生的费用，由发包人承担。未经发包人同意的，如果该措施避免了发包人的损失，则发包人在避免损失的额度内承担该措施费。如果该措施避免了承包人的损失，由承包人承担该措施费。

除专用合同条款另有约定外，发包人应在开工后 28 天内预付安全文明施工费总额的 50%，其余部分与进度款同期支付。发包人逾期支付安全文明施工费超过 7 天的，承包人有权向发包人发出要求预付的催告通知，发包人收到通知后 7 天内仍未支付的，承包人有权暂停施工，并按第 16.1.1 项〔发包人违约的情形〕执行。

承包人对安全文明施工费应专款专用，承包人应在财务账目中单独列项备查，不得挪作他用，否则发包人有权责令其限期改正；逾期未改正的，可以责令其暂停施工，由此增加的费用和（或）延误的工期由承包人承担。

6.1.7　紧急情况处理

在工程实施期间或缺陷责任期内发生危及工程安全的事件，监理人通知承包人进行抢救，承包人声明无能力或不愿立即执行的，发包人有权雇佣其他人员进行抢救。此类抢救按合同约定属于承包人义务的，由此增加的费用和（或）延误的工期由承包人承担。

6.1.8 事故处理

工程施工过程中发生事故的，承包人应立即通知监理人，监理人应立即通知发包人。发包人和承包人应立即组织人员和设备进行紧急抢救和抢修，减少人员伤亡和财产损失，防止事故扩大，并保护事故现场。需要移动现场物品时，应作出标记和书面记录，妥善保管有关证据。发包人和承包人应按国家有关规定，及时如实地向有关部门报告事故发生的情况，以及正在采取的紧急措施等。

6.1.9 安全生产责任

6.1.9.1 发包人的安全责任

发包人应负责赔偿以下各种情况造成的损失：

(1) 工程或工程的任何部分对土地的占用所造成的第三者财产损失；

(2) 由于发包人原因在施工场地及其毗邻地带造成的第三者人身伤亡和财产损失；

(3) 由于发包人原因对承包人、监理人造成的人员人身伤亡和财产损失；

(4) 由于发包人原因造成的发包人自身人员的人身伤害以及财产损失。

6.1.9.2 承包人的安全责任

由于承包人原因在施工场地内及其毗邻地带造成的发包人、监理人以及第三者人员伤亡和财产损失，由承包人负责赔偿。

6.2 职业健康

6.2.1 劳动保护

承包人应按照法律规定安排现场施工人员的劳动和休息时间，保障劳动者的休息时间，并支付合理的报酬和费用。承包人应依法为其履行合同所雇用的人员办理必要的证件、许可、保险和注册等，承包人应督促其分包人为分包人所雇用的人员办理必要的证件、许可、保险和注册等。

承包人应按照法律规定保障现场施工人员的劳动安全，并提供劳动保护，并应按国家有关劳动保护的规定，采取有效的防止粉尘、降低噪声、控制有害气体和保障高温、高寒、高空作业安全等劳动保护措施。承包人雇佣人员在施工中受到伤害的，承包人应立即采取有效措施进行抢救和治疗。

承包人应按法律规定安排工作时间，保证其雇佣人员享有休息和休假的权利。因工程施工的特殊需要占用休假日或延长工作时间的，应不超过法律规定的限度，并按法律规定给予补休或付酬。

6.2.2 生活条件

承包人应为其履行合同所雇用的人员提供必要的膳宿条件和生活环境；承包人应采取有效措施预防传染病，保证施工人员的健康，并定期对施工现场、施工人员生活基地和工程进行防疫和卫生的专业检查和处理，在远离城镇的施工场地，还应配备必要的伤病防治和急救的医务人员与医疗设施。

6.3 环境保护

承包人应在施工组织设计中列明环境保护的具体措施。在合同履行期间，承包人应采取合理措施保护施工现场环境。对施工作业过程中可能引起的大气、水、噪音以及固体废物污染采取具体可行的防范措施。

承包人应当承担因其原因引起的环境污染侵权损害赔偿责任，因上述环境污染引起纠纷而导致暂停施工的，由此增加的费用和（或）延误的工期由承包人承担。

7. 工期和进度

7.1　施工组织设计

7.1.1　施工组织设计的内容

施工组织设计应包含以下内容：

（1）施工方案；

（2）施工现场平面布置图；

（3）施工进度计划和保证措施；

（4）劳动力及材料供应计划；

（5）施工机械设备的选用；

（6）质量保证体系及措施；

（7）安全生产、文明施工措施；

（8）环境保护、成本控制措施；

（9）合同当事人约定的其他内容。

7.1.2　施工组织设计的提交和修改

除专用合同条款另有约定外，承包人应在合同签订后 14 天内，但至迟不得晚于第 7.3.2 项〔开工通知〕载明的开工日期前 7 天，向监理人提交详细的施工组织设计，并由监理人报送发包人。除专用合同条款另有约定外，发包人和监理人应在监理人收到施工组织设计后 7 天内确认或提出修改意见。对发包人和监理人提出的合理意见和要求，承包人应自费修改完善。根据工程实际情况需要修改施工组织设计的，承包人应向发包人和监理人提交修改后的施工组织设计。

施工进度计划的编制和修改按照第 7.2 款〔施工进度计划〕执行。

7.2　施工进度计划

7.2.1　施工进度计划的编制

承包人应按照第 7.1 款〔施工组织设计〕约定提交详细的施工进度计划，施工进度计划的编制应当符合国家法律规定和一般工程实践惯例，施工进度计划经发包人批准后实施。施工进度计划是控制工程进度的依据，发包人和监理人有权按照施工进度计划检查工程进度情况。

7.2.2　施工进度计划的修订

施工进度计划不符合合同要求或与工程的实际进度不一致的，承包人应向监理人提交修订的施工进度计划，并附具有关措施和相关资料，由监理人报送发包人。除专用合同条款另有约定外，发包人和监理人应在收到修订的施工进度计划后 7 天内完成审核和批准或提出修改意见。发包人和监理人对承包人提交的施工进度计划的确认，不能减轻或免除承包人根据法律规定和合同约定应承担的任何责任或义务。

7.3　开工

7.3.1　开工准备

除专用合同条款另有约定外，承包人应按照第 7.1 款〔施工组织设计〕约定的期限，向监理人提交工程开工报审表，经监理人报发包人批准后执行。开工报审表应详细说明按施工进度计划正常施工所需的施工道路、临时设施、材料、工程设备、施工设备、施工人员等落实情况以及工程的进度安排。

除专用合同条款另有约定外，合同当事人应按约定完成开工准备工作。

7.3.2　开工通知

发包人应按照法律规定获得工程施工所需的许可。经发包人同意后，监理人发出的开工通知应符合法律规定。监理人应在计划开工日期 7 天前向承包人发出开工通知，工期自开工通知中载明的开工日期起算。

除专用合同条款另有约定外，因发包人原因造成监理人未能在计划开工日期之日起 90 天内发出开工通知的，承包人有权提出价格调整要求，或者解除合同。发包人应当承担由此增加的费用和（或）延误的工期，并向承包人支付合理利润。

7.4　测量放线

7.4.1　除专用合同条款另有约定外，发包人应在至迟不得晚于第 7.3.2 项〔开工通知〕载明的开工日期前 7 天通过监理人向承包人提供测量基准点、基准线和水准点及其书面资料。发包人应对其提供的测量基准点、基准线和水准点及其书面资料的真实性、准确性和完整性负责。

承包人发现发包人提供的测量基准点、基准线和水准点及其书面资料存在错误或疏漏的，应及时通知监理人。监理人应及时报告发包人，并会同发包人和承包人予以核实。发包人应就如何处理和是否继续施工作出决定，并通知监理人和承包人。

7.4.2　承包人负责施工过程中的全部施工测量放线工作，并配置具有相应资质的人员、合格的仪器、设备和其他物品。承包人应矫正工程的位置、标高、尺寸或准线中出现的任何差错，并对工程各部分的定位负责。

施工过程中对施工现场内水准点等测量标志物的保护工作由承包人负责。

7.5　工期延误

7.5.1　因发包人原因导致工期延误

在合同履行过程中，因下列情况导致工期延误和（或）费用增加的，由发包人承担由此延误的工期和（或）增加的费用，且发包人应支付承包人合理的利润：

(1) 发包人未能按合同约定提供图纸或所提供图纸不符合合同约定的；

(2) 发包人未能按合同约定提供施工现场、施工条件、基础资料、许可、批准等开工条件的；

(3) 发包人提供的测量基准点、基准线和水准点及其书面资料存在错误或疏漏的；

(4) 发包人未能在计划开工日期之日起 7 天内同意下达开工通知的；

(5) 发包人未能按合同约定日期支付工程预付款、进度款或竣工结算款的；

(6) 监理人未按合同约定发出指示、批准等文件的；

(7) 专用合同条款中约定的其他情形。

因发包人原因未按计划开工日期开工的，发包人应按实际开工日期顺延竣工日期，确保实际工期不低于合同约定的工期总日历天数。因发包人原因导致工期延误需要修订施工进度计划的，按照第 7.2.2 项〔施工进度计划的修订〕执行。

7.5.2　因承包人原因导致工期延误

因承包人原因造成工期延误的，可以在专用合同条款中约定逾期竣工违约金的计算方法和逾期竣工违约金的上限。承包人支付逾期竣工违约金后，不免除承包人继续完成工程及修补缺陷的义务。

7.6　不利物质条件

不利物质条件是指有经验的承包人在施工现场遇到的不可预见的自然物质条件、非自然的物质障碍和污染物，包括地表以下物质条件和水文条件以及专用合同条款约定的其他情形，但不包括气候条件。

承包人遇到不利物质条件时，应采取克服不利物质条件的合理措施继续施工，并及时通知发包人和监理人。通知应载明不利物质条件的内容以及承包人认为不可预见的理由。监理人经发包人同意后应当及时发出指示，指示构成变更的，按第 10 条〔变更〕约定执行。承包人因采取合理措施而增加的费用和（或）延误的工期由发包人承担。

7.7　异常恶劣的气候条件

异常恶劣的气候条件是指在施工过程中遇到的，有经验的承包人在签订合同时不可预见的，对合同履行造成实质性影响的，但尚未构成不可抗力事件的恶劣气候条件。合同当事人可以在专用合同条款中约定异常恶劣的气候条件的具体情形。

承包人应采取克服异常恶劣的气候条件的合理措施继续施工，并及时通知发包人和监理人。监理人经发包人同意后应当及时发出指示，指示构成变更的，按第 10 条〔变更〕约定办理。承包人因采取合理措施而增加的费用和（或）延误的工期由发包人承担。

7.8　暂停施工

7.8.1　发包人原因引起的暂停施工

因发包人原因引起暂停施工的，监理人经发包人同意后，应及时下达暂停施工指示。情况紧急且监理人未及时下达暂停施工指示的，按照第 7.8.4 项〔紧急情况下的暂停施工〕执行。

因发包人原因引起的暂停施工，发包人应承担由此增加的费用和（或）延误的工期，并支付承包人合理的利润。

7.8.2　承包人原因引起的暂停施工

因承包人原因引起的暂停施工，承包人应承担由此增加的费用和（或）延误的工期，且承包人在收到监理人复工指示后 84 天内仍未复工的，视为第 16.2.1 项〔承包人违约的情形〕第（7）目约定的承包人无法继续履行合同的情形。

7.8.3　指示暂停施工

监理人认为有必要时，并经发包人批准后，可向承包人作出暂停施工的指示，承包人应按监理人指示暂停施工。

7.8.4　紧急情况下的暂停施工

因紧急情况需暂停施工，且监理人未及时下达暂停施工指示的，承包人可先暂停施工，并及时通知监理人。监理人应在接到通知后 24 小时内发出指示，逾期未发出指示，视为同意承包人暂停施工。监理人不同意承包人暂停施工的，应说明理由，承包人对监理人的答复有异议，按照第 20 条〔争议解决〕约定处理。

7.8.5　暂停施工后的复工

暂停施工后,发包人和承包人应采取有效措施积极消除暂停施工的影响。在工程复工前,监理人会同发包人和承包人确定因暂停施工造成的损失,并确定工程复工条件。当工程具备复工条件时,监理人应经发包人批准后向承包人发出复工通知,承包人应按照复工通知要求复工。

承包人无故拖延和拒绝复工的,承包人承担由此增加的费用和(或)延误的工期;因发包人原因无法按时复工的,按照第7.5.1项〔因发包人原因导致工期延误〕约定办理。

7.8.6 暂停施工持续56天以上

监理人发出暂停施工指示后56天内未向承包人发出复工通知,除该项停工属于第7.8.2项〔承包人原因引起的暂停施工〕及第17条〔不可抗力〕约定的情形外,承包人可向发包人提交书面通知,要求发包人在收到书面通知后28天内准许已暂停施工的部分或全部工程继续施工。发包人逾期不予批准的,则承包人可以通知发包人,将工程受影响的部分视为按第10.1款〔变更的范围〕第(2)项的可取消工作。

暂停施工持续84天以上不复工的,且不属于第7.8.2项〔承包人原因引起的暂停施工〕及第17条〔不可抗力〕约定的情形,并影响到整个工程以及合同目的实现的,承包人有权提出价格调整要求,或者解除合同。解除合同的,按照第16.1.3项〔因发包人违约解除合同〕执行。

7.8.7 暂停施工期间的工程照管

暂停施工期间,承包人应负责妥善照管工程并提供安全保障,由此增加的费用由责任方承担。

7.8.8 暂停施工的措施

暂停施工期间,发包人和承包人均应采取必要的措施确保工程质量及安全,防止因暂停施工扩大损失。

7.9 提前竣工

7.9.1
发包人要求承包人提前竣工的,发包人应通过监理人向承包人下达提前竣工指示,承包人应向发包人和监理人提交提前竣工建议书,提前竣工建议书应包括实施的方案、缩短的时间、增加的合同价格等内容。发包人接受该提前竣工建议书的,监理人应与发包人和承包人协商采取加快工程进度的措施,并修订施工进度计划,由此增加的费用由发包人承担。承包人认为提前竣工指示无法执行的,应向监理人和发包人提出书面异议,发包人和监理人应在收到异议后7天内予以答复。任何情况下,发包人不得压缩合理工期。

7.9.2
发包人要求承包人提前竣工,或承包人提出提前竣工的建议能够给发包人带来效益的,合同当事人可以在专用合同条款中约定提前竣工的奖励。

8. 材料与设备

8.1 发包人供应材料与工程设备

发包人自行供应材料、工程设备的,应在签订合同时在专用合同条款的附件《发包人供应材料设备一览表》中明确材料、工程设备的品种、规格、型号、数量、单价、质量等级和送达地点。

承包人应提前30天通过监理人以书面形式通知发包人供应材料与工程设备进场。承包人按照第7.2.2项〔施工进度计划的修订〕约定修订施工进度计划时,需同时提交经修订后的发包人供应材料与工程设备的进场计划。

8.2　承包人采购材料与工程设备

承包人负责采购材料、工程设备的，应按照设计和有关标准要求采购，并提供产品合格证明及出厂证明，对材料、工程设备质量负责。合同约定由承包人采购的材料、工程设备，发包人不得指定生产厂家或供应商，发包人违反本款约定指定生产厂家或供应商的，承包人有权拒绝，并由发包人承担相应责任。

8.3　材料与工程设备的接收与拒收

8.3.1　发包人应按《发包人供应材料设备一览表》约定的内容提供材料和工程设备，并向承包人提供产品合格证明及出厂证明，对其质量负责。发包人应提前 24 小时以书面形式通知承包人、监理人材料和工程设备到货时间，承包人负责材料和工程设备的清点、检验和接收。

发包人提供的材料和工程设备的规格、数量或质量不符合合同约定的，或因发包人原因导致交货日期延误或交货地点变更等情况的，按照第 16.1 款〔发包人违约〕约定办理。

8.3.2　承包人采购的材料和工程设备，应保证产品质量合格，承包人应在材料和工程设备到货前 24 小时通知监理人检验。承包人进行永久设备、材料的制造和生产的，应符合相关质量标准，并向监理人提交材料的样本以及有关资料，并应在使用该材料或工程设备之前获得监理人同意。

承包人采购的材料和工程设备不符合设计或有关标准要求时，承包人应在监理人要求的合理期限内将不符合设计或有关标准要求的材料、工程设备运出施工现场，并重新采购符合要求的材料、工程设备，由此增加的费用和（或）延误的工期，由承包人承担。

8.4　材料与工程设备的保管与使用

8.4.1　发包人供应材料与工程设备的保管与使用

发包人供应的材料和工程设备，承包人清点后由承包人妥善保管，保管费用由发包人承担，但已标价工程量清单或预算书已经列支或专用合同条款另有约定除外。因承包人原因发生丢失毁损的，由承包人负责赔偿；监理人未通知承包人清点的，承包人不负责材料和工程设备的保管，由此导致丢失毁损的由发包人负责。

发包人供应的材料和工程设备使用前，由承包人负责检验，检验费用由发包人承担，不合格的不得使用。

8.4.2　承包人采购材料与工程设备的保管与使用

承包人采购的材料和工程设备由承包人妥善保管，保管费用由承包人承担。法律规定材料和工程设备使用前必须进行检验或试验的，承包人应按监理人的要求进行检验或试验，检验或试验费用由承包人承担，不合格的不得使用。

发包人或监理人发现承包人使用不符合设计或有关标准要求的材料和工程设备时，有权要求承包人进行修复、拆除或重新采购，由此增加的费用和（或）延误的工期，由承包人承担。

8.5　禁止使用不合格的材料和工程设备

8.5.1　监理人有权拒绝承包人提供的不合格材料或工程设备，并要求承包人立即进行更换。监理人应在更换后再次进行检查和检验，由此增加的费用和（或）延误的工期由承包人承担。

8.5.2　监理人发现承包人使用了不合格的材料和工程设备，承包人应按照监理人的指示立即改正，并禁止在工程中继续使用不合格的材料和工程设备。

8.5.3　发包人提供的材料或工程设备不符合合同要求的，承包人有权拒绝，并可要求发包人更换，由此增加的费用和（或）延误的工期由发包人承担，并支付承包人合理的利润。

8.6　样品

8.6.1　样品的报送与封存

需要承包人报送样品的材料或工程设备，样品的种类、名称、规格、数量等要求均应在专用合同条款中约定。样品的报送程序如下：

（1）承包人应在计划采购前 28 天向监理人报送样品。承包人报送的样品均应来自供应材料的实际生产地，且提供的样品的规格、数量足以表明材料或工程设备的质量、型号、颜色、表面处理、质地、误差和其他要求的特征。

（2）承包人每次报送样品时应随附申报单，申报单应载明报送样品的相关数据和资料，并标明每件样品对应的图纸号，预留监理人批复意见栏。监理人应在收到承包人报送的样品后 7 天向承包人回复经发包人签认的样品审批意见。

（3）经发包人和监理人审批确认的样品应按约定的方法封样，封存的样品作为检验工程相关部分的标准之一。承包人在施工过程中不得使用与样品不符的材料或工程设备。

（4）发包人和监理人对样品的审批确认仅为确认相关材料或工程设备的特征或用途，不得被理解为对合同的修改或改变，也并不减轻或免除承包人任何的责任和义务。如果封存的样品修改或改变了合同约定，合同当事人应当以书面协议予以确认。

8.6.2　样品的保管

经批准的样品应由监理人负责封存于现场，承包人应在现场为保存样品提供适当和固定的场所并保持适当和良好的存储环境条件。

8.7　材料与工程设备的替代

8.7.1　出现下列情况需要使用替代材料和工程设备的，承包人应按照第 8.7.2 项约定的程序执行：

（1）基准日期后生效的法律规定禁止使用的；

（2）发包人要求使用替代品的；

（3）因其他原因必须使用替代品的。

8.7.2　承包人应在使用替代材料和工程设备 28 天前书面通知监理人，并附下列文件：

（1）被替代的材料和工程设备的名称、数量、规格、型号、品牌、性能、价格及其他相关资料；

（2）替代品的名称、数量、规格、型号、品牌、性能、价格及其他相关资料；

（3）替代品与被替代产品之间的差异以及使用替代品可能对工程产生的影响；

（4）替代品与被替代产品的价格差异；

（5）使用替代品的理由和原因说明；

（6）监理人要求的其他文件。

监理人应在收到通知后 14 天内向承包人发出经发包人签认的书面指示；监理人逾期

发出书面指示的，视为发包人和监理人同意使用替代品。

8.7.3　发包人认可使用替代材料和工程设备的，替代材料和工程设备的价格，按照已标价工程量清单或预算书相同项目的价格认定；无相同项目的，参考相似项目价格认定；既无相同项目也无相似项目的，按照合理的成本与利润构成的原则，由合同当事人按照第 4.4 款〔商定或确定〕确定价格。

8.8　施工设备和临时设施

8.8.1　承包人提供的施工设备和临时设施

承包人应按合同进度计划的要求，及时配置施工设备和修建临时设施。进入施工场地的承包人设备需经监理人核查后才能投入使用。承包人更换合同约定的承包人设备的，应报监理人批准。

除专用合同条款另有约定外，承包人应自行承担修建临时设施的费用，需要临时占地的，应由发包人办理申请手续并承担相应费用。

8.8.2　发包人提供的施工设备和临时设施

发包人提供的施工设备或临时设施在专用合同条款中约定。

8.8.3　要求承包人增加或更换施工设备

承包人使用的施工设备不能满足合同进度计划和（或）质量要求时，监理人有权要求承包人增加或更换施工设备，承包人应及时增加或更换，由此增加的费用和（或）延误的工期由承包人承担。

8.9　材料与设备专用要求

承包人运入施工现场的材料、工程设备、施工设备以及在施工场地建设的临时设施，包括备品备件、安装工具与资料，必须专用于工程。未经发包人批准，承包人不得运出施工现场或挪作他用；经发包人批准，承包人可以根据施工进度计划撤走闲置的施工设备和其他物品。

9. 试验与检验

9.1　试验设备与试验人员

9.1.1　承包人根据合同约定或监理人指示进行的现场材料试验，应由承包人提供试验场所、试验人员、试验设备以及其他必要的试验条件。监理人在必要时可以使用承包人提供的试验场所、试验设备以及其他试验条件，进行以工程质量检查为目的的材料复核试验，承包人应予以协助。

9.1.2　承包人应按专用合同条款的约定提供试验设备、取样装置、试验场所和试验条件，并向监理人提交相应进场计划表。

承包人配置的试验设备要符合相应试验规程的要求并经过具有资质的检测单位检测，且在正式使用该试验设备前，需要经过监理人与承包人共同校定。

9.1.3　承包人应向监理人提交试验人员的名单及其岗位、资格等证明资料，试验人员必须能够熟练进行相应的检测试验，承包人对试验人员的试验程序和试验结果的正确性负责。

9.2　取样

试验属于自检性质的，承包人可以单独取样。试验属于监理人抽检性质的，可由监理人取样，也可由承包人的试验人员在监理人的监督下取样。

9.3 材料、工程设备和工程的试验和检验

9.3.1 承包人应按合同约定进行材料、工程设备和工程的试验和检验，并为监理人对上述材料、工程设备和工程的质量检查提供必要的试验资料和原始记录。按合同约定应由监理人与承包人共同进行试验和检验的，由承包人负责提供必要的试验资料和原始记录。

9.3.2 试验属于自检性质的，承包人可以单独进行试验。试验属于监理人抽检性质的，监理人可以单独进行试验，也可由承包人与监理人共同进行。承包人对由监理人单独进行的试验结果有异议的，可以申请重新共同进行试验。约定共同进行试验的，监理人未按照约定参加试验的，承包人可自行试验，并将试验结果报送监理人，监理人应承认该试验结果。

9.3.3 监理人对承包人的试验和检验结果有异议的，或为查清承包人试验和检验成果的可靠性要求承包人重新试验和检验的，可由监理人与承包人共同进行。重新试验和检验的结果证明该项材料、工程设备或工程的质量不符合合同要求的，由此增加的费用和（或）延误的工期由承包人承担；重新试验和检验结果证明该项材料、工程设备和工程符合合同要求的，由此增加的费用和（或）延误的工期由发包人承担。

9.4 现场工艺试验

承包人应按合同约定或监理人指示进行现场工艺试验。对大型的现场工艺试验，监理人认为必要时，承包人应根据监理人提出的工艺试验要求，编制工艺试验措施计划，报送监理人审查。

10. 变更

10.1 变更的范围

除专用合同条款另有约定外，合同履行过程中发生以下情形的，应按照本条约定进行变更：

（1）增加或减少合同中任何工作，或追加额外的工作；
（2）取消合同中任何工作，但转由他人实施的工作除外；
（3）改变合同中任何工作的质量标准或其他特性；
（4）改变工程的基线、标高、位置和尺寸；
（5）改变工程的时间安排或实施顺序。

10.2 变更权

发包人和监理人均可以提出变更。变更指示均通过监理人发出，监理人发出变更指示前应征得发包人同意。承包人收到经发包人签认的变更指示后，方可实施变更。未经许可，承包人不得擅自对工程的任何部分进行变更。

涉及设计变更的，应由设计人提供变更后的图纸和说明。如变更超过原设计标准或批准的建设规模时，发包人应及时办理规划、设计变更等审批手续。

10.3 变更程序

10.3.1 发包人提出变更

发包人提出变更的，应通过监理人向承包人发出变更指示，变更指示应说明计划变更的工程范围和变更的内容。

10.3.2 监理人提出变更建议

监理人提出变更建议的，需要向发包人以书面形式提出变更计划，说明计划变更工程范围和变更的内容、理由，以及实施该变更对合同价格和工期的影响。发包人同意变更的，由监理人向承包人发出变更指示。发包人不同意变更的，监理人无权擅自发出变更指示。

10.3.3　变更执行

承包人收到监理人下达的变更指示后，认为不能执行，应立即提出不能执行该变更指示的理由。承包人认为可以执行变更的，应当书面说明实施该变更指示对合同价格和工期的影响，且合同当事人应当按照第10.4款〔变更估价〕约定确定变更估价。

10.4　变更估价

10.4.1　变更估价原则

除专用合同条款另有约定外，变更估价按照本款约定处理：

（1）已标价工程量清单或预算书有相同项目的，按照相同项目单价认定；

（2）已标价工程量清单或预算书中无相同项目，但有类似项目的，参照类似项目的单价认定；

（3）变更导致实际完成的变更工程量与已标价工程量清单或预算书中列明的该项目工程量的变化幅度超过15%的，或已标价工程量清单或预算书中无相同项目及类似项目单价的，按照合理的成本与利润构成的原则，由合同当事人按照第4.4款〔商定或确定〕确定变更工作的单价。

10.4.2　变更估价程序

承包人应在收到变更指示后14天内，向监理人提交变更估价申请。监理人应在收到承包人提交的变更估价申请后7天内审查完毕并报送发包人，监理人对变更估价申请有异议，通知承包人修改后重新提交。发包人应在承包人提交变更估价申请后14天内审批完毕。发包人逾期未完成审批或未提出异议的，视为认可承包人提交的变更估价申请。

因变更引起的价格调整应计入最近一期的进度款中支付。

10.5　承包人的合理化建议

承包人提出合理化建议的，应向监理人提交合理化建议说明，说明建议的内容和理由，以及实施该建议对合同价格和工期的影响。

除专用合同条款另有约定外，监理人应在收到承包人提交的合理化建议后7天内审查完毕并报送发包人，发现其中存在技术上的缺陷，应通知承包人修改。发包人应在收到监理人报送的合理化建议后7天内审批完毕。合理化建议经发包人批准的，监理人应及时发出变更指示，由此引起的合同价格调整按照第10.4款〔变更估价〕约定执行。发包人不同意变更的，监理人应书面通知承包人。

合理化建议降低了合同价格或者提高了工程经济效益的，发包人可对承包人给予奖励，奖励的方法和金额在专用合同条款中约定。

10.6　变更引起的工期调整

因变更引起工期变化的，合同当事人均可要求调整合同工期，由合同当事人按照第4.4款〔商定或确定〕并参考工程所在地的工期定额标准确定增减工期天数。

10.7　暂估价

暂估价专业分包工程、服务、材料和工程设备的明细由合同当事人在专用合同条款中约定。

10.7.1　依法必须招标的暂估价项目

对于依法必须招标的暂估价项目，采取以下第 1 种方式确定。合同当事人也可以在专用合同条款中选择其他招标方式。

第 1 种方式：对于依法必须招标的暂估价项目，由承包人招标，对该暂估价项目的确认和批准按照以下约定执行：

（1）承包人应当根据施工进度计划，在招标工作启动前 14 天将招标方案通过监理人报送发包人审查，发包人应当在收到承包人报送的招标方案后 7 天内批准或提出修改意见。承包人应当按照经过发包人批准的招标方案开展招标工作；

（2）承包人应当根据施工进度计划，提前 14 天将招标文件通过监理人报送发包人审批，发包人应当在收到承包人报送的相关文件后 7 天内完成审批或提出修改意见；发包人有权确定招标控制价并按照法律规定参加评标；

（3）承包人与供应商、分包人在签订暂估价合同前，应当提前 7 天将确定的中标候选供应商或中标候选分包人的资料报送发包人，发包人应在收到资料后 3 天内与承包人共同确定中标人；承包人应当在签订合同后 7 天内，将暂估价合同副本报送发包人留存。

第 2 种方式：对于依法必须招标的暂估价项目，由发包人和承包人共同招标确定暂估价供应商或分包人的，承包人应按照施工进度计划，在招标工作启动前 14 天通知发包人，并提交暂估价招标方案和工作分工。发包人应在收到后 7 天内确认。确定中标人后，由发包人、承包人与中标人共同签订暂估价合同。

10.7.2　不属于依法必须招标的暂估价项目

除专用合同条款另有约定外，对于不属于依法必须招标的暂估价项目，采取以下第 1 种方式确定：

第 1 种方式：对于不属于依法必须招标的暂估价项目，按本项约定确认和批准：

（1）承包人应根据施工进度计划，在签订暂估价项目的采购合同、分包合同前 28 天向监理人提出书面申请。监理人应当在收到申请后 3 天内报送发包人，发包人应当在收到申请后 14 天内给予批准或提出修改意见，发包人逾期未予批准或提出修改意见的，视为该书面申请已获得同意；

（2）发包人认为承包人确定的供应商、分包人无法满足工程质量或合同要求的，发包人可以要求承包人重新确定暂估价项目的供应商、分包人；

（3）承包人应当在签订暂估价合同后 7 天内，将暂估价合同副本报送发包人留存。

第 2 种方式：承包人按照第 10.7.1 项〔依法必须招标的暂估价项目〕约定的第 1 种方式确定暂估价项目。

第 3 种方式：承包人直接实施的暂估价项目

承包人具备实施暂估价项目的资格和条件的，经发包人和承包人协商一致后，可由承包人自行实施暂估价项目，合同当事人可以在专用合同条款约定具体事项。

10.7.3　因发包人原因导致暂估价合同订立和履行迟延的，由此增加的费用和（或）延误的工期由发包人承担，并支付承包人合理的利润。因承包人原因导致暂估价合同订立和履行迟延的，由此增加的费用和（或）延误的工期由承包人承担。

10.8　暂列金额

暂列金额应按照发包人的要求使用，发包人的要求应通过监理人发出。合同当事人可以在专用合同条款中协商确定有关事项。

10.9　计日工

需要采用计日工方式的，经发包人同意后，由监理人通知承包人以计日工计价方式实施相应的工作，其价款按列入已标价工程量清单或预算书中的计日工计价项目及其单价进行计算；已标价工程量清单或预算书中无相应的计日工单价的，按照合理的成本与利润构成的原则，由合同当事人按照第 4.4 款〔商定或确定〕确定计日工的单价。

采用计日工计价的任何一项工作，承包人应在该项工作实施过程中，每天提交以下报表和有关凭证报送监理人审查：

（1）工作名称、内容和数量；

（2）投入该工作的所有人员的姓名、专业、工种、级别和耗用工时；

（3）投入该工作的材料类别和数量；

（4）投入该工作的施工设备型号、台数和耗用台时；

（5）其他有关资料和凭证。

计日工由承包人汇总后，列入最近一期进度付款申请单，由监理人审查并经发包人批准后列入进度付款。

11. 价格调整

11.1　市场价格波动引起的调整

除专用合同条款另有约定外，市场价格波动超过合同当事人约定的范围，合同价格应当调整。合同当事人可以在专用合同条款中约定选择以下一种方式对合同价格进行调整：

第 1 种方式：采用价格指数进行价格调整。

（1）价格调整公式

因人工、材料和设备等价格波动影响合同价格时，根据专用合同条款中约定的数据，按以下公式计算差额并调整合同价格：

$$\Delta P = P_0\left[A + \left(B_1 \times \frac{F_{t1}}{F_{01}} + B_2 \times \frac{F_{t2}}{F_{02}} + B_3 \times \frac{F_{t3}}{F_{03}} + \cdots + B_n \times \frac{F_{tn}}{F_{0n}}\right) - 1\right]$$

公式中：　　　　　ΔP——需调整的价格差额；

P_0——约定的付款证书中承包人应得到的已完成工程量的金额。此项金额应不包括价格调整、不计质量保证金的扣留和支付、预付款的支付和扣回。约定的变更及其他金额已按现行价格计价的，也不计在内；

A——定值权重（即不调部分的权重）；

B_1；B_2；B_3……B_n——各可调因子的变值权重（即可调部分的权重），为各可调因子在签约合同价中所占的比例；

F_{t1}；F_{t2}；F_{t3}……F_{tn}——各可调因子的现行价格指数，指约定的付款证书相关周期最后一天的前 42 天的各可调因子的价格指数；

F_{01}；F_{02}；F_{03}……F_{0n}——各可调因子的基本价格指数，指基准日期的各可调因子的价格指数。

以上价格调整公式中的各可调因子、定值和变值权重，以及基本价格指数及其来源在投标函附录价格指数和权重表中约定，非招标订立的合同，由合同当事人在专用合同条款中约定。价格指数应首先采用工程造价管理机构发布的价格指数，无前述价格指数时，可采用工程造价管理机构发布的价格代替。

（2）暂时确定调整差额

在计算调整差额时无现行价格指数的，合同当事人同意暂用前次价格指数计算。实际价格指数有调整的，合同当事人进行相应调整。

（3）权重的调整

因变更导致合同约定的权重不合理时，按照第4.4款〔商定或确定〕执行。

（4）因承包人原因工期延误后的价格调整

因承包人原因未按期竣工的，对合同约定的竣工日期后继续施工的工程，在使用价格调整公式时，应采用计划竣工日期与实际竣工日期的两个价格指数中较低的一个作为现行价格指数。

第2种方式：采用造价信息进行价格调整。

合同履行期间，因人工、材料、工程设备和机械台班价格波动影响合同价格时，人工、机械使用费按照国家或省、自治区、直辖市建设行政管理部门、行业建设管理部门或其授权的工程造价管理机构发布的人工、机械使用费系数进行调整；需要进行价格调整的材料，其单价和采购数量应由发包人审批，发包人确认需调整的材料单价及数量，作为调整合同价格的依据。

（1）人工单价发生变化且符合省级或行业建设主管部门发布的人工费调整规定，合同当事人应按省级或行业建设主管部门或其授权的工程造价管理机构发布的人工费等文件调整合同价格，但承包人对人工费或人工单价的报价高于发布价格的除外。

（2）材料、工程设备价格变化的价款调整按照发包人提供的基准价格，按以下风险范围规定执行：

① 承包人在已标价工程量清单或预算书中载明材料单价低于基准价格的：除专用合同条款另有约定外，合同履行期间材料单价涨幅以基准价格为基础超过5%时，或材料单价跌幅以在已标价工程量清单或预算书中载明材料单价为基础超过5%时，其超过部分据实调整。

② 承包人在已标价工程量清单或预算书中载明材料单价高于基准价格的：除专用合同条款另有约定外，合同履行期间材料单价跌幅以基准价格为基础超过5%时，材料单价涨幅以在已标价工程量清单或预算书中载明材料单价为基础超过5%时，其超过部分据实调整。

③ 承包人在已标价工程量清单或预算书中载明材料单价等于基准价格的：除专用合同条款另有约定外，合同履行期间材料单价涨跌幅以基准价格为基础超过±5%时，其超过部分据实调整。

④ 承包人应在采购材料前将采购数量和新的材料单价报发包人核对，发包人确认用于工程时，发包人应确认采购材料的数量和单价。发包人在收到承包人报送的确认资料后5天内不予答复的视为认可，作为调整合同价格的依据。未经发包人事先核对，承包人自行采购材料的，发包人有权不予调整合同价格。发包人同意的，可以调整合同价格。

前述基准价格是指由发包人在招标文件或专用合同条款中给定的材料、工程设备的价格，该价格原则上应当按照省级或行业建设主管部门或其授权的工程造价管理机构发布的信息价编制。

（3）施工机械台班单价或施工机械使用费发生变化超过省级或行业建设主管部门或其授权的工程造价管理机构规定的范围时，按规定调整合同价格。

第 3 种方式：专用合同条款约定的其他方式。

11.2 法律变化引起的调整

基准日期后，法律变化导致承包人在合同履行过程中所需要的费用发生除第 11.1 款〔市场价格波动引起的调整〕约定以外的增加时，由发包人承担由此增加的费用；减少时，应从合同价格中予以扣减。基准日期后，因法律变化造成工期延误时，工期应予以顺延。

因法律变化引起的合同价格和工期调整，合同当事人无法达成一致的，由总监理工程师按第 4.4 款〔商定或确定〕的约定处理。

因承包人原因造成工期延误，在工期延误期间出现法律变化的，由此增加的费用和（或）延误的工期由承包人承担。

12. 合同价格、计量与支付

12.1 合同价格形式

发包人和承包人应在合同协议书中选择下列一种合同价格形式：

1. 单价合同

单价合同是指合同当事人约定以工程量清单及其综合单价进行合同价格计算、调整和确认的建设工程施工合同，在约定的范围内合同单价不作调整。合同当事人应在专用合同条款中约定综合单价包含的风险范围和风险费用的计算方法，并约定风险范围以外的合同价格的调整方法，其中因市场价格波动引起的调整按第 11.1 款〔市场价格波动引起的调整〕约定执行。

2. 总价合同

总价合同是指合同当事人约定以施工图、已标价工程量清单或预算书及有关条件进行合同价格计算、调整和确认的建设工程施工合同，在约定的范围内合同总价不作调整。合同当事人应在专用合同条款中约定总价包含的风险范围和风险费用的计算方法，并约定风险范围以外的合同价格的调整方法，其中因市场价格波动引起的调整按第 11.1 款〔市场价格波动引起的调整〕、因法律变化引起的调整按第 11.2 款〔法律变化引起的调整〕约定执行。

3. 其他价格形式

合同当事人可在专用合同条款中约定其他合同价格形式。

12.2 预付款

12.2.1 预付款的支付

预付款的支付按照专用合同条款约定执行，但至迟应在开工通知载明的开工日期 7 天前支付。预付款应当用于材料、工程设备、施工设备的采购及修建临时工程、组织施工队伍进场等。

除专用合同条款另有约定外，预付款在进度付款中同比例扣回。在颁发工程接收证书前，提前解除合同的，尚未扣完的预付款应与合同价款一并结算。

发包人逾期支付预付款超过 7 天的，承包人有权向发包人发出要求预付的催告通知，发包人收到通知后 7 天内仍未支付的，承包人有权暂停施工，并按第 16.1.1 项〔发包人违约的情形〕执行。

12.2.2　预付款担保

发包人要求承包人提供预付款担保的，承包人应在发包人支付预付款 7 天前提供预付款担保，专用合同条款另有约定除外。预付款担保可采用银行保函、担保公司担保等形式，具体由合同当事人在专用合同条款中约定。在预付款完全扣回之前，承包人应保证预付款担保持续有效。

发包人在工程款中逐期扣回预付款后，预付款担保额度应相应减少，但剩余的预付款担保金额不得低于未被扣回的预付款金额。

12.3　计量

12.3.1　计量原则

工程量计量按照合同约定的工程量计算规则、图纸及变更指示等进行计量。工程量计算规则应以相关的国家标准、行业标准等为依据，由合同当事人在专用合同条款中约定。

12.3.2　计量周期

除专用合同条款另有约定外，工程量的计量按月进行。

12.3.3　单价合同的计量

除专用合同条款另有约定外，单价合同的计量按照本项约定执行：

（1）承包人应于每月 25 日向监理人报送上月 20 日至当月 19 日已完成的工程量报告，并附具进度付款申请单、已完成工程量报表和有关资料。

（2）监理人应在收到承包人提交的工程量报告后 7 天内完成对承包人提交的工程量报表的审核并报送发包人，以确定当月实际完成的工程量。监理人对工程量有异议的，有权要求承包人进行共同复核或抽样复测。承包人应协助监理人进行复核或抽样复测，并按监理人要求提供补充计量资料。承包人未按监理人要求参加复核或抽样复测的，监理人复核或修正的工程量视为承包人实际完成的工程量。

（3）监理人未在收到承包人提交的工程量报表后的 7 天内完成审核的，承包人报送的工程量报告中的工程量视为承包人实际完成的工程量，据此计算工程价款。

12.3.4　总价合同的计量

除专用合同条款另有约定外，按月计量支付的总价合同，按照本项约定执行：

（1）承包人应于每月 25 日向监理人报送上月 20 日至当月 19 日已完成的工程量报告，并附具进度付款申请单、已完成工程量报表和有关资料。

（2）监理人应在收到承包人提交的工程量报告后 7 天内完成对承包人提交的工程量报表的审核并报送发包人，以确定当月实际完成的工程量。监理人对工程量有异议的，有权要求承包人进行共同复核或抽样复测。承包人应协助监理人进行复核或抽样复测并按监理人要求提供补充计量资料。承包人未按监理人要求参加复核或抽样复测的，监理人审核或修正的工程量视为承包人实际完成的工程量。

（3）监理人未在收到承包人提交的工程量报表后的 7 天内完成复核的，承包人提交的工程量报告中的工程量视为承包人实际完成的工程量。

12.3.5　总价合同采用支付分解表计量支付的，可以按照第 12.3.4 项〔总价合同的计量〕约定进行计量，但合同价款按照支付分解表进行支付。

12.3.6　其他价格形式合同的计量

合同当事人可在专用合同条款中约定其他价格形式合同的计量方式和程序。

12.4　工程进度款支付

12.4.1　付款周期

除专用合同条款另有约定外，付款周期应按照第 12.3.2 项〔计量周期〕的约定与计量周期保持一致。

12.4.2　进度付款申请单的编制

除专用合同条款另有约定外，进度付款申请单应包括下列内容：

（1）截至本次付款周期已完成工作对应的金额；

（2）根据第 10 条〔变更〕应增加和扣减的变更金额；

（3）根据第 12.2 款〔预付款〕约定应支付的预付款和扣减的返还预付款；

（4）根据第 15.3 款〔质量保证金〕约定应扣减的质量保证金；

（5）根据第 19 条〔索赔〕应增加和扣减的索赔金额；

（6）对已签发的进度款支付证书中出现错误的修正，应在本次进度付款中支付或扣除的金额；

（7）根据合同约定应增加和扣减的其他金额。

12.4.3　进度付款申请单的提交

（1）单价合同进度付款申请单的提交

单价合同的进度付款申请单，按照第 12.3.3 项〔单价合同的计量〕约定的时间按月向监理人提交，并附上已完成工程量报表和有关资料。单价合同中的总价项目按月进行支付分解，并汇总列入当期进度付款申请单。

（2）总价合同进度付款申请单的提交

总价合同按月计量支付的，承包人按照第 12.3.4 项〔总价合同的计量〕约定的时间按月向监理人提交进度付款申请单，并附上已完成工程量报表和有关资料。

总价合同按支付分解表支付的，承包人应按照第 12.4.6 项〔支付分解表〕及第 12.4.2 项〔进度付款申请单的编制〕的约定向监理人提交进度付款申请单。

（3）其他价格形式合同的进度付款申请单的提交

合同当事人可在专用合同条款中约定其他价格形式合同的进度付款申请单的编制和提交程序。

12.4.4　进度款审核和支付

（1）除专用合同条款另有约定外，监理人应在收到承包人进度付款申请单以及相关资料后 7 天内完成审查并报送发包人，发包人应在收到后 7 天内完成审批并签发进度款支付证书。发包人逾期未完成审批且未提出异议的，视为已签发进度款支付证书。

发包人和监理人对承包人的进度付款申请单有异议的，有权要求承包人修正和提供补充资料，承包人应提交修正后的进度付款申请单。监理人应在收到承包人修正后的进度付款申请单及相关资料后 7 天内完成审查并报送发包人，发包人应在收到监理人报送的进度付款申请单及相关资料后 7 天内，向承包人签发无异议部分的临时进度款支付证书。存在争议的部分，按照第 20 条〔争议解决〕的约定处理。

（2）除专用合同条款另有约定外，发包人应在进度款支付证书或临时进度款支付证书签发后 14 天内完成支付，发包人逾期支付进度款的，应按照中国人民银行发布的同期同类贷款基准利率支付违约金。

（3）发包人签发进度款支付证书或临时进度款支付证书，不表明发包人已同意、批准或接受了承包人完成的相应部分的工作。

12.4.5 进度付款的修正

在对已签发的进度款支付证书进行阶段汇总和复核中发现错误、遗漏或重复的，发包人和承包人均有权提出修正申请。经发包人和承包人同意的修正，应在下期进度付款中支付或扣除。

12.4.6 支付分解表

1. 支付分解表的编制要求

（1）支付分解表中所列的每期付款金额，应为第 12.4.2 项〔进度付款申请单的编制〕第（1）目的估算金额；

（2）实际进度与施工进度计划不一致的，合同当事人可按照第 4.4 款〔商定或确定〕修改支付分解表；

（3）不采用支付分解表的，承包人应向发包人和监理人提交按季度编制的支付估算分解表，用于支付参考。

2. 总价合同支付分解表的编制与审批

（1）除专用合同条款另有约定外，承包人应根据第 7.2 款〔施工进度计划〕约定的施工进度计划、签约合同价和工程量等因素对总价合同按月进行分解，编制支付分解表。承包人应当在收到监理人和发包人批准的施工进度计划后 7 天内，将支付分解表及编制支付分解表的支持性资料报送监理人。

（2）监理人应在收到支付分解表后 7 天内完成审核并报送发包人。发包人应在收到经监理人审核的支付分解表后 7 天内完成审批，经发包人批准的支付分解表为有约束力的支付分解表。

（3）发包人逾期未完成支付分解表审批的，也未及时要求承包人进行修正和提供补充资料的，则承包人提交的支付分解表视为已经获得发包人批准。

3. 单价合同的总价项目支付分解表的编制与审批

除专用合同条款另有约定外，单价合同的总价项目，由承包人根据施工进度计划和总价项目的总价构成、费用性质、计划发生时间和相应工程量等因素按月进行分解，形成支付分解表，其编制与审批参照总价合同支付分解表的编制与审批执行。

12.5 支付账户

发包人应将合同价款支付至合同协议书中约定的承包人账户。

13. 验收和工程试车

13.1 分部分项工程验收

13.1.1 分部分项工程质量应符合国家有关工程施工验收规范、标准及合同约定，承包人应按照施工组织设计的要求完成分部分项工程施工。

13.1.2 除专用合同条款另有约定外，分部分项工程经承包人自检合格并具备验收条件的，承包人应提前 48 小时通知监理人进行验收。监理人不能按时进行验收的，应在验收前 24 小时向承包人提交书面延期要求,但延期不能超过 48 小时。监理人未按时进行验收,也未提出延期要求的,承包人有权自行验收,监理人应认可验收结果。分部分项工程未经验收的,不得进入下一道工序施工。

分部分项工程的验收资料应当作为竣工资料的组成部分。

13.2 竣工验收

13.2.1 竣工验收条件

工程具备以下条件的,承包人可以申请竣工验收:

(1) 除发包人同意的甩项工作和缺陷修补工作外,合同范围内的全部工程以及有关工作,包括合同要求的试验、试运行以及检验均已完成,并符合合同要求;

(2) 已按合同约定编制了甩项工作和缺陷修补工作清单以及相应的施工计划;

(3) 已按合同约定的内容和份数备齐竣工资料。

13.2.2 竣工验收程序

除专用合同条款另有约定外,承包人申请竣工验收的,应当按照以下程序进行:

(1) 承包人向监理人报送竣工验收申请报告,监理人应在收到竣工验收申请报告后 14 天内完成审查并报送发包人。监理人审查后认为尚不具备验收条件的,应通知承包人在竣工验收前承包人还需完成的工作内容,承包人应在完成监理人通知的全部工作内容后,再次提交竣工验收申请报告。

(2) 监理人审查后认为已具备竣工验收条件的,应将竣工验收申请报告提交发包人,发包人应在收到经监理人审核的竣工验收申请报告后 28 天内审批完毕并组织监理人、承包人、设计人等相关单位完成竣工验收。

(3) 竣工验收合格的,发包人应在验收合格后 14 天内向承包人签发工程接收证书。发包人无正当理由逾期不颁发工程接收证书的,自验收合格后第 15 天起视为已颁发工程接收证书。

(4) 竣工验收不合格的,监理人应按照验收意见发出指示,要求承包人对不合格工程返工、修复或采取其他补救措施,由此增加的费用和(或)延误的工期由承包人承担。承包人在完成不合格工程的返工、修复或采取其他补救措施后,应重新提交竣工验收申请报告,并按本项约定的程序重新进行验收。

(5) 工程未经验收或验收不合格,发包人擅自使用的,应在转移占有工程后 7 天内向承包人颁发工程接收证书;发包人无正当理由逾期不颁发工程接收证书的,自转移占有后第 15 天起视为已颁发工程接收证书。

除专用合同条款另有约定外,发包人不按照本项约定组织竣工验收、颁发工程接收证书的,每逾期一天,应以签约合同价为基数,按照中国人民银行发布的同期同类贷款基准利率支付违约金。

13.2.3 竣工日期

工程经竣工验收合格的,以承包人提交竣工验收申请报告之日为实际竣工日期,并在工程接收证书中载明;因发包人原因,未在监理人收到承包人提交的竣工验收申请报告 42 天内完成竣工验收,或完成竣工验收不予签发工程接收证书的,以提交竣工验收申请报告的日期为实际竣工日期;工程未经竣工验收,发包人擅自使用的,以转移占有工程之日为实际竣工日期。

13.2.4 拒绝接收全部或部分工程

对于竣工验收不合格的工程，承包人完成整改后，应当重新进行竣工验收，经重新组织验收仍不合格的且无法采取措施补救的，则发包人可以拒绝接收不合格工程，因不合格工程导致其他工程不能正常使用的，承包人应采取措施确保相关工程的正常使用，由此增加的费用和（或）延误的工期由承包人承担。

13.2.5 移交、接收全部与部分工程

除专用合同条款另有约定外，合同当事人应当在颁发工程接收证书后.7 天内完成工程的移交。

发包人无正当理由不接收工程的，发包人自应当接收工程之日起，承担工程照管、成品保护、保管等与工程有关的各项费用，合同当事人可以在专用合同条款中另行约定发包人逾期接收工程的违约责任。

承包人无正当理由不移交工程的，承包人应承担工程照管、成品保护、保管等与工程有关的各项费用，合同当事人可以在专用合同条款中另行约定承包人无正当理由不移交工程的违约责任。

13.3 工程试车

13.3.1 试车程序

工程需要试车的，除专用合同条款另有约定外，试车内容应与承包人承包范围相一致，试车费用由承包人承担。工程试车应按如下程序进行：

（1）具备单机无负荷试车条件，承包人组织试车，并在试车前 48 小时书面通知监理人，通知中应载明试车内容、时间、地点。承包人准备试车记录，发包人根据承包人要求为试车提供必要条件。试车合格的，监理人在试车记录上签字。监理人在试车合格后不在试车记录上签字，自试车结束满 24 小时后视为监理人已经认可试车记录，承包人可继续施工或办理竣工验收手续。

监理人不能按时参加试车，应在试车前 24 小时以书面形式向承包人提出延期要求，但延期不能超过 48 小时，由此导致工期延误的，工期应予以顺延。监理人未能在前述期限内提出延期要求，又不参加试车的，视为认可试车记录。

（2）具备无负荷联动试车条件，发包人组织试车，并在试车前 48 小时以书面形式通知承包人。通知中应载明试车内容、时间、地点和对承包人的要求，承包人按要求做好准备工作。试车合格，合同当事人在试车记录上签字。承包人无正当理由不参加试车的，视为认可试车记录。

13.3.2 试车中的责任

因设计原因导致试车达不到验收要求，发包人应要求设计人修改设计，承包人按修改后的设计重新安装。发包人承担修改设计、拆除及重新安装的全部费用，工期相应顺延。因承包人原因导致试车达不到验收要求，承包人按监理人要求重新安装和试车，并承担重新安装和试车的费用，工期不予顺延。

因工程设备制造原因导致试车达不到验收要求的，由采购该工程设备的合同当事人负责重新购置或修理，承包人负责拆除和重新安装，由此增加的修理、重新购置、拆除及重新安装的费用及延误的工期由采购该工程设备的合同当事人承担。

13.3.3 投料试车

如需进行投料试车的，发包人应在工程竣工验收后组织投料试车。发包人要求在工程竣工验收前进行或需要承包人配合时，应征得承包人同意，并在专用合同条款中约定有关事项。

投料试车合格的，费用由发包人承担；因承包人原因造成投料试车不合格的，承包人应按照发包人要求进行整改，由此产生的整改费用由承包人承担；非因承包人原因导致投料试车不合格的，如发包人要求承包人进行整改的，由此产生的费用由发包人承担。

13.4　提前交付单位工程的验收

13.4.1　发包人需要在工程竣工前使用单位工程的，或承包人提出提前交付已经竣工的单位工程且经发包人同意的，可进行单位工程验收，验收的程序按照第 13.2 款〔竣工验收〕的约定进行。

验收合格后，由监理人向承包人出具经发包人签认的单位工程接收证书。已签发单位工程接收证书的单位工程由发包人负责照管。单位工程的验收成果和结论作为整体工程竣工验收申请报告的附件。

13.4.2　发包人要求在工程竣工前交付单位工程，由此导致承包人费用增加和（或）工期延误的，由发包人承担由此增加的费用和（或）延误的工期，并支付承包人合理的利润。

13.5　施工期运行

13.5.1　施工期运行是指合同工程尚未全部竣工，其中某项或某几项单位工程或工程设备安装已竣工，根据专用合同条款约定，需要投入施工期运行的，经发包人按第 13.4 款〔提前交付单位工程的验收〕的约定验收合格，证明能确保安全后，才能在施工期投入运行。

13.5.2　在施工期运行中发现工程或工程设备损坏或存在缺陷的，由承包人按第 15.2 款〔缺陷责任期〕约定进行修复。

13.6　竣工退场

13.6.1　竣工退场

颁发工程接收证书后，承包人应按以下要求对施工现场进行清理：

（1）施工现场内残留的垃圾已全部清除出场；

（2）临时工程已拆除，场地已进行清理、平整或复原；

（3）按合同约定应撤离的人员、承包人施工设备和剩余的材料，包括废弃的施工设备和材料，已按计划撤离施工现场；

（4）施工现场周边及其附近道路、河道的施工堆积物，已全部清理；

（5）施工现场其他场地清理工作已全部完成。

施工现场的竣工退场费用由承包人承担。承包人应在专用合同条款约定的期限内完成竣工退场，逾期未完成的，发包人有权出售或另行处理承包人遗留的物品，由此支出的费用由承包人承担，发包人出售承包人遗留物品所得款项在扣除必要费用后应返还承包人。

13.6.2　地表还原

承包人应按发包人要求恢复临时占地及清理场地，承包人未按发包人的要求恢复临时占地，或者场地清理未达到合同约定要求的，发包人有权委托其他人恢复或清理，所发生的费用由承包人承担。

14. 竣工结算

14.1 竣工结算申请

除专用合同条款另有约定外，承包人应在工程竣工验收合格后 28 天内向发包人和监理人提交竣工结算申请单，并提交完整的结算资料，有关竣工结算申请单的资料清单和份数等要求由合同当事人在专用合同条款中约定。

除专用合同条款另有约定外，竣工结算申请单应包括以下内容：

（1）竣工结算合同价格；

（2）发包人已支付承包人的款项；

（3）应扣留的质量保证金。已缴纳履约保证金的或提供其他工程质量担保方式的除外；

（4）发包人应支付承包人的合同价款。

14.2 竣工结算审核

（1）除专用合同条款另有约定外，监理人应在收到竣工结算申请单后 14 天内完成核查并报送发包人。发包人应在收到监理人提交的经审核的竣工结算申请单后 14 天内完成审批，并由监理人向承包人签发经发包人签认的竣工付款证书。监理人或发包人对竣工结算申请单有异议的，有权要求承包人进行修正和提供补充资料，承包人应提交修正后的竣工结算申请单。

发包人在收到承包人提交竣工结算申请书后 28 天内未完成审批且未提出异议的，视为发包人认可承包人提交的竣工结算申请单，并自发包人收到承包人提交的竣工结算申请单后第 29 天起视为已签发竣工付款证书。

（2）除专用合同条款另有约定外，发包人应在签发竣工付款证书后的 14 天内，完成对承包人的竣工付款。发包人逾期支付的，按照中国人民银行发布的同期同类贷款基准利率支付违约金；逾期支付超过 56 天的，按照中国人民银行发布的同期同类贷款基准利率的两倍支付违约金。

（3）承包人对发包人签认的竣工付款证书有异议的，对于有异议部分应在收到发包人签认的竣工付款证书后 7 天内提出异议，并由合同当事人按照专用合同条款约定的方式和程序进行复核，或按照第 20 条〔争议解决〕约定处理。对于无异议部分，发包人应签发临时竣工付款证书，并按本款第（2）项完成付款。承包人逾期未提出异议的，视为认可发包人的审批结果。

14.3 甩项竣工协议

发包人要求甩项竣工的，合同当事人应签订甩项竣工协议。在甩项竣工协议中应明确，合同当事人按照第 14.1 款〔竣工结算申请〕及 14.2 款〔竣工结算审核〕的约定，对已完合格工程进行结算，并支付相应合同价款。

14.4 最终结清

14.4.1 最终结清申请单

（1）除专用合同条款另有约定外，承包人应在缺陷责任期终止证书颁发后 7 天内，按专用合同条款约定的份数向发包人提交最终结清申请单，并提供相关证明材料。

除专用合同条款另有约定外，最终结清申请单应列明质量保证金、应扣除的质量保证金、缺陷责任期内发生的增减费用。

（2）发包人对最终结清申请单内容有异议的，有权要求承包人进行修正和提供补充资料，承包人应向发包人提交修正后的最终结清申请单。

14.4.2　最终结清证书和支付

（1）除专用合同条款另有约定外，发包人应在收到承包人提交的最终结清申请单后14天内完成审批并向承包人颁发最终结清证书。发包人逾期未完成审批，又未提出修改意见的，视为发包人同意承包人提交的最终结清申请单，且自发包人收到承包人提交的最终结清申请单后15天起视为已颁发最终结清证书。

（2）除专用合同条款另有约定外，发包人应在颁发最终结清证书后7天内完成支付。发包人逾期支付的，按照中国人民银行发布的同期同类贷款基准利率支付违约金；逾期支付超过56天的，按照中国人民银行发布的同期同类贷款基准利率的两倍支付违约金。

（3）承包人对发包人颁发的最终结清证书有异议的，按第20条〔争议解决〕的约定办理。

15. 缺陷责任与保修

15.1　工程保修的原则

在工程移交发包人后，因承包人原因产生的质量缺陷，承包人应承担质量缺陷责任和保修义务。缺陷责任期届满，承包人仍应按合同约定的工程各部位保修年限承担保修义务。

15.2　缺陷责任期

15.2.1　缺陷责任期从工程通过竣工验收之日起计算，合同当事人应在专用合同条款约定缺陷责任期的具体期限，但该期限最长不超过24个月。

单位工程先于全部工程进行验收，经验收合格并交付使用的，该单位工程缺陷责任期自单位工程验收合格之日起算。因承包人原因导致工程无法按合同约定期限进行竣工验收的，缺陷责任期从实际通过竣工验收之日起计算。因发包人原因导致工程无法按合同约定期限进行竣工验收的，在承包人提交竣工验收报告90天后，工程自动进入缺陷责任期；发包人未经竣工验收擅自使用工程的，缺陷责任期自工程转移占有之日起开始计算。

15.2.2　缺陷责任期内，由承包人原因造成的缺陷，承包人应负责维修，并承担鉴定及维修费用。如承包人不维修也不承担费用，发包人可按合同约定从保证金或银行保函中扣除，费用超出保证金额的，发包人可按合同约定向承包人进行索赔。承包人维修并承担相应费用后，不免除对工程的损失赔偿责任。发包人有权要求承包人延长缺陷责任期，并应在原缺陷责任期届满前发出延长通知。但缺陷责任期（含延长部分）最长不能超过24个月。

由他人原因造成的缺陷，发包人负责组织维修，承包人不承担费用，且发包人不得从保证金中扣除费用。

15.2.3　任何一项缺陷或损坏修复后，经检查证明其影响了工程或工程设备的使用性能，承包人应重新进行合同约定的试验和试运行，试验和试运行的全部费用应由责任方承担。

15.2.4　除专用合同条款另有约定外，承包人应于缺陷责任期届满后7天内向发包人发出缺陷责任期届满通知，发包人应在收到缺陷责任期满通知后14天内核实承包人是否履行缺陷修复义务，承包人未能履行缺陷修复义务的，发包人有权扣除相应金额的维修费用。发包人应在收到缺陷责任期届满通知后 14 天内，向承包人颁发缺陷责任期终止证书。

15.3 质量保证金

经合同当事人协商一致扣留质量保证金的，应在专用合同条款中予以明确。

在工程项目竣工前，承包人已经提供履约担保的，发包人不得同时预留工程质量保证金。

15.3.1 承包人提供质量保证金的方式

承包人提供质量保证金有以下三种方式：

（1）质量保证金保函；

（2）相应比例的工程款；

（3）双方约定的其他方式。

除专用合同条款另有约定外，质量保证金原则上采用上述第（1）种方式。

15.3.2 质量保证金的扣留

质量保证金的扣留有以下三种方式：

（1）在支付工程进度款时逐次扣留，在此情形下，质量保证金的计算基数不包括预付款的支付、扣回以及价格调整的金额；

（2）工程竣工结算时一次性扣留质量保证金；

（3）双方约定的其他扣留方式。

除专用合同条款另有约定外，质量保证金的扣留原则上采用上述第（1）种方式。

发包人累计扣留的质量保证金不得超过工程价款结算总额的 3%。如承包人在发包人签发竣工付款证书后 28 天内提交质量保证金保函，发包人应同时退还扣留的作为质量保证金的工程价款；保函金额不得超过工程价款结算总额的 3%。

发包人在退还质量保证金的同时按照中国人民银行发布的同期同类贷款基准利率支付利息。

15.3.3 质量保证金的退还

缺陷责任期内，承包人认真履行合同约定的责任，到期后，承包人可向发包人申请返还保证金。

发包人在接到承包人返还保证金申请后，应于 14 天内会同承包人按照合同约定的内容进行核实。如无异议，发包人应当按照约定将保证金返还给承包人。对返还期限没有约定或者约定不明确的，发包人应当在核实后 14 天内将保证金返还承包人，逾期未返还的，依法承担违约责任。发包人在接到承包人返还保证金申请后 14 天内不予答复，经催告后14 天内仍不予答复，视同认可承包人的返还保证金申请。

发包人和承包人对保证金预留、返还以及工程维修质量、费用有争议的，按本合同第20 条约定的争议和纠纷解决程序处理。

15.4 保修

15.4.1 保修责任

工程保修期从工程竣工验收合格之日起算，具体分部分项工程的保修期由合同当事人在专用合同条款中约定，但不得低于法定最低保修年限。在工程保修期内，承包人应当根据有关法律规定以及合同约定承担保修责任。

发包人未经竣工验收擅自使用工程的，保修期自转移占有之日起算。

15.4.2　修复费用

保修期内，修复的费用按照以下约定处理：

（1）保修期内，因承包人原因造成工程的缺陷、损坏，承包人应负责修复，并承担修复的费用以及因工程的缺陷、损坏造成的人身伤害和财产损失；

（2）保修期内，因发包人使用不当造成工程的缺陷、损坏，可以委托承包人修复，但发包人应承担修复的费用，并支付承包人合理利润；

（3）因其他原因造成工程的缺陷、损坏，可以委托承包人修复，发包人应承担修复的费用，并支付承包人合理的利润，因工程的缺陷、损坏造成的人身伤害和财产损失由责任方承担。

15.4.3　修复通知

在保修期内，发包人在使用过程中，发现已接收的工程存在缺陷或损坏的，应书面通知承包人予以修复，但情况紧急必须立即修复缺陷或损坏的，发包人可以口头通知承包人并在口头通知后 48 小时内书面确认，承包人应在专用合同条款约定的合理期限内到达工程现场并修复缺陷或损坏。

15.4.4　未能修复

因承包人原因造成工程的缺陷或损坏，承包人拒绝维修或未能在合理期限内修复缺陷或损坏，且经发包人书面催告后仍未修复的，发包人有权自行修复或委托第三方修复，所需费用由承包人承担。但修复范围超出缺陷或损坏范围的，超出范围部分的修复费用由发包人承担。

15.4.5　承包人出入权

在保修期内，为了修复缺陷或损坏，承包人有权出入工程现场，除情况紧急必须立即修复缺陷或损坏外，承包人应提前 24 小时通知发包人进场修复的时间。承包人进入工程现场前应获得发包人同意，且不应影响发包人正常的生产经营，并应遵守发包人有关保安和保密等规定。

16. 违约

16.1　发包人违约

16.1.1　发包人违约的情形

在合同履行过程中发生的下列情形，属于发包人违约：

（1）因发包人原因未能在计划开工日期前 7 天内下达开工通知的；

（2）因发包人原因未能按合同约定支付合同价款的；

（3）发包人违反第 10.1 款〔变更的范围〕第（2）项约定，自行实施被取消的工作或转由他人实施的；

（4）发包人提供的材料、工程设备的规格、数量或质量不符合合同约定，或因发包人原因导致交货日期延误或交货地点变更等情况的；

（5）因发包人违反合同约定造成暂停施工的；

（6）发包人无正当理由没有在约定期限内发出复工指示，导致承包人无法复工的；

（7）发包人明确表示或者以其行为表明不履行合同主要义务的；

（8）发包人未能按照合同约定履行其他义务的。

发包人发生除本项第（7）目以外的违约情况时，承包人可向发包人发出通知，要求发包人采取有效措施纠正违约行为。发包人收到承包人通知后 28 天内仍不纠正违约行为的，承包人有权暂停相应部位工程施工，并通知监理人。

16.1.2 发包人违约的责任

发包人应承担因其违约给承包人增加的费用和（或）延误的工期，并支付承包人合理的利润。此外，合同当事人可在专用合同条款中另行约定发包人违约责任的承担方式和计算方法。

16.1.3 因发包人违约解除合同

除专用合同条款另有约定外，承包人按第 16.1.1 项〔发包人违约的情形〕约定暂停施工满 28 天后，发包人仍不纠正其违约行为并致使合同目的不能实现的，或出现第 16.1.1 项〔发包人违约的情形〕第（7）目约定的违约情况，承包人有权解除合同，发包人应承担由此增加的费用，并支付承包人合理的利润。

16.1.4 因发包人违约解除合同后的付款

承包人按照本款约定解除合同的，发包人应在解除合同后 28 天内支付下列款项，并解除履约担保：

（1）合同解除前所完成工作的价款；

（2）承包人为工程施工订购并已付款的材料、工程设备和其他物品的价款；

（3）承包人撤离施工现场以及遣散承包人人员的款项；

（4）按照合同约定在合同解除前应支付的违约金；

（5）按照合同约定应当支付给承包人的其他款项；

（6）按照合同约定应退还的质量保证金；

（7）因解除合同给承包人造成的损失。

合同当事人未能就解除合同后的结清达成一致的，按照第 20 条〔争议解决〕的约定处理。

承包人应妥善做好已完工程和与工程有关的已购材料、工程设备的保护和移交工作，并将施工设备和人员撤出施工现场，发包人应为承包人撤出提供必要条件。

16.2 承包人违约

16.2.1 承包人违约的情形

在合同履行过程中发生的下列情形，属于承包人违约：

（1）承包人违反合同约定进行转包或违法分包的；

（2）承包人违反合同约定采购和使用不合格的材料和工程设备的；

（3）因承包人原因导致工程质量不符合合同要求的；

（4）承包人违反第 8.9 款〔材料与设备专用要求〕的约定，未经批准，私自将已按照合同约定进入施工现场的材料或设备撤离施工现场的；

（5）承包人未能按施工进度计划及时完成合同约定的工作，造成工期延误的；

（6）承包人在缺陷责任期及保修期内，未能在合理期限对工程缺陷进行修复，或拒绝按发包人要求进行修复的；

（7）承包人明确表示或者以其行为表明不履行合同主要义务的；

（8）承包人未能按照合同约定履行其他义务的。

承包人发生除本项第（7）目约定以外的其他违约情况时，监理人可向承包人发出整改通知，要求其在指定的期限内改正。

16.2.2　承包人违约的责任

承包人应承担因其违约行为而增加的费用和（或）延误的工期。此外，合同当事人可在专用合同条款中另行约定承包人违约责任的承担方式和计算方法。

16.2.3　因承包人违约解除合同

除专用合同条款另有约定外，出现第 16.2.1 项〔承包人违约的情形〕第（7）目约定的违约情况时，或监理人发出整改通知后，承包人在指定的合理期限内仍不纠正违约行为并致使合同目的不能实现的，发包人有权解除合同。合同解除后，因继续完成工程的需要，发包人有权使用承包人在施工现场的材料、设备、临时工程、承包人文件和由承包人或以其名义编制的其他文件，合同当事人应在专用合同条款约定相应费用的承担方式。发包人继续使用的行为不免除或减轻承包人应承担的违约责任。

16.2.4　因承包人违约解除合同后的处理

因承包人原因导致合同解除的，则合同当事人应在合同解除后 28 天内完成估价、付款和清算，并按以下约定执行：

（1）合同解除后，按第 4.4 款〔商定或确定〕商定或确定承包人实际完成工作对应的合同价款，以及承包人已提供的材料、工程设备、施工设备和临时工程等的价值；

（2）合同解除后，承包人应支付的违约金；

（3）合同解除后，因解除合同给发包人造成的损失；

（4）合同解除后，承包人应按照发包人要求和监理人的指示完成现场的清理和撤离；

（5）发包人和承包人应在合同解除后进行清算，出具最终结清付款证书，结清全部款项。

因承包人违约解除合同的，发包人有权暂停对承包人的付款，查清各项付款和已扣款项。发包人和承包人未能就合同解除后的清算和款项支付达成一致的，按照第 20 条〔争议解决〕的约定处理。

16.2.5　采购合同权益转让

因承包人违约解除合同的，发包人有权要求承包人将其为实施合同而签订的材料和设备的采购合同的权益转让给发包人，承包人应在收到解除合同通知后 14 天内，协助发包人与采购合同的供应商达成相关的转让协议。

16.3　第三人造成的违约

在履行合同过程中，一方当事人因第三人的原因造成违约的，应当向对方当事人承担违约责任。一方当事人和第三人之间的纠纷，依照法律规定或者按照约定解决。

17. 不可抗力

17.1　不可抗力的确认

不可抗力是指合同当事人在签订合同时不可预见，在合同履行过程中不可避免且不能克服的自然灾害和社会性突发事件，如地震、海啸、瘟疫、骚乱、戒严、暴动、战争和专用合同条款中约定的其他情形。

不可抗力发生后，发包人和承包人应收集证明不可抗力发生及不可抗力造成损失的证据，并及时认真统计所造成的损失。合同当事人对是否属于不可抗力或其损失的意见不一致的，由监理人按第 4.4 款〔商定或确定〕的约定处理。发生争议时，按第 20 条〔争议解决〕的约定处理。

17.2 不可抗力的通知

合同一方当事人遇到不可抗力事件，使其履行合同义务受到阻碍时，应立即通知合同另一方当事人和监理人，书面说明不可抗力和受阻碍的详细情况，并提供必要的证明。

不可抗力持续发生的，合同一方当事人应及时向合同另一方当事人和监理人提交中间报告，说明不可抗力和履行合同受阻的情况，并于不可抗力事件结束后 28 天内提交最终报告及有关资料。

17.3 不可抗力后果的承担

17.3.1 不可抗力引起的后果及造成的损失由合同当事人按照法律规定及合同约定各自承担。不可抗力发生前已完成的工程应当按照合同约定进行计量支付。

17.3.2 不可抗力导致的人员伤亡、财产损失、费用增加和（或）工期延误等后果，由合同当事人按以下原则承担：

（1）永久工程、已运至施工现场的材料和工程设备的损坏，以及因工程损坏造成的第三人人员伤亡和财产损失由发包人承担；

（2）承包人施工设备的损坏由承包人承担；

（3）发包人和承包人承担各自人员伤亡和财产的损失；

（4）因不可抗力影响承包人履行合同约定的义务，已经引起或将引起工期延误的，应当顺延工期，由此导致承包人停工的费用损失由发包人和承包人合理分担，停工期间必须支付的工人工资由发包人承担；

（5）因不可抗力引起或将引起工期延误，发包人要求赶工的，由此增加的赶工费用由发包人承担；

（6）承包人在停工期间按照发包人要求照管、清理和修复工程的费用由发包人承担。

不可抗力发生后，合同当事人均应采取措施尽量避免和减少损失的扩大，任何一方当事人没有采取有效措施导致损失扩大的，应对扩大的损失承担责任。

因合同一方迟延履行合同义务，在迟延履行期间遭遇不可抗力的，不免除其违约责任。

17.4 因不可抗力解除合同

因不可抗力导致合同无法履行连续超过 84 天或累计超过 140 天的，发包人和承包人均有权解除合同。合同解除后，由双方当事人按照第 4.4 款〔商定或确定〕商定或确定发包人应支付的款项，该款项包括：

（1）合同解除前承包人已完成工作的价款；

（2）承包人为工程订购的并已交付给承包人，或承包人有责任接受交付的材料、工程设备和其他物品的价款；

（3）发包人要求承包人退货或解除订货合同而产生的费用，或因不能退货或解除合同而产生的损失；

（4）承包人撤离施工现场以及遣散承包人人员的费用；

（5）按照合同约定在合同解除前应支付给承包人的其他款项；

（6）扣减承包人按照合同约定应向发包人支付的款项；

（7）双方商定或确定的其他款项。

除专用合同条款另有约定外，合同解除后，发包人应在商定或确定上述款项后 28 天内完成上述款项的支付。

18. 保险

18.1　工程保险

除专用合同条款另有约定外，发包人应投保建筑工程一切险或安装工程一切险；发包人委托承包人投保的，因投保产生的保险费和其他相关费用由发包人承担。

18.2　工伤保险

18.2.1　发包人应依照法律规定参加工伤保险，并为在施工现场的全部员工办理工伤保险，缴纳工伤保险费，并要求监理人及由发包人为履行合同聘请的第三方依法参加工伤保险。

18.2.2　承包人应依照法律规定参加工伤保险，并为其履行合同的全部员工办理工伤保险，缴纳工伤保险费，并要求分包人及由承包人为履行合同聘请的第三方依法参加工伤保险。

18.3　其他保险

发包人和承包人可以为其施工现场的全部人员办理意外伤害保险并支付保险费，包括其员工及为履行合同聘请的第三方的人员，具体事项由合同当事人在专用合同条款约定。

除专用合同条款另有约定外，承包人应为其施工设备等办理财产保险。

18.4　持续保险

合同当事人应与保险人保持联系，使保险人能够随时了解工程实施中的变动，并确保按保险合同条款要求持续保险。

18.5　保险凭证

合同当事人应及时向另一方当事人提交其已投保的各项保险的凭证和保险单复印件。

18.6　未按约定投保的补救

18.6.1　发包人未按合同约定办理保险，或未能使保险持续有效的，则承包人可代为办理，所需费用由发包人承担。发包人未按合同约定办理保险，导致未能得到足额赔偿的，由发包人负责补足。

18.6.2　承包人未按合同约定办理保险，或未能使保险持续有效的，则发包人可代为办理，所需费用由承包人承担。承包人未按合同约定办理保险，导致未能得到足额赔偿的，由承包人负责补足。

18.7　通知义务

除专用合同条款另有约定外，发包人变更除工伤保险之外的保险合同时，应事先征得承包人同意，并通知监理人；承包人变更除工伤保险之外的保险合同时，应事先征得发包人同意，并通知监理人。

保险事故发生时，投保人应按照保险合同规定的条件和期限及时向保险人报告。发包人和承包人应当在知道保险事故发生后及时通知对方。

19. 索赔

19.1　承包人的索赔

根据合同约定，承包人认为有权得到追加付款和（或）延长工期的，应按以下程序向发包人提出索赔：

（1）承包人应在知道或应当知道索赔事件发生后 28 天内，向监理人递交索赔意向通知书，并说明发生索赔事件的事由；承包人未在前述 28 天内发出索赔意向通知书的，丧失要求追加付款和（或）延长工期的权利；

（2）承包人应在发出索赔意向通知书后 28 天内，向监理人正式递交索赔报告；索赔报告应详细说明索赔理由以及要求追加的付款金额和（或）延长的工期，并附必要的记录和证明材料；

（3）索赔事件具有持续影响的，承包人应按合理时间间隔继续递交延续索赔通知，说明持续影响的实际情况和记录，列出累计的追加付款金额和（或）工期延长天数；

（4）在索赔事件影响结束后 28 天内，承包人应向监理人递交最终索赔报告，说明最终要求索赔的追加付款金额和（或）延长的工期，并附必要的记录和证明材料。

19.2　对承包人索赔的处理

对承包人索赔的处理如下：

（1）监理人应在收到索赔报告后 14 天内完成审查并报送发包人。监理人对索赔报告存在异议的，有权要求承包人提交全部原始记录副本；

（2）发包人应在监理人收到索赔报告或有关索赔的进一步证明材料后的 28 天内，由监理人向承包人出具经发包人签认的索赔处理结果。发包人逾期答复的，则视为认可承包人的索赔要求；

（3）承包人接受索赔处理结果的，索赔款项在当期进度款中进行支付；承包人不接受索赔处理结果的，按照第 20 条〔争议解决〕约定处理。

19.3　发包人的索赔

根据合同约定，发包人认为有权得到赔付金额和（或）延长缺陷责任期的，监理人应向承包人发出通知并附有详细的证明。

发包人应在知道或应当知道索赔事件发生后 28 天内通过监理人向承包人提出索赔意向通知书，发包人未在前述 28 天内发出索赔意向通知书的，丧失要求赔付金额和（或）延长缺陷责任期的权利。发包人应在发出索赔意向通知书后 28 天内，通过监理人向承包人正式递交索赔报告。

19.4　对发包人索赔的处理

对发包人索赔的处理如下：

（1）承包人收到发包人提交的索赔报告后，应及时审查索赔报告的内容、查验发包人证明材料；

（2）承包人应在收到索赔报告或有关索赔的进一步证明材料后 28 天内，将索赔处理结果答复发包人。如果承包人未在上述期限内作出答复的，则视为对发包人索赔要求的认可；

（3）承包人接受索赔处理结果的，发包人可从应支付给承包人的合同价款中扣除赔付的金额或延长缺陷责任期；发包人不接受索赔处理结果的，按第 20 条〔争议解决〕约定处理。

19.5　提出索赔的期限

（1）承包人按第 14.2 款〔竣工结算审核〕约定接收竣工付款证书后，应被视为已无权再提出在工程接收证书颁发前所发生的任何索赔。

（2）承包人按第 14.4 款〔最终结清〕提交的最终结清申请单中，只限于提出工程接收证书颁发后发生的索赔。提出索赔的期限自接受最终结清证书时终止。

20. 争议解决

20.1 和解

合同当事人可以就争议自行和解，自行和解达成协议的经双方签字并盖章后作为合同补充文件，双方均应遵照执行。

20.2 调解

合同当事人可以就争议请求建设行政主管部门、行业协会或其他第三方进行调解，调解达成协议的，经双方签字并盖章后作为合同补充文件，双方均应遵照执行。

20.3 争议评审

合同当事人在专用合同条款中约定采取争议评审方式解决争议以及评审规则，并按下列约定执行：

20.3.1 争议评审小组的确定

合同当事人可以共同选择一名或三名争议评审员，组成争议评审小组。除专用合同条款另有约定外，合同当事人应当自合同签订后 28 天内，或者争议发生后 14 天内，选定争议评审员。

选择一名争议评审员的，由合同当事人共同确定；选择三名争议评审员的，各自选定一名，第三名成员为首席争议评审员，由合同当事人共同确定或由合同当事人委托已选定的争议评审员共同确定，或由专用合同条款约定的评审机构指定第三名首席争议评审员。

除专用合同条款另有约定外，评审员报酬由发包人和承包人各承担一半。

20.3.2 争议评审小组的决定

合同当事人可在任何时间将与合同有关的任何争议共同提请争议评审小组进行评审。争议评审小组应秉持客观、公正原则，充分听取合同当事人的意见，依据相关法律、规范、标准、案例经验及商业惯例等，自收到争议评审申请报告后 14 天内作出书面决定，并说明理由。合同当事人可以在专用合同条款中对本项事项另行约定。

20.3.3 争议评审小组决定的效力

争议评审小组作出的书面决定经合同当事人签字确认后，对双方具有约束力，双方应遵照执行。

任何一方当事人不接受争议评审小组决定或不履行争议评审小组决定的，双方可选择采用其他争议解决方式。

20.4 仲裁或诉讼

因合同及合同有关事项产生的争议，合同当事人可以在专用合同条款中约定以下一种方式解决争议：

（1）向约定的仲裁委员会申请仲裁；

（2）向有管辖权的人民法院起诉。

20.5 争议解决条款效力

合同有关争议解决的条款独立存在，合同的变更、解除、终止、无效或者被撤销均不影响其效力。

第三部分 专用合同条款

1. 一般约定

1.1 词语定义

1.1.1 合同

1.1.1.10 其他合同文件包括：_____；

1.1.2 合同当事人及其他相关方

1.1.2.4 监理人：

名　　称：_____；

资质类别和等级：_____；

联系电话：_____；

电子信箱：_____；

通信地址：_____。

1.1.2.5 设计人：

名　　称：_____；

资质类别和等级：_____；

联系电话：_____；

电子信箱：_____；

通信地址：_____。

1.1.3 工程和设备

1.1.3.7 作为施工现场组成部分的其他场所包括：_____。

1.1.3.9 永久占地包括：_____。

1.1.3.10 临时占地包括：_____。

1.3 法律

适用于合同的其他规范性文件：_____。

1.4 标准和规范

1.4.1 适用于工程的标准规范包括：_____。

1.4.2 发包人提供国外标准、规范的名称：_____；

发包人提供国外标准、规范的份数：_____；

发包人提供国外标准、规范的名称：_____；

1.4.3 发包人对工程的技术标准和功能要求的特殊要求：_____。

1.5 合同文件的优先顺序

合同文件组成及优先顺序为：_____。

1.6 图纸和承包人文件

1.6.1 图纸的提供

发包人向承包人提供图纸的期限：_____；

发包人向承包人提供图纸的数量：_____；

发包人向承包人提供图纸的内容：_____。

1.6.4　承包人文件

需要由承包人提供的文件，包括：＿＿＿＿＿＿＿＿＿＿＿＿＿＿＿＿＿＿＿；

承包人提供的文件的期限为：＿＿＿＿＿＿＿＿＿＿＿＿＿＿＿＿＿＿＿＿＿；

承包人提供的文件的数量为：＿＿＿＿＿＿＿＿＿＿＿＿＿＿＿＿＿＿＿＿＿；

承包人提供的文件的形式为：＿＿＿＿＿＿＿＿＿＿＿＿＿＿＿＿＿＿＿＿＿；

发包人审批承包人文件的期限：＿＿＿＿＿＿＿＿＿＿＿＿＿＿＿＿＿＿＿＿。

1.6.5　现场图纸准备

关于现场图纸准备的约定：＿＿＿＿＿＿＿＿＿＿＿＿＿＿＿＿＿＿＿＿＿＿。

1.7　联络

1.7.1　发包人和承包人应当在＿＿＿＿＿＿天内将与合同有关的通知、批准、证明、证书、指示、指令、要求、请求、同意、意见、确定和决定等书面函件送达对方当事人。

1.7.2　发包人接收文件的地点：＿＿＿＿＿＿＿＿＿＿＿＿＿＿＿＿＿＿＿＿；

发包人指定的接收人为：＿＿＿＿＿＿＿＿＿＿＿＿＿＿＿＿＿＿＿＿＿＿＿。

承包人接收文件的地点：＿＿＿＿＿＿＿＿＿＿＿＿＿＿＿＿＿＿＿＿＿＿＿；

承包人指定的接收人为：＿＿＿＿＿＿＿＿＿＿＿＿＿＿＿＿＿＿＿＿＿＿＿。

监理人接收文件的地点：＿＿＿＿＿＿＿＿＿＿＿＿＿＿＿＿＿＿＿＿＿＿＿；

监理人指定的接收人为：＿＿＿＿＿＿＿＿＿＿＿＿＿＿＿＿＿＿＿＿＿＿＿。

1.10　交通运输

1.10.1　出入现场的权利

关于出入现场的权利的约定：＿＿＿＿＿＿＿＿＿＿＿＿＿＿＿＿＿＿＿＿＿。

1.10.3　场内交通

关于场外交通和场内交通的边界的约定：＿＿＿＿＿＿＿＿＿＿＿＿＿＿＿＿。

关于发包人向承包人免费提供满足工程施工需要的场内道路和交通设施的约定：＿＿＿＿＿＿＿＿＿＿＿＿＿＿＿＿＿＿＿＿＿＿＿＿＿＿＿＿＿＿＿＿＿＿＿＿＿。

1.10.4　超大件和超重件的运输

运输超大件或超重件所需的道路和桥梁临时加固改造费用和其他有关费用由＿＿＿＿＿＿承担。

1.11　知识产权

1.11.1　关于发包人提供给承包人的图纸、发包人为实施工程自行编制或委托编制的技术规范以及反映发包人关于合同要求或其他类似性质的文件的著作权的归属：＿＿＿＿。

关于发包人提供的上述文件的使用限制的要求：＿＿＿＿＿＿＿＿＿＿＿＿＿。

1.11.2　关于承包人为实施工程所编制文件的著作权的归属：＿＿＿＿＿＿＿＿。

关于承包人提供的上述文件的使用限制的要求：＿＿＿＿＿＿＿＿＿＿＿＿＿。

1.11.4　承包人在施工过程中所采用的专利、专有技术、技术秘密的使用费的承担方式：＿＿＿＿＿＿＿＿＿＿＿＿＿＿＿＿＿＿＿＿＿＿＿＿＿＿＿＿＿＿＿＿＿＿。

1.13　工程量清单错误的修正

出现工程量清单错误时，是否调整合同价格：＿＿＿＿＿＿＿＿＿＿＿＿＿＿。

允许调整合同价格的工程量偏差范围：＿＿＿＿＿＿＿＿＿＿＿＿＿＿＿＿＿。

2. 发包人

2.2　发包人代表

发包人代表：

姓　　名：_____；

身份证号：_____；

职　　务：_____；

联系电话：_____；

电子信箱：_____；

通信地址：_____。

发包人对发包人代表的授权范围如下：_____。

2.4　施工现场、施工条件和基础资料的提供

2.4.1　提供施工现场

关于发包人移交施工现场的期限要求：_____。

2.4.2　提供施工条件

关于发包人应负责提供施工所需要的条件，包括：_____。

2.5　资金来源证明及支付担保

发包人提供资金来源证明的期限要求：_____。

发包人是否提供支付担保：_____。

发包人提供支付担保的形式：_____。

3. 承包人

3.1　承包人的一般义务

(9) 承包人提交的竣工资料的内容：_____。

承包人需要提交的竣工资料套数：_____。

承包人提交的竣工资料的费用承担：_____。

承包人提交的竣工资料移交时间：_____。

承包人提交的竣工资料形式要求：_____。

(10) 承包人应履行的其他义务：_____。

3.2　项目经理

3.2.1　项目经理：

姓　　名：_____；

身份证号：_____；

建造师执业资格等级：_____；

建造师注册证书号：_____；

建造师执业印章号：_____；

安全生产考核合格证书号：_____；

联系电话：_____；

电子信箱：_____；

通信地址：_____；

承包人对项目经理的授权范围如下：_____。

关于项目经理每月在施工现场的时间要求：_____。

承包人未提交劳动合同，以及没有为项目经理缴纳社会保险证明的违约责任：_____
_____。

项目经理未经批准，擅自离开施工现场的违约责任：_____。

3.2.3　承包人擅自更换项目经理的违约责任：_____。

3.2.4　承包人无正当理由拒绝更换项目经理的违约责任：_____。

3.3　承包人人员

3.3.1　承包人提交项目管理机构及施工现场管理人员安排报告的期限：_____
_____。

3.3.3　承包人无正当理由拒绝撤换主要施工管理人员的违约责任：_____。

3.3.4　承包人主要施工管理人员离开施工现场的批准要求：_____。

3.3.5　承包人擅自更换主要施工管理人员的违约责任：_____。

承包人主要施工管理人员擅自离开施工现场的违约责任：_____。

3.5　分包

3.5.1　分包的一般约定

禁止分包的工程包括：_____。

主体结构、关键性工作的范围：_____。

3.5.2　分包的确定

允许分包的专业工程包括：_____。

其他关于分包的约定：_____。

3.5.4　分包合同价款

关于分包合同价款支付的约定：_____。

3.6　工程照管与成品、半成品保护

承包人负责照管工程及工程相关的材料、工程设备的起始时间：_____。

3.7　履约担保

承包人是否提供履约担保：_____。

承包人提供履约担保的形式、金额及期限的：_____。

4．监理人

4.1　监理人的一般规定

关于监理人的监理内容：_____。

关于监理人的监理权限：_____。

关于监理人在施工现场的办公场所、生活场所的提供和费用承担的约定：_____。

4.2　监理人员

总监理工程师：

姓　　名：_____；

职　　务：_____；

监理工程师执业资格证书号：_____；

联系电话：_____；

电子信箱：_____；

通信地址：_____；

关于监理人的其他约定：_____。

4.4 商定或确定

在发包人和承包人不能通过协商达成一致意见时，发包人授权监理人对以下事项进行确定：

(1) _____；

(2) _____；

(3) _____。

5. 工程质量

5.1 质量要求

5.1.1 特殊质量标准和要求：_____。

关于工程奖项的约定：_____。

5.3 隐蔽工程检查

5.3.2 承包人提前通知监理人隐蔽工程检查的期限的约定：_____。

监理人不能按时进行检查时，应提前_____小时提交书面延期要求。

关于延期最长不得超过：_____小时。

6. 安全文明施工与环境保护

6.1 安全文明施工

6.1.1 项目安全生产的达标目标及相应事项的约定：_____。

6.1.4 关于治安保卫的特别约定：_____。

关于编制施工场地治安管理计划的约定：_____。

6.1.5 文明施工

合同当事人对文明施工的要求：_____。

6.1.6 关于安全文明施工费支付比例和支付期限的约定：_____。

7. 工期和进度

7.1 施工组织设计

7.1.1 合同当事人约定的施工组织设计应包括的其他内容：_____。

7.1.2 施工组织设计的提交和修改

承包人提交详细施工组织设计的期限的约定：_____。

发包人和监理人在收到详细的施工组织设计后确认或提出修改意见的期限：_____。

7.2 施工进度计划

7.2.2 施工进度计划的修订

发包人和监理人在收到修订的施工进度计划后确认或提出修改意见的期限：_____。

7.3 开工

7.3.1 开工准备

关于承包人提交工程开工报审表的期限：_____。

关于发包人应完成的其他开工准备工作及期限：_____。

关于承包人应完成的其他开工准备工作及期限：_____。

7.3.2 开工通知

因发包人原因造成监理人未能在计划开工日期之日起_____天内发出开工通知的，承包人有权提出价格调整要求，或者解除合同。

7.4 测量放线

7.4.1 发包人通过监理人向承包人提供测量基准点、基准线和水准点及其书面资料的期限：_____。

7.5 工期延误

7.5.1 因发包人原因导致工期延误

（7）因发包人原因导致工期延误的其他情形：_____。

7.5.2 因承包人原因导致工期延误

因承包人原因造成工期延误，逾期竣工违约金的计算方法为：_____。

因承包人原因造成工期延误，逾期竣工违约金的上限：_____。

7.6 不利物质条件

不利物质条件的其他情形和有关约定：_____。

7.7 异常恶劣的气候条件

发包人和承包人同意以下情形视为异常恶劣的气候条件：

（1）_____；

（2）_____；

（3）_____。

7.9 提前竣工的奖励

7.9.2 提前竣工的奖励：_____。

8. 材料与设备

8.4 材料与工程设备的保管与使用

8.4.1 发包人供应的材料设备的保管费用的承担：_____。

8.6 样品

8.6.1 样品的报送与封存

需要承包人报送样品的材料或工程设备，样品的种类、名称、规格、数量要求：_____

_____。

8.8 施工设备和临时设施

8.8.1 承包人提供的施工设备和临时设施

关于修建临时设施费用承担的约定：_____。

9. 试验与检验

9.1 试验设备与试验人员

9.1.2 试验设备

施工现场需要配置的试验场所：_____。

施工现场需要配备的试验设备：_____。

施工现场需要具备的其他试验条件：_____。

9.4 现场工艺试验

现场工艺试验的有关约定：_____。

10. 变更

10.1 变更的范围

关于变更的范围的约定：＿＿＿＿＿＿＿＿＿＿＿＿＿＿＿＿＿＿＿＿＿。

10.4 变更估价

10.4.1 变更估价原则

关于变更估价的约定：＿＿＿＿＿＿＿＿＿＿＿＿＿＿＿＿＿＿＿＿＿。

10.5 承包人的合理化建议

监理人审查承包人合理化建议的期限：＿＿＿＿＿＿＿＿＿＿＿＿＿＿＿。

发包人审批承包人合理化建议的期限：＿＿＿＿＿＿＿＿＿＿＿＿＿＿＿。

承包人提出的合理化建议降低了合同价格或者提高了工程经济效益的奖励的方法和金额为：＿＿＿＿＿＿＿＿＿＿＿＿＿＿＿＿＿＿＿＿＿＿＿＿＿。

10.7 暂估价

暂估价材料和工程设备的明细详见附件 11:《暂估价一览表》。

10.7.1 依法必须招标的暂估价项目

对于依法必须招标的暂估价项目的确认和批准采取第＿＿＿＿种方式确定。

10.7.2 不属于依法必须招标的暂估价项目

对于不属于依法必须招标的暂估价项目的确认和批准采取第＿＿＿种方式确定。

第 3 种方式：承包人直接实施的暂估价项目

承包人直接实施的暂估价项目的约定：＿＿＿＿＿＿＿＿＿＿＿＿＿＿＿。

10.8 暂列金额

合同当事人关于暂列金额使用的约定：＿＿＿＿＿＿＿＿＿＿＿＿＿＿＿。

11. 价格调整

11.1 市场价格波动引起的调整

市场价格波动是否调整合同价格的约定：＿＿＿＿＿＿＿＿＿＿＿＿＿＿。

因市场价格波动调整合同价格，采用以下第＿＿＿＿＿＿种方式对合同价格进行调整：

第 1 种方式：采用价格指数进行价格调整。

关于各可调因子、定值和变值权重，以及基本价格指数及其来源的约定：＿＿＿＿；

第 2 种方式：采用造价信息进行价格调整。

(2) 关于基准价格的约定：＿＿＿＿＿＿＿＿＿＿＿＿＿＿＿＿＿＿＿＿。

专用合同条款①承包人在已标价工程量清单或预算书中载明的材料单价低于基准价格的：专用合同条款合同履行期间材料单价涨幅以基准价格为基础超过＿＿＿＿＿%时，或材料单价跌幅以已标价工程量清单或预算书中载明材料单价为基础超过＿＿＿＿＿%时，其超过部分据实调整。

②承包人在已标价工程量清单或预算书中载明的材料单价高于基准价格的：专用合同条款合同履行期间材料单价跌幅以基准价格为基础超过＿＿＿＿%时，材料单价涨幅以已标价工程量清单或预算书中载明材料单价为基础超过＿＿＿＿＿%时，其超过部分据实调整。

③承包人在已标价工程量清单或预算书中载明的材料单价等于基准单价的：专用合同条款合同履行期间材料单价涨跌幅以基准单价为基础超过±＿＿＿＿%时，其超过部分据

实调整。

第 3 种方式：其他价格调整方式：_____。

12. 合同价格、计量与支付

12.1 合同价格形式

1. 单价合同。

综合单价包含的风险范围：_____。

风险费用的计算方法：_____。

风险范围以外合同价格的调整方法：_____。

2. 总价合同。

总价包含的风险范围：_____。

风险费用的计算方法：_____。

风险范围以外合同价格的调整方法：_____。

3. 其他价格方式：_____。

12.2 预付款

12.2.1 预付款的支付

预付款支付比例或金额：_____。

预付款支付期限：_____。

预付款扣回的方式：_____。

12.2.2 预付款担保

承包人提交预付款担保的期限：_____。

预付款担保的形式为：_____。

12.3 计量

12.3.1 计量原则

工程量计算规则：_____。

12.3.2 计量周期

关于计量周期的约定：_____。

12.3.3 单价合同的计量

关于单价合同计量的约定：_____。

12.3.4 总价合同的计量

关于总价合同计量的约定：_____。

12.3.5 总价合同采用支付分解表计量支付的，是否适用第 12.3.4 项〔总价合同的计量〕约定进行计量：_____。

12.3.6 其他价格形式合同的计量

其他价格形式的计量方式和程序：_____。

12.4 工程进度款支付

12.4.1 付款周期

关于付款周期的约定：_____。

12.4.2 进度付款申请单的编制

关于进度付款申请单编制的约定：_____。

12.4.3 进度付款申请单的提交

(1) 单价合同进度付款申请单提交的约定：_____。

(2) 总价合同进度付款申请单提交的约定：_____。

(3) 其他价格形式合同进度付款申请单提交的约定：_____。

12.4.4 进度款审核和支付

(1) 监理人审查并报送发包人的期限：_____。

发包人完成审批并签发进度款支付证书的期限：_____。

(2) 发包人支付进度款的期限：_____。

发包人逾期支付进度款的违约金的计算方式：_____。

12.4.6 支付分解表的编制

2. 总价合同支付分解表的编制与审批：_____。

3. 单价合同的总价项目支付分解表的编制与审批：_____。

13. 验收和工程试车

13.1 分部分项工程验收

13.1.2 监理人不能按时进行验收时，应提前_____小时提交书面延期要求。

关于延期最长不得超过：_____小时。

13.2 竣工验收

13.2.2 竣工验收程序

关于竣工验收程序的约定：_____。

发包人不按照本项约定组织竣工验收、颁发工程接收证书的违约金的计算方法：____

_____。

13.2.5 移交、接收全部与部分工程

承包人向发包人移交工程的期限：_____。

发包人未按本合同约定接收全部或部分工程的，违约金的计算方法为：_____。

承包人未按时移交工程的，违约金的计算方法为：_____。

13.3 工程试车

13.3.1 试车程序

工程试车内容：_____。

(1) 单机无负荷试车费用由_____承担；

(2) 无负荷联动试车费用由_____承担。

13.3.3 投料试车

关于投料试车相关事项的约定：_____。

13.6 竣工退场

13.6.1 竣工退场

承包人完成竣工退场的期限：_____。

14. 竣工结算

14.1 竣工结算申请

承包人提交竣工结算申请单的期限：_____。

竣工结算申请单应包括的内容：_____。

14.2　竣工结算审核

发包人审批竣工付款申请单的期限：_____。

发包人完成竣工付款的期限：_____。

关于竣工付款证书异议部分复核的方式和程序：_____。

14.4　最终结清

14.4.1　最终结清申请单

承包人提交最终结清申请单的份数：_____。

承包人提交最终结算申请单的期限：_____。

14.4.2　最终结清证书和支付

（1）发包人完成最终结清申请单的审批并颁发最终结清证书的期限：_____。

（2）发包人完成支付的期限：_____。

15. 缺陷责任期与保修

15.2　缺陷责任期

缺陷责任期的具体期限：_____。

15.3　质量保证金

关于是否扣留质量保证金的约定：_____。在工程项目竣工前，承包人按专用合同条款第 3.7 条提供履约担保的，发包人不得同时预留工程质量保证金。

15.3.1　承包人提供质量保证金的方式

质量保证金采用以下第_____种方式：

（1）质量保证金保函，保证金额为：_____；

（2）_____％的工程款；

（3）其他方式：_____。

15.3.2　质量保证金的扣留

质量保证金的扣留采取以下第_____种方式：

（1）在支付工程进度款时逐次扣留，在此情形下，质量保证金的计算基数不包括预付款的支付、扣回以及价格调整的金额；

（2）工程竣工结算时一次性扣留质量保证金；

（3）其他扣留方式：_____。

关于质量保证金的补充约定：_____。

15.4　保修

15.4.1　保修责任

工程保修期为：_____。

15.4.3　修复通知

承包人收到保修通知并到达工程现场的合理时间：_____。

16. 违约

16.1　发包人违约

16.1.1　发包人违约的情形

发包人违约的其他情形：_____。

16.1.2　发包人违约的责任

发包人违约责任的承担方式和计算方法：

（1）因发包人原因未能在计划开工日期前 7 天内下达开工通知的违约责任：＿＿＿＿＿。

（2）因发包人原因未能按合同约定支付合同价款的违约责任：＿＿＿＿＿＿。

（3）发包人违反第 10.1 款〔变更的范围〕第（2）项约定，自行实施被取消的工作或转由他人实施的违约责任：＿＿＿＿＿＿＿＿。

（4）发包人提供的材料、工程设备的规格、数量或质量不符合合同约定，或因发包人原因导致交货日期延误或交货地点变更等情况的违约责任：＿＿＿＿＿＿＿＿＿＿＿。

（5）因发包人违反合同约定造成暂停施工的违约责任：＿＿＿＿＿＿＿＿＿＿。

（6）发包人无正当理由没有在约定期限内发出复工指示，导致承包人无法复工的违约责任：＿＿＿＿＿＿＿＿＿＿＿＿＿＿＿＿。

（7）其他：＿＿＿＿＿＿＿＿＿＿＿＿＿＿＿＿＿＿＿＿＿＿。

16.1.3　因发包人违约解除合同

承包人按 16.1.1 项〔发包人违约的情形〕约定暂停施工满＿＿＿＿＿＿＿天后发包人仍不纠正其违约行为并致使合同目的不能实现的，承包人有权解除合同。

16.2　承包人违约

16.2.1　承包人违约的情形

承包人违约的其他情形：＿＿＿＿＿＿＿＿＿＿＿＿＿＿＿＿＿＿。

16.2.2　承包人违约的责任

承包人违约责任的承担方式和计算方法：＿＿＿＿＿＿＿＿＿＿＿＿＿。

16.2.3　因承包人违约解除合同

关于承包人违约解除合同的特别约定：＿＿＿＿＿＿＿＿＿＿＿＿＿＿。

发包人继续使用承包人在施工现场的材料、设备、临时工程、承包人文件和由承包人或以其名义编制的其他文件的费用承担方式：＿＿＿＿＿＿＿＿＿＿＿＿＿＿。

17. 不可抗力

17.1　不可抗力的确认

除通用合同条款约定的不可抗力事件之外，视为不可抗力的其他情形：＿＿＿＿＿＿。

17.4　因不可抗力解除合同

合同解除后，发包人应在商定或确定发包人应支付款项后＿＿＿＿＿＿＿天内完成款项的支付。

18. 保险

18.1　工程保险

关于工程保险的特别约定：＿＿＿＿＿＿＿＿＿＿＿＿＿＿＿＿＿＿。

18.3　其他保险

关于其他保险的约定：＿＿＿＿＿＿＿＿＿＿＿＿＿＿＿＿＿＿＿＿。

承包人是否应为其施工设备等办理财产保险：＿＿＿＿＿＿＿＿＿＿＿＿＿。

18.7　通知义务

关于变更保险合同时的通知义务的约定：＿＿＿＿＿＿＿＿＿＿＿＿＿＿＿。

20. 争议解决

20.3 争议评审

合同当事人是否同意将工程争议提交争议评审小组决定：＿＿＿＿＿＿＿＿＿＿＿。

20.3.1 争议评审小组的确定

争议评审小组成员的确定：＿＿＿＿＿＿＿＿＿＿＿＿＿＿＿＿＿＿＿＿＿＿＿。

选定争议评审员的期限：＿＿＿＿＿＿＿＿＿＿＿＿＿＿＿＿＿＿＿＿＿＿＿＿＿。

争议评审小组成员的报酬承担方式：＿＿＿＿＿＿＿＿＿＿＿＿＿＿＿＿＿＿＿＿。

其他事项的约定：＿＿＿＿＿＿＿＿＿＿＿＿＿＿＿＿＿＿＿＿＿＿＿＿＿＿＿＿。

20.3.2 争议评审小组的决定

合同当事人关于本项的约定：＿＿＿＿＿＿＿＿＿＿＿＿＿＿＿＿＿＿＿＿＿＿＿。

20.4 仲裁或诉讼

因合同及合同有关事项发生的争议，按下列第＿＿＿＿＿＿种方式解决：

（1）向＿＿＿＿＿＿＿仲裁委员会申请仲裁；

（2）向＿＿＿＿＿＿＿人民法院起诉。

附件

协议书附件：

附件1：承包人承揽工程项目一览表

专用合同条款附件：

附件2：发包人供应材料设备一览表

附件3：工程质量保修书

附件4：主要建设工程文件目录

附件5：承包人用于本工程施工的机械设备表

附件6：承包人主要施工管理人员表

附件7：分包人主要施工管理人员表

附件8：履约担保格式

附件9：预付款担保格式

附件10：支付担保格式

附件11：暂估价一览表

附件 1:

承包人承揽工程项目一览表

单位工程名称	建设规模	建筑面积（m²）	结构形式	层数	生产能力	设备安装内容	合同价格（元）	开工日期	竣工日期

附件 2:

发包人供应材料设备一览表

序号	材料、设备品种	规格型号	单位	数量	单价（元）	质量等级	供应时间	送达地点	备注

附件 3:

工程质量保修书

发包人(全称): _____

承包人(全称): _____

发包人和承包人根据《中华人民共和国建筑法》和《建设工程质量管理条例》,经协商一致就_____(工程全称)签订工程质量保修书。

一、工程质量保修范围和内容

承包人在质量保修期内,按照有关法律规定和合同约定,承担工程质量保修责任。

质量保修范围包括地基基础工程、主体结构工程,屋面防水工程、有防水要求的卫生间、房间和外墙面的防渗漏,供热与供冷系统,电气管线、给排水管道、设备安装和装修工程,以及双方约定的其他项目。具体保修的内容,双方约定如下: _____

_____。

二、质量保修期

根据《建设工程质量管理条例》及有关规定,工程的质量保修期如下:

1. 地基基础工程和主体结构工程为设计文件规定的工程合理使用年限;

2. 屋面防水工程、有防水要求的卫生间、房间和外墙面的防渗为_____年;

3. 装修工程为_____年;

4. 电气管线、给排水管道、设备安装工程为_____年;

5. 供热与供冷系统为_____个采暖期、供冷期;

6. 住宅小区内的给排水设施、道路等配套工程为_____年;

7. 其他项目保修期限约定如下: _____。

质量保修期自工程竣工验收合格之日起计算。

三、缺陷责任期

工程缺陷责任期为_____个月,缺陷责任期自工程通过竣工验收之日起计算。单位工程先于全部工程进行验收,单位工程缺陷责任期自单位工程验收合格之日起算。

缺陷责任期终止后,发包人应退还剩余的质量保证金。

四、质量保修责任

1. 属于保修范围、内容的项目,承包人应当在接到保修通知之日起 7 天内派人保修。承包人不在约定期限内派人保修的,发包人可以委托他人修理。

2. 发生紧急事故需抢修的,承包人在接到事故通知后,应当立即到达事故现场抢修。

3. 对于涉及结构安全的质量问题,应当按照《建设工程质量管理条例》的规定,立即向当地建设行政主管部门和有关部门报告,采取安全防范措施,并由原设计人或者具有相应资质等级的设计人提出保修方案,承包人实施保修。

4. 质量保修完成后,由发包人组织验收。

五、保修费用

保修费用由造成质量缺陷的责任方承担。

六、双方约定的其他工程质量保修事项：＿＿＿＿＿＿＿＿＿＿＿＿＿＿＿＿＿＿＿。

工程质量保修书由发包人、承包人在工程竣工验收前共同签署，作为施工合同附件，其有效期限至保修期满。

发包人（公章）：＿＿＿＿＿＿＿　　承包人（公章）：＿＿＿＿＿＿＿

地　　址：＿＿＿＿＿＿＿＿＿＿　　地　　址：＿＿＿＿＿＿＿＿＿＿

法定代表人（签字）：＿＿＿＿＿　　法定代表人（签字）：＿＿＿＿＿

委托代理人（签字）：＿＿＿＿＿　　委托代理人（签字）：＿＿＿＿＿

电　　话：＿＿＿＿＿＿＿＿＿＿　　电　　话：＿＿＿＿＿＿＿＿＿＿

传　　真：＿＿＿＿＿＿＿＿＿＿　　传　　真：＿＿＿＿＿＿＿＿＿＿

开户银行：＿＿＿＿＿＿＿＿＿＿　　开户银行：＿＿＿＿＿＿＿＿＿＿

账　　号：＿＿＿＿＿＿＿＿＿＿　　账　　号：＿＿＿＿＿＿＿＿＿＿

邮政编码：＿＿＿＿＿＿＿＿＿＿　　邮政编码：＿＿＿＿＿＿＿＿＿＿

附件4：

主要建设工程文件目录

文件名称	套数	费用（元）	质量	移交时间	责任人

附件 5：

承包人用于本工程施工的机械设备表

序号	机械或设备名称	规格型号	数量	产地	制造年份	额定功率（kW）	生产能力	备注

附件6:

承包人主要施工管理人员表

名　称	姓名	职务	职称	主要资历、经验及承担过的项目
一、总部人员				
项目主管				
其他人员				
二、现场人员				
项目经理				
项目副经理				
技术负责人				
造价管理				
质量管理				
材料管理				
计划管理				
安全管理				
其他人员				

附件 7：

分包人主要施工管理人员表

名　称	姓名	职务	职称	主要资历、经验及承担过的项目
一、总部人员				
项目主管				
其他人员				
二、现场人员				
项目经理				
项目副经理				
技术负责人				
造价管理				
质量管理				
材料管理				
计划管理				
安全管理				
其他人员				

附件 8：

履 约 担 保

_____（发包人名称）：

鉴于_____（发包人名称，以下简称"发包人"）与_____（承包人名称）（以下称"承包人"）_____年____月____日就_____（工程名称）施工及有关事项协商一致共同签订《建设工程施工合同》。我方愿意无条件地、不可撤销地就承包人履行与你方签订的合同，向你方提供连带责任担保。

1. 担保金额人民币（大写）_____元（￥_____）。

2. 担保有效期自你方与承包人签订的合同生效之日起至你方签发或应签发工程接收证书之日止。

3. 在本担保有效期内，因承包人违反合同约定的义务给你方造成经济损失时，我方在收到你方以书面形式提出的在担保金额内的赔偿要求后，在 7 天内无条件支付。

4. 你方和承包人按合同约定变更合同时，我方承担本担保规定的义务不变。

5. 因本保函发生的纠纷，可由双方协商解决，协商不成的，任何一方均可提请_____仲裁委员会仲裁。

6. 本保函自我方法定代表人（或其授权代理人）签字并加盖公章之日起生效。

担　保　人：_____（盖单位章）
法定代表人或其委托代理人：_____（签字）
地　　　址：_____
邮政编码：_____
电　　话：_____
传　　真：_____

_____年_____月_____日

附件 9：

预 付 款 担 保

_____（发包人名称）：

根据_____（承包人名称）（以下称"承包人"）与_____（发包人名称）（以下简称"发包人"）于____年___月___日签订的_____（工程名称）《建设工程施工合同》，承包人按约定的金额向你方提交一份预付款担保，即有权得到你方支付相等金额的预付款。我方愿意就你方提供给承包人的预付款为承包人提供连带责任担保。

1. 担保金额人民币（大写）_____元（￥_____）。

2. 担保有效期自预付款支付给承包人起生效，至你方签发的进度款支付证书说明已完全扣清止。

3. 在本保函有效期内，因承包人违反合同约定的义务而要求收回预付款时，我方在收到你方的书面通知后，在 7 天内无条件支付。但本保函的担保金额，在任何时候不应超过预付款金额减去你方按合同约定在向承包人签发的进度款支付证书中扣除的金额。

4. 你方和承包人按合同约定变更合同时，我方承担本保函规定的义务不变。

5. 因本保函发生的纠纷，可由双方协商解决，协商不成的，任何一方均可提请_____仲裁委员会仲裁。

6. 本保函自我方法定代表人（或其授权代理人）签字并加盖公章之日起生效。

担保人：_____（盖单位章）

法定代表人或其委托代理人：_____（签字）

地　　址：_____

邮政编码：_____

电　　话：_____

传　　真：_____

_____ 年_____月_____日

附件10:

支 付 担 保

_____(承包人):

鉴于你方作为承包人已经与_____(发包人名称)(以下称"发包人")于_____年_月___日签订了_____(工程名称)《建设工程施工合同》(以下称"主合同"),应发包人的申请,我方愿就发包人履行主合同约定的工程款支付义务以保证的方式向你方提供如下担保:

一、保证的范围及保证金额

1. 我方的保证范围是主合同约定的工程款。

2. 本保函所称主合同约定的工程款是指主合同约定的除工程质量保证金以外的合同价款。

3. 我方保证的金额是主合同约定的工程款的_____%,数额最高不超过人民币元(大写:_____)。

二、保证的方式及保证期间

1. 我方保证的方式为:连带责任保证。

2. 我方保证的期间为:自本合同生效之日起至主合同约定的工程款支付完毕之日后___日内。

3. 你方与发包人协议变更工程款支付日期的,经我方书面同意后,保证期间按照变更后的支付日期做相应调整。

三、承担保证责任的形式

我方承担保证责任的形式是代为支付。发包人未按主合同约定向你方支付工程款的,由我方在保证金额内代为支付。

四、代偿的安排

1. 你方要求我方承担保证责任的,应向我方发出书面索赔通知及发包人未支付主合同约定工程款的证明材料。索赔通知应写明要求索赔的金额,支付款项应到达的账号。

2. 在出现你方与发包人因工程质量发生争议,发包人拒绝向你方支付工程款的情形时,你方要求我方履行保证责任代为支付的,需提供符合相应条件要求的工程质量检测机构出具的质量说明材料。

3. 我方收到你方的书面索赔通知及相应的证明材料后7天内无条件支付。

五、保证责任的解除

1. 在本保函承诺的保证期间内,你方未书面向我方主张保证责任的,自保证期间届满次日起,我方保证责任解除。

2. 发包人按主合同约定履行了工程款的全部支付义务的,自本保函承诺的保证期间届满次日起,我方保证责任解除。

3. 我方按照本保函向你方履行保证责任所支付金额达到本保函保证金额时,自我方向你方支付(支付款项从我方账户划出)之日起,保证责任即解除。

4. 按照法律法规的规定或出现应解除我保证责任的其他情形的,我方在本保函项下的保证责任亦解除。

5. 我方解除保证责任后，你方应自我方保证责任解除之日起＿＿个工作日内，将本保函原件返还我方。

六、免责条款

1. 因你方违约致使发包人不能履行义务的，我方不承担保证责任。

2. 依照法律法规的规定或你方与发包人的另行约定，免除发包人部分或全部义务的，我方亦免除其相应的保证责任。

3. 你方与发包人协议变更主合同的，如加重发包人责任致使我方保证责任加重的，需征得我方书面同意，否则我方不再承担因此而加重部分的保证责任，但主合同第 10 条〔变更〕约定的变更不受本款限制。

4. 因不可抗力造成发包人不能履行义务的，我方不承担保证责任。

七、争议解决

因本保函或本保函相关事项发生的纠纷，可由双方协商解决，协商不成的，按下列第＿＿ 种方式解决：

（1）向＿＿＿＿＿＿＿＿＿＿ 仲裁委员会申请仲裁；

（2）向＿＿＿＿＿＿＿＿＿＿ 人民法院起诉。

八、保函的生效

本保函自我方法定代表人（或其授权代理人）签字并加盖公章之日起生效。

担保人：＿＿＿＿＿＿＿＿＿＿＿＿＿＿＿（盖章）

法定代表人或委托代理人：＿＿＿＿＿＿＿＿（签字）

地　　址：＿＿＿＿＿＿＿＿＿＿＿＿＿＿

邮政编码：＿＿＿＿＿＿＿＿＿＿＿＿＿＿

传　　真：＿＿＿＿＿＿＿＿＿＿＿＿＿＿

＿＿＿＿＿＿＿＿＿＿ 年＿＿月＿＿日

附件 11：

11-1：材料暂估价表

序号	名称	单位	数量	单价（元）	合价（元）	备注

11-2：工程设备暂估价表

序号	名称	单位	数量	单价（元）	合价（元）	备注

11-3：专业工程暂估价表

序号	专业工程名称	工程内容	金额
小计：			

参 考 文 献

[1]　中国建设监理协会. 建设工程监理概论[M]. 北京：中国建筑工业出版社，2020

[2]　中国建设监理协会. 建设工程质量控制[M]. 北京：中国建筑工业出版社，2020

[3]　中国建设监理协会. 建设工程投资控制[M]. 北京：中国建筑工业出版社，2020

[4]　刘伊生. 建设工程项目管理理论与实务[M]. 北京：中国建筑工业出版社，2018

[5]　李明安，邓铁军，杨卫东. 工程项目管理理论与实务[M]. 长沙：湖南大学出版社，2012

[6]　李明安. 建设工程监理操作指南（第二版）[M]. 北京：中国建筑工业出版社，2017

[7]　李明安. 建设工程监理知识问答[M]. 北京：中国建筑工业出版社，2014